中国特色企业新型学徒制培训教材

机械识图与公差测量

（第二版）

人力资源社会保障部教材办公室　组织编写

本书编审人员

主　编：王希波

副主编：吴致远

参　编：刘江峤　李海玲　王荣圣　符　莎

主　审：乔淑梅

中国劳动社会保障出版社

内容简介

本书是中国特色企业新型学徒制培训教材机械类专业基础课程教材中的一种，主要内容包括制图基本知识与技能、正投影作图基础、组合体、机械图样的基本表示法、机械图样的特殊表示法、公差配合与测量、几何公差与测量、表面结构与测量、零件图、装配图。

本书适用于各类企业与职业院校、职业培训机构、企业培训中心等教育培训机构开展中国特色企业新型学徒制培训，也适用于企业岗位技能培训和就业技能培训。

图书在版编目（CIP）数据

机械识图与公差测量 / 人力资源社会保障部教材办公室组织编写 . -- 2 版 . -- 北京：中国劳动社会保障出版社，2022

中国特色企业新型学徒制培训教材

ISBN 978-7-5167-5460-3

Ⅰ. ①机…　Ⅱ. ①人…　Ⅲ. ①机械图 – 识图 – 教材②公差 – 技术测量 – 教材　Ⅳ. ①TH126.1②TG801

中国版本图书馆 CIP 数据核字（2022）第 144372 号

中国劳动社会保障出版社出版发行

（北京市惠新东街 1 号　邮政编码：100029）

*

北京市白帆印务有限公司印刷装订　　新华书店经销

787 毫米 ×1092 毫米　16 开本　17.75 印张　356 千字

2022 年 11 月第 2 版　　2022 年 11 月第 1 次印刷

定价：45.00 元

营销中心电话：400-606-6496

出版社网址：http://www.class.com.cn

前　言

为贯彻《关于加强新时代高技能人才队伍建设的意见》文件精神，落实《关于全面推行中国特色企业新型学徒制　加强技能人才培养的指导意见》（人社部发〔2021〕39 号）有关要求，适应规范化、标准化、制度化开展企业新型学徒制培训对教材的需求，建立完善适应新时代企业新型学徒制培训需求的高质量教学资源体系，人力资源社会保障部教材办公室组织有关行业、企业、院校和培训机构的专家编写了中国特色企业新型学徒制培训教材。

中国特色企业新型学徒制培训教材依据国家职业技能标准、职业培训课程规范等进行开发。以培养劳模精神、劳动精神、工匠精神为引领，主动对接学徒生产实际，强化职业道德、职业素养及职业能力培养，积极适应产业变革、技术变革、组织变革和企业技术创新等需求。以工作过程、学习行动、问题解决为导向，有机融合理论培训与实践培训内容，贴近学徒实际水平、贴近企业实际需要、贴近岗位工作现场。

中国特色企业新型学徒制培训教材包括通用素质课程教材和专业基础课程教材两类。其中，通用素质课程教材注重对学徒综合素质和可迁移技能的培养，促进其具备良好职业道德、职业素养及职业能力，能够安全胜任岗位工作；专业基础课程教材注重对学徒专业基础知识和基本技能的培养，促进其适应有关职业（工种）技能的学习。

首批开发的中国特色企业新型学徒制培训教材依据通用素质课程培训大纲、机械类专业基础课程培训大纲、电工电子类专业基础课程培训大纲、汽车类专业基础课程培训大纲编写，具体包括《劳模精神　劳动精神　工匠精神》等 9 种通用素质课程教材，以及机械类、电工电子类、汽车类等专业大类的 10 种专业基础课程教材。

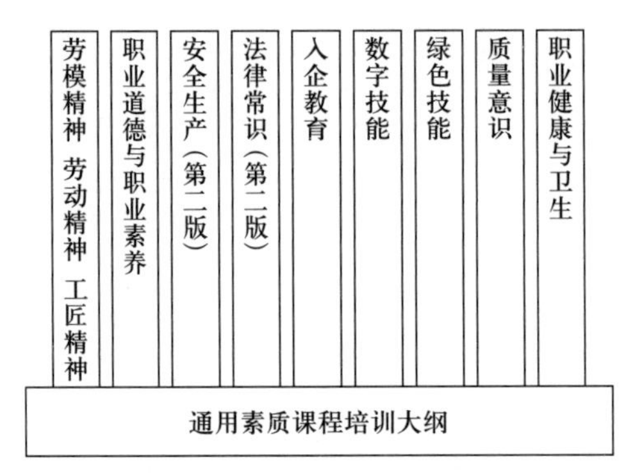

通用素质课程教材体系

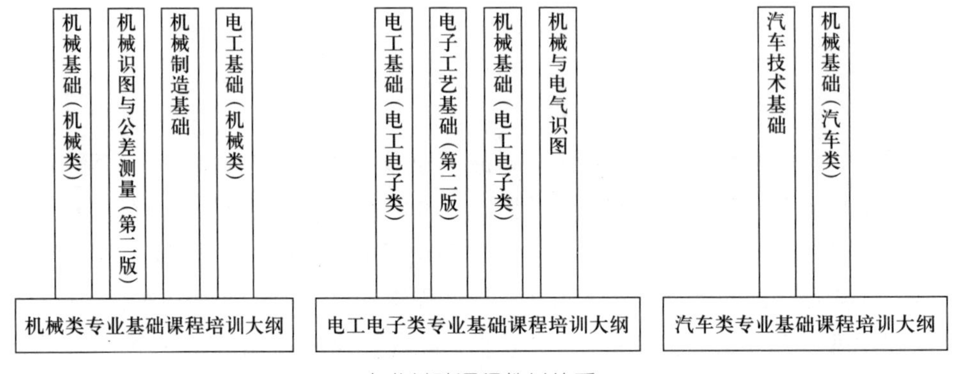

专业基础课程教材体系

本教材是开展中国特色企业新型学徒制培训的重要教学资源。主体读者对象为参加企业新型学徒制机械类职业培训人员，也适用于相关职业技能培训人员。

本教材由王希波担任主编并负责全书统稿，由吴致远担任副主编，刘江峤、李海玲、王荣圣、符莎参加编写，由乔淑梅担任主审。其中，第 1、2 章由刘江峤编写，第 3、4 章由李海玲编写，第 5 章由王荣圣编写，第 6 章由符莎编写，第 7、8 章由吴致远编写，第 9、10 章由王希波编写。本教材在开发过程中得到了北京、内蒙古、辽宁、浙江、山东、河南、广东、重庆、陕西等地人力资源社会保障厅（局）及相关学校、企业、培训机构的大力支持与协助，在此一并表示衷心的感谢。欢迎读者对完善本教材提出宝贵意见。

人力资源社会保障部教材办公室

目录

制图基本知识与技能

第1节　制图基本规定

为了适应现代化生产、管理和技术交流，我国制定发布了一系列制图国家标准，本节简要介绍国家标准《技术制图》和《机械制图》中有关的基本规定，其他常用制图标准将在后续相关章节中介绍。

一、图纸幅面和格式

1. 图纸幅面

绘制图样时，应优先采用表 1–1 中规定的图纸基本幅面尺寸。基本幅面有五种，代号分别为 A0、A1、A2、A3、A4，如图 1–1 中粗实线所示。必要时，可以按规定加长图纸的幅面，加长幅面的尺寸由基本幅面的短边呈整数倍增加后得出。细实线及细虚线分别为第二选择和第三选择的加长幅面。

表 1–1　图纸幅面及图框格式尺寸（摘自 GB/T 14689—2008）　mm

幅面代号	A0	A1	A2	A3	A4
$B \times L$	841 × 1 189	594 × 841	420 × 594	297 × 420	210 × 297
a	25				
c	10			5	
e	20		10		

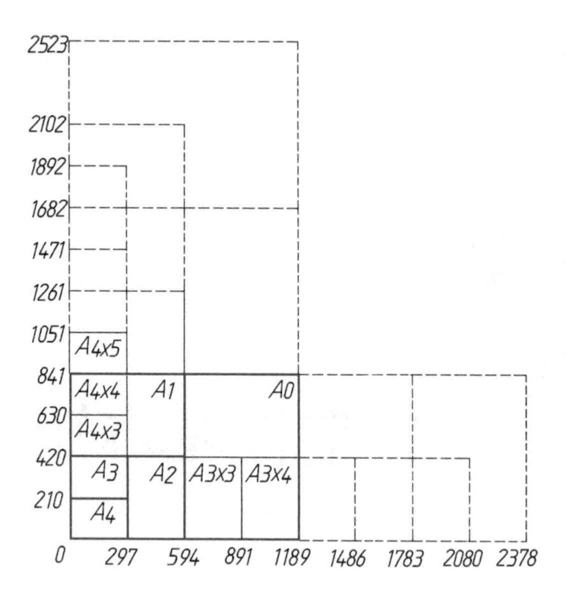

图 1–1　五种图纸幅面及加长边

2. 图框格式

图纸上限定绘图区域的线框称为图框。图框在图纸上必须用粗实线画出，图样绘制在图框内部。图框的格式分为留装订边和不留装订边两种，如图 1–2 和图 1–3 所示。同一产品的图样只能采用一种图框格式。

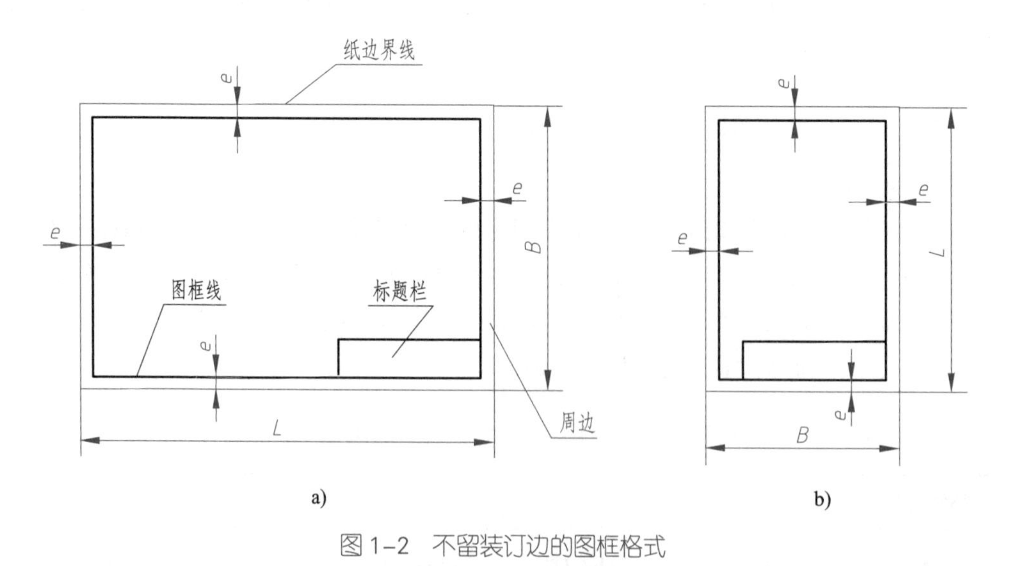

图 1–2　不留装订边的图框格式

a）横向布置　b）纵向布置

3. 标题栏

标题栏由名称及代号区、签字区、更改区和其他区组成，其格式和尺寸按 GB/T 10609.1—2008 规定绘制，如图 1–4a 所示。为了便于看图，教学中采用了简化的标题栏，如图 1–4b 所示。标题栏位于图纸右下角，标题栏中的文字方向为看图方向。

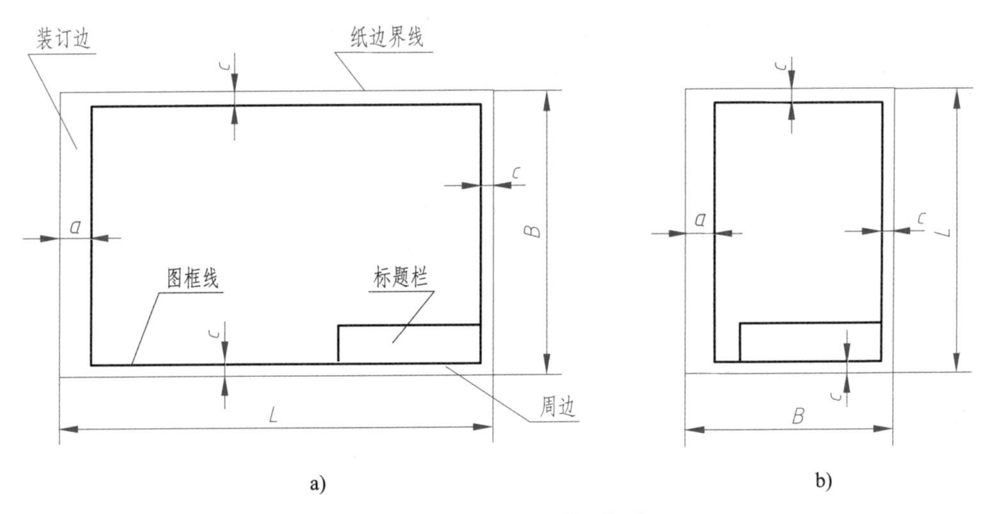

图 1–3　留装订边的图框格式

a）横向布置　b）纵向布置

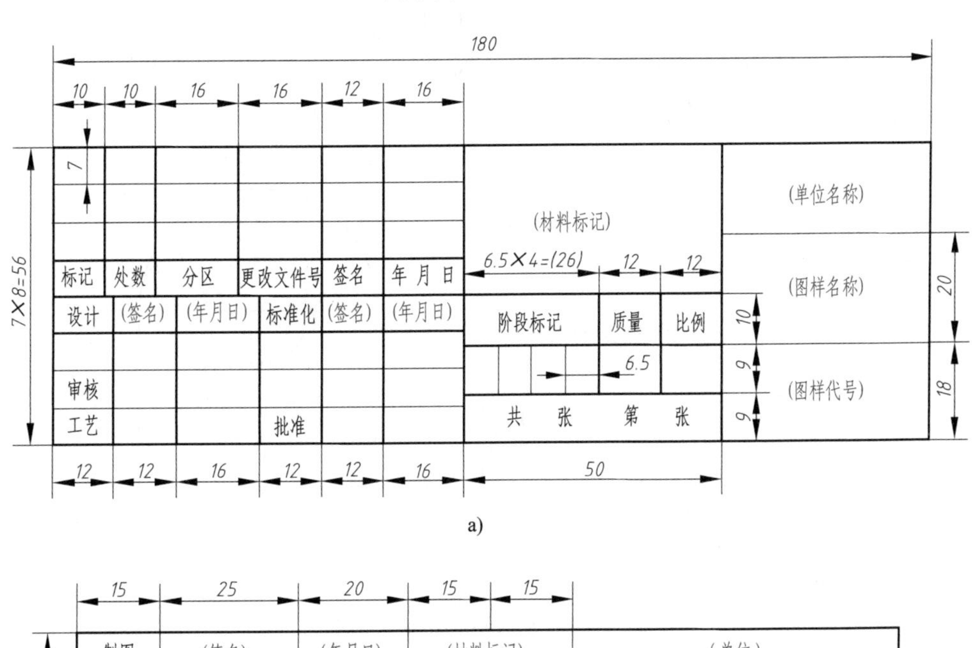

图 1–4　标题栏的格式

二、比例

比例是指图样中图形与其实物相应要素的线性尺寸之比。当需要按比例绘制图样时，应从表 1–2 规定的系列中选取。

表 1–2　绘图比例（摘自 GB/T 14690—1993）

原值比例	1∶1					
放大比例	2∶1 （2.5∶1）	5∶1 （4∶1）	1×10^n∶1 （2.5×10^n∶1）	2×10^n∶1 （4×10^n∶1）	5×10^n∶1	
缩小比例	1∶2 （1∶1.5） （1∶1.5×10^n）	1∶5 （1∶2.5） （1∶2.5×10^n）	1∶10	1∶1×10^n （1∶3） （1∶3×10^n）	1∶2×10^n （1∶4） （1∶4×10^n）	1∶5×10^n （1∶6） （1∶6×10^n）

注：n 为正整数，优先选用不带括号的比例。

为了看图方便，绘图时应优先采用原值比例。若机件太大或太小，则采用缩小或放大比例绘制。不论放大或缩小，标注尺寸时必须注出机件的设计尺寸。图 1–5 所示为用不同比例画出的同一图形。

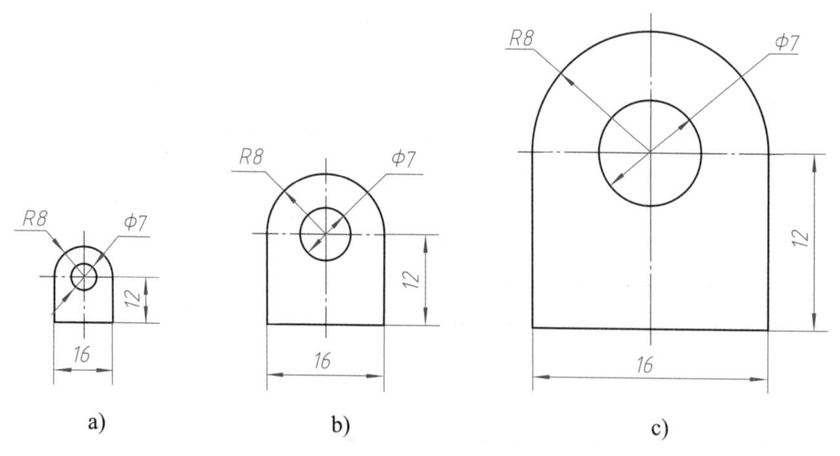

图 1–5　用不同比例画出的同一图形

a）绘图比例为 1∶2　b）绘图比例为 1∶1　c）绘图比例为 2∶1

三、字体（摘自 GB/T 14691—1993）

图样中书写的汉字、数字和字母，必须做到字体工整、笔画清楚、间隔均匀、排列整齐。字体的号数（字体的高度 h）分为 8 种：20 mm、14 mm、10 mm、7 mm、5 mm、3.5 mm、2.5 mm、1.8 mm。

汉字应写成长仿宋体，并采用国家正式公布的简化字。汉字的高度 h 不应小于 3.5 mm，其宽度一般为 $h/\sqrt{2}$。长仿宋体汉字的书写要领是：横平竖直，注意起落，结构均匀，填满方格。

数字和字母可写成直体或斜体（常用斜体），斜体字字头向右倾斜，与水平基准线成 75°。字体示例如下：

汉字

10 号字

字体工整笔画清楚间隔均匀排列整齐

7 号字

横平竖直注意起落结构均匀填满方格

5 号字

技术制图机械电子汽车船舶土木建筑矿山井坑港口纺织服装

3.5 号字

螺纹齿轮端子接线飞行指导驾驶舱位挖填施工引水通风闸阀坝棉麻化纤

阿拉伯数字

0123456789

大写拉丁字母

ABCDEFGHIJKLMNO

PQRSTUVWXYZ

小写拉丁字母

abcdefghijklmnopq

rstuvwxyz

罗马数字

I II III IV V VI VII VIII IX X

四、图线

1. 图线的线型及应用

绘图时应采用国家标准规定的图线线型和画法。国家标准《机械制图　图样画法　图线》（GB/T 4457.4—2002）中规定了 9 种图线，其名称、线型及应用示例见表 1–3 和图 1–6。

表 1-3　图线的名称、线型及应用示例（摘自 GB/T 4457.4—2002）

图线名称	图线型式	图线宽度	应用示例
粗实线		粗（d）	可见轮廓线
细实线		细（$d/2$）	尺寸线及尺寸界线 剖面线 重合断面的轮廓线 过渡线
细虚线		细（$d/2$）	不可见轮廓线
细点画线		细（$d/2$）	轴线 对称中心线
粗点画线		粗（d）	限定范围的表示线
细双点画线		细（$d/2$）	相邻辅助零件的轮廓线 轨迹线 可动零件极限位置的轮廓线 中断线
波浪线		细（$d/2$）	断裂处的边界线 视图与剖视图的分界线
双折线		细（$d/2$）	同波浪线
粗虚线		粗（d）	允许表面处理的表示线

机械制图中通常采用两种线宽，粗、细线的比例为 2∶1，粗线宽度（d）优先采用 0.5 mm、0.7 mm。为了保证图样清晰、便于复制，应尽量避免出现线宽小于 0.18 mm 的图线。

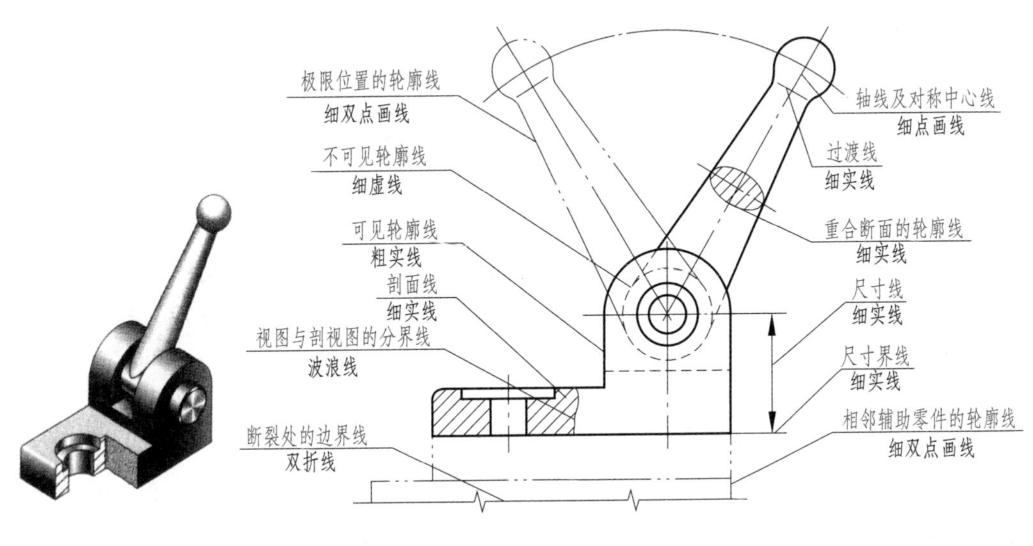

图 1–6　图线的应用

2. 图线画法

（1）细虚线、细点画线、细双点画线与其他图线相交时尽量交于长画处。如图 1–7a 所示，画圆的中心线时，圆心应是长画的交点，细点画线两端应超出轮廓 3 ~ 5 mm；当细点画线较短时，允许用细实线代替细点画线，如图 1–7b 所示。图 1–7c 所示为错误画法。

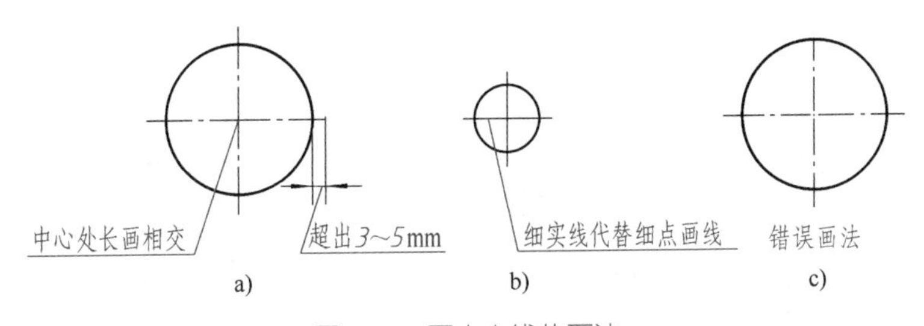

图 1–7　圆中心线的画法

（2）细虚线直接在粗实线延长线上相接时，细虚线应留出空隙，如图 1–8a 所示；细虚线与粗实线垂直相交时则不留空隙，如图 1–8b 所示；细虚线圆弧与粗实线相切时，细虚线圆弧应留出空隙，如图 1–8c 所示。

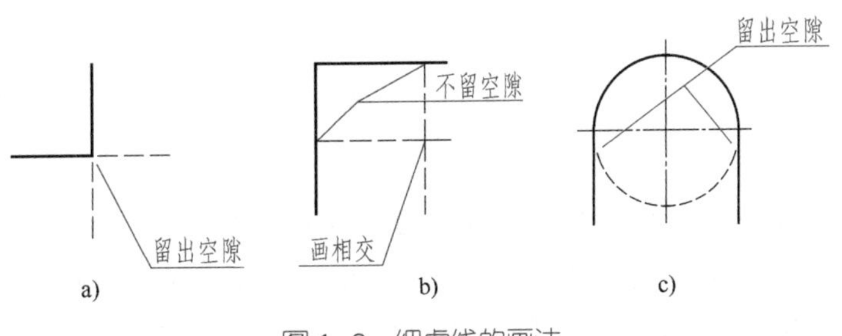

图 1–8　细虚线的画法

第2节 尺寸注法

图形只能表示物体的形状，而其大小由标注的尺寸确定。尺寸是图样中的重要内容之一，是制造机件的直接依据。因此，在标注尺寸时，必须严格遵守国家标准中的有关规定，做到正确、齐全、清晰和合理。

一、标注尺寸的基本规则

1. 机件的真实大小应以图样上标注的尺寸数值为依据，与图形的大小及绘图的准确度无关。

2. 图样中的尺寸以“mm”为单位时，不必标注计量单位的符号（或名称）。如采用其他单位，则应注明相应的单位符号。

3. 图样中所标注的尺寸为该图样所示机件的最后完工尺寸，否则应另加说明。

4. 机件上的每一个尺寸一般只标注一次，并应标注在表示该结构最清晰的图形上。

二、标注尺寸的要素

标注尺寸由尺寸界线、尺寸线和尺寸数字三个要素组成，如图 1–9 所示。

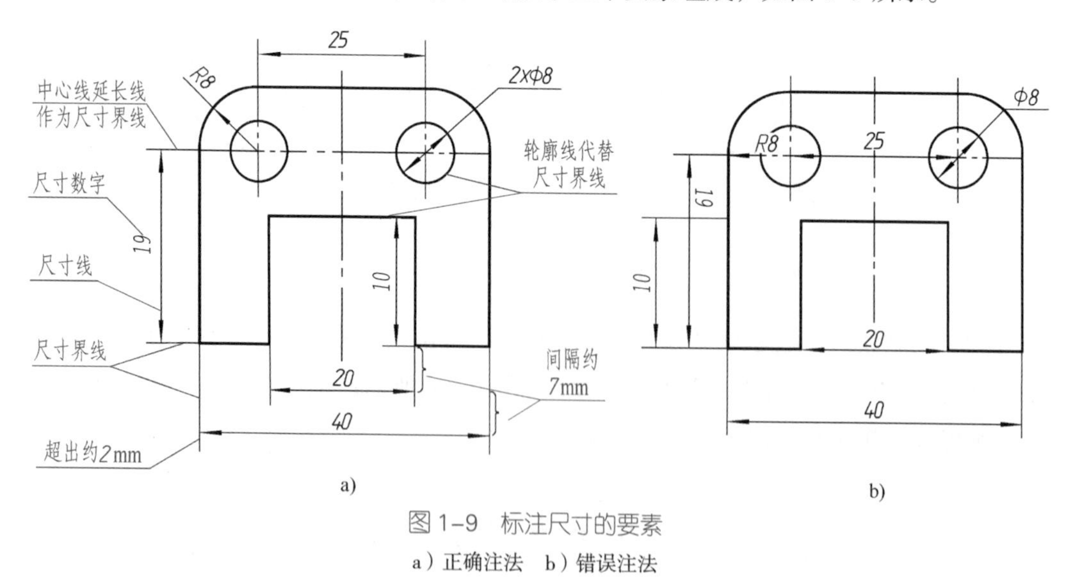

图 1–9 标注尺寸的要素

a）正确注法 b）错误注法

1. 尺寸界线

尺寸界线表示所注尺寸的起始和终止位置，用细实线绘制，并应从图形的轮廓线、轴线或对称中心线引出，也可以直接利用轮廓线、轴线或对称中心线作为尺寸界线。尺寸界线一般应与尺寸线垂直，并超出尺寸线约 2 mm。

2. 尺寸线

尺寸线用细实线绘制，一般应平行于被标注的线段，相同方向相邻尺寸的各尺寸线间的间隔约为 7 mm。尺寸线不能用图形上的其他图线代替，一般也不得与其他图线重合或画在其延长线上，并应尽量避免与其他尺寸线或尺寸界线相交。

尺寸线的终端形式有箭头（见图 1–10a）和斜线（见图 1–10b）两种。通常，机械图样的尺寸线终端采用箭头形式，土木建筑图的尺寸线终端采用斜线形式。当没有足够的位置画箭头时，可用小圆点（见图 1–10c）或斜线代替（见图 1–10d）。

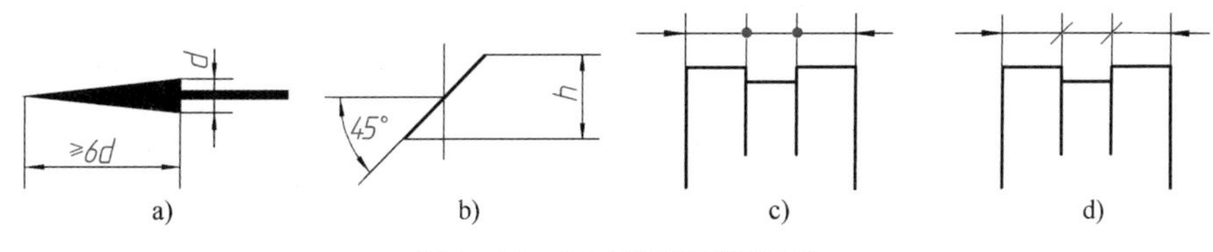

图 1–10　尺寸线的终端形式

a）箭头形式　b）斜线形式　c）小圆点代替箭头　d）斜线代替箭头

d—粗实线宽度　*h*—尺寸数字的字体高度

3. 尺寸数字

线性尺寸数字一般应注写在尺寸线的上方或左方，也允许注写在尺寸线的中断处。注写线性尺寸数字，当尺寸线为水平方向时，尺寸数字由左向右书写，字头朝上；当尺寸线为竖直方向时，尺寸数字由下向上书写，字头朝左；在倾斜的尺寸线上注写尺寸数字时，必须使字头方向有向上的趋势。线性尺寸、角度尺寸、圆及圆弧尺寸、小尺寸等的注法见表 1–4。

表 1–4　尺寸注法示例

内容	图例及说明
线性尺寸数字方向	30°　20　16 当尺寸线在图示 30° 范围内时，可采用右边两种形式标注，同一张图样中标注形式要尽可能统一
线性尺寸注法	φ30　42　第一种方法　第二种方法　必要时允许尺寸界线与尺寸线倾斜 优先采用第一种方法，同一张图样中标注形式要尽可能统一

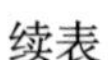
续表

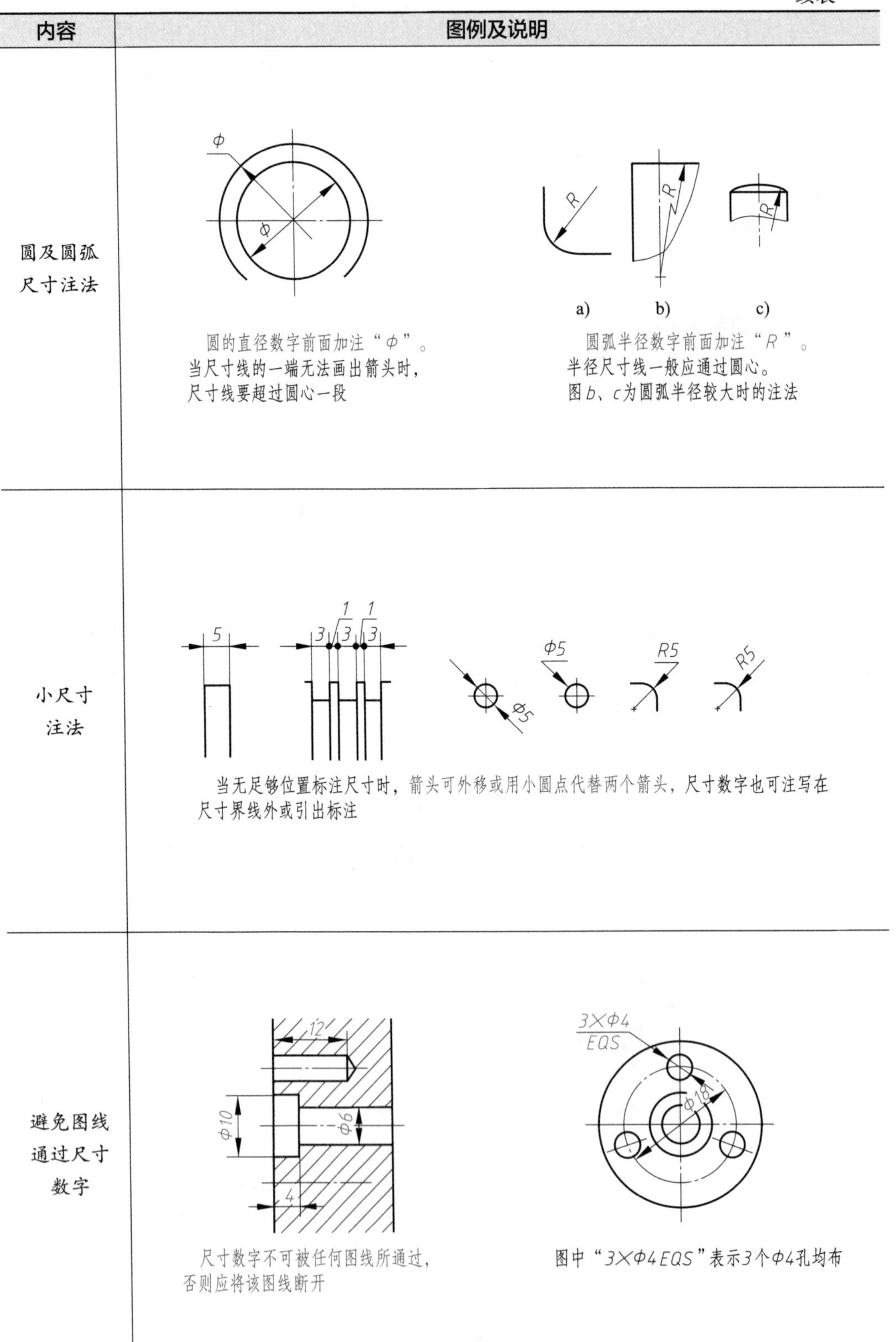

内容	图例及说明
圆及圆弧尺寸注法	圆的直径数字前面加注“φ”。当尺寸线的一端无法画出箭头时，尺寸线要超过圆心一段 圆弧半径数字前面加注“R”。半径尺寸线一般应通过圆心。图b、c为圆弧半径较大时的注法
小尺寸注法	当无足够位置标注尺寸时，箭头可外移或用小圆点代替两个箭头，尺寸数字也可注写在尺寸界线外或引出标注
避免图线通过尺寸数字	尺寸数字不可被任何图线所通过，否则应将该图线断开 图中“3×Φ4 EQS”表示3个Φ4孔均布

续表

内容	图例及说明
角度和弧长尺寸注法	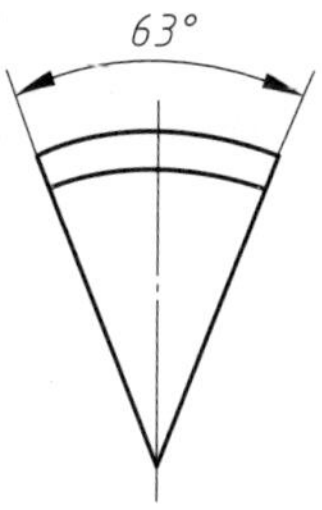 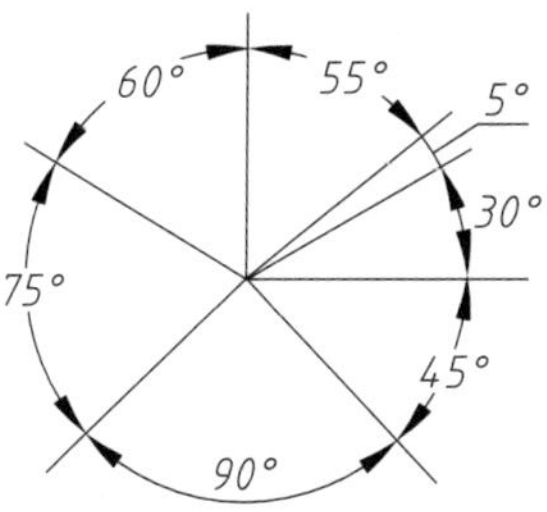 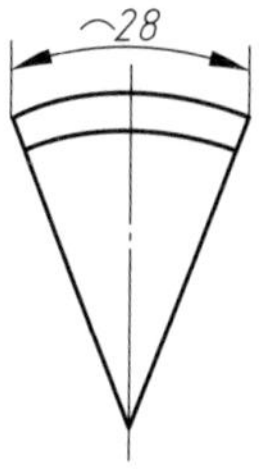 角度的尺寸界线应沿径向引出，尺寸线画成圆弧，其圆心是该角的顶点。角度的尺寸数字一律水平书写，一般注写在尺寸线的中断处，必要时也可注写在尺寸线的上方、外侧或引出标注 弧长的尺寸线是该圆弧的同心弧，尺寸界线平行于对应弦长的垂直平分线。“⌒28”表示弧长为28mm
对称机件的尺寸注法	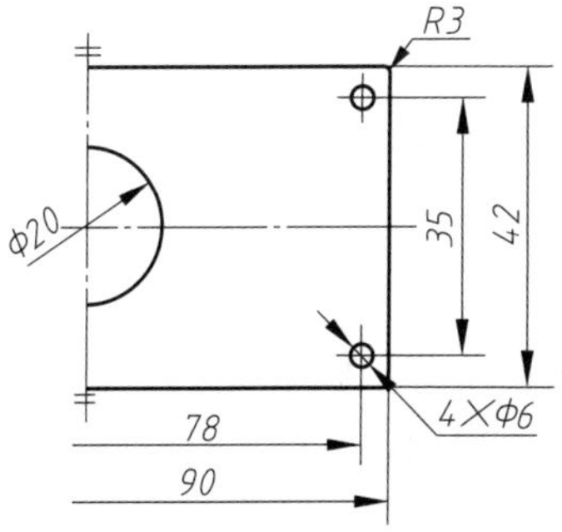 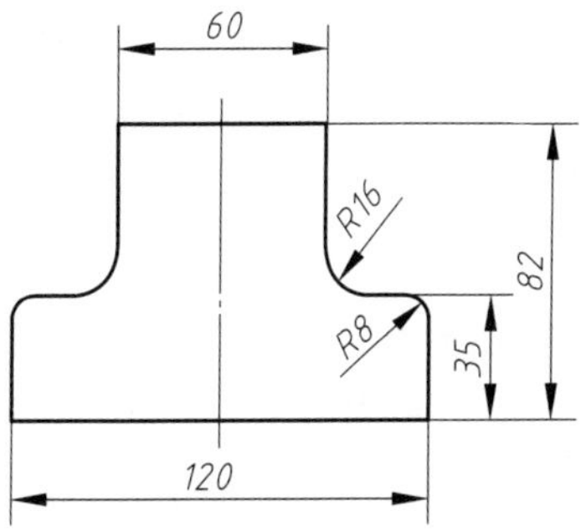 78、90两尺寸线的一端无法注全时，它们的尺寸线要超过对称线一段。图中“4×Φ6”表示有4个Φ6孔 分布在对称线两侧的相同结构，可仅标注其中一侧的结构尺寸

第3节 尺规绘图

一、尺规绘图工具及其使用

尺规绘图是指用铅笔、丁字尺、三角板、圆规等绘图工具绘制图样的方法。虽然目前机械图样已基本用计算机绘制，但尺规绘图既是工程技术人员的必备基本技能，又是学习和巩固理论知识不可缺少的方法，必须熟练掌握。

常用的绘图工具有以下几种：

1. 图板和丁字尺

画图时，先将图纸用胶带纸固定在图板上，丁字尺头部要靠紧图板左边，画线时铅笔垂直于纸面并向右倾斜约 40°（见图 1–11）。丁字尺上下移动到画线位置，自左向右画水平线（见图 1–12）。

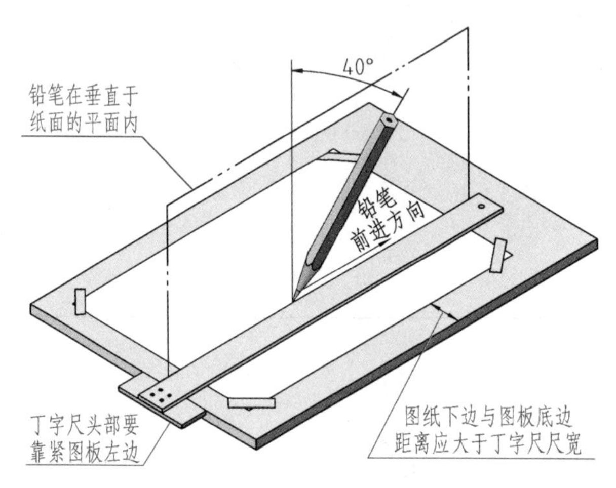

图 1–11　图板和丁字尺

2. 三角板

一副三角板由 45° 和 30°（60°）两块直角三角板组成。三角板与丁字尺配合使用可画出垂直线（见图 1–12），还可画出与水平线成 30°、45°、60° 以及 15° 的任意整倍数倾斜线（见图 1–13）。

两块三角板配合使用，可画出任意已知直线的垂直线或平行线，如图 1–14 所示。

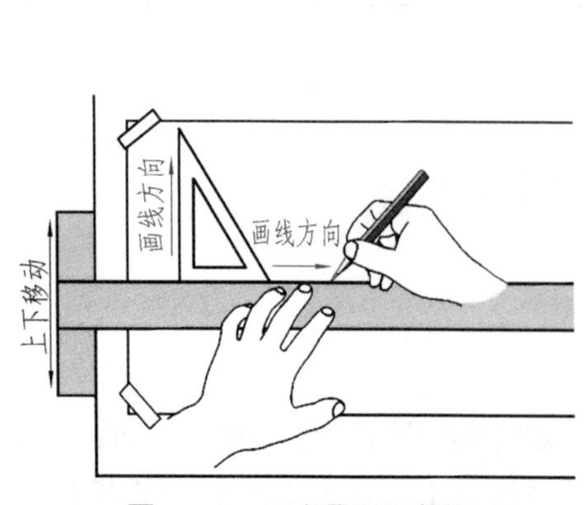

图 1–12　丁字尺和三角板

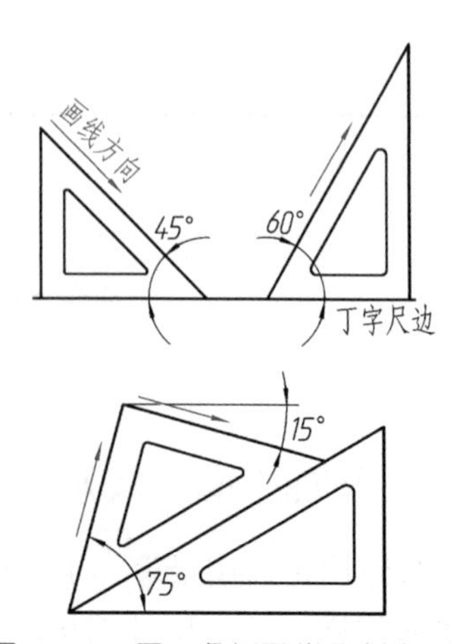

图 1–13　用三角板画常用角度斜线

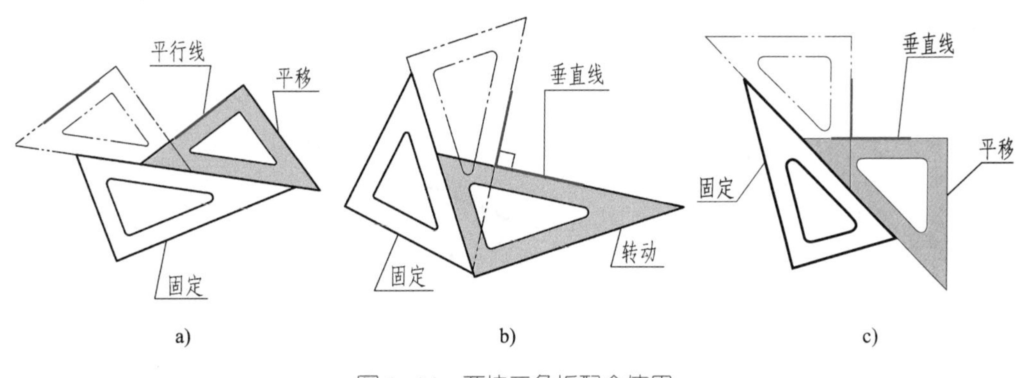

图 1–14　两块三角板配合使用

a）作平行线　b）、c）作垂直线

3. 圆规和分规

圆规用来画圆和圆弧。画圆时，圆规的钢针应使用有台阶的一端（避免图纸上的针孔不断扩大），并使笔尖与纸面垂直。圆规的使用方法如图 1–15 所示。

分规（见图 1–16a）是用来截取线段和等分直线（见图 1–16b）或圆周，以及量取尺寸的工具。分规的两个针尖并拢时应对齐。

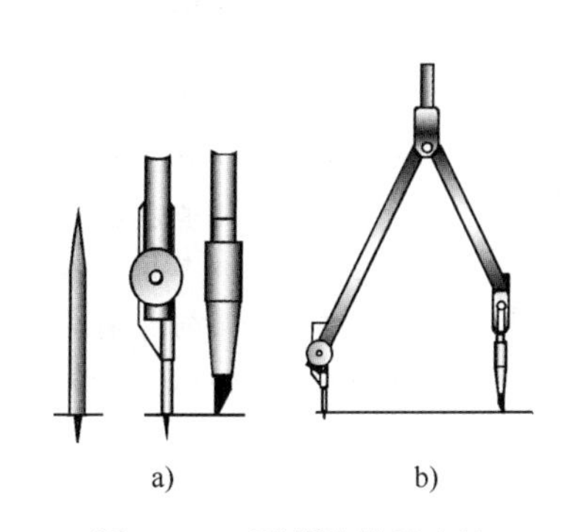

图 1–15　圆规的使用方法

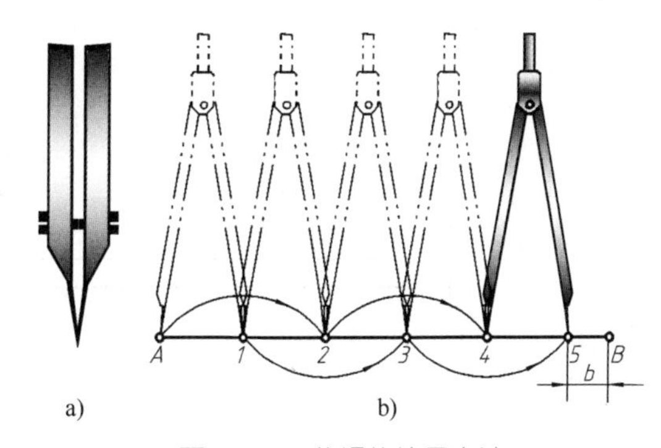

图 1–16　分规的使用方法

4. 铅笔

绘图铅笔用“B”和“H”代表铅芯的软硬程度。“B”表示软性铅笔，“B”前面的数字越大，表示铅芯越软（黑）；“H”表示硬性铅笔，“H”前面的数字越大，表示铅芯越硬（淡）。“HB”表示铅芯硬度适中。

通常画粗实线用 B 或 2B 铅笔，铅笔铅芯部分削成矩形，如图 1–17a 所示；画细实线用 H 或 2H 铅笔，并将铅笔削成圆锥状，如图 1–17b 所示；写字用的铅笔选 HB 或 H。值得注意的是，画圆或圆弧时，圆规上的铅芯比铅笔铅芯软一档为宜。

除了上述工具外，绘图时还要备有削铅笔的小刀、磨铅芯的砂纸、橡皮以及固定图纸的胶带纸等。有时为了画非圆曲线，还要用到曲线板。

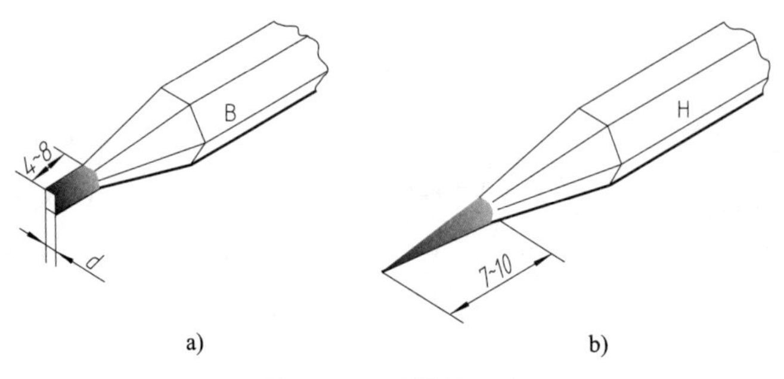

图 1-17　铅笔的削法

二、常见平面图形画法

机件的轮廓形状基本上都是由直线、圆弧和其他曲线组成的几何图形，绘制几何图形称为几何作图。

1. 常见几何图形的作图方法

常见几何图形的作图方法见表 1-5。

表 1-5　常见几何图形的作图方法

种类	图示	说明
圆周四、八等分		用 45° 三角板与丁字尺或与另一块三角板配合作图，可直接将圆周分为四、八等份，连接各等分点即可分别得到正四边形和正八边形
圆周三、六等分		用圆规将圆周分为三、六等份，连接各等分点，即可分别作出正三角形和正六边形
		分别用 30°、60° 三角板与丁字尺配合作图，可分别作出不同位置的正三角形和正六边形

续表

种类	图示	说明
圆周五等分	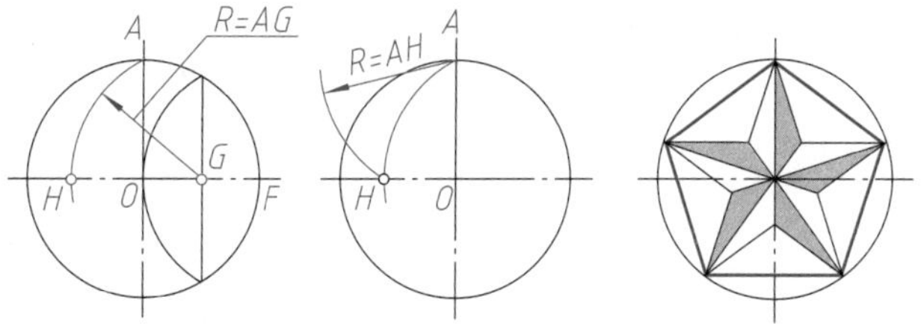	1. 等分半径 OF，得中点 G 2. 以 G 为圆心，AG 为半径画弧，与水平中心线交于点 H 3. 以 AH 为半径，将圆周分为五等份，顺次连接各等分点即可得到正五边形（或五角星）
斜度	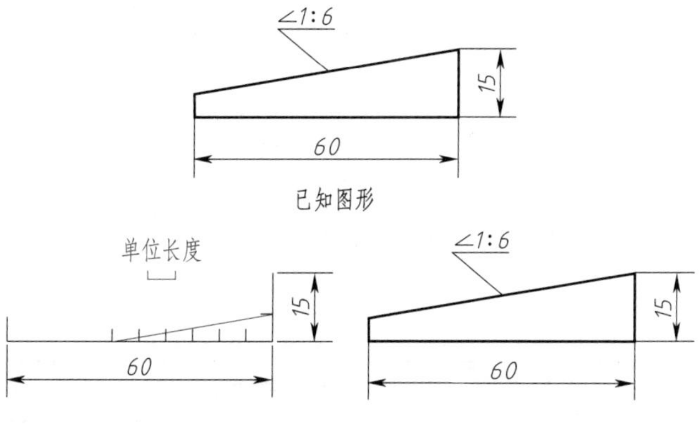	1. 在水平方向取 6 个单位长度，垂直方向取 1 个单位长度，作斜度 1:6 的辅助线 2. 以作平行线方式完成作图 3. 标注尺寸和斜度 注意：斜度符号要与斜度方向一致
锥度	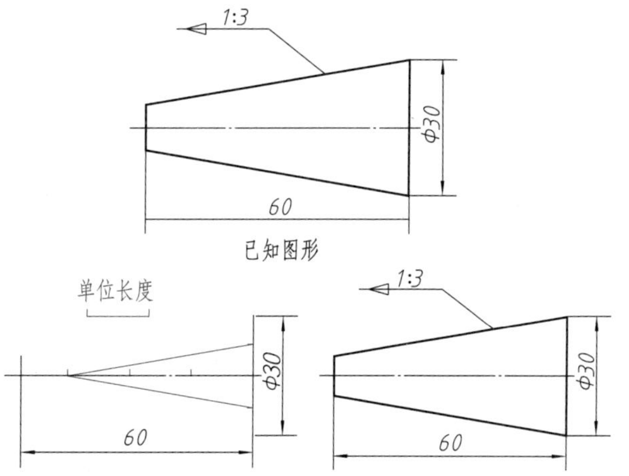	1. 在水平方向取 3 个单位长度，垂直方向取 1 个单位长度，作锥度 1:3 的辅助线 2. 以作平行线方式完成作图 3. 标注尺寸和锥度 注意：锥度符号要与锥度方向一致

续表

种类	图示	说明
椭圆	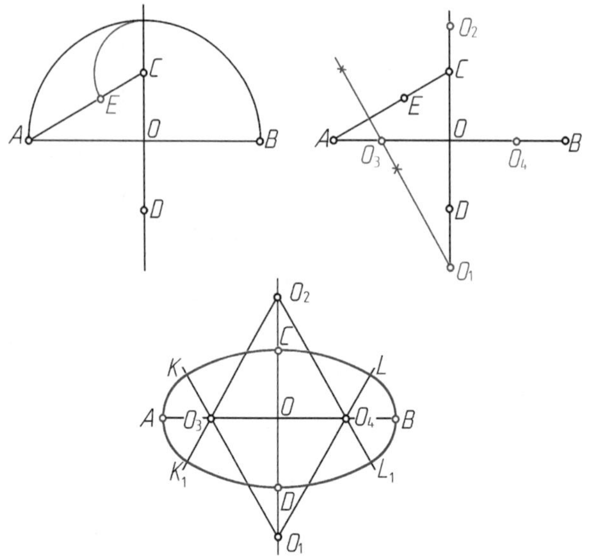	1. 画出长轴 AB 和短轴 CD。连接 AC，截取长半轴与短半轴之差于 CE 2. 作 AE 的中垂线与长、短轴分别交于 O_3、O_1 点，并作出其对称点 O_4、O_2 3. 分别以 O_1、O_2、O_3、O_4 为圆心，O_1C、O_3A、O_2D、O_4B 为半径画弧，分别切于 K、K_1、L、L_1，即得椭圆

2. 圆弧连接

用一段圆弧光滑地连接另外两条已知线段（直线或圆弧）的作图方法称为圆弧连接。要保证圆弧连接光滑，就必须使线段与线段在连接处相切，作图时应先求作连接圆弧的圆心及确定连接圆弧与已知线段的切点。作图方法见表 1–6。

表 1–6　圆弧连接作图方法

已知条件		作图方法和步骤		
		求连接圆弧圆心	求切点	画连接弧
圆弧连接两已知直线	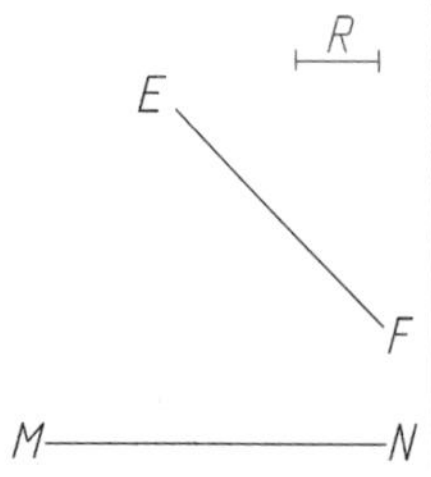	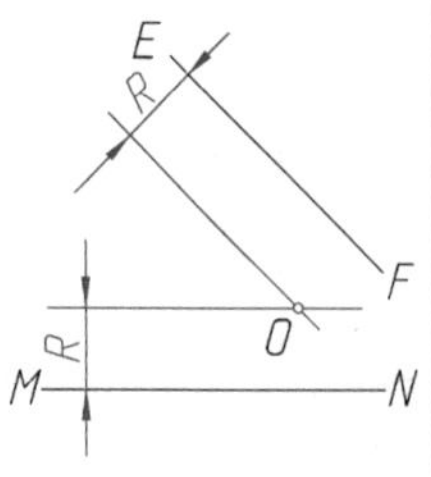	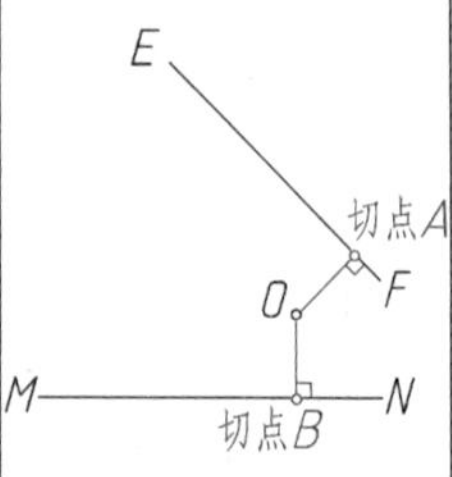	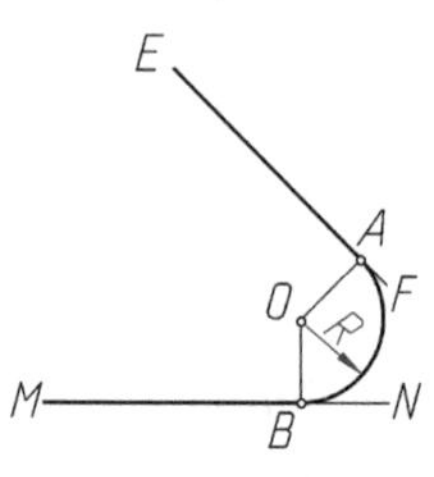
圆弧连接已知直线和圆弧	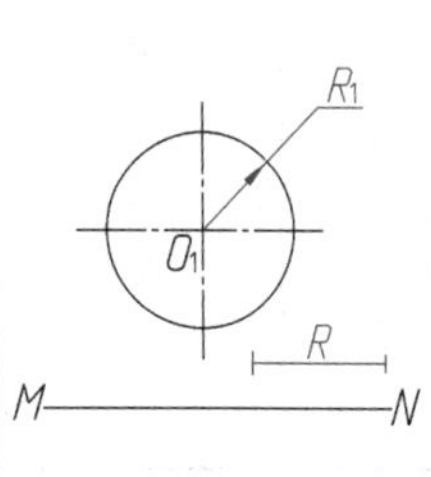	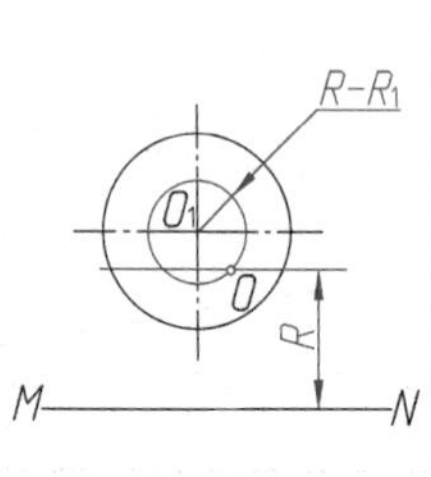	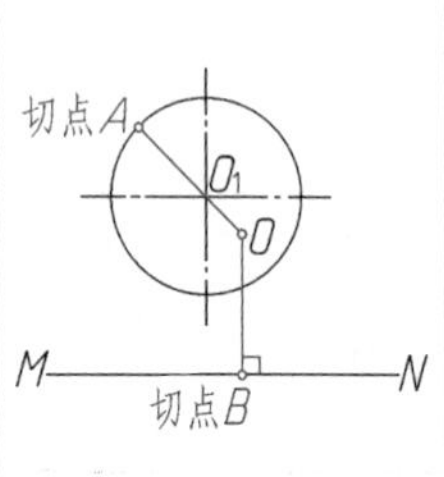	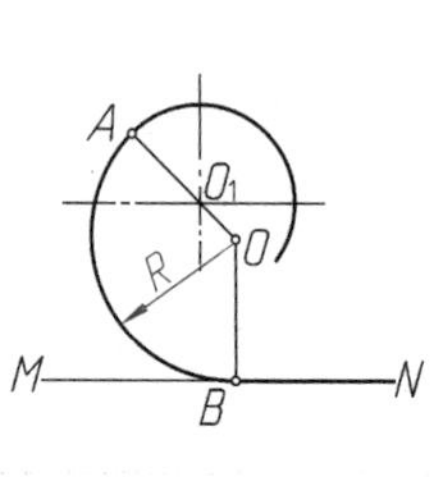

续表

已知条件		作图方法和步骤		
		求连接圆弧圆心	求切点	画连接弧
圆弧外连接两已知圆弧	R_1 R_2 O_1 O_2 R	O_1 O_2 O $R+R_1$ $R+R_2$	O_1 O_2 切点A O 切点B	O_1 R O_2 A B O
圆弧内连接两已知圆弧	R_1 R_2 O_1 O_2 R	O_1 O_2 O $R-R_1$ $R-R_2$	切点A 切点B O_1 O_2 O	R A B O_1 O_2 O
圆弧分别内、外连接两已知圆弧	R_1 R O_1 O_2 R_2	O_1 O_2 $R+R_1$ O R_2-R	O_1 A 切点 O_2 B O 切点	O_1 R A O_2 B O

三、平面图形的分析与作图

平面图形由若干直线或曲线连接而成。画平面图形时，要通过对这些直线或曲线的尺寸及连接关系进行分析，确定平面图形的作图步骤。

下面以图 1–18 所示手柄为例说明平面图形的分析方法和作图步骤。

1. 尺寸分析

平面图形中所注尺寸按其作用可分为定形尺寸和定位尺寸两类。

（1）尺寸基准

尺寸基准是确定尺寸位置的几何元素。如图 1–18 所示，手柄长度方向的尺寸基准是矩形的右边线。

（2）定形尺寸

定形尺寸指确定形状大小的尺寸，如图 1–18 中的 ϕ20、ϕ5、15、*R*15、*R*50、*R*10、ϕ32 等尺寸。

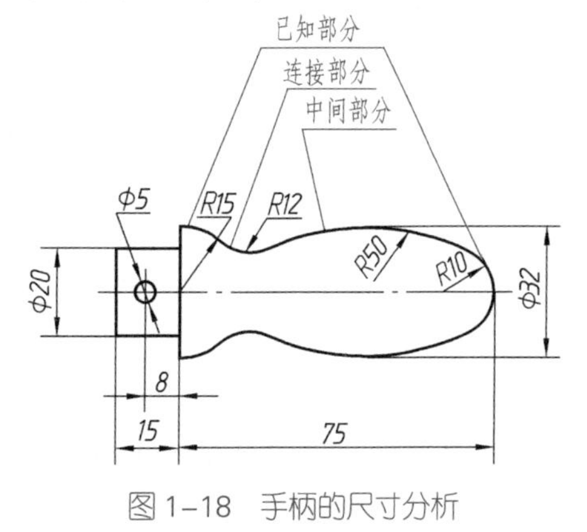

图 1–18　手柄的尺寸分析

（3）定位尺寸

定位尺寸指确定各组成部分之间相对位置的尺寸，如图 1–18 中的尺寸 8 是确定尺寸 $\phi5$ 小圆位置的定位尺寸。有的尺寸既有定形尺寸的作用，又有定位尺寸的作用，如图 1–18 中的尺寸 75。

2. 线段分析

平面图形中的各线段，有的尺寸齐全，可以根据其定形、定位尺寸直接作图画出；有的尺寸不齐全，必须根据其连接关系用几何作图的方法画出。按尺寸是否齐全，线段分为三类：

（1）已知线段

已知线段指定形、定位尺寸均齐全的线段，如手柄的 $\phi5$ 圆、*R*10 圆弧、*R*15 圆弧。

（2）中间线段

中间线段指只有定形尺寸和一个定位尺寸，而缺少另一个定位尺寸的线段。要在其相邻一端的线段画出后，再根据连接关系（如相切）用几何作图的方法画出，如手柄的 *R*50 圆弧。

（3）连接线段

连接线段指只有定形尺寸而缺少定位尺寸的线段，如手柄的 *R*12 圆弧。

3. 作图步骤

手柄的作图步骤如图 1–19 所示。

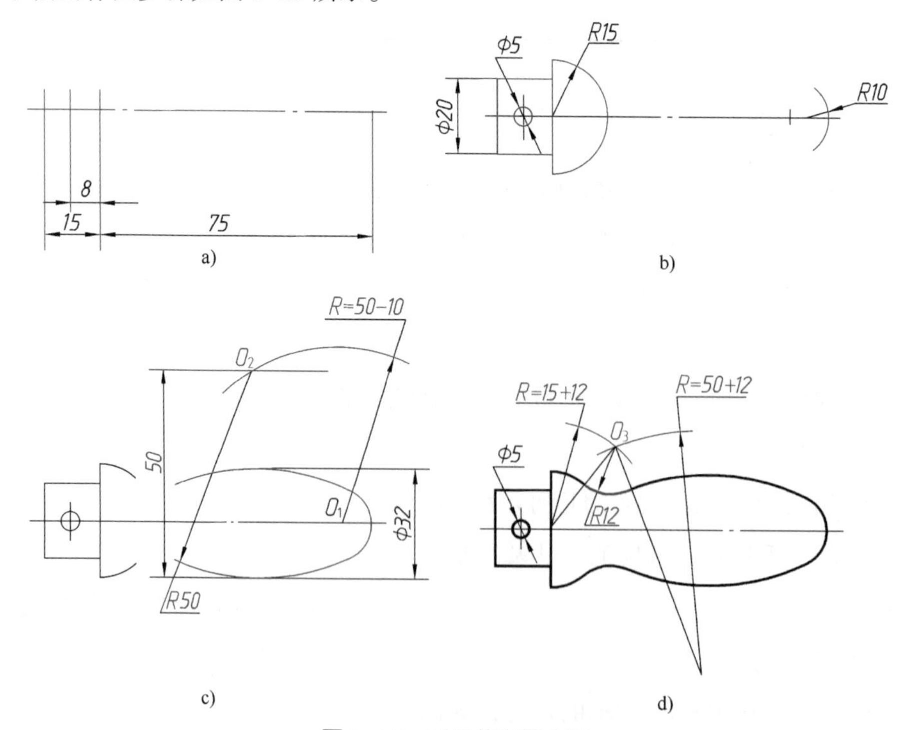

图 1–19　手柄的作图步骤

a）画基准线　b）画已知线段　c）画中间线段（求出圆心、切点）

d）画连接线段（求出圆心、切点）并描深

四、尺规作图基本流程

1. 准备

作图前应准备好必要的绘图工具和仪器。按要求选择合适幅面的图纸，根据所画图形形状确定图纸方向，并将其固定在图板适当位置，以确保绘图时丁字尺、三角板移动自如，从而保证绘图质量。

2. 布置图形

绘制边框和标题栏。根据所画图形大小合理布局，以尽可能使图形居中、匀称，并兼顾标注尺寸的位置，确定图形的基准线（一般选择对称线、中心线、轴线、较长线段）。

3. 分析图形

根据给定图形及尺寸，分析基准线和已知线段（先画）、中间线段（其次画）、连接线段（最后画）。

4. 画底稿

宜采用较硬的 H 或 2H 铅笔清淡地绘制底稿。其绘图的一般步骤是：先画中心线等基准线，再画主要轮廓线，然后画其他局部轮廓线。

5. 描深

认真检查底稿线准确无误后，用 HB 或 B 型铅笔描深粗实线直线，安装在圆规上用于描深粗实线圆的铅芯可用 B 或 2B 型。描深粗实线的一般顺序是：先描深圆和圆弧，后描深直线；先描深小圆和小圆弧，后描深大圆和大圆弧；先描深水平线，后描深垂直线和斜线；由左至右绘图。

6. 标注尺寸和填写标题栏

用 H 或 HB 型铅笔，按照国家标准有关规定标注尺寸和填写标题栏。

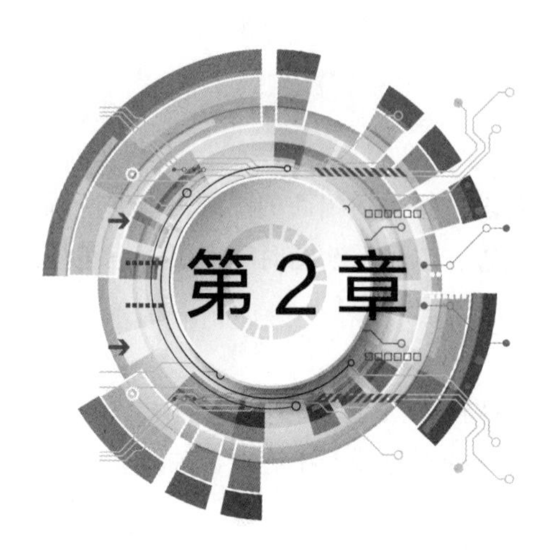

正投影作图基础

第 1 节　投影法与三视图

一、投影法

投射线通过物体向选定的投影面投射，并在该面上得到图形的方法称为投影法，分为中心投影法和平行投影法。

1. 中心投影法

投射线汇交于一点的投影方法称为中心投影法，这一点称为投射中心。如图 2-1 所示，设 S 为投射中心，SA、SB、SC 为投射线，平面 P 为投影面。延长 SA、SB、SC 与投影面 P 相交，交点 a、b、c 即为三角形顶点 A、B、C 在 P 面上的投影。日常生活中的照相、放映电影都是中心投影的实例。透视图就是用中心投影原理绘制的，它与人的视觉习惯相符，能体现近大远小的效果，形象逼真，具有强烈的立体感，广泛用于绘制建筑、机械产品等效果图。

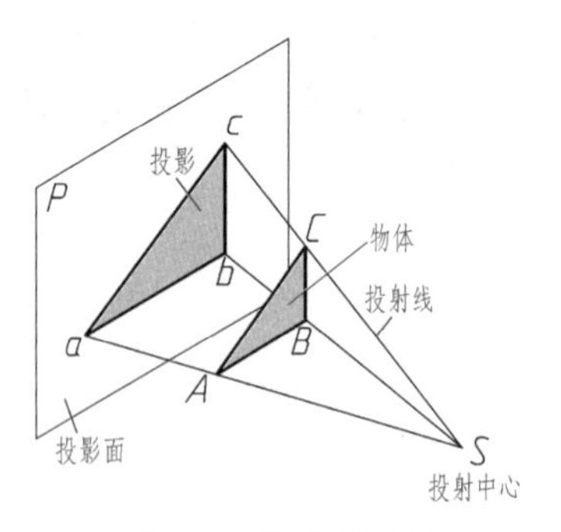

图 2-1　中心投影法

2. 平行投影法

投射线互相平行的投影方法称为平行投影法，分为斜投影法和正投影法两种。

（1）斜投影法

斜投影法指投射线与投影面倾斜的平行投影法，如图 2-2a 所示。斜二等轴测图就是采用斜投影法绘制的。

（2）正投影法

正投影法指投射线与投影面垂直的平行投影法，如图 2-2b 所示。

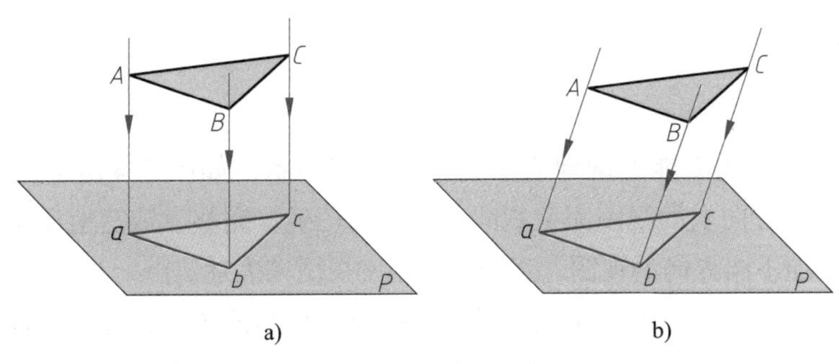

a)　　b)

图 2-2　平行投影法

a）斜投影法　b）正投影法

根据正投影法所得到的图形称为正投影图或正投影，简称投影。机械图样一般用正投影法绘制，根据有关标准和规定，用正投影法所绘制的物体的图形称为视图。

二、正投影法的特性

1. 实形性

物体上平行于投影面的平面的投影反映实形；平行于投影面的线段的投影反映实长。如图 2-3a 所示，p' 反应 P 的实形，$a'b'=AB$。

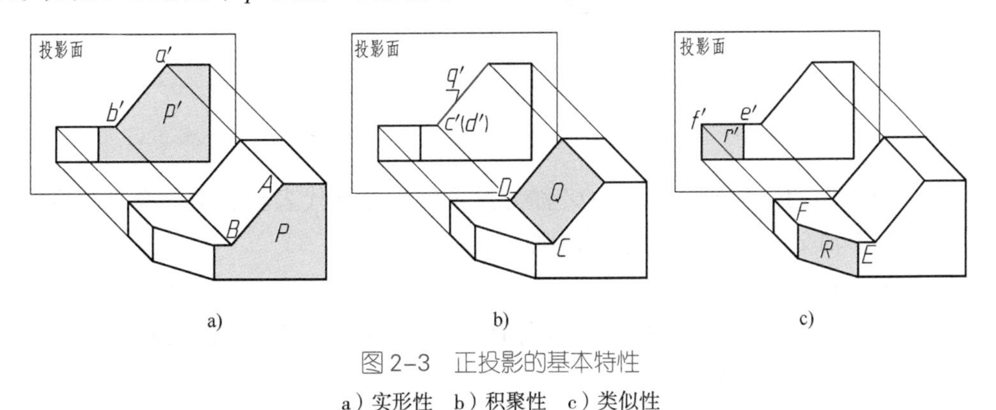

a)　　b)　　c)

图 2-3　正投影的基本特性

a）实形性　b）积聚性　c）类似性

2. 积聚性

物体上垂直于投影面的平面的投影积聚成一条直线，垂直于投影面的线段的投影积聚成一点。如图 2-3b 所示，平面 Q 的投影 q' 积聚成一条直线，线段 CD 的投影 c'（d'）积聚成一点。

3. 类似性

物体上倾斜于投影面的平面的投影是实形的类似形（类似形是指两图形相应线段的边数、平行关系、凹凸关系不变），倾斜于投影面的线段的投影比实长短。如图 2-3c 所示，平面 R 的投影 r' 与该平面类似，线段 EF 的投影 ef 比实长短（$ef<EF$）。

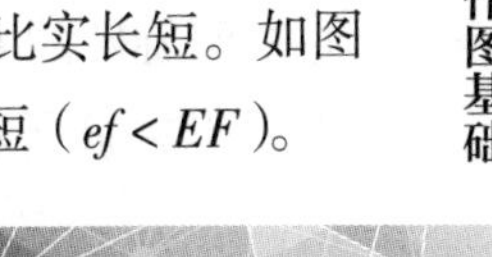

可见，按正投影法所得到的正投影能准确反映物体上某些几何要素的形状和大小，度量性好，作图简单。因此工程图样主要采用正投影法绘制。

三、三视图

1. 三投影面体系的建立

通常，一个视图不能准确地表示物体的完整形状，如图 2–4 所示的三个不同物体，它们在同一方向上的视图完全相同。因此要正确、完整、清楚地反映某一物体的形状，必须增加不同方向的视图，工程上常用三视图来表达。

如图 2–5 所示，三个互相垂直的投影面构成三投影面体系，这三个投影面分别是正投影面（用 V 表示）、水平投影面（用 H 表示）和侧投影面（用 W 表示）。

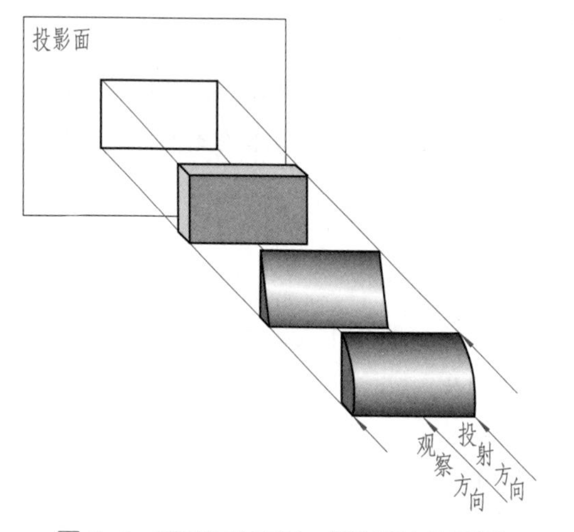

图 2–4　不同物体在同一投影面上的视图

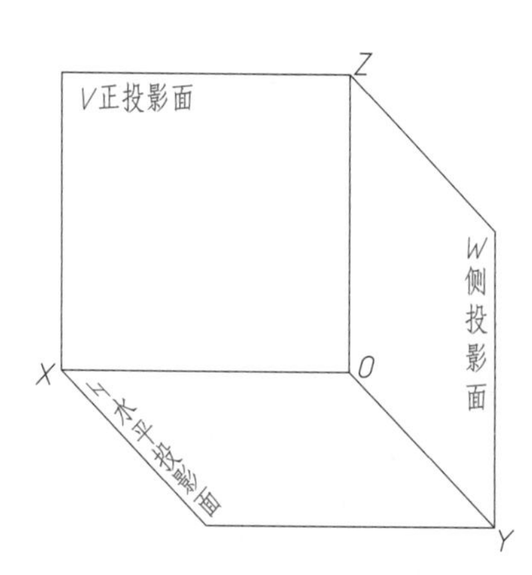

图 2–5　三投影面体系

三个投影面的交线 OX、OY、OZ 称为投影轴，分别代表长、宽、高三个空间方向，三个投影轴交于一点 O，该点称为原点。

2. 三视图的形成

如图 2–6a 所示，将物体放在三投影面体系中，按正投影法分别向 V、H、W 三个投影面投射，得到三视图。

主视图：由前向后投射，在正投影面上得到的视图。

俯视图：由上向下投射，在水平投影面上得到的视图。

左视图：由左向右投射，在侧投影面上得到的视图。

为了便于画图和满足读图的实际需要，必须将空间的三个视图展平在同一投影面上。如图 2–6b 所示，正投影面固定不动，先将水平投影面和侧投影面沿 OY 轴分开，将水投影平面绕 OX 轴向下旋转 90°，将侧投影面绕 OZ 轴向右旋转 90°，使它们与正面同处一个平面。如图 2–6c 所示，OY 轴一分为二，随 H 面旋转的 OY 轴用 Y_H 表示，随 W 面旋转的 OY 轴用 Y_W 表示。画三视图时不必画出投影轴和投影面边框，这样就得到图 2–6d 所示的三视图。

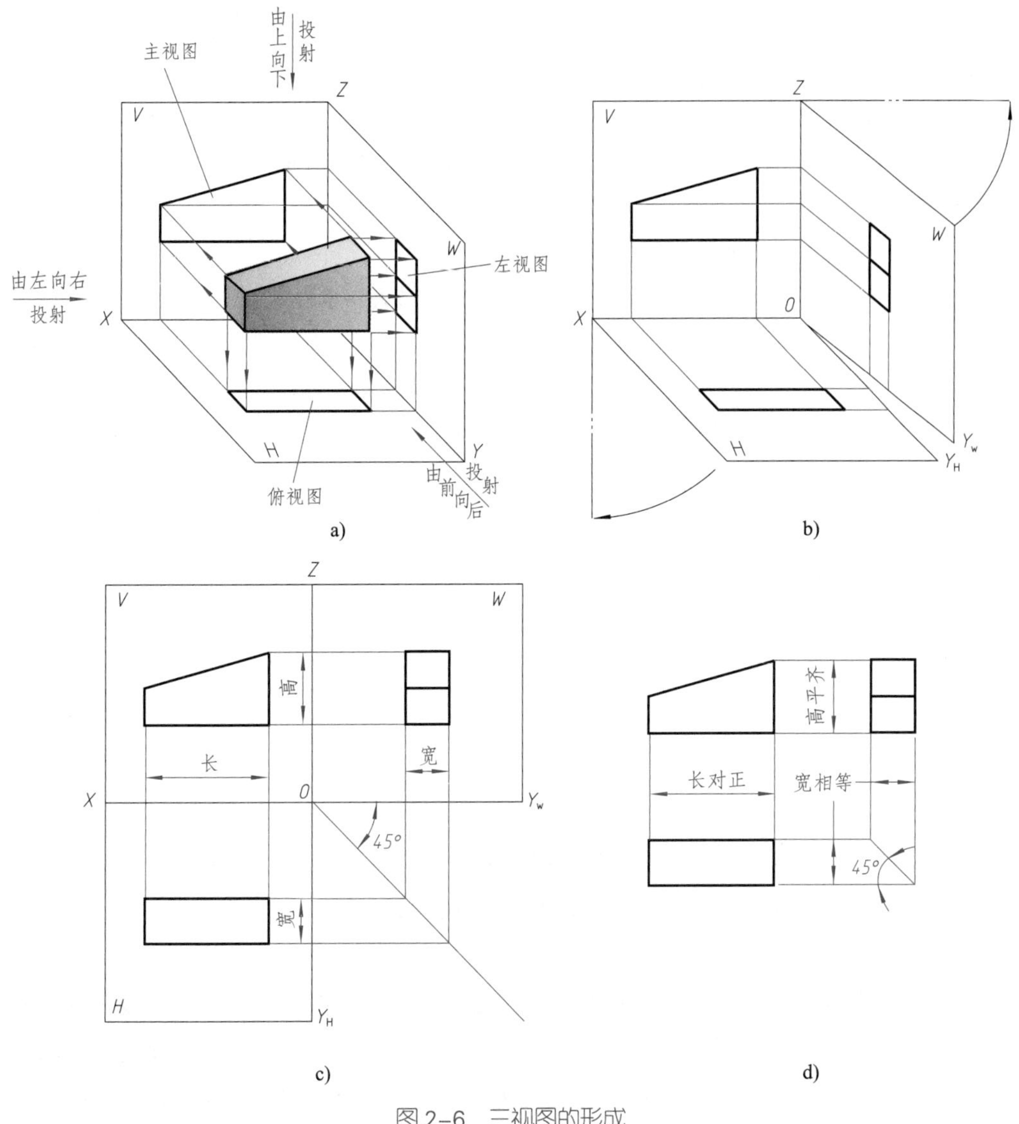

图 2-6　三视图的形成

3. 三视图的投影对应关系

（1）三视图的投影规律

从三视图的形成过程和结果可以看出三视图的配置，其中俯视图位于主视图下方、左视图位于主视图右侧，此时不需注写名称。

物体有长、宽、高三个方向的尺寸。通常规定：物体左、右之间的距离为长，前、后之间的距离为宽，上、下之间的距离为高。分析图 2-6d 可以看出，每个视图能反映物体两个方向的尺寸。主视图反映物体的长和高，俯视图反映物体的长和宽，左视图反映物体的宽和高。从三视图的配置位置可以归纳出三视图的投影规律。

1）长对正：主视图与俯视图上的投影长度分别相等并对齐，即主视图、俯视图长对正。

2）高平齐：主视图与左视图上的投影高度分别相等并对齐，即主视图、左视图高平齐。

3）宽相等：俯视图与左视图上的投影宽度分别相等，即俯视图、左视图宽相等。

“长对正、高平齐、宽相等”的投影对应规律是三视图的重要特性，也是画图与读图的依据。

（2）三视图与物体的方位对应关系

如图 2–7 所示，物体有上、下、左、右、前、后六个方位，其中：

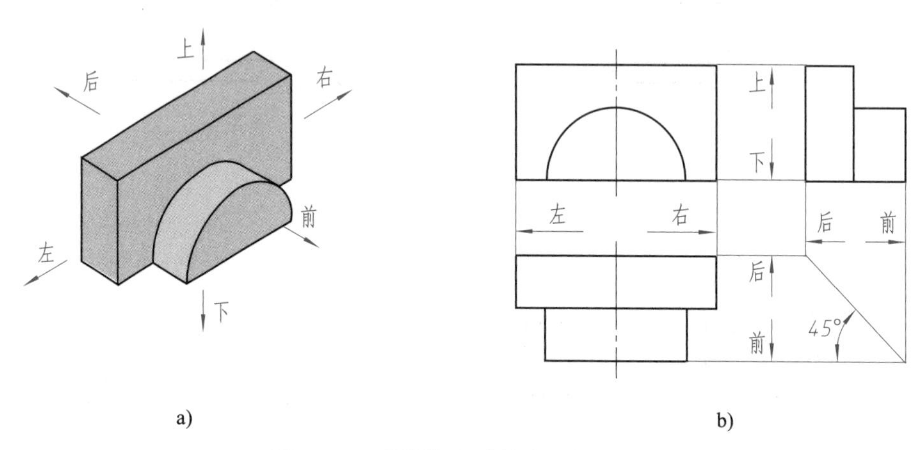

图 2–7　三视图与物体的方位对应关系

主视图反映物体上、下和左、右的相对位置关系。

俯视图反映物体前、后和左、右的相对位置关系。

左视图反映物体前、后和上、下的相对位置关系。

画图和读图时要特别注意俯视图与左视图的前、后对应关系。在三个投影面展开过程中，水平投影面向下旋转，原来向前的 OY 轴成为向下的 OY_H 轴，即俯视图的下侧实际表示物体的前方，俯视图的上侧则表示物体的后方。而侧投影面向右旋转后，原来向前的 OY 轴成为向右的 OY_W 轴，即左视图的右侧实际表示物体的前方，左视图的左侧则表示物体的后方。换言之，俯、左视图中靠近主视图一侧为物体的后方，远离主视图一侧为物体的前方。所以，物体俯、左视图不仅宽度相等，还应保持前、后位置的对应关系。

例 2–1　根据缺角长方体的立体图和主、俯视图（见图 2–8a），补画其左视图，并分析缺角长方体表面间的相对位置。

作图步骤

（1）按长方体的主、左视图高平齐，俯、左视图宽相等的投影关系，补画长方体的左视图（见图 2–8b）。

（2）用同样方法补画缺角的左视图，此时必须注意前、后位置的对应关系（见图 2–8c）。

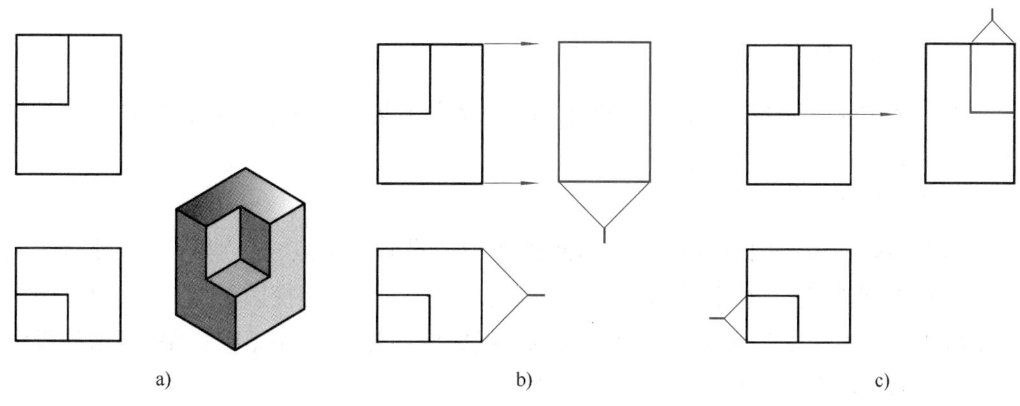

图 2-8　由主、俯视图补画左视图

在分析长方体表面间的相对位置时应注意：主视图不能反映物体的前、后方位关系；俯视图不能反映物体的上、下方位关系；左视图不能反映物体的左、右方位关系。因此，当想在主视图上判断长方体前、后两个表面的相对位置时，必须从俯视图或左视图上找到前、后两个表面的位置，才能确定哪个表面在前、哪个表面在后，如图 2-9a 所示。

用同样方法在俯视图上判断长方体上、下两个表面的相对位置，在左视图上判断长方体左、右两个表面的相对位置，如图 2-9b、c 所示。

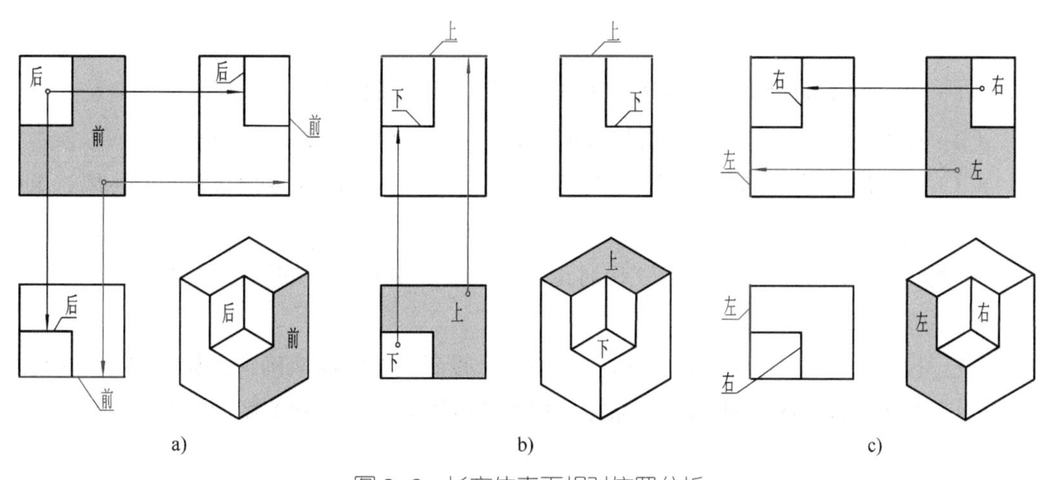

图 2-9　长方体表面相对位置分析

第 2 节　基本几何要素的投影

任何平面立体的表面都包含点、直线和平面等基本几何要素，要完整、准确地绘制物体的三视图，就要进一步研究这些几何要素的投影特性和作图方法，这对画图和读图具有十分重要的意义。

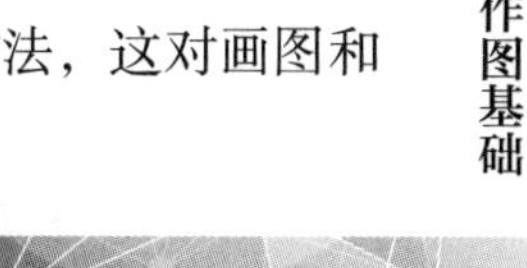

一、点的投影

如图 2–10a 所示的三棱锥，由四个面、六条线和四个点组成。点是最基本的几何要素，下面分析锥顶 S 的投影特性。

1. 点的投影特性

图 2–10b 表示空间点 S 在三投影面体系中的投影。将点 S 分别向三个投影面投射，分别得到投影 s（水平投影）、s'（正面投影）、s''（侧面投影）。通常空间点用大写字母表示，对应的投影用小写字母表示。投影面展开后得到如图 2–10c 所示的投影图。由投影图可看出点 S 的投影有以下特性：

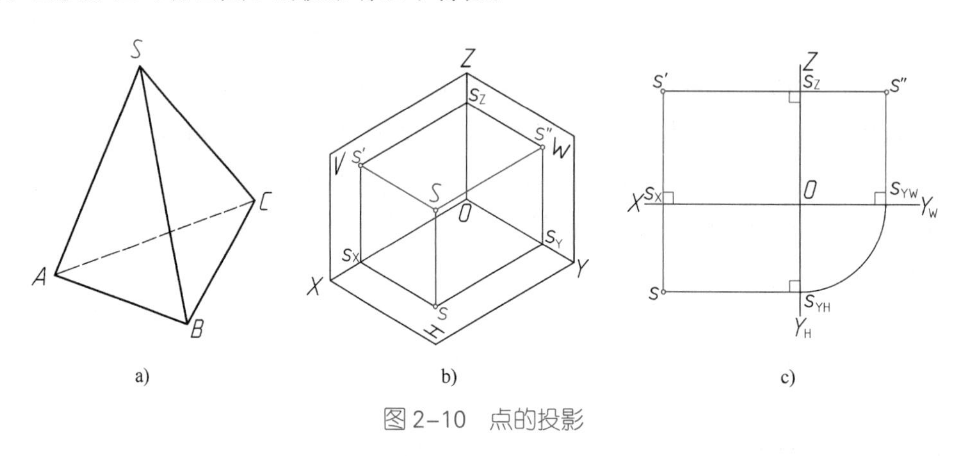

图 2–10　点的投影

（1）点 S 的 V 面投影和 H 面投影的连线垂直于 OX 轴，即 $s's \perp OX$。

（2）点 S 的 V 面投影和 W 面投影的连线垂直于 OZ 轴，即 $s's'' \perp OZ$。

（3）点 S 的 H 面投影到 OX 轴的距离等于其 W 面投影到 OZ 轴的距离，即 $ss_X=s''s_Z$。

由此可见，点的投影仍符合“长对正、高平齐、宽相等”的投影规律。

2. 点的坐标与投影关系

在三投影面体系中，点的位置可由点到三个投影面的距离来确定。如果将三个投影面作为三个坐标面，投影轴作为坐标轴，则点的投影和点的坐标关系如图 2–11 所示。

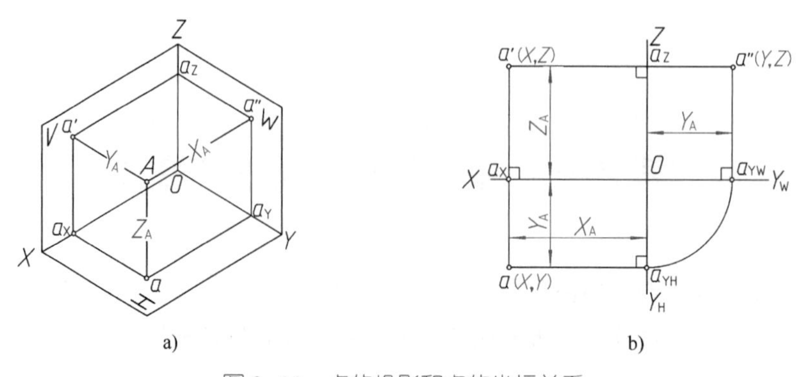

图 2–11　点的投影和点的坐标关系

点 A 到 W 面的距离 X_A 为：$Aa''=a'a_Z=aa_Y=a_XO=X$。

点 A 到 V 面的距离 Y_A 为：$Aa'=a''a_Z=aa_X=a_YO=Y$。

点 A 到 H 面的距离 Z_A 为：$Aa=a''a_Y=a'a_X=a_ZO=Z$。

空间点的位置可由该点的坐标（X，Y，Z）确定，A 点三个投影的坐标分别为 a（X，Y）、a'（X，Z）、a''（Y，Z）。任一投影都包含了两个坐标，所以一个点的两个投影就包含了确定该点空间位置的三个坐标，即确定了点的空间位置。换言之，若已知某点的两个投影，则可求出第三投影。

例 2–2　如图 2–12a 所示，已知点 A 的 V 面投影 a' 和 W 面投影 a''，求作其 H 面投影 a。

作图步骤

（1）根据点的投影规律可知，$a'a \perp OX$，过 a' 作 $a'a_X \perp OX$，并延长，如图 2–12b 所示。

（2）量取 $aa_X=a''a_Z$，可求得 a。

（3）也可如图 2–12c 所示，利用 45° 线作图。

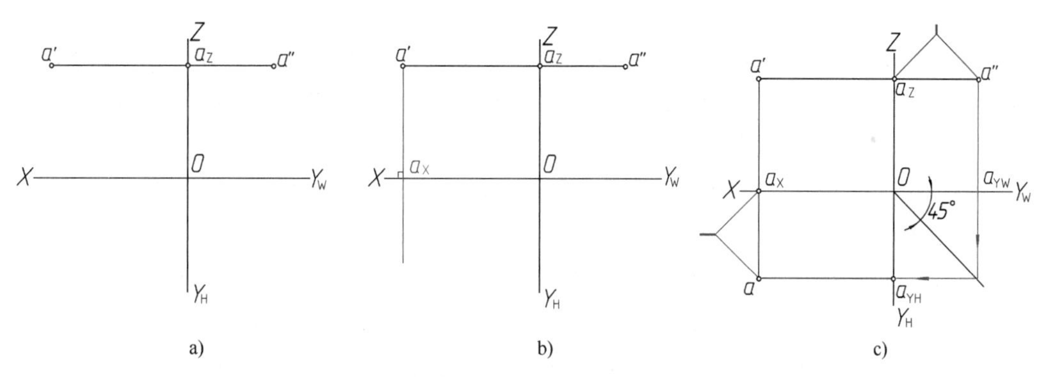

图 2–12　已知点的两投影求第三投影

3. 两点的相对位置

两点的相对位置是指两点的左右、前后和上下位置关系，由其两点对应坐标大小确定，如图 2–13 所示。

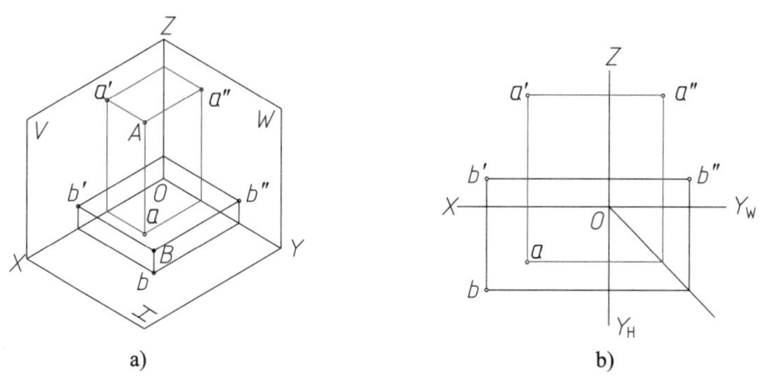

图 2–13　两点的相对位置

第2章　正投影作图基础

X 坐标大者在左，小者在右；Y 坐标大者在前，小者在后；Z 坐标大者在上，小者在下。两点的对应坐标差决定了两点之间的同向距离。

例 2–3 如图 2–14 所示，已知空间点 C（16，5，6），点 D 在点 C 之右 10 mm、之前 7 mm、之上 8 mm，求作 C、D 两点的三面投影。

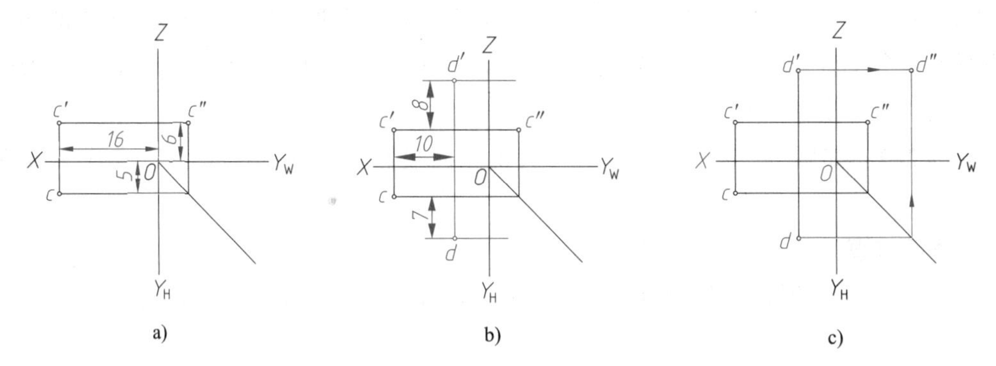

图 2–14　由点坐标关系求作其三面投影

作图步骤

（1）根据点 C 的三个坐标作出其三面投影 c、c'、c''（见图 2–14a）。

（2）在点 c 右侧 10 mm 处作 X 轴垂线，自过点 c 的横线与该垂线的交点处向下量取 7 mm，即得点 D 的水平投影 d；自过 c' 的横线与该垂线的交点处向上量取 8 mm，得点 D 的正面投影 d'（见图 2–14b）。

（3）按“高平齐、宽相等”的投影规律，作出 d''，完成三面投影（见图 2–14c）。

4. 重影点及其可见性

若空间两点在某一投影面上的投影重合，则称其为在该投影面上重影。如图 2–15 所示，点 B 和点 A 在 H 面上的投影 b 和 a 重影，则该两点称为 H 面的重影点。根据投影原理可知：两点重影时，远离投影面的一点为可见点，另一点则为不可见点，通常规定在不可见点的投影符号外加圆括号表示，如图 2–15b 所示。重影点的可见性可通过该点的另外两个投影来判别，在图 2–15b 中，由 V 面投影和 W 面投影可知，点 B 在点 A 之上，由此可判断在 H 面投影中 b 为可见，a 为不可见。

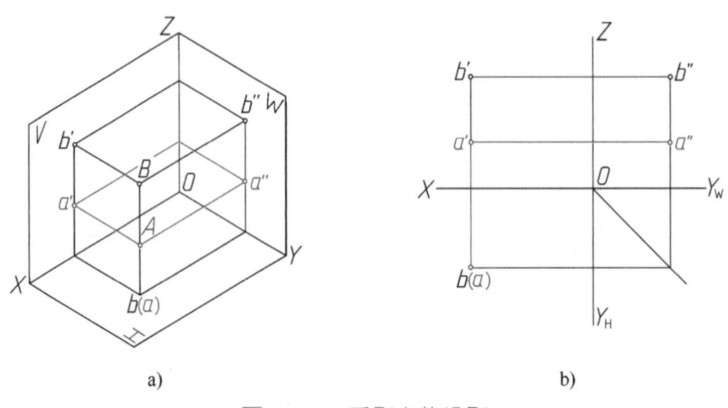

图 2–15　重影点的投影

二、直线的投影

直线按照与投影面的相对位置分为三种：投影面平行线、投影面垂直线和一般位置直线。

1. 投影面平行线

只平行于一个投影面，与另外两个投影面倾斜的直线称为投影面平行线，包括水平线、正平线、侧平线三种。投影面平行线的投影特性见表 2–1。

表 2–1　投影面平行线的投影特性

名称	水平线	正平线	侧平线
投影	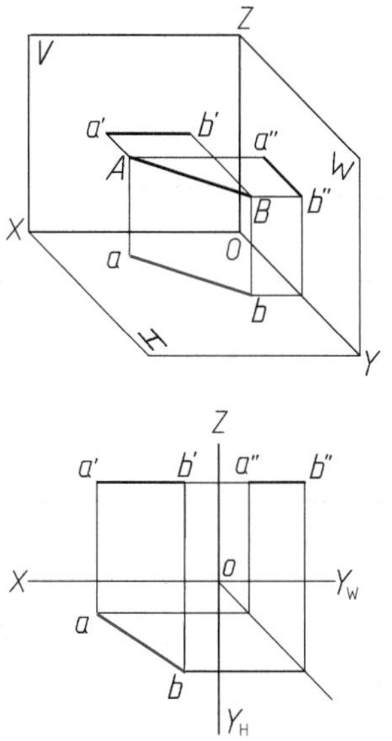	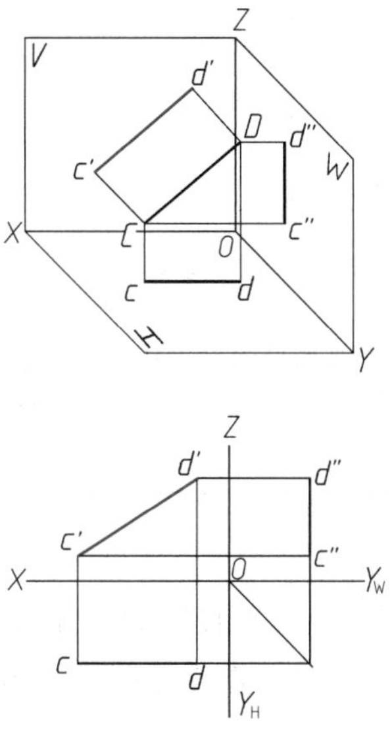	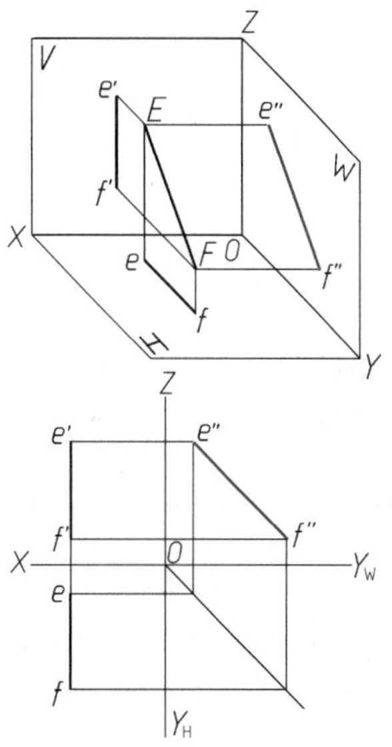
投影特性	1. 投影面平行线的三个投影都是直线，其中在与直线平行的投影面上的投影反映线段实长，而且倾斜于投影轴 2. 另外两个投影都短于线段实长，且分别平行于相应的投影轴		

2. 投影面垂直线

垂直于一个投影面，与另外两个投影面平行的直线称为投影面垂直线，包括铅垂线、正垂线、侧垂线三种。投影面垂直线的投影特性见表 2–2。

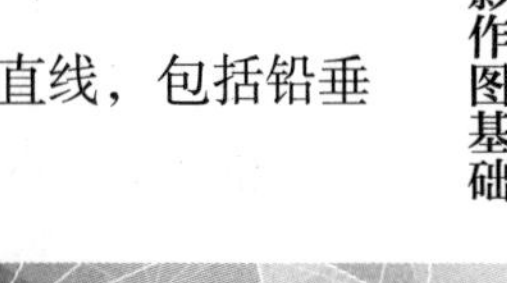

表 2-2 投影面垂直线的投影特性

名称	铅垂线	正垂线	侧垂线
投影			
投影特性	1. 投影面垂直线在所垂直的投影面上的投影积聚成为一个点 2. 另外两个投影都反映线段实长，且垂直于相应的投影轴		

3. 一般位置直线

既不平行于也不垂直于任何一个投影面，即与三个投影面都处于倾斜位置的直线称为一般位置直线，如图 2–16 所示直线 *AB*。一般位置直线的投影特性如下：

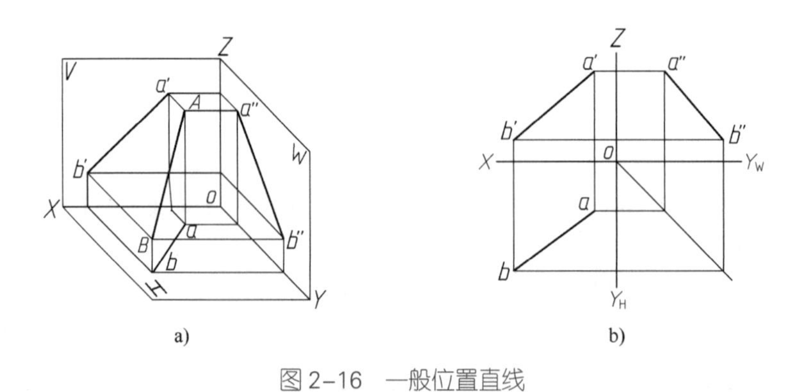

图 2–16 一般位置直线

（1）三个投影均短于线段实长。

（2）三个投影均与投影轴倾斜。

例 2–4 分析正三棱锥各棱线和底边与投影面的相对位置（见图 2–17）。

（1）分析棱线 *SB*

sb 与 *s′b′* 皆为竖线，可确定 *SB* 为侧平线，侧面投影 *s″b″* 反映实长，如图 2–17a 所示。

（2）分析底边 *AC*

侧面投影 *a″*（*c″*）重影，可判断 *AC* 为侧垂线，*a′c′*=*ac*=*AC*，如图 2–17b 所示。

（3）分析棱线 *SA*

三个投影 *sa*、*s′a′*、*s″a″* 皆为斜线，所以必定是一般位置直线，如图 2–17c 所示。

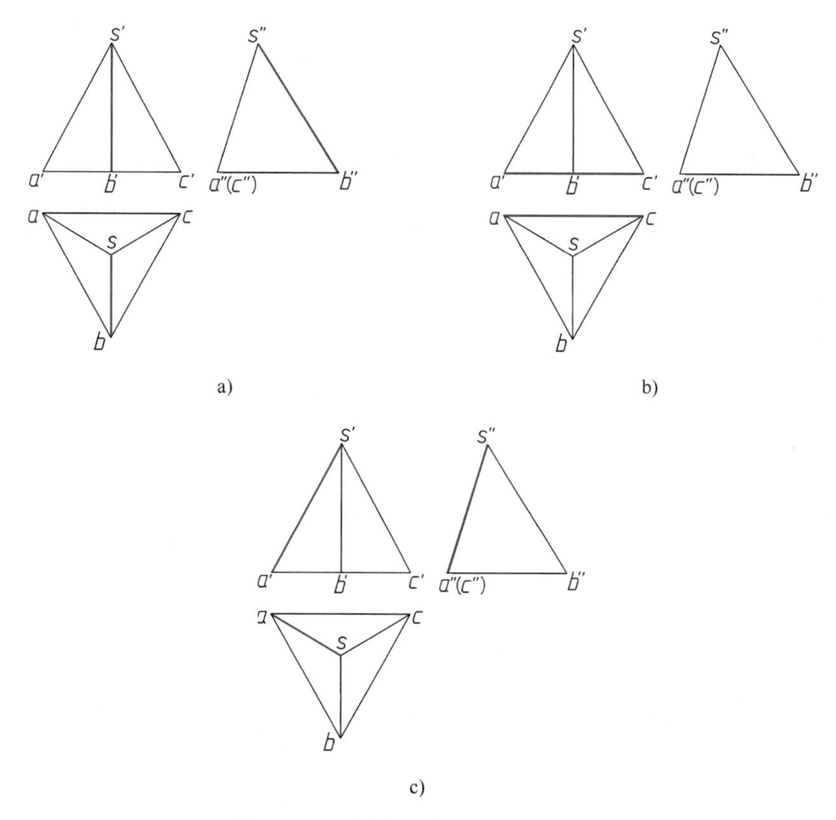

图 2–17　直线与投影面的相对位置

a）棱线 *SB*　b）底边 *AC*　c）棱线 *SA*

三、平面的投影

平面按照与投影面的相对位置分为三种：投影面平行面、投影面垂直面和一般位置平面。

1. 投影面平行面

平行于一个投影面，垂直于另外两个投影面的平面称为投影面平行面，包括水平面、正平面、侧平面三种。投影面平行面的投影特性见表 2–3。

表 2-3　投影面平行面的投影特性

名称	水平面	正平面	侧平面
投影			
投影特性	1. 在与平面平行的投影面上，该平面的投影反映实形 2. 其余两个投影为横线或竖线，都具有积聚性		

2. 投影面垂直面

垂直于一个投影面而倾斜于另外两个投影面的平面称为投影面垂直面，包括铅垂面、正垂面、侧垂面三种。投影面垂直面的投影特性见表 2-4。

表 2-4　投影面垂直面的投影特性

名称	铅垂面	正垂面	侧垂面
投影	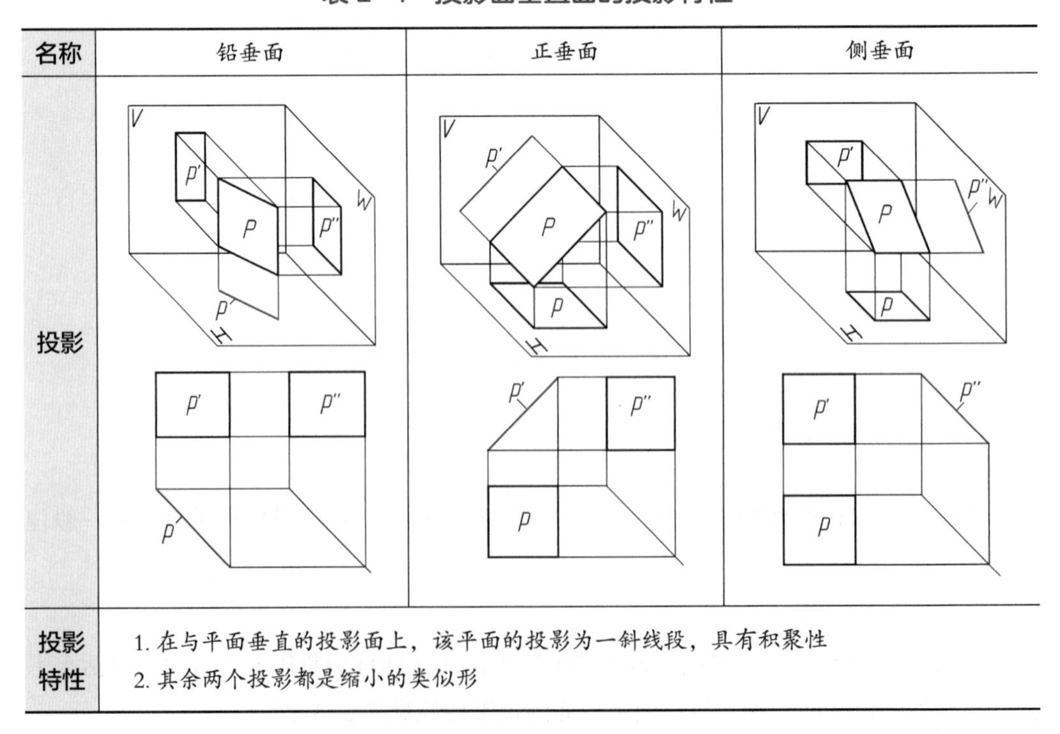		
投影特性	1. 在与平面垂直的投影面上，该平面的投影为一斜线段，具有积聚性 2. 其余两个投影都是缩小的类似形		

3. 一般位置平面

与三个投影面都倾斜的平面称为一般位置平面。如图 2–18 所示，△*ABC* 与 *V*、*H*、*W* 面都倾斜，所以在三个投影面上的投影△*a′b′c′*、△*abc*、△*a″b″c″* 均为原三角形的类似形。

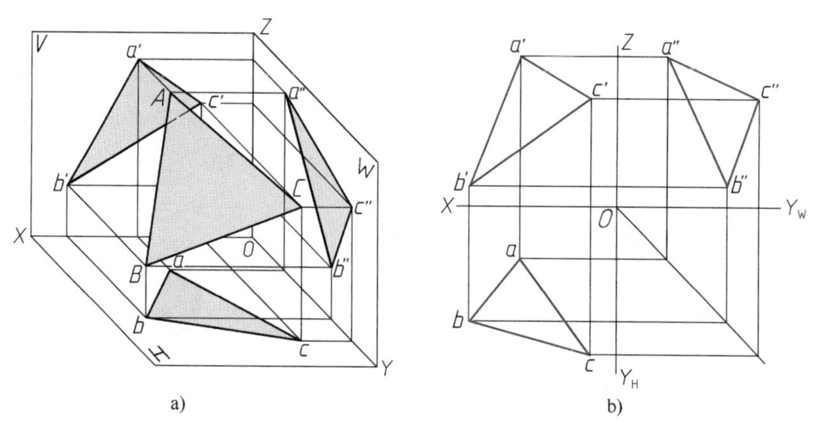

图 2–18　一般位置平面

例 2–5　分析正三棱锥各侧面和底面与投影面的相对位置（见图 2–19）。

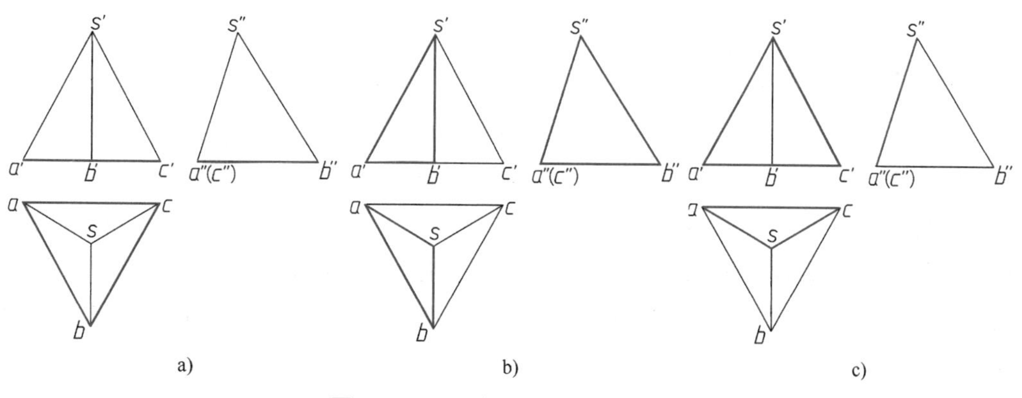

图 2–19　平面与投影面的相对位置

a）底面 *ABC*　b）侧面 *SAB*　c）侧面 *SAC*

（1）分析底面 *ABC*

底面 *ABC* 的 *V* 面和 *W* 面投影积聚为横线，可确定底面 *ABC* 是水平面，*H* 投影反映实形，如图 2–19a 所示。

（2）分析侧面 *SAB*

侧面 *SAB* 的三个投影 *sab*、*s′a′b′*、*s″a″b″* 都没有积聚性，均为侧面 *SAB* 的类似形，可判断侧面 *SAB* 是一般位置平面，如图 2–19b 所示。

（3）分析侧面 *SAC*

侧面 *SAC* 的侧面投影积聚为一条斜线 *s″a″*（*c″*），正面投影和侧面投影为实形的类似形，因此可确定侧面 *SAC* 是侧垂面，如图 2–19c 所示。

第3节　基本体的视图

任何物体均可以看成是由若干基本体组合而成的。基本体包括平面立体和曲面立体两类，常见基本体如图2–20所示。平面立体的每个表面都是平面，如棱柱、棱锥等；曲面立体至少有一个表面是曲面，如圆柱、圆锥、球等。

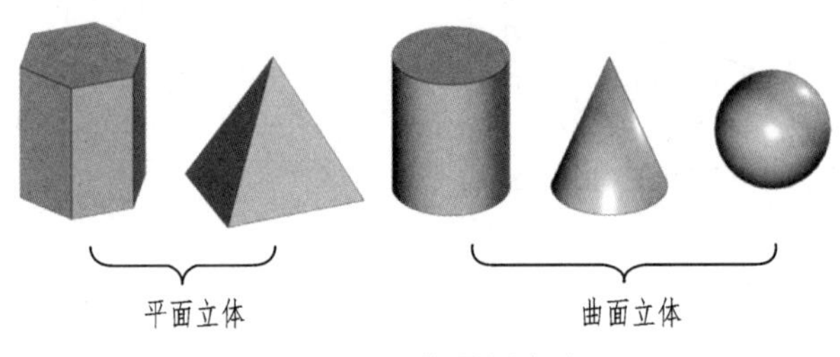

图2–20　常见基本体

一、棱柱

棱柱的棱线互相平行，常见的棱柱有三棱柱、四棱柱、五棱柱和六棱柱等。下面以图2–21a所示正六棱柱为例，分析其投影特征和作图方法。

图2–21a所示正六棱柱的顶面和底面为水平面，其水平投影反映实形，正面投影和侧面投影积聚为横线；前、后侧面为正平面，正面投影反映实形，水平投影积聚成横线，侧面投影积聚成竖线；其余四个侧面为铅垂面，其水平投影积聚为斜线，正面投影和侧面投影为实形的类似形。绘制图2–21a所示正六棱柱三视图的步骤如下：

1. 作正六棱柱的对称中心线和底面的基准线，确定各视图的位置（见图2–21b）。

2. 先画出反映主要形状特征的视图即俯视图的正六边形。按长对正的投影关系及正六棱柱的高度画出主视图（见图2–21c）。

3. 按高平齐、宽相等的投影关系画出左视图（见图2–21d）。

二、棱锥

棱锥的棱线交于一点，常见的棱锥有三棱锥、四棱锥和五棱锥等。下面以图2–22a所示四棱锥为例，分析其投影特征和作图方法。

图2–22a所示四棱锥的底面是水平面，其水平投影反映实形，正面投影和侧面投影为横线；左、右两个侧面是正垂面，其正面投影积聚成斜线，水平投影和侧面投影为类似的三角形；前、后两个侧面为侧垂面，其侧面投影积聚成斜线，正面投影和水

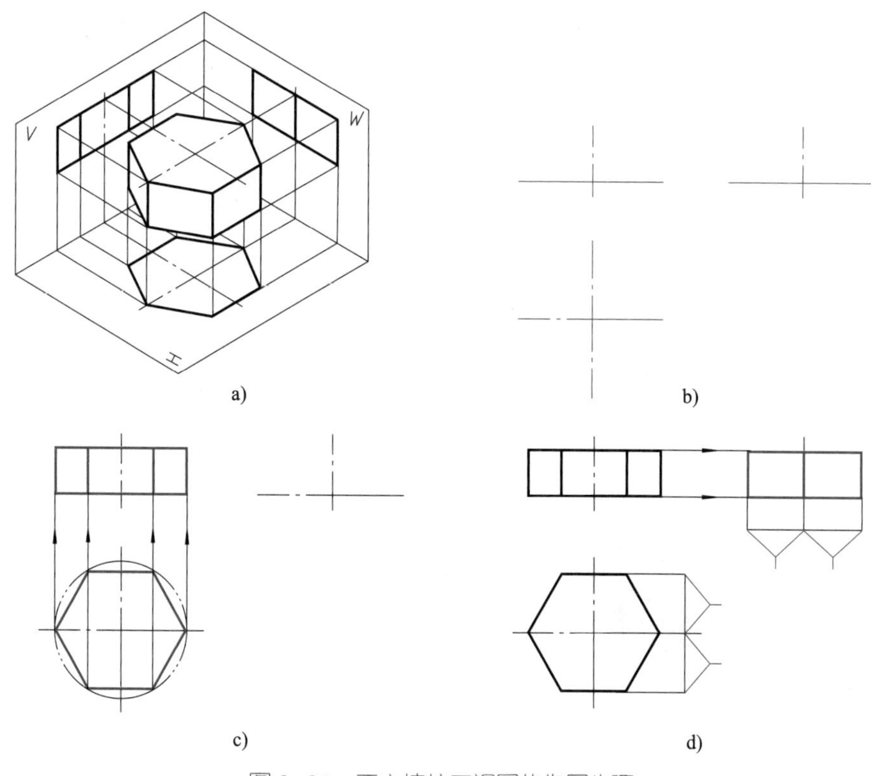

图 2-21　正六棱柱三视图的作图步骤

平投影为类似的三角形。相交于锥顶的四条棱线是一般位置直线，其三面投影均不反映实长。

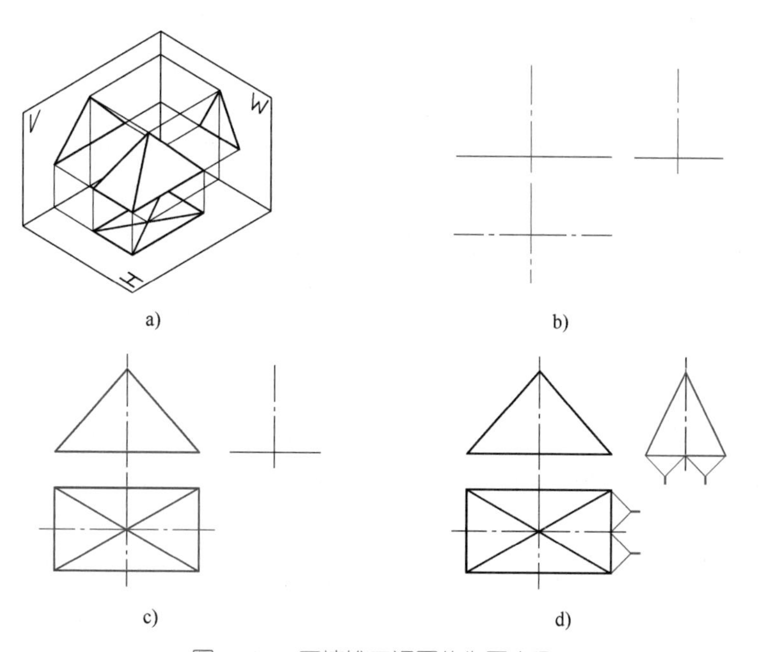

图 2-22　四棱锥三视图的作图步骤

由此可见，图 2–22a 所示四棱锥的投影特征是：水平投影反映底面实形——矩形，其内部包含四个三角形侧面的投影；另外两个投影均为三角形。绘制图 2–22a 所示四棱锥三视图的步骤如下：

1. 作四棱锥的对称中心线和底面的基准线（见图 2–22b）。

2. 画底面的水平投影（矩形）和正面投影（横线）。根据四棱锥的高度在主视图上定出锥顶的投影位置，然后在主、俯视图上分别将锥顶及底面各顶点的投影用直线连接，即得四条棱线的投影（见图 2–22c）。

3. 按高平齐、宽相等的投影关系画出左视图（见图 2–22d）。

例 2–6 已知物体的主、俯视图，补画左视图（见图 2–23a）。

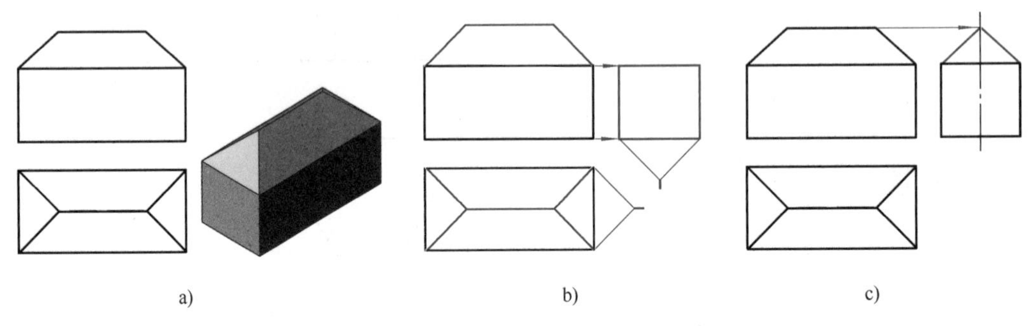

图 2–23 已知主、俯视图补画左视图

作图步骤

（1）根据已知物体的主、俯视图，参照立体图，可知该物体由两部分组成：下部为四棱柱，上部为左、右各切去一角的三棱柱。三棱柱的棱线垂直于 *W* 面，它的一个侧面与四棱柱的顶面重合。如图 2–23b 所示，先补画出下部四棱柱的左视图。

（2）作三棱柱上面中间棱线的侧面投影。由于该棱线垂直于 *W* 面，是侧垂线，其侧面投影积聚为一点（在图形中间），过该点与矩形两端点连线，即完成左视图（见图 2–23c）。应该注意：左视图上的三角形为三棱柱左、右两个斜面（正垂面）在侧投影面上的投影；两条斜线为三棱柱前、后两个侧面（侧垂面）的积聚性投影。

三、圆柱

圆柱由圆柱面与上、下两底面所围成。圆柱面可看作由一条直母线绕与其平行的轴线回转而成，如图 2–24a 所示。圆柱面上任意一条平行于轴线的直线称为圆柱面的素线。

将圆柱向三投影面投射（见图 2–24b），得到圆柱的三视图，如图 2–24c 所示。圆柱的水平投影为圆，圆围成的区域为两底面的投影，圆周为圆柱面的积聚投影；圆柱的正面投影为矩形线框，其中的两条竖线分别为圆柱面最左素线和最右素线的投影（最左素线和最右素线是圆柱面的前、后分界线），两条横线为两底面的投影；圆柱的侧面投影为矩形线框，虽然其形状与主视图相同，但是含义不同，其中的两条竖线分别为圆柱面最前素线和最后素线的投影。

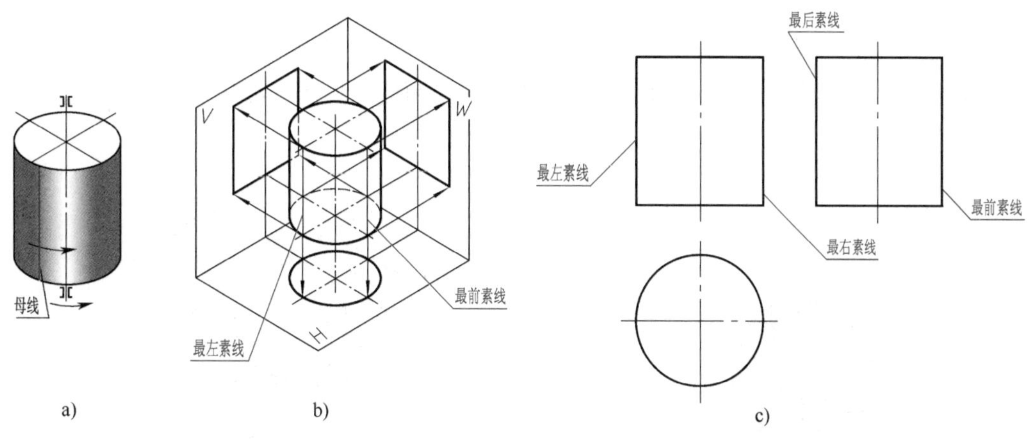

图 2-24　圆柱及其三视图

作圆柱的三视图时，应先画出圆的中心线和圆柱轴线的各投影，然后从投影为圆的视图画起，按投影关系逐步完成其他视图。

四、圆锥

圆锥由圆锥面和底面所围成。如图 2–25a 所示，圆锥面可看作由一条直母线绕与其相交的轴线回转而成。

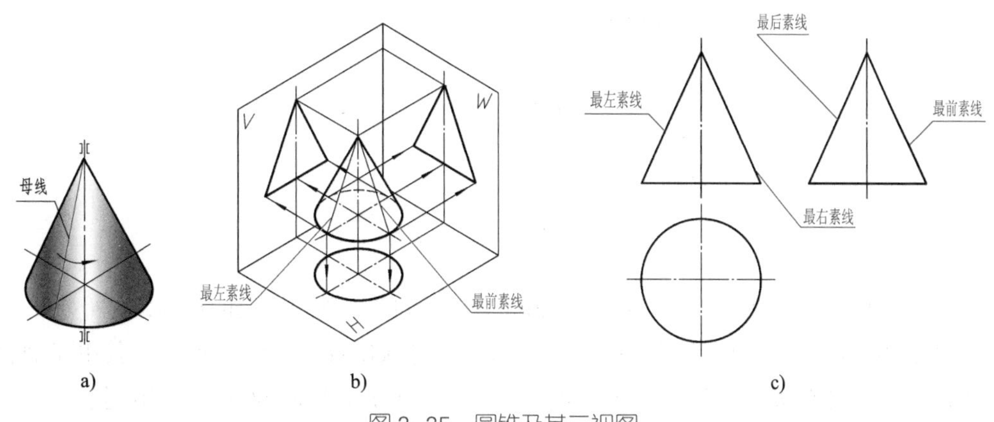

图 2-25　圆锥及其三视图

将圆锥向三投影面投射（见图 2–25b），得到圆锥的三视图，如图 2–25c 所示。圆锥的底面平行于 H 面，水平投影反映实形，正面和侧面投影积聚成横线。圆锥面的三个投影都没有积聚性，其水平投影与底面投影重合，全部可见；在正面投影中，前、后两半圆锥面的投影重合为一等腰三角形，三角形的两腰分别是圆锥最左、最右素线的投影；在侧面投影中，左、右两半圆锥面的投影重合为一等腰三角形，三角形的两腰分别是圆锥最前、最后素线的投影。

作圆锥的三视图时，应先画圆的中心线和圆锥轴线的各投影，再从投影为圆的视图画起，按圆锥的高度确定锥顶，逐步画出其他视图。

五、球

球的表面可看作由一条半圆母线绕其直径回转而成（见图 2–26a）。

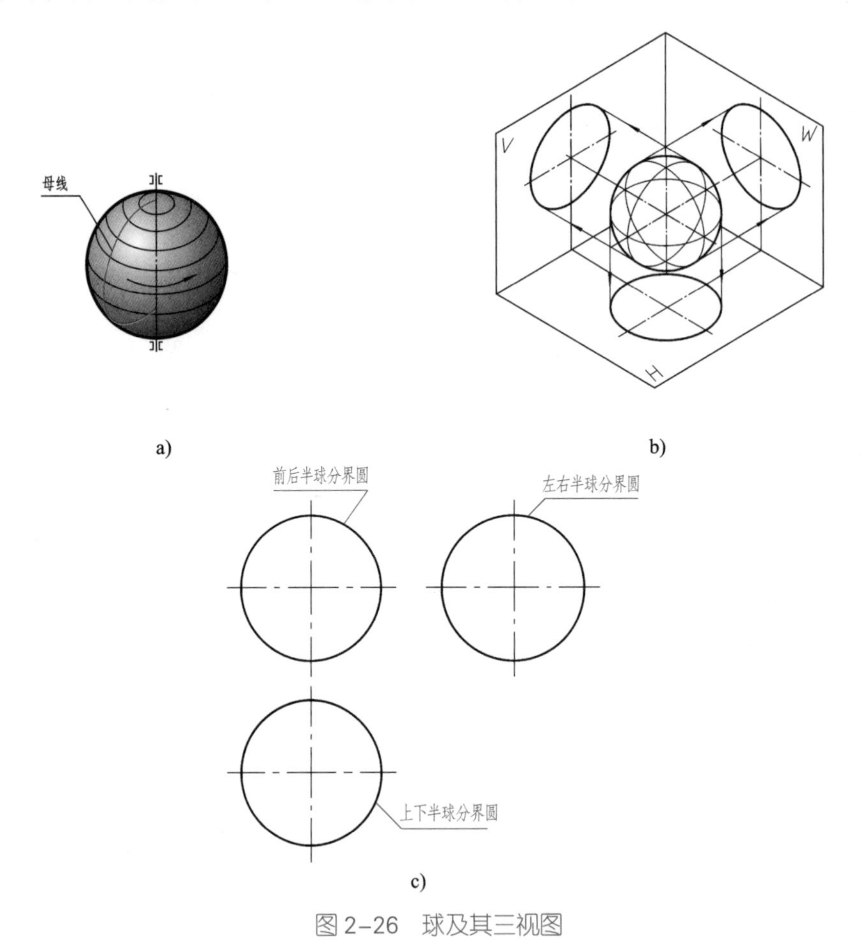

图 2–26　球及其三视图

将球向三投影面投射（见图 2–26b），得球的三视图，如图 2–26c 所示。从图 2–26c 中可以看出，球的三面投影分别为三个特殊位置素线圆的投影，其中正面投影为前、后半球分界圆的投影，水平投影为上、下半球分界圆的投影，侧面投影为左、右半球分界圆的投影。

六、基本体的尺寸标注

视图用来表达物体的形状，物体的大小则要由视图上所标注的尺寸数字来确定。任何物体都具有长、宽、高三个方向的尺寸。在视图上标注基本体的尺寸时，应将三个方向的尺寸标注齐全，既不能缺少也不允许重复。表 2–5 列举了一些常见基本体及其尺寸的标注方法。

表 2-5 常见基本体及其尺寸的标注方法

基本体	尺寸标注方法	基本体	尺寸标注方法
 三棱柱	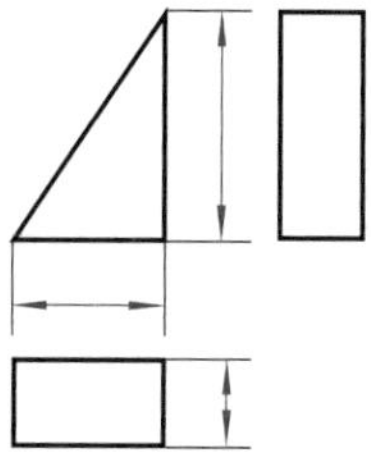 左视图可省略	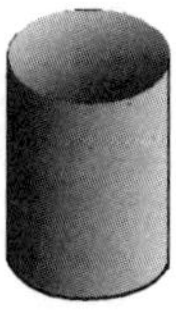 圆柱	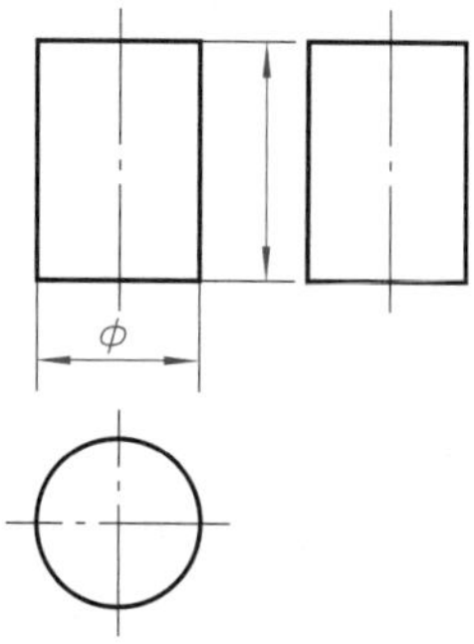 ϕ 俯视图、左视图均可省略
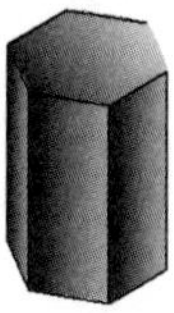 正六棱柱	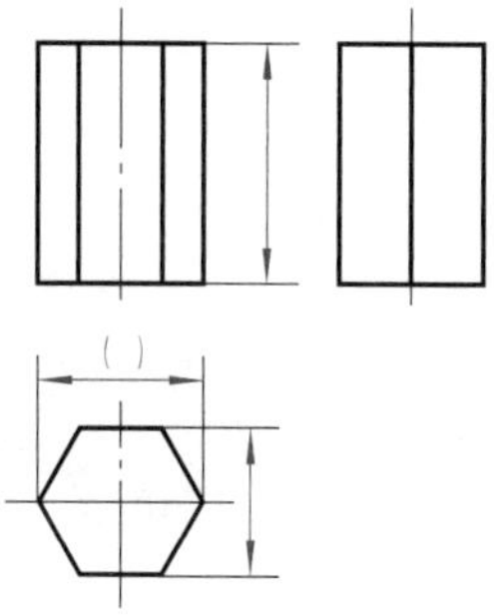 ( ) 左视图可省略	 圆锥	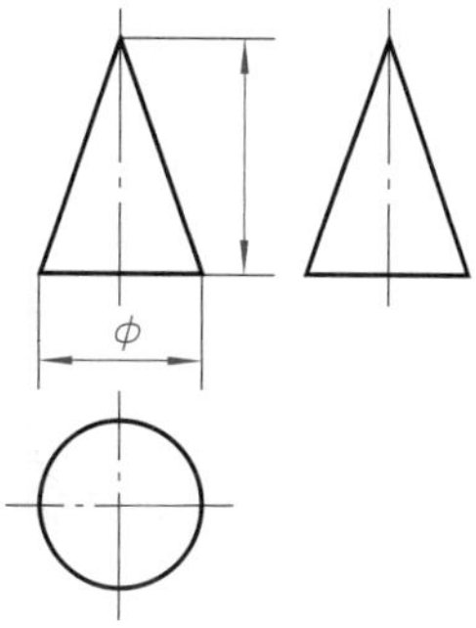 ϕ 俯视图、左视图均可省略
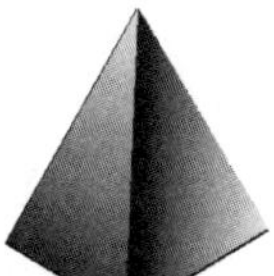 四棱锥	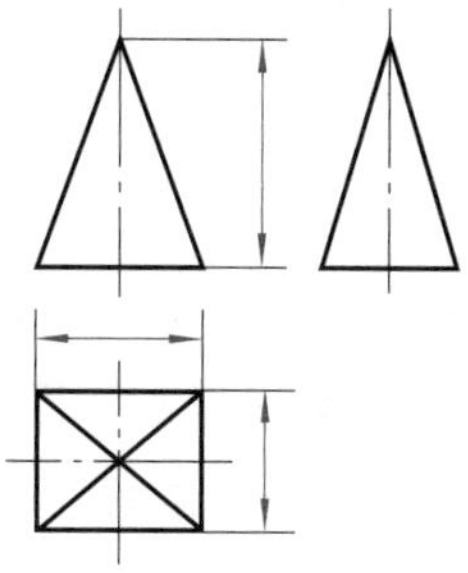 左视图可省略	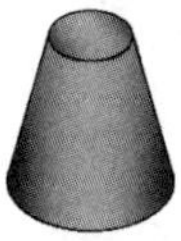 圆台	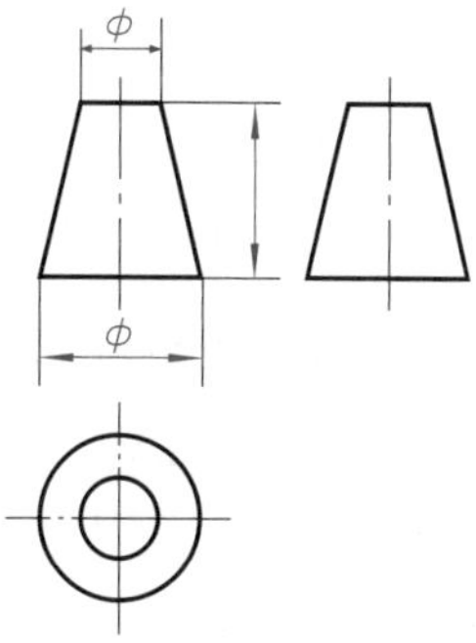 ϕ ϕ 俯视图、左视图均可省略
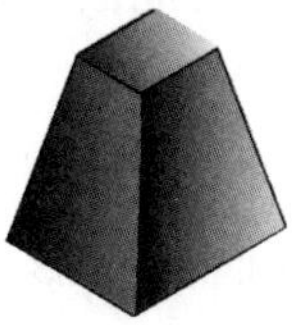 四棱台	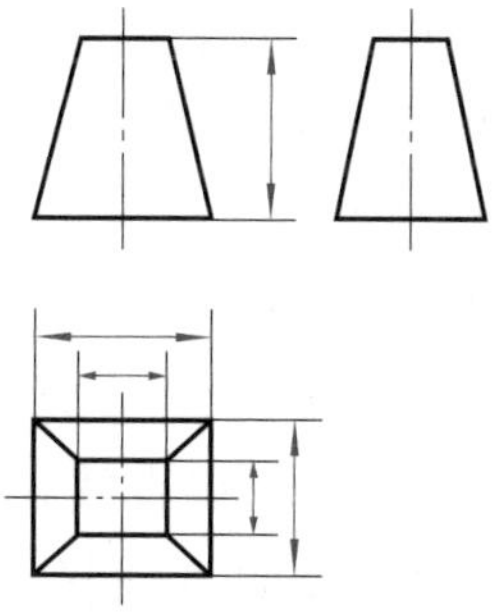 左视图可省略	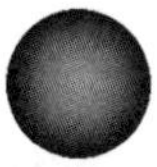 球	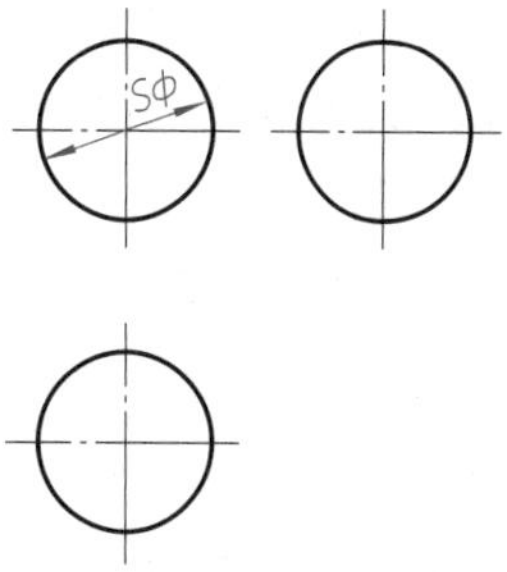 $S\phi$ 俯视图、左视图均可省略

从表 2–5 可以看出，在表达物体的一组三视图中，尺寸应尽量标注在反映基本体形状特征的视图上，而圆的直径一般标注在投影为非圆的视图上。需要说明的是，一个径向尺寸确定几何要素两个方向的大小。

第 4 节　立体表面交线的投影作图

机件表面是由一些平面或曲面构成的，机件上两个表面相交形成表面交线。在这些交线中，有的是平面与立体表面相交而产生的截交线（见图 2–27a、b），有的是两立体表面相交而形成的相贯线（见图 2–27c）。了解这些表面交线的性质并掌握其画法，有助于画图时正确表达机件的结构、形状及读图时对机件进行形体分析。

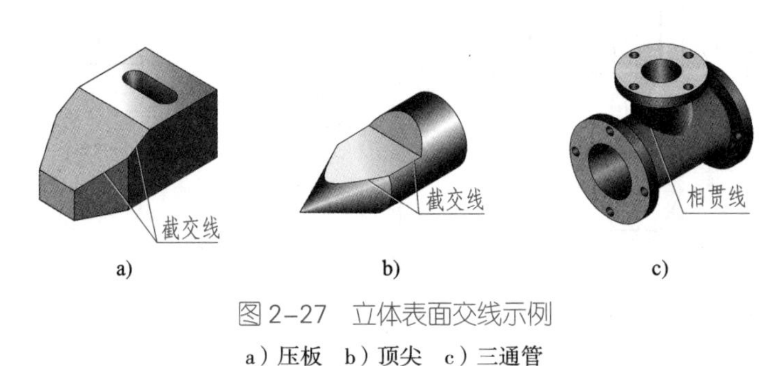

图 2–27　立体表面交线示例

a）压板　b）顶尖　c）三通管

一、立体表面上点的投影

无论是截交线还是相贯线，它们都是由立体表面上一系列的点连接而成的，掌握常见立体表面上点的投影作图方法是解决立体表面交线投影作图问题的基础和关键。在此先要明确一个从属关系：若点在直线或平面上，则点的投影一定在其所在直线或平面的投影上。

1. 棱柱表面上点的投影

若棱柱各表面为投影面平行面或投影面垂直面，则棱柱表面上点的投影可利用平面投影的积聚性求得。在三个视图中，若平面处于可见位置，则该面上点的同面投影也是可见的；反之，为不可见。

如图 2–28 所示，已知正六棱柱侧面 *ABCD* 上点 *M* 的 *V* 面投影 m'，求作该点 *H* 面投影 m 和 *W* 面投影 m''。由于点 *M* 所在侧面 *ABCD* 为铅垂面，其 *H* 面的投影积聚为直线 a（d）b（c），因此点 *M* 的 *H* 面投影 m 必定在直线 a（d）b（c）上，由此求出 m，然后由 m' 和 m 求出 m''。由于侧面 *ABCD* 的 *W* 面投影为可见，故 m'' 为可见。

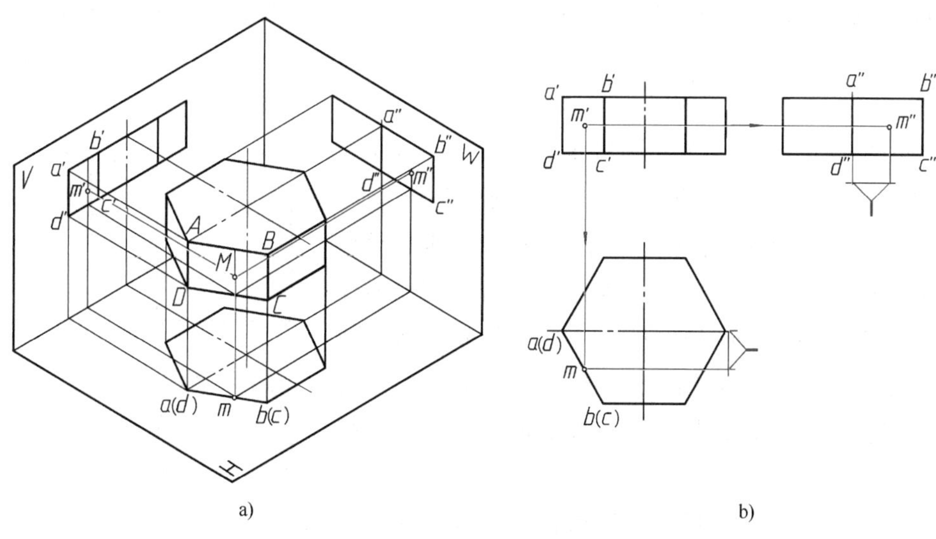

a)　　b)

图 2–28　棱柱表面上点的投影

2. 棱锥表面上点的投影

棱锥的表面可能是投影面平行面或投影面垂直面，也可能是一般位置平面。凡在投影面平行面或投影面垂直面上的点，其投影可利用平面投影的积聚性直接求得；对于一般位置平面上点的投影，则可通过在该面上作辅助直线的方法求得。

图 2–29 所示为已知三棱锥棱面上点 M 的正面投影 m'，求作其另外两面投影。

由于点 M 所在表面 ΔSAB 为一般位置平面，因此要用辅助线法作图。在图 2–29a 中，辅助线为过锥顶 S 和点 M 的直线 SD。作图步骤：连接 $s'm'$，并延长交 $a'b'$ 于 d'，得辅助线 SD 的正面投影 $s'd'$，再求出 SD 的水平投影 sd，则 m 必在 sd 上，由此求得 M 点的水平投影 m。点 M 的侧面投影 m'' 可通过 $s''d''$ 求得，也可由 m' 和 m 直接求得。

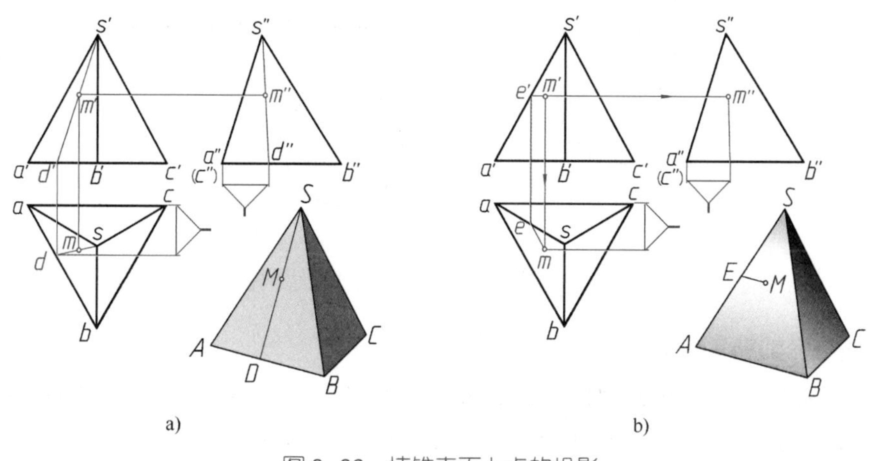

a)　　b)

图 2–29　棱锥表面上点的投影

图 2–29b 所示为另一种辅助线的作图方法，即过点 M 作 AB 的平行线 ME。作图步骤：过点 m' 画横线与 $s'a'$ 交于点 e'，求出点 E 的水平投影 e。过 e 点画平行

于 ab 的直线，过 m' 画竖线，两线的交点即 M 点的水平投影 m。由 m' 和 m 直接求得 m''。

3. 圆柱表面上点的投影

如图 2–30 所示，已知圆柱面上两点 M、N 的 V 面投影 m'、n'，求作它们的水平投影和侧面投影。

由于圆柱的轴线垂直于 H 面，圆柱面的水平投影具有积聚性，所以点 M、N 的水平投影可利用投影规律直接求得。由于 m' 是可见的，所以点 M 在前半圆柱面上，因此 m 在圆柱面水平投影的前半圆的圆周上。求得 m 后，可根据 m' 和 m 求出 m''。由于点 N 在最右素线上，可直接利用“长对正”的投影规律求得 n，利用“高平齐”的投影规律求得 n''。由于点 N 在右半圆柱面上，所以 n'' 为不可见。

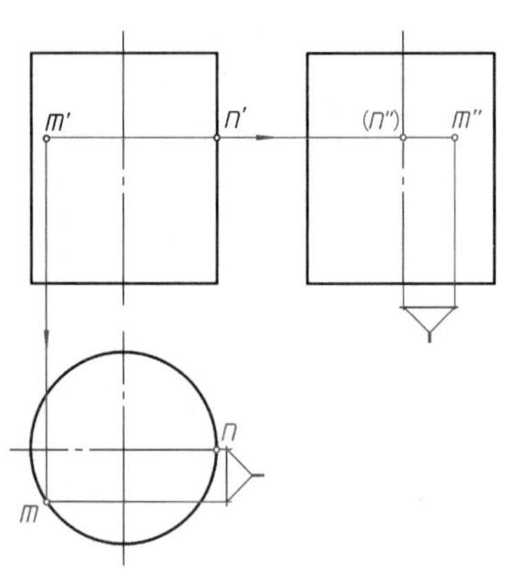

图 2–30　圆柱表面上点的投影

4. 圆锥表面上点的投影

由于圆锥面的投影没有积聚性，因此必须在圆锥面上作一条包含该点的辅助线（直线或圆），先求出辅助线的投影，再利用线上点的投影关系求出圆锥表面上点的投影。

如图 2–31 所示，已知圆锥面上点 M 的 V 面投影 m'，求作点 M 的水平投影 m 和侧面投影 m''。

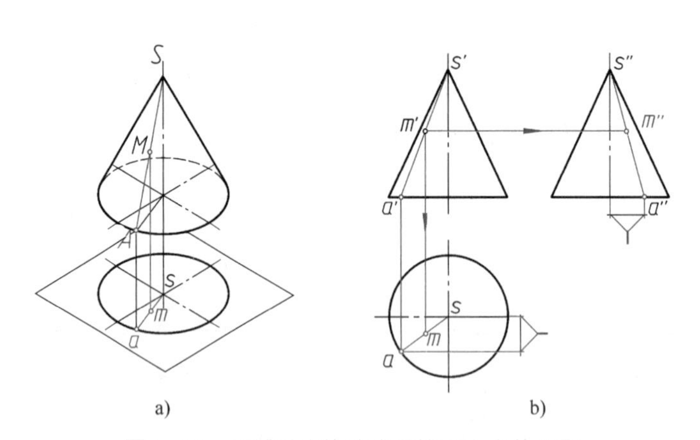

图 2–31　用辅助素线法求圆锥面上点的投影

方法一：辅助素线法

如图 2–31a 所示，过锥顶作包含点 M 的素线 SA（$s'a'$、sa、$s''a''$），则 m、m'' 必定分别在 sa、$s''a''$ 上，由 m' 便可作出 m 和 m''，如图 2–31b 所示。

方法二：辅助纬圆法

如图 2–32a 所示，在锥面上过点 M 作一辅助纬圆（垂直于圆锥轴线的圆），则点 M 的各投影必在该圆的同面投影上。

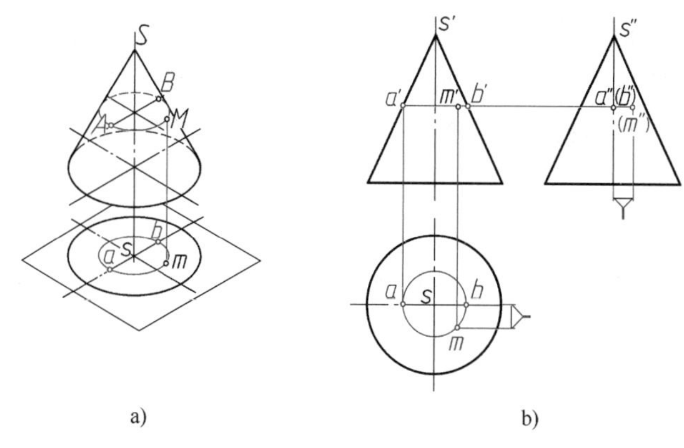

图 2–32　用辅助纬圆法求圆锥面上点的投影

具体作图方法如图 2–32b 所示，过 m' 作圆锥轴线的垂直线，交圆锥左、右轮廓线于 a'、b'，得辅助纬圆的 V 面投影。作辅助纬圆的水平投影（以 s 为圆心，$a'b'$ 为直径画圆）。由 m' 求得 m，因 m' 是可见的，所以 m 在前半圆锥面上，再由 m' 和 m 求得 m''。由于点 M 在右半圆锥面上，所以 m'' 为不可见。

辅助纬圆法也称辅助平面法，因为纬圆相当于辅助平面与圆锥表面的交线。

5. 球面上点的投影

如图 2–33 所示，已知球面上点 M 的 V 面投影（m'），求 m 和 m''。

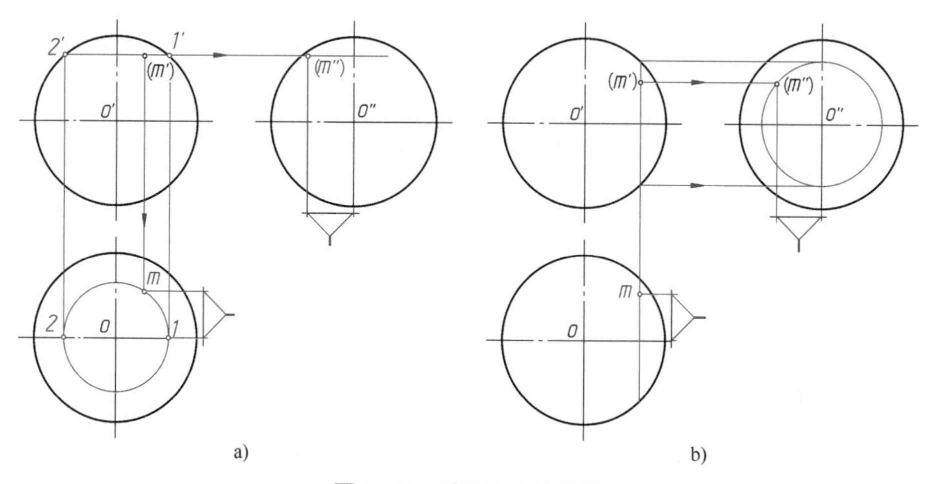

图 2–33　球面上点的投影

球面的三个投影都没有积聚性，要利用辅助纬圆法求解。

如图 2–33a 所示为作水平辅助纬圆：过 m' 作水平圆的正面投影（积聚为线段 $1'2'$），再作出其水平投影（以 O 为圆心，$1'2'$ 为直径画圆），在水平辅助纬圆的水平投影上求得 m。由于 m' 不可见，则 M 应在后半球面上。然后由 m' 和 m 求出 m''，由于点 M 在右半球面上，所以 m'' 也不可见。

图 2–33b 所示为通过平行于侧面的辅助纬圆求球面上点的投影的作图过程。

根据以上分析可知：求立体表面上点的投影的关键是利用点与线、面的从属关系。

（1）若点在具有积聚性投影的面上，可直接根据其表面有积聚性的投影求得。

（2）若点在一般位置平面上或曲面的一般位置，则需用辅助素线法或辅助纬圆法，先作辅助线或辅助纬圆的投影，再按投影关系求得点的投影。

二、截交线的投影作图

截交线的形状虽有多种，但均具有以下两个基本特性。

（1）封闭性

截交线为封闭的平面图形。

（2）共有性

截交线既在截平面上，又在立体表面上，是截平面与立体表面的共有线，截交线上的点均为截平面与立体表面的共有点。

因此求作截交线的投影就是求截平面与立体表面的共有点和共有线的投影。

1. 平面切割平面立体

图 2–34a 所示为平面切割正六棱柱，下面以此为例分析平面切割平面立体的作图步骤。

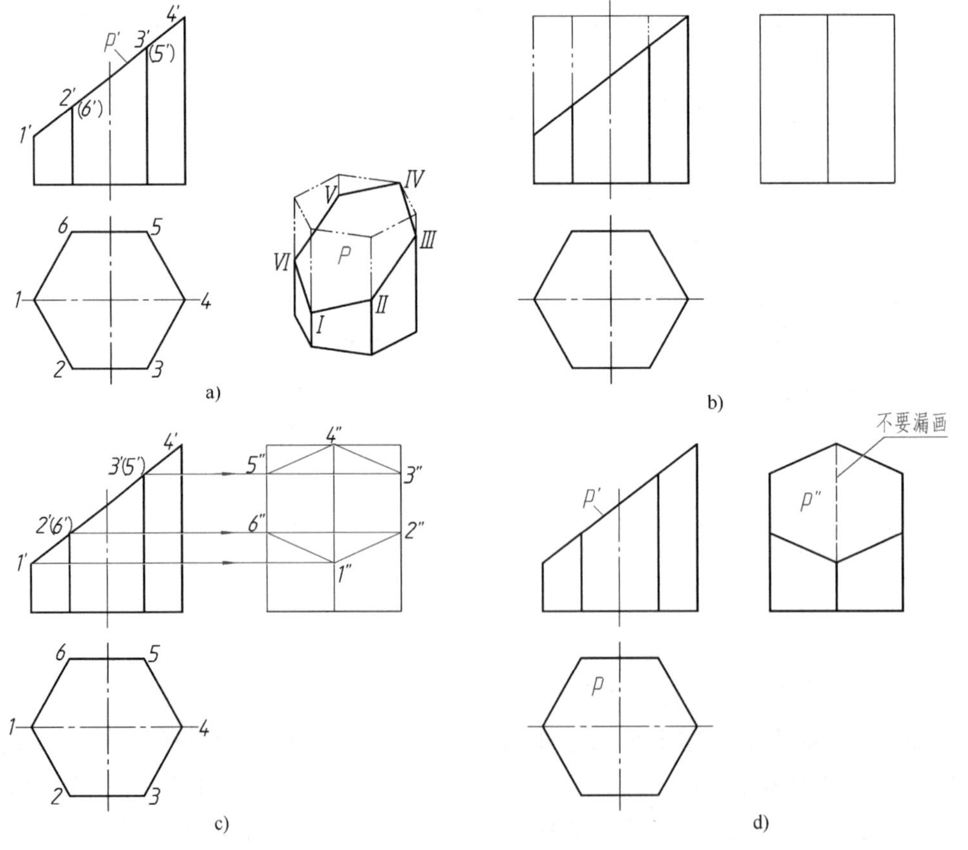

图 2–34　平面切割正六棱柱

如图 2–34a 所示，正六棱柱被正垂面切割，截平面 P 与正六棱柱的六个侧面都相交，所以截交线是一个六边形。六边形的顶点为各棱线与截平面 P 的交点。截交线的

正面投影积聚在 p' 上，1′、2′、3′、4′、5′、6′ 分别为各棱线与 p' 的交点。

（1）画出被切割前正六棱柱的左视图（见图 2–34b）。

（2）根据截交线（六边形）各顶点的正面和水平投影作出截交线的侧面投影 1″、2″、3″、4″、5″、6″（见图 2–34c）。

（3）顺次连接 1″、2″、3″、4″、5″、6″、1″，补画遗漏的细虚线（注意：正六棱柱上最右棱线的侧面投影为不可见，左视图上不要漏画这一段细虚线），擦去多余的作图线并描深。作图结果如图 2–34d 所示。

例 2–7　图 2–35a 所示正四棱锥被正垂面 P 切割，完成其三视图。

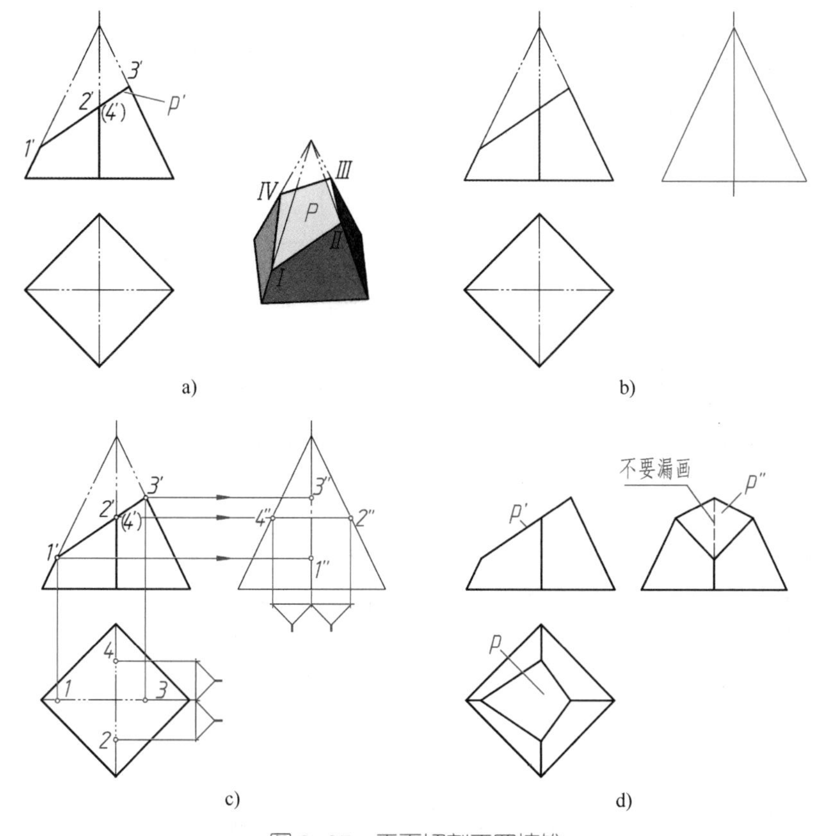

图 2–35　平面切割正四棱锥

如图 2–35a 所示，正四棱锥被正垂面切割，截交线是一个四边形，四边形的顶点是四条棱线与截平面 P 的交点。由于正垂面的正面投影具有积聚性，所以截交线的正面投影积聚在 p' 上，1′、2′、3′、4′ 分别为四条棱线与 p' 的交点，水平投影与侧面投影应为与实际形状类似的四边形。

作图步骤

（1）画出被切割前正四棱锥的左视图（见图 2–35b）。

（2）根据截交线各顶点的正面投影求作水平投影和侧面投影（见图 2–35c）。截交线各顶点的侧面投影可由正面投影按“高平齐”的投影关系作出。水平投影 1、3 可由正面投影按“长对正”的投影关系作出；水平投影 2、4 可由侧面投影 2″、4″按“宽相等”的投影关系作出。

（3）在俯视图及左视图上顺次连接截交线各顶点的投影，擦去作图线并描深。注意不要漏画左视图上的细虚线（见图 2–35d）。

例 2–8 图 2–36a 所示为凹形柱体被侧垂面 *P* 切割，已知其主、左视图（见图 2–36b），求作俯视图。

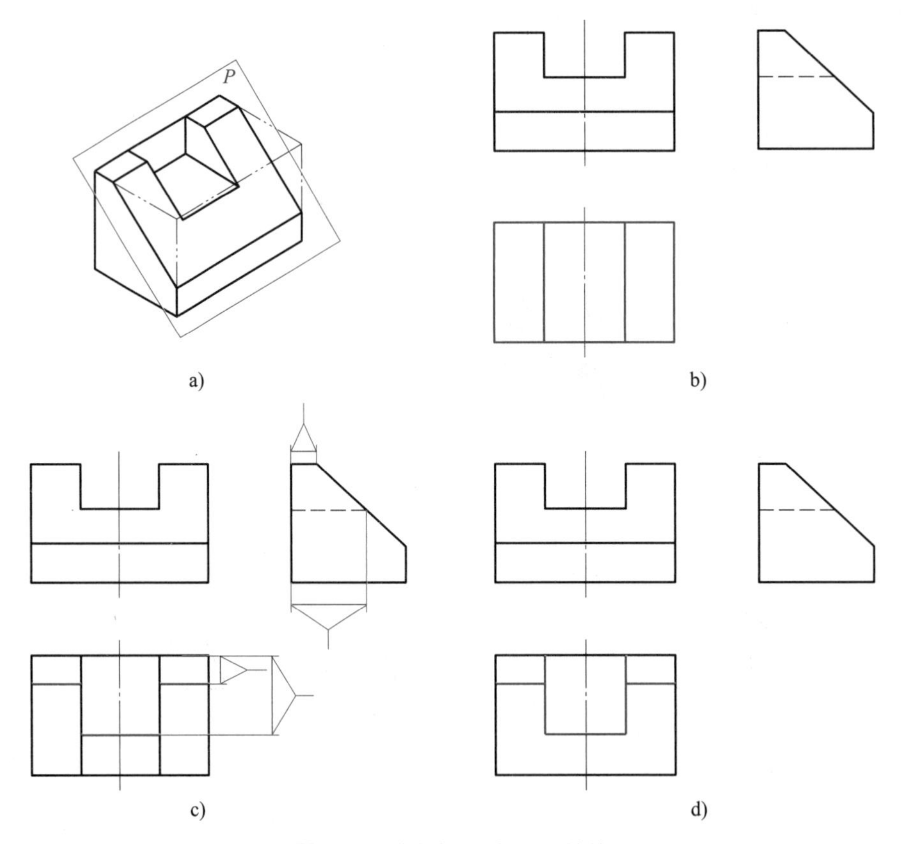

图 2–36 侧垂面切割凹形柱体

侧垂面 *P* 与凹形柱体相交，所得交线为一个凹形截断面。其侧面投影为一条斜线，正面投影为一个八边形，根据正面投影和侧面投影可求作水平投影。

作图步骤

（1）绘制凹形柱体的俯视图，如图 2–36b 所示。

（2）如图 2–36c 所示，先作出侧垂面 *P* 与形体上侧水平面的交线的水平投影，然后作出侧垂面 *P* 与凹槽水平面的交线的水平投影。

（3）擦除多余的轮廓线，如图 2–36d 所示。

2. 平面切割圆柱

在机械零件中，经常遇到平面切割圆柱的情况，根据截平面与圆柱轴线的相对位置不同，圆柱截交线有三种情况，见表 2–6。

表 2-6　平面切割圆柱

截平面位置	平行于圆柱轴线	垂直于圆柱轴线	倾斜于圆柱轴线
立体图	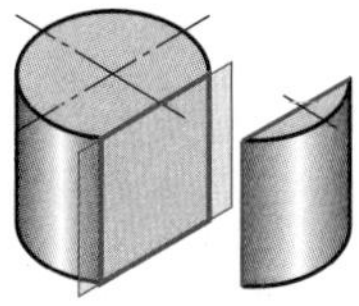	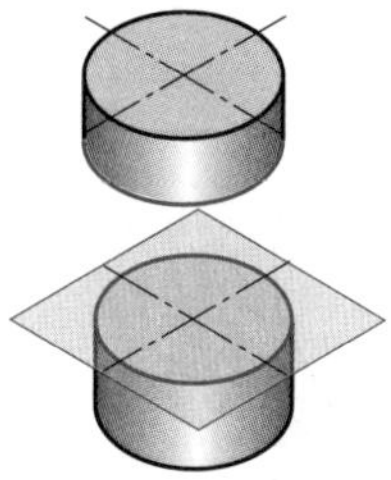	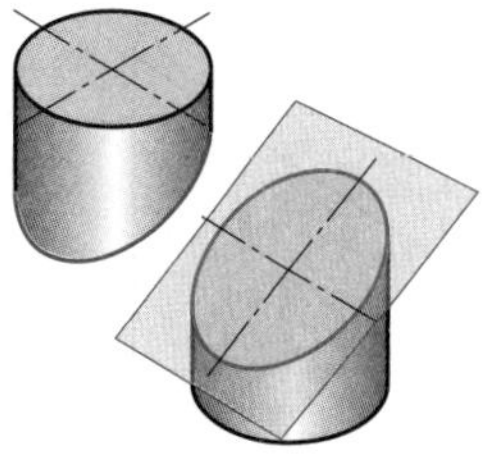
投影图	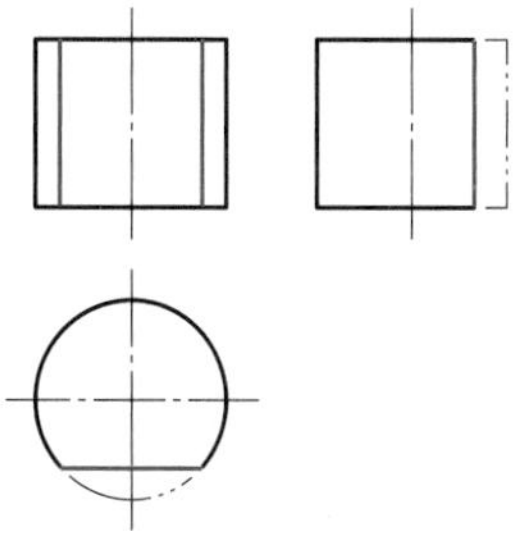	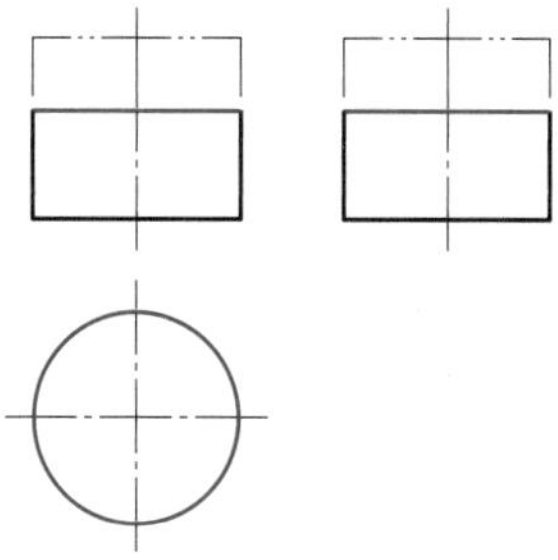	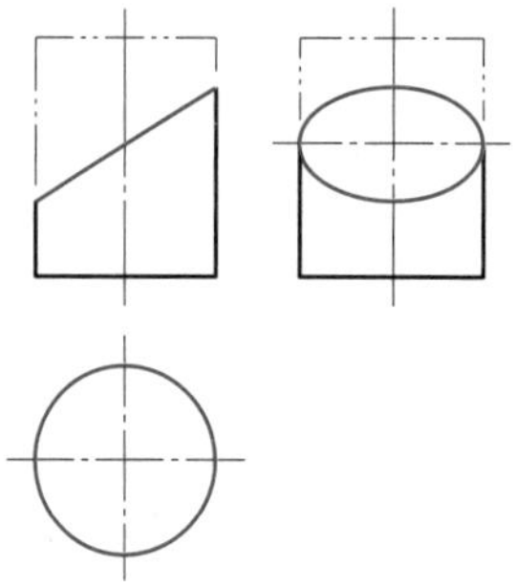
截交线形状	矩形	直径等于圆柱直径的圆	椭圆

图 2-37a 所示为圆柱被正垂面斜切，已知主、俯视图，求作左视图。

如图 2-37a 所示，截平面 P 与圆柱轴线倾斜，截交线为椭圆。由于 P 面是正垂面，所以截交线的正面投影积聚在 p' 上；因为圆柱面的水平投影具有积聚性，所以截交线的水平投影积聚在圆周上；截交线的侧面投影一般情况下仍为椭圆。

（1）求特殊点

由图 2-37a 可知，最低点 A 和最高点 B 是椭圆长轴的两端点，也是位于圆柱最左、最右素线上的点。最前点 C 和最后点 D 是椭圆短轴的两端点，也是位于圆柱最前、最后素线上的点。A、B、C、D 的正面投影和水平投影可利用积聚性直接作出。然后由正面投影 a'、b'、c'、d' 和水平投影 a、b、c、d 作出侧面投影 a''、b''、c''、d''（见图 2-37b）。

（2）求一般点

为了准确作图，还必须在特殊点之间作出适当数量的一般点，如 E、F、G、H 点。可先作出它们的水平投影 e、f、g、h 和正面投影 $e'(f')$、$g'(h')$，再作出侧面投影 e''、f''、g''、h''（见图 2-37c）。

（3）光滑连接各点

依次光滑连接 a''、e''、c''、g''、b''、h''、d''、f''、a''，即为所求截交线的侧面投影，圆柱的轮廓线在 c''、d'' 处与椭圆相切。描深后的图形轮廓如图 2–37d 所示。

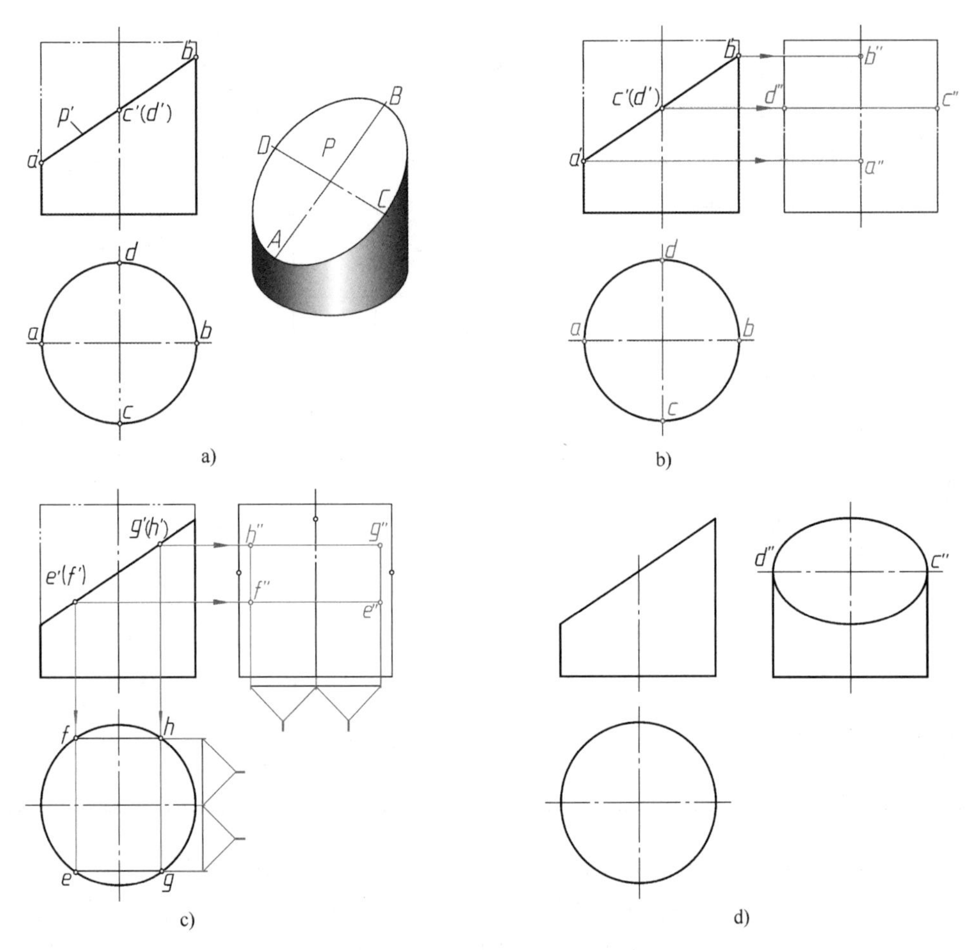

图 2–37　正垂面斜切圆柱

例 2–9　求作带切口圆柱的侧面投影（见图 2–38a）。

圆柱切口由水平面 P 和侧平面 Q 切割而成。如图 2–38a 所示，由截平面 P 所产生的截交线是一段圆弧，其正面投影是一段水平线（积聚在 p' 上），水平投影是一段圆弧（与圆柱的水平投影重合）。截平面 P 与 Q 的交线是一条正垂线 BD，其正面投影积聚成点 b'（d'），水平投影 b 和 d 在圆周上。由截平面 Q 所产生的截交线是两段铅垂线 AB 和 CD（圆柱面上的两段素线）。它们的正面投影 $a'b'$ 与 $c'd'$ 积聚在 q' 上，水平投影分别为圆周上的两个点 a（b）、c（d）。Q 面与圆柱顶面的截交线是一条正垂线 AC，其正面投影 a'（c'）积聚成点，水平投影 ac 与 bd 重合。

作图步骤

（1）由 p' 向右引投影线，再从俯视图上量取宽度定出 b''、d''（见图 2–38b）。

（2）由 b''、d'' 分别向上作竖线与顶面交于 a''、c''，即得由截平面 Q 所产生的截交线 AB、CD 的侧面投影 $a''b''$、$c''d''$（见图 2–38c）。

（3）作图结果如图 2–38d 所示。

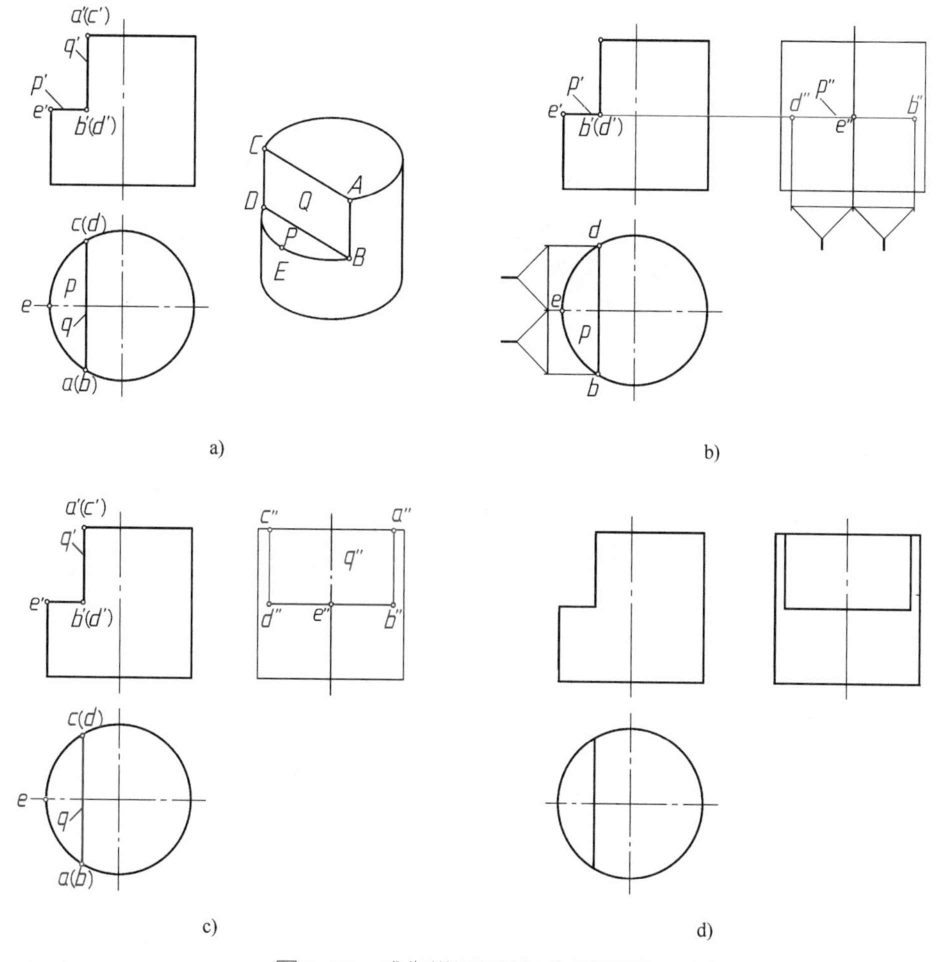

图 2–38　求作带切口圆柱的侧面投影

例 2–10　补全接头的三面投影（见图 2–39a）。

作图步骤

（1）根据槽口的宽度，作出槽口的侧面投影（两条竖线），再按投影关系作出槽口的正面投影（见图 2–39b）。

（2）根据切肩的厚度，作出切肩的侧面投影（两条细虚线），再按投影关系作出切肩的水平投影（见图 2–39c）。

（3）擦去多余的作图线并描深。完整的接头三视图如图 2–39d 所示。

由图 2–39d 的正面投影可以看出，圆柱体最高、最低两条素线因左端开槽而各截去一段，所以正面投影的外形轮廓线在开槽部位向轴线收缩，其收缩程度与槽宽有关。又由水平投影可以看出，圆柱右端切肩被切去上、下对称的两块形体，其截交线的水平投影为矩形，因为圆柱体最前、最后素线在切肩部位未被切去，所以圆柱水平投影的外形轮廓线是完整的。

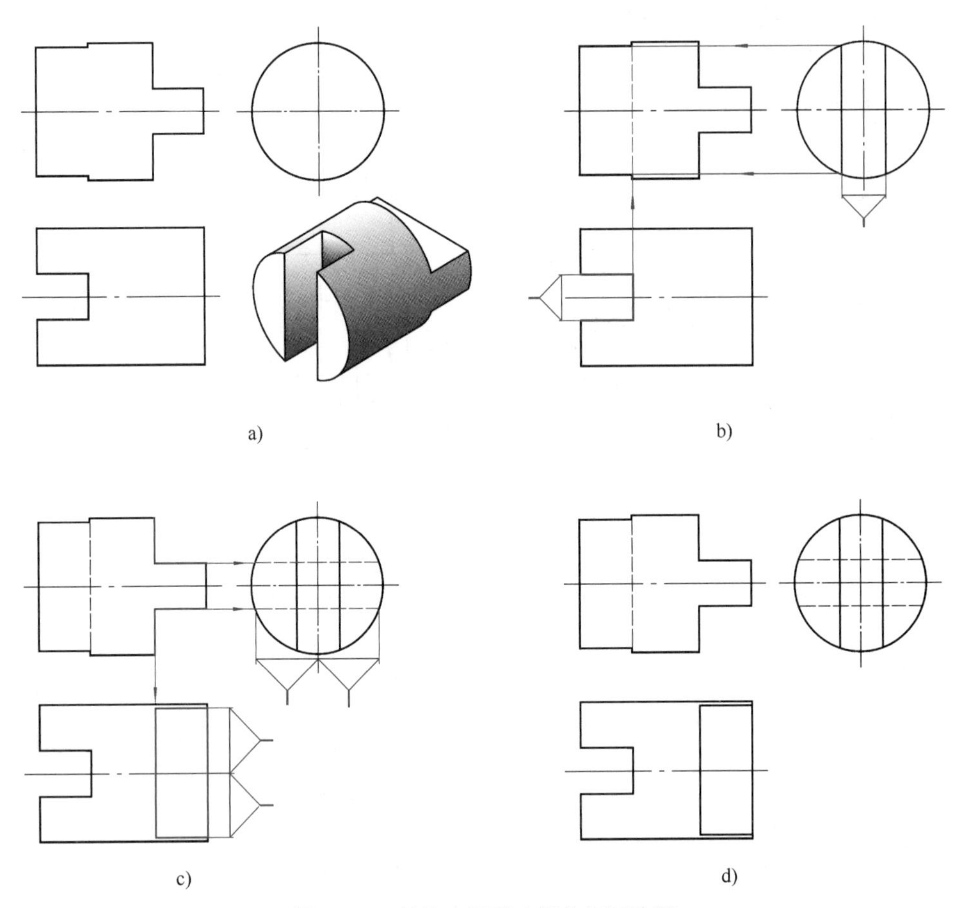

图 2–39　接头表面截交线的作图步骤

3. 平面切割球

平面切割球时，截交线为圆。截平面与投影面的位置不同，其截交线的投影也不同，具体见表 2–7。

表 2–7　平面切割球

截平面位置	截平面为正平面	截平面为水平面	截平面为正垂面
立体图			

续表

截平面位置	截平面为正平面	截平面为水平面	截平面为正垂面
投影图	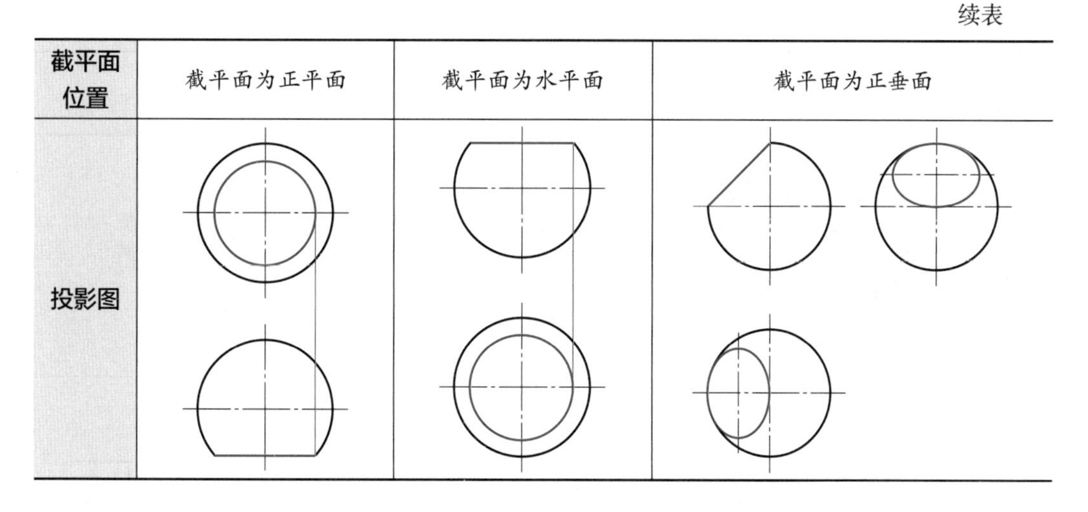		

例 2–11 如图 2–40a 所示，已知半球开槽的主视图，补全俯视图并作出左视图。

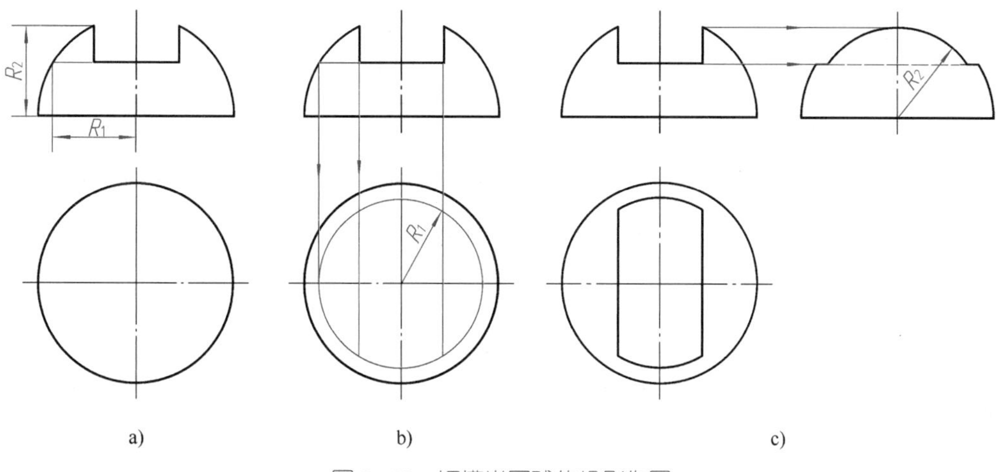

图 2–40 切槽半圆球的投影作图

作图步骤

（1）作槽的水平投影。槽底面的水平投影由两段相同的圆弧和两段直线组成，圆弧的半径 R_1（见图 2–40b）可从正面投影中量取。

（2）作槽的侧面投影。槽的两侧面为侧平面，其侧面投影为圆弧，半径 R_2 可从正面投影中量取。槽的底面为水平面，侧面投影积聚为一条直线，中间部分不可见，画成细虚线（见图 2–40c）。

注意：在侧面投影中，球面上被槽切割部分的最外素线已不存在。

三、相贯线的投影作图

1. 圆柱相贯线的类型

两立体相交称为相贯，其表面产生的交线称为相贯线。最常见的相贯线是两圆柱轴线垂直相交（正交）时产生的相贯线。两圆柱轴线正交相贯的类型见表 2–8。

表 2-8　两圆柱轴线正交相贯的类型

尺寸变化	$D_1>D_2$	$D_1=D_2$	$D_1<D_2$
立体图	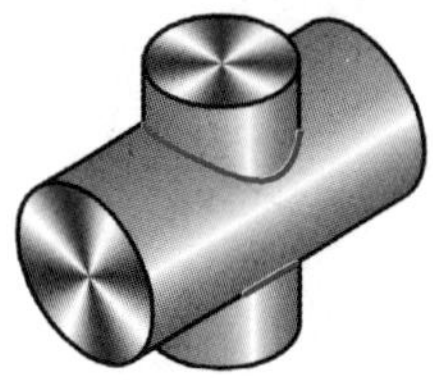	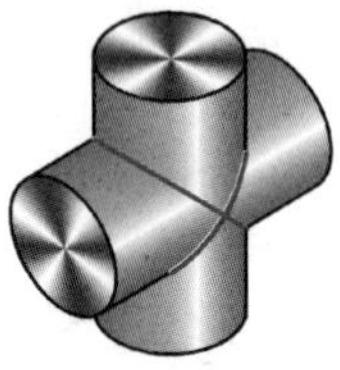	
三视图	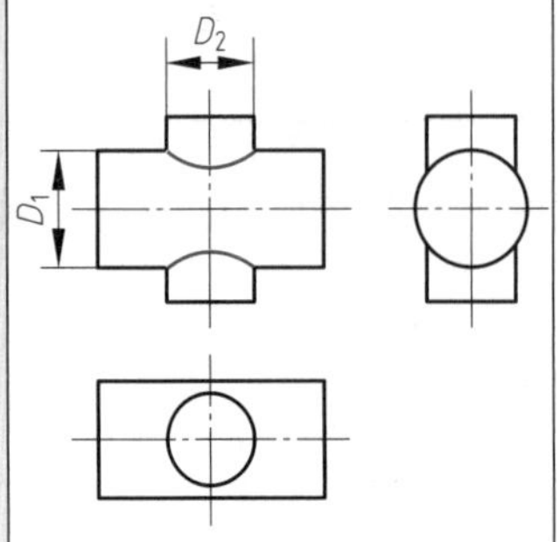	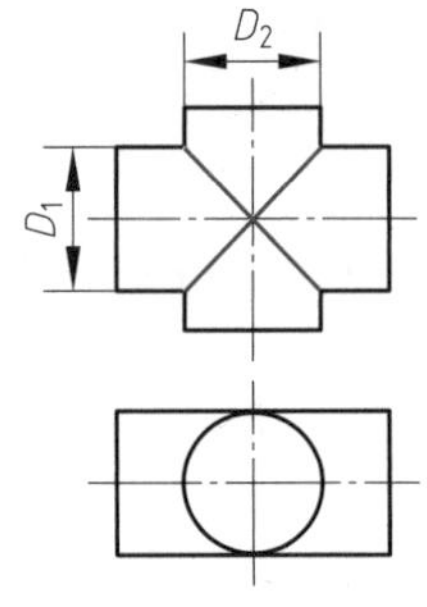 相贯线为平面曲线：椭圆	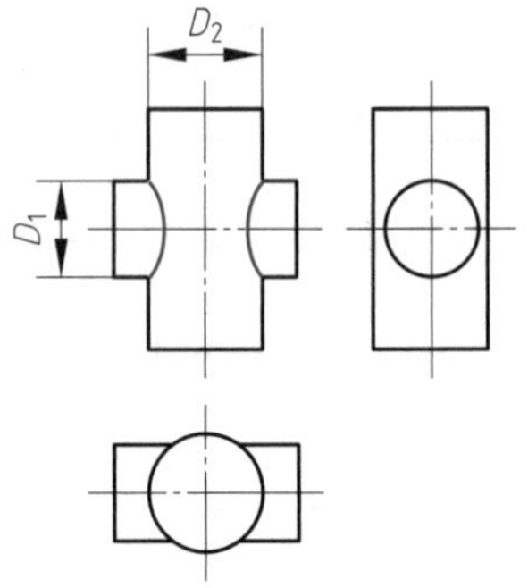

常见圆柱穿孔的相贯线见表 2-9。圆柱相贯时，圆柱面上相贯处的最外素线已不存在。

表 2-9　常见圆柱穿孔的相贯线

类型	圆柱与圆柱孔相贯	不等径圆柱孔相贯	等径圆柱孔相贯
立体图	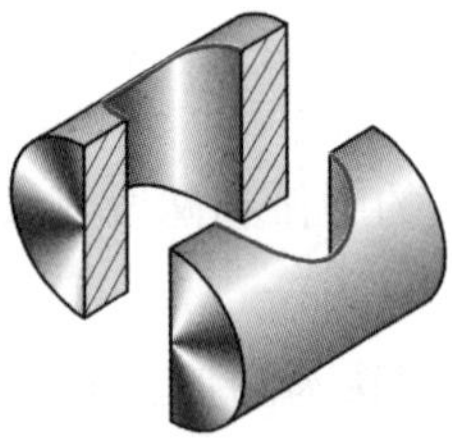	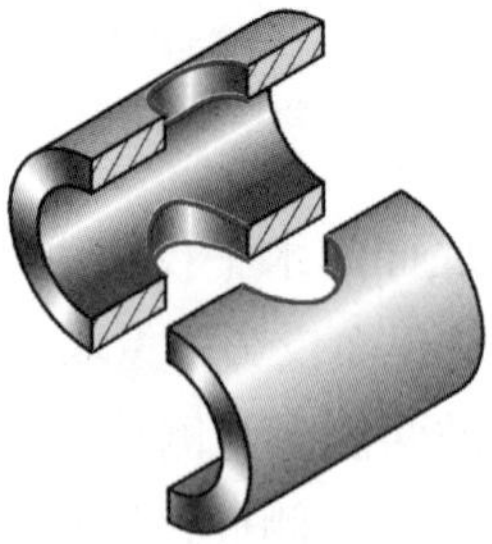	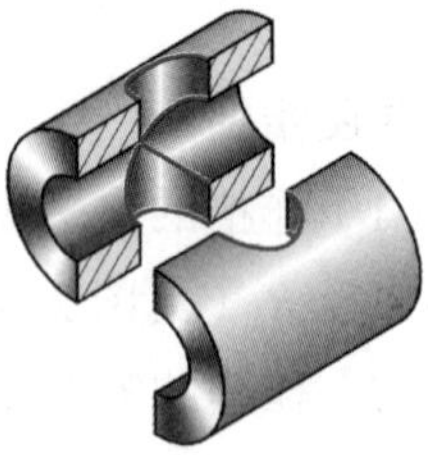
三视图	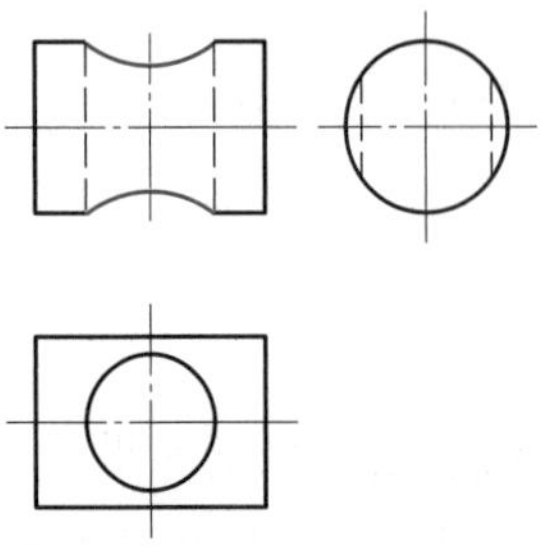	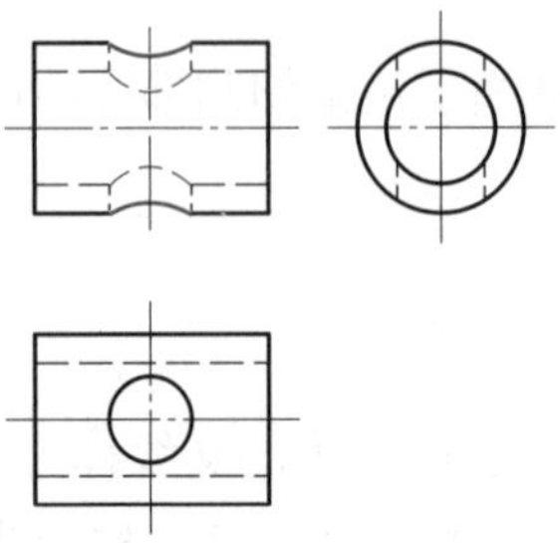	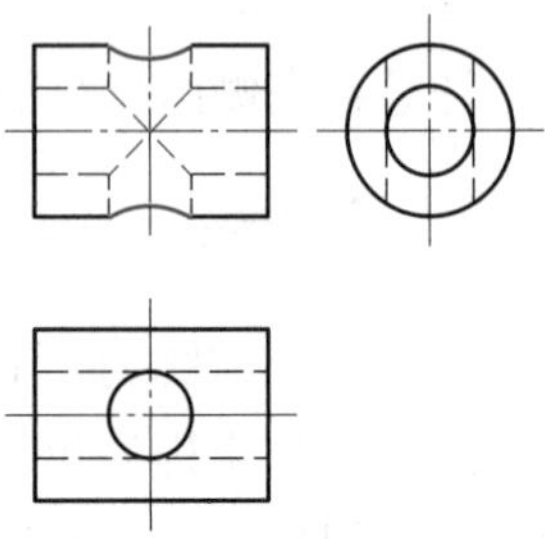

2. 圆柱正交相贯线的画法

如图 2-41 所示为两圆柱正交相贯，下面以补画主视图上的相贯线为例，分析求作相贯线的方法。

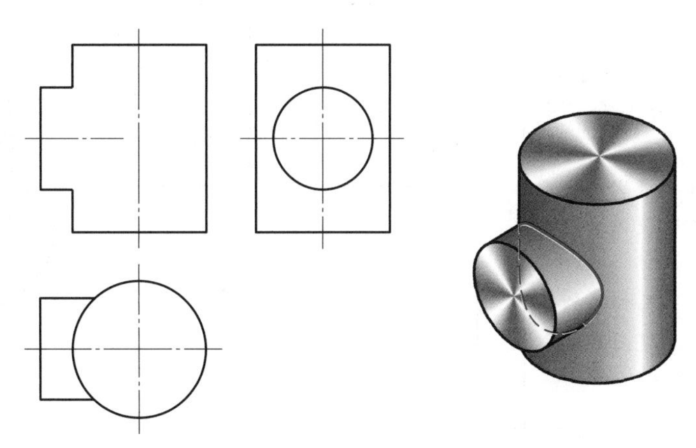

图 2-41　求作两圆柱正交相贯的相贯线

由图 2-41 可知，两圆柱直径不同，轴线正交，其中大圆柱的轴线垂直于水平投影面，故大圆柱面的水平投影为圆；小圆柱的轴线垂直于侧投影面，故小圆柱面的侧面投影为圆。相贯线（空间封闭曲线）是两圆柱面的交线，也是两圆柱面的共有线，因此具有两圆柱面的投影特性，即相贯线的水平投影与大圆柱面的投影重合（为圆的一部分圆弧），相贯线的侧面投影与小圆柱的侧面投影重合（为整圆）。

图 2-41 所示圆柱相贯线的水平投影和侧面投影是已知的。在作图时，可以先找出相贯线上的特殊点，再在适当位置选取一般点，并根据点的投影规律求作未知投影，光滑连接各点即得相贯线的未知投影，具体作图步骤及方法见表 2-10。

表 2-10　两圆柱正交相贯相贯线的作图步骤与方法

步骤与方法	图例
（1）作特殊点的投影 先在左视图和俯视图上找出相贯线上的最高点 A 和最低点 C（该两点同时是最左点）、最前点 B 和最后点 D（该两点同时是最右点）的侧面投影和水平投影，然后依据投影规律求作正面投影	a′ b′(d′) c′ a″ d″ b″ c″ d a(c) b A (D) B (C)

续表

步骤与方法	图例
（2）作一般点的投影 在适当位置选取一般点*E*、*F*、*G*、*H*，找出其侧面投影，利用点的投影规律和相贯线上点的水平投影在大圆上两个条件，求作其水平投影，然后根据点的两面投影求作其正面投影 注意：右下侧45°倾斜的辅助线必须过俯、左视图宽度方向对称中心线的交点	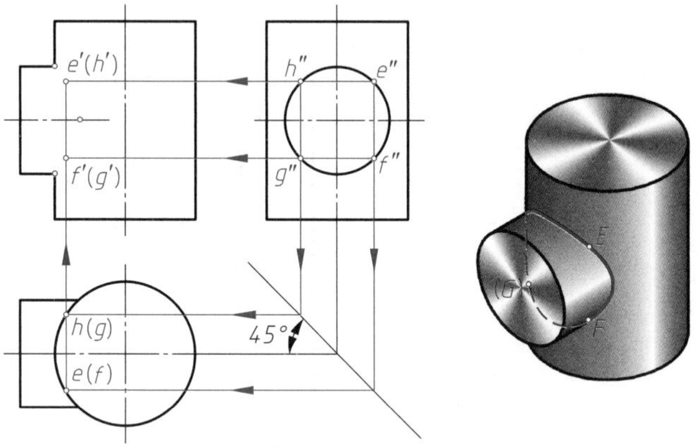 e′(h′) f′(g′) h″ e″ g″ f″ h(g) e(f) 45° E F G
（3）光滑连接各点	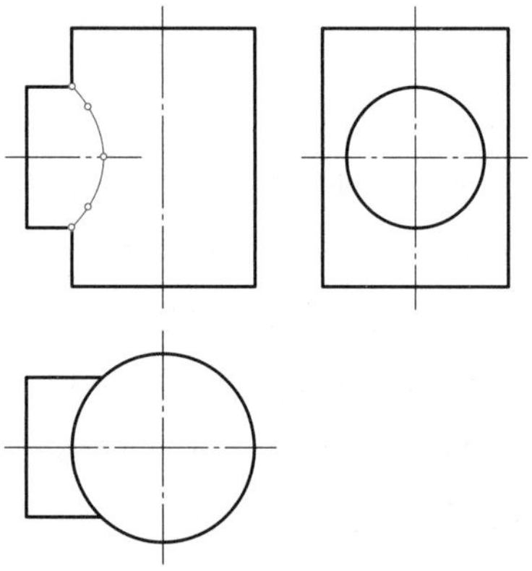
（4）擦除作图线，按线型描深各种图线	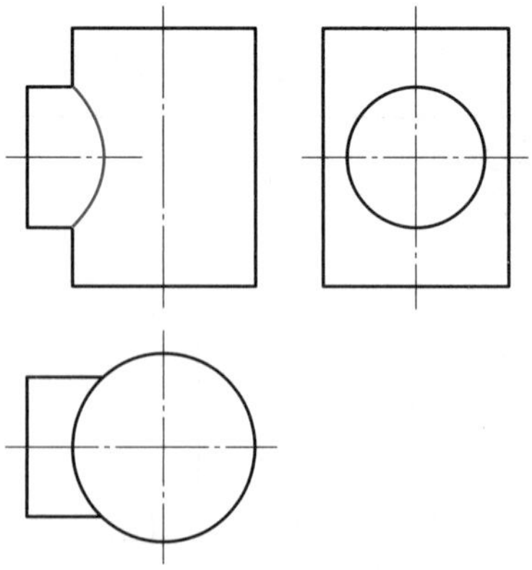

3. 常见相贯线的特殊情况

一般情况下，相贯线为封闭的空间曲线，但也有特例。两个同轴回转体相交时，它们的相贯线一定是垂直于轴线的圆，当回转体轴线平行于某投影面时，这个圆在该投影面的投影为垂直于轴线的直线（见图2–42）。

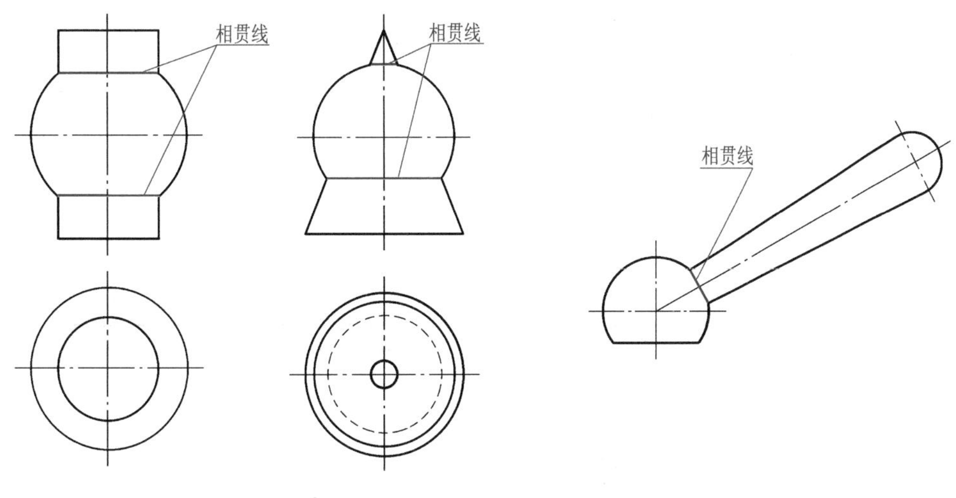

图 2-42　同轴回转体的相贯线

第 5 节　轴　测　图

用正投影法绘制的三视图度量性好，能准确表达物体的形状，但缺乏立体感。轴测图就是前面所说的立体图，富有立体感、直观性强。在工程上，轴测图常作为辅助图样，如在产品说明书中表示产品的形状等。目前三维 CAD 技术已日臻成熟，轴测图正日益广泛地用于产品几何模型的设计。常用的轴测图有正等轴测图和斜二等轴测图。

一、正等轴测图

1. 正等轴测图的形成

在一正立方体上设直角坐标轴 O_0X_0、O_0Y_0、O_0Z_0，如图 2-43a 所示，使三条坐标轴对轴测投影面均处于倾角相等的位置，用正投影法，即用互相平行的投射线垂直于投影面进行投射，所得到的投影即为正等轴测图，简称正等测。

2. 正等轴测图轴间角与轴向伸缩系数

直角坐标轴在轴测投影面上的投影 OX、OY、OZ 称为轴测轴，三条轴测轴的交点 O 称为原点。任意两条轴测轴之间的夹角 $\angle XOY$、$\angle XOZ$、$\angle YOZ$ 称为轴间角。正等测图中的轴间角 $\angle XOY=\angle XOZ=\angle YOZ=120°$。作图时，将 OZ 轴画成竖线，OX、OY 轴分别与水平线成 30°，如图 2-43b 所示。

正等轴测图三个轴的轴向伸缩系数（轴测轴的单位长度与相应直角坐标轴的单位长度的比值）相等，即 $p_1=q_1=r_1\approx 0.82$。为作图方便，通常采用简化的轴向伸缩系数，即 $p=q=r=1$。作图时，平行于轴测轴方向的线段，可直接按实际长度量取，不需换算。依此方法画出的正等轴测图，各轴向长度是原长的 $1/0.82\approx 1.22$ 倍，但形状没有改变。

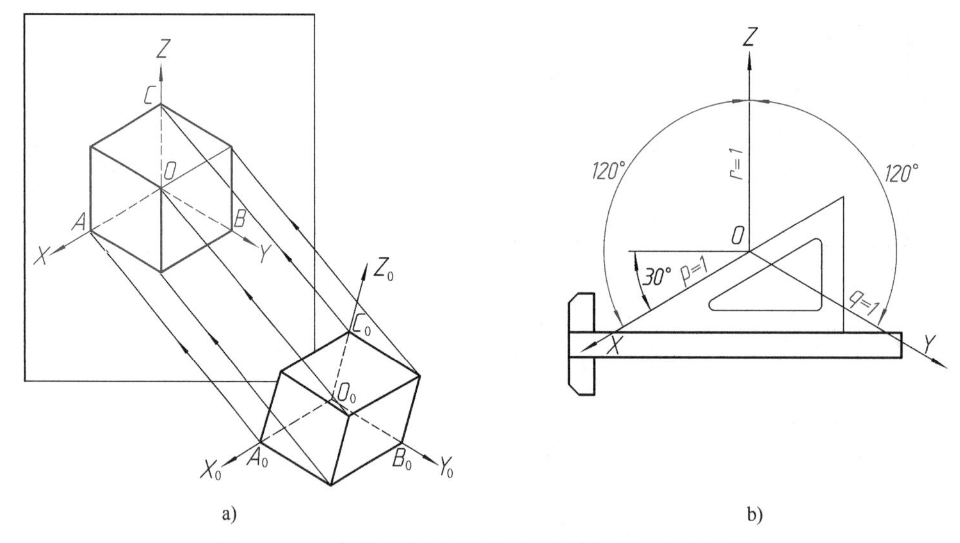

图 2–43　正等轴测图的形成及轴间角与轴向伸缩系数

a）正等轴测图的形成　b）正等轴测图的轴间角与轴向伸缩系数

3. 轴测图的投影特性

（1）平行性

物体上互相平行的线段，轴测投影仍互相平行。平行于坐标轴的空间线段，轴测投影仍平行于相应的轴测轴，且同一轴向所有线段的轴向伸缩系数相同。应注意：物体上平行于轴测投影面的平面图形，在轴测图上变成原形的类似形。如正方形的轴测投影为菱形，圆的轴测投影为椭圆等。

（2）度量性

只有当物体上线段与坐标轴平行时方可沿轴向直接量取尺寸。所谓“轴测”就是指沿轴向才能进行测量的意思。

理解和灵活运用轴测投影这两个投影特性是画轴测图的关键。

4. 正等轴测图画法

常用的轴测图基本画法是坐标法和切割法。坐标法是指沿坐标轴方向测量画出物体各顶点的轴测投影，并根据线段平行关系画出各线段，以完成物体的轴测图；切割法是指对于由基本体切割得到的形体，先采用坐标法画出物体的完整基本体，在此基础上再用切割的方法画出其切割部分。

画轴测图的一般方法步骤是：根据物体的形体特征，确定原点，画轴测轴；利用线段平行关系和坐标法求作物体各顶点；连接各顶点，画出各基本体完整的轴测图；再按坐标法和切割法画出物体切割后部分，从而完成物体的轴测图。

例 2–12　作直角三棱柱的正等轴测图。

如表 2–11 中图 a 所示，三棱柱前后两端面为直角三角形，侧面均为矩形，侧面棱边平行且相等。

作图步骤（见表 2–11）

表 2-11　直角三棱柱正等轴测图的画法

方法步骤	图例
（1）选取三棱柱后端面顶点 O_0 为坐标原点，坐标轴分别为 O_0X_0、O_0Y_0、O_0Z_0	a)
（2）画轴测轴 OX、OY 和 OZ，分别在 OX、OZ 上截取 l 和 h，确定顶点 A 和 C，连线得三角形端面	b)
（3）过三角形顶点作 OY 轴的平行线，并按长度 b 截取	c)
（4）连接各顶点，擦掉多余作图线，描深，即得其正等轴测图 注：不可见部分的细虚线可省略	d)

例 2–13　作楔形块正等轴测图。

对于表 2–12 中图 a 所示的楔形块，可采用切割法作图，将它看成由一个长方体斜切一角而成。对于切割后的斜面中与三个坐标轴都不平行的线段，在轴测图上不能直接按主视图中尺寸量取，而应先按坐标求出其端点，然后再连线，并利用平行性完成作图。

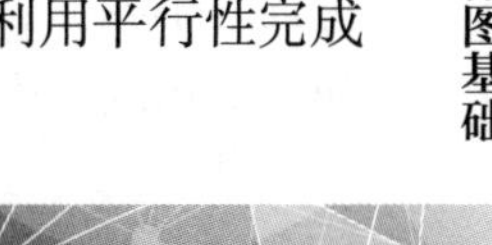

作图步骤（见表 2–12）

表 2–12　楔形块正等轴测图的画法

方法步骤	图例
（1）确定坐标原点及坐标轴	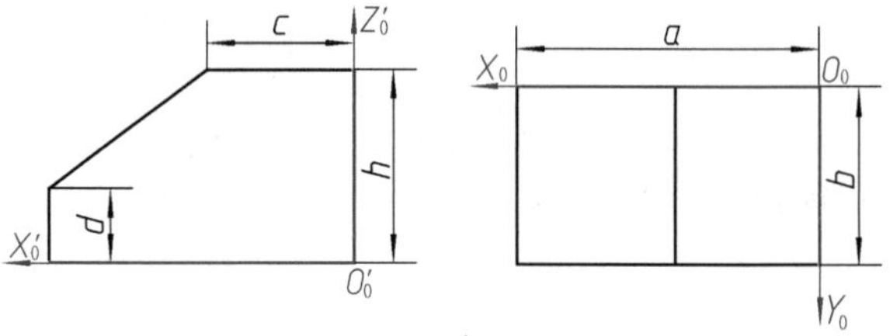 a)
（2）按给出的尺寸作出长方体轴测图	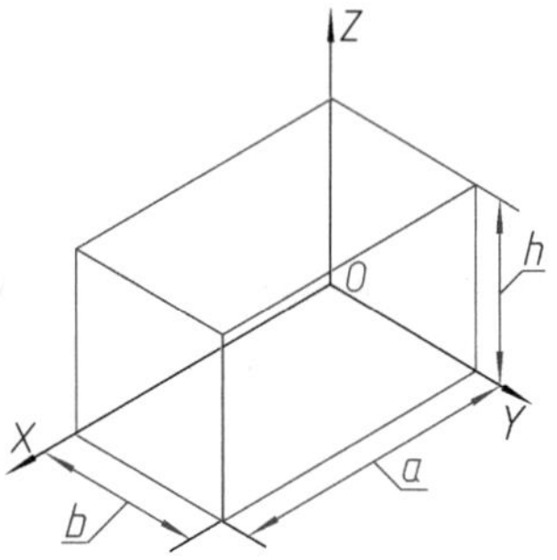 b)
（3）按给出的尺寸求作斜面各顶点，连线画出斜面	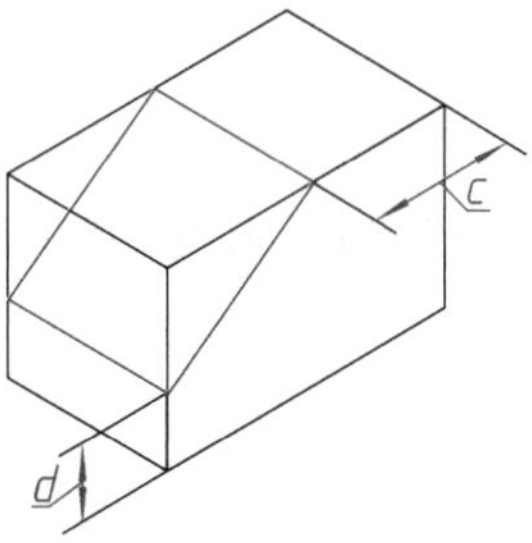 c)
（4）擦去多余作图线，描深，完成轴测图	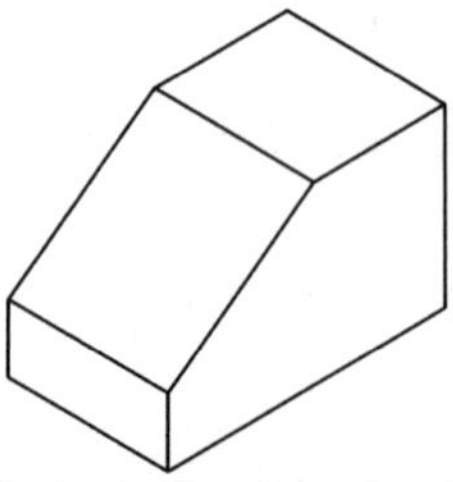 d)

例 2–14　作圆柱的正等轴测图。

如图 2–44a 所示，直立正圆柱的轴线垂直于水平面，上、下底为两个与水平面平行且大小相同的圆，在轴测图中均为椭圆。可按圆柱的直径 ϕ 和高度 h 作出两个形状和大小相同、中心距为 h 的椭圆，再作两椭圆的公切线。

作图步骤

（1）选定坐标轴及坐标原点。根据圆柱上底圆与坐标轴的交点定出点 a、b、c、d（见图 2–44a）。

（2）画轴测轴，定出四个切点 A、B、C、D，过四点分别作 X、Y 轴的平行线，得外切正方形的轴测图（菱形）。沿 Z 轴量取圆柱高度 h，用同样方法作出下底菱形（见图 2–44b）。

（3）过菱形两顶点 1、2，连 $1C$、$2B$ 得交点 3，连 $1D$、$2A$ 得交点 4。1、2、3、4 即为形成近似椭圆的四段圆弧的圆心。分别以 1、2 为圆心，以 $1C$ 为半径作 $\overset{\frown}{CD}$ 和 $\overset{\frown}{AB}$；分别以 3、4 为圆心，以 $3B$ 为半径作 $\overset{\frown}{BC}$ 和 $\overset{\frown}{AD}$，得圆柱上底轴测图（椭圆）。将三个圆心 2、3、4 沿 Z 轴平移距离 h，作出下底椭圆，不可见的部分不必画出（见图 2–44c）。

（4）作两椭圆的公切线，擦去多余的作图线并描深，完成圆柱轴测图（见图 2–44d）。

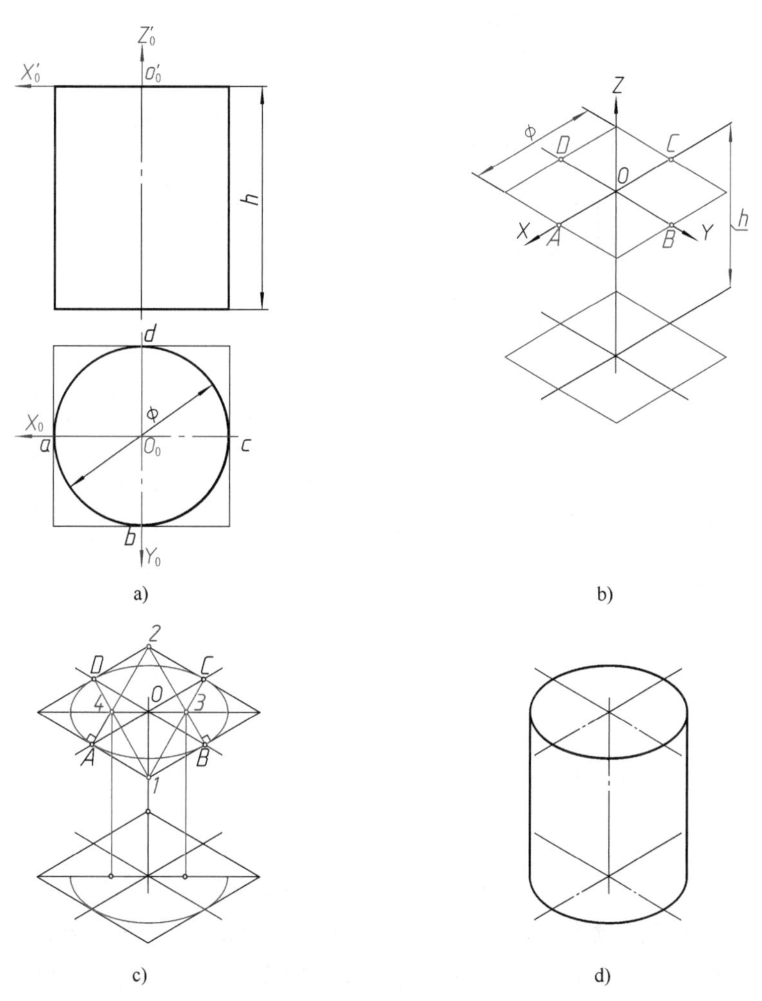

图 2–44　圆柱正等轴测图的画法

例 2–15 作 2–45a 所示半圆头板的正等轴测图。

根据图 2–45a 给出的尺寸，先作出长方体的正等轴测图，然后作出半圆头和圆孔的轴测图。

作图步骤

（1）画出长方体的轴测图，并标出切点 1、2、3，如图 2–45b 所示。

（2）过切点 1、2、3 作相应棱边的垂线，得交点 O_1、O_2。以 O_1 为圆心、O_12 为半径作圆弧 $\overset{\frown}{12}$，以 O_2 为圆心、O_22 为半径作圆弧 $\overset{\frown}{23}$，如图 2–45c 所示。将 O_1、O_2 和 1、2、3 各点向后平移板厚 t，作相应的圆弧，再作小圆弧的公切线，如图 2–45d 所示。

（3）作圆孔的正等轴测图（椭圆），后面的椭圆只画出可见部分的圆弧，擦去多余的作图线并描深，如图 2–45e 所示。

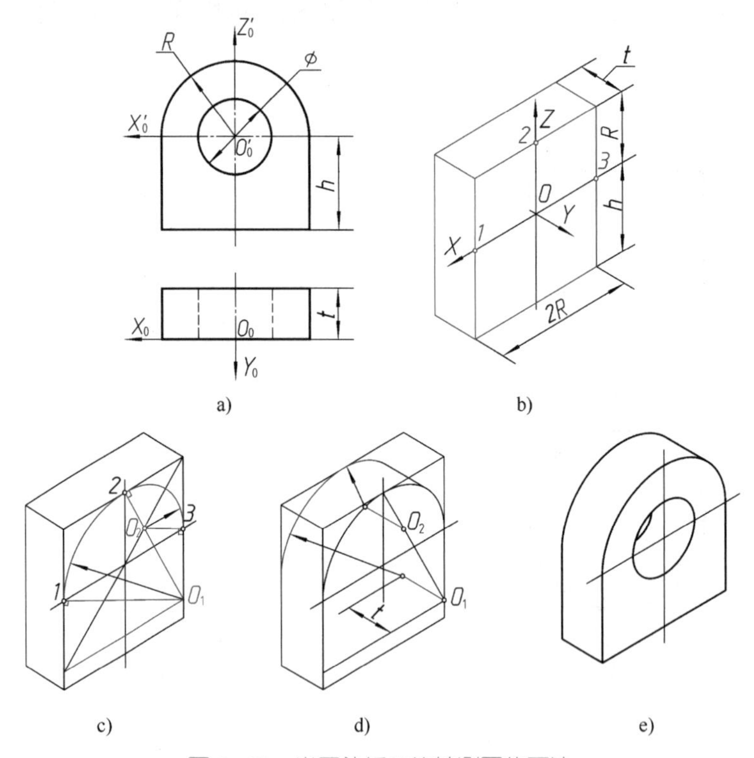

图 2–45　半圆头板正等轴测图的画法

二、斜二等轴测图

1. 斜二等轴测图的形成

如图 2–46a 所示，使物体上的 O_0X_0、O_0Z_0 坐标轴平行于投影面（O_0Y_0 坐标轴和投影面垂直），将物体向投影面进行正投影，则得到主视图。如图 2–46b 所示，物体与投影面的相对位置不变，若互相平行的投影线从物体的斜上方倾斜于投影面投射，则可在投影面上得到一个能反映物体形状的斜二等轴测图。

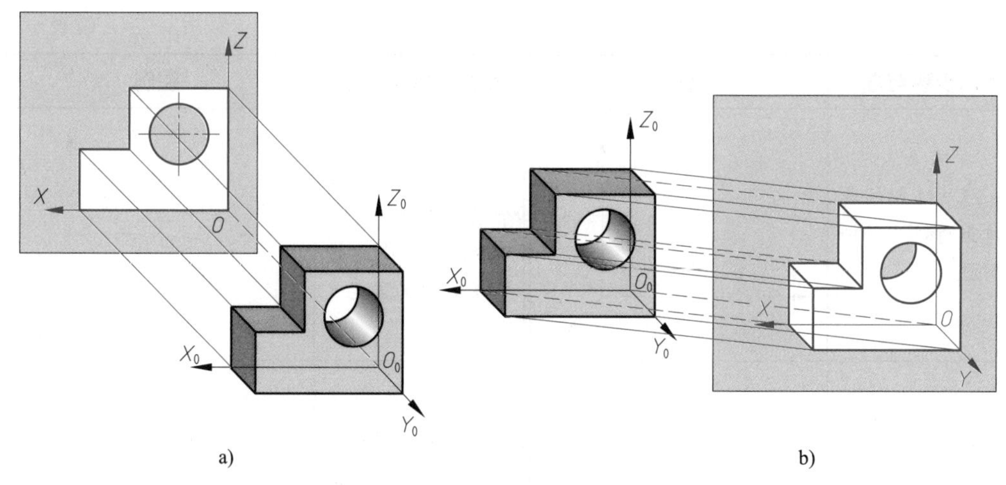

图 2-46　主视图和斜二等轴测图的形成过程比较

a）主视图的形成　b）斜二等轴测图的形成

2. 斜二等轴测图的轴间角与轴向伸缩系数

在进行斜二等轴测投影时，由于 $X_0O_0Z_0$ 坐标面和投影面平行，所以斜二等轴测图的轴间角 $\angle XOZ=90°$，且 *OX*、*OZ* 轴的轴向伸缩系数都为 1。调整投射方向，可使 $\angle XOY=\angle YOZ=135°$，且使 *OY* 轴的轴向伸缩系数为 1/2，如图 2-47 所示。因此在三视图宽度方向上量取的尺寸，在画斜二等轴测图时应减半。

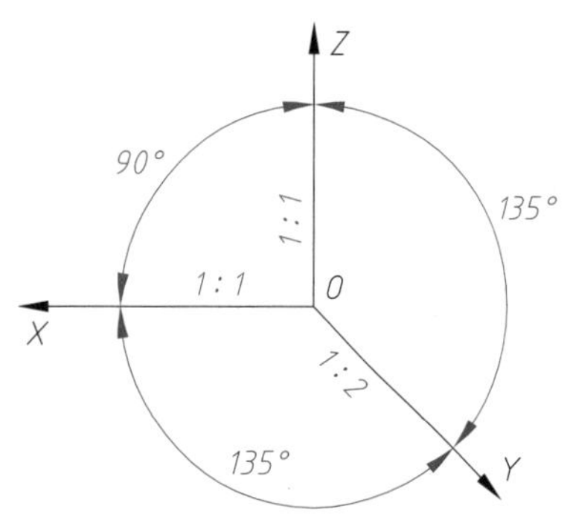

图 2-47　斜二等轴测图的轴间角与轴向伸缩系数

3. 斜二等轴测图的画法

挡块斜二等轴测图的绘图步骤与方法见表 2-13。

表 2-13　挡块斜二等轴测图的绘图步骤与方法

绘图步骤与方法	图例	绘图步骤与方法	图例
（1）在两视图中绘制出坐标轴 O_0X_0、O_0Y_0、O_0Z_0 的投影		（2）绘制轴测轴 *OX*、*OY*、*OZ*	

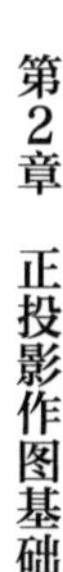

续表

绘图步骤与方法	图例	绘图步骤与方法	图例
（3）绘制挡块前面的斜二等轴测图	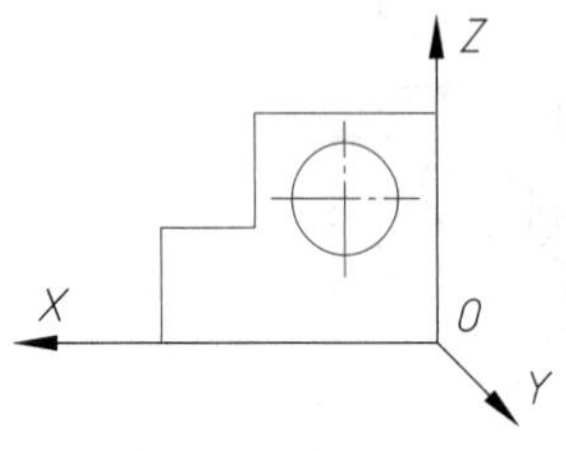	（4）从前面的各个顶点绘制平行于 *OY* 轴的直线，并按 0.5*a* 取其宽度	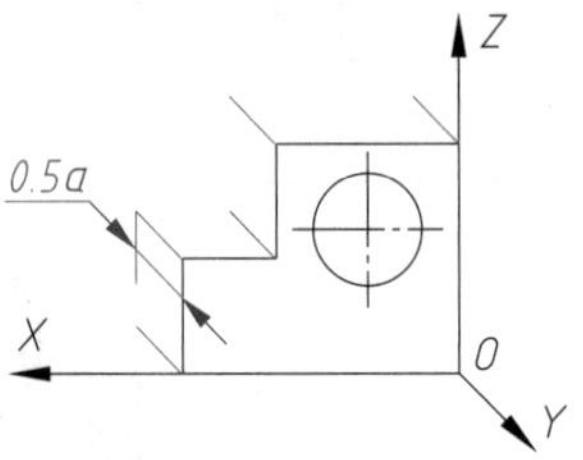
（5）依次连接后面各可见顶点，绘制圆孔后面轮廓圆的可见部分	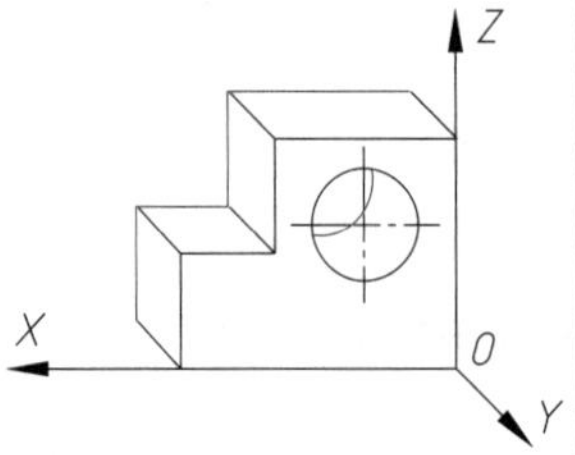	（6）擦除作图线，描深可见轮廓线	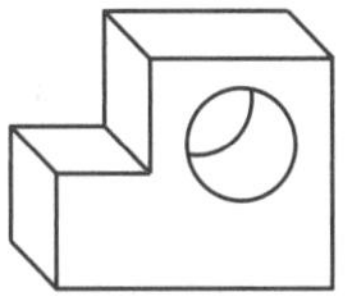

组合体

第 1 节　组合体的组合形式与表面连接关系

一、组合体的组合形式

组合体的组合形式有叠加型、切割型和综合型三种。叠加型组合体可看成是由若干基本形体叠加而成的，如图 3–1a 所示。切割型组合体可看成是一个完整的基本体经过切割或穿孔后形成的，如图 3–1b 所示。多数组合体则是既有叠加又有切割的综合型组合体，如图 3–1c 所示。

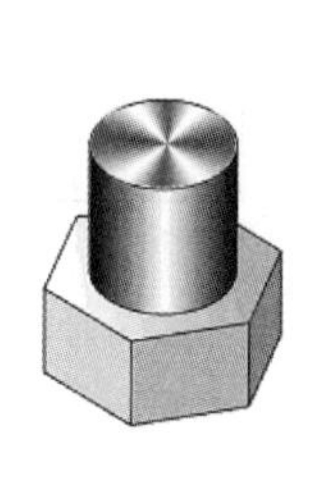

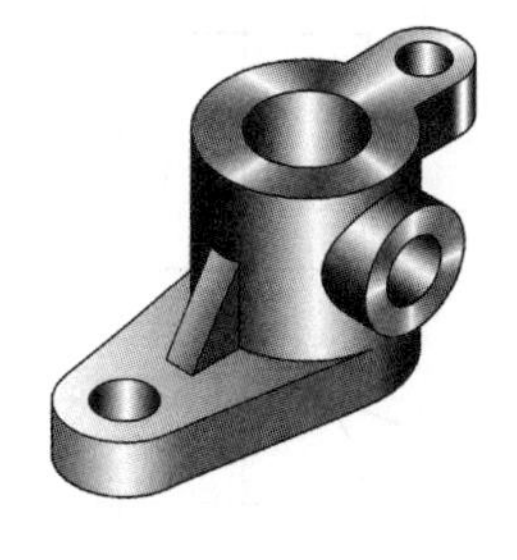

a)　　b)　　c)

图 3–1　组合体的组合形式

a）叠加型　b）切割型　c）综合型

二、组合体中相邻形体表面的位置关系

组合体中的基本形体经过叠加、切割或穿孔后，形体的相邻表面之间可能形成共面与相错、相切、相交等位置关系，如图 3–2 所示。

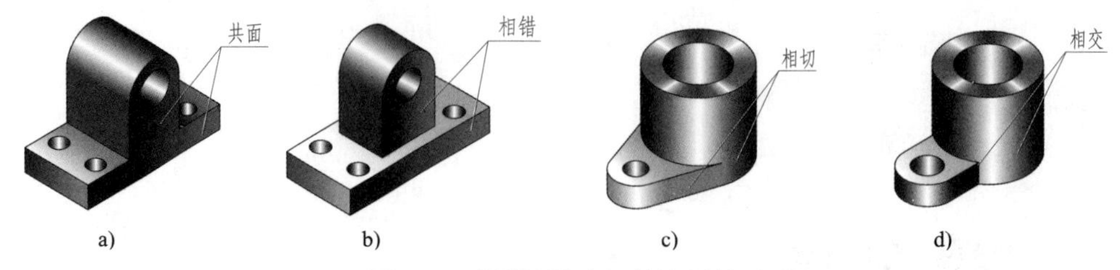

图 3-2　相邻形体表面的位置关系

1. 共面与相错

当两形体相邻表面共面时，在共面处不应有相邻表面的分界线，如图 3-3a 所示。当两形体相邻表面相错时，两形体的投影间应有线隔开，如图 3-3b 所示。

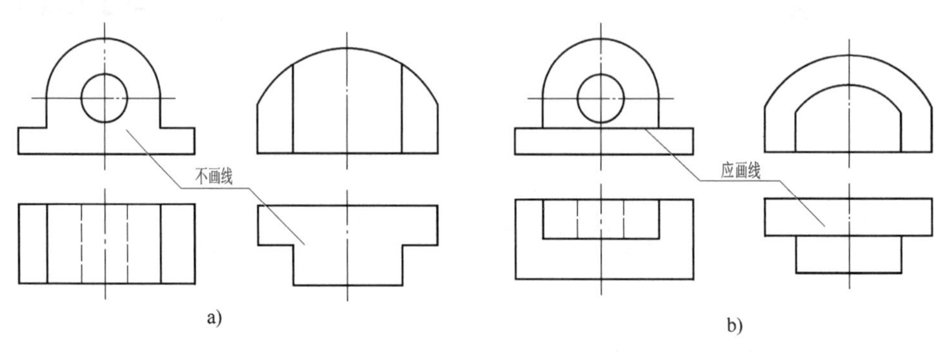

图 3-3　共面与相错的画法
a）共面　b）相错

2. 相切

当两形体相邻表面相切时，由于相切处是光滑过渡，所以切线的投影不能画出（见图 3-4a）。相切处画线是错误的（见图 3-4b）。

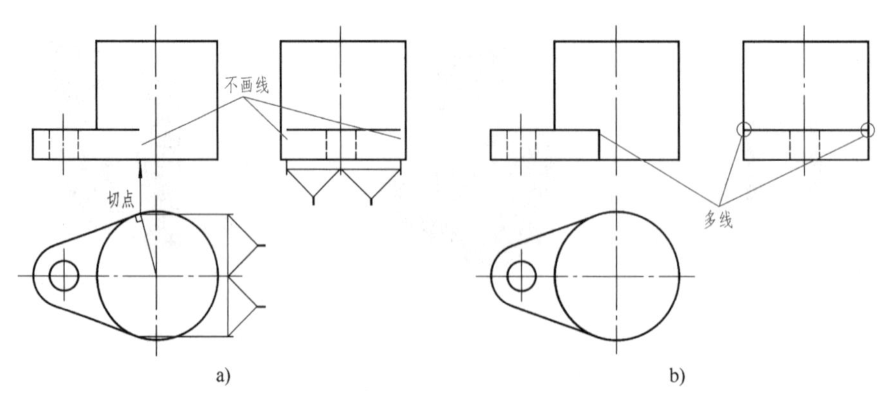

图 3-4　相切画法正误对比
a）正确　b）错误

3. 相交

相邻两表面之间在相交处产生交线，交线的投影必须画出（见图 3-5a）。图 3-5b 漏画了交线。

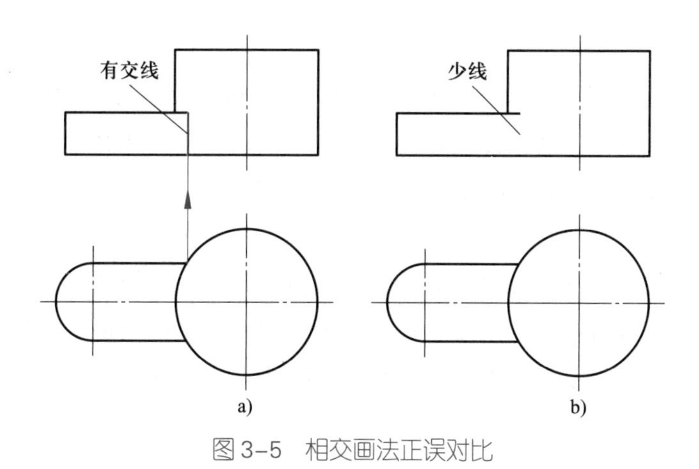

图 3–5　相交画法正误对比

a）正确　b）错误

第 2 节　画组合体视图的方法与步骤

画组合体视图时，首先要运用形体分析法将组合体分解为若干基本形体，分析它们的组合形式和相对位置，判断形体间相邻表面间的位置关系，然后逐个画出各基本形体的三视图。必要时还要对组合体中的投影面垂直面或一般位置平面进行面形分析。

一、画叠加型组合体的视图

1. 形体分析

如图 3–6a 所示支座，根据形体结构特点，可将其看成由底板、竖板和肋板三部分叠加而成，如图 3–6b 所示。竖板上部的圆柱面与左、右两侧面相切；竖板与底板的后表面共面，二者前表面错开，竖板的两侧面与底板上表面相交；肋板与底板、竖板的相邻表面都相交；底板、竖板上有通孔且底板前面为圆角。

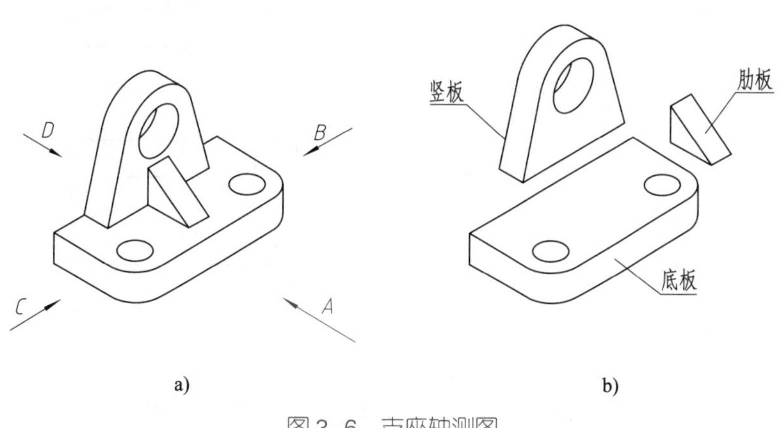

图 3–6　支座轴测图

2. 选择视图

如图 3-6a 所示，将支座按图示位置安放后，经过比较箭头 *A*、*B*、*C*、*D* 所指四个不同投射方向可以看出，选择 *A* 向作为主视图的投射方向要比其他方向好。因为组成支座的基本形体及其整体结构特征在 *A* 向表达最清晰。

3. 画图步骤

选择适当的比例和图纸幅面，确定视图位置。先画出各视图的主要中心线和基准线，然后运用形体分析法，从主要形体（底板）着手，先画有形状特征的视图，且先画主要部分再画次要部分，再按各基本形体的相对位置和表面连接关系及其投影关系，逐个画出它们的三视图，具体作图步骤如图 3-7 所示。

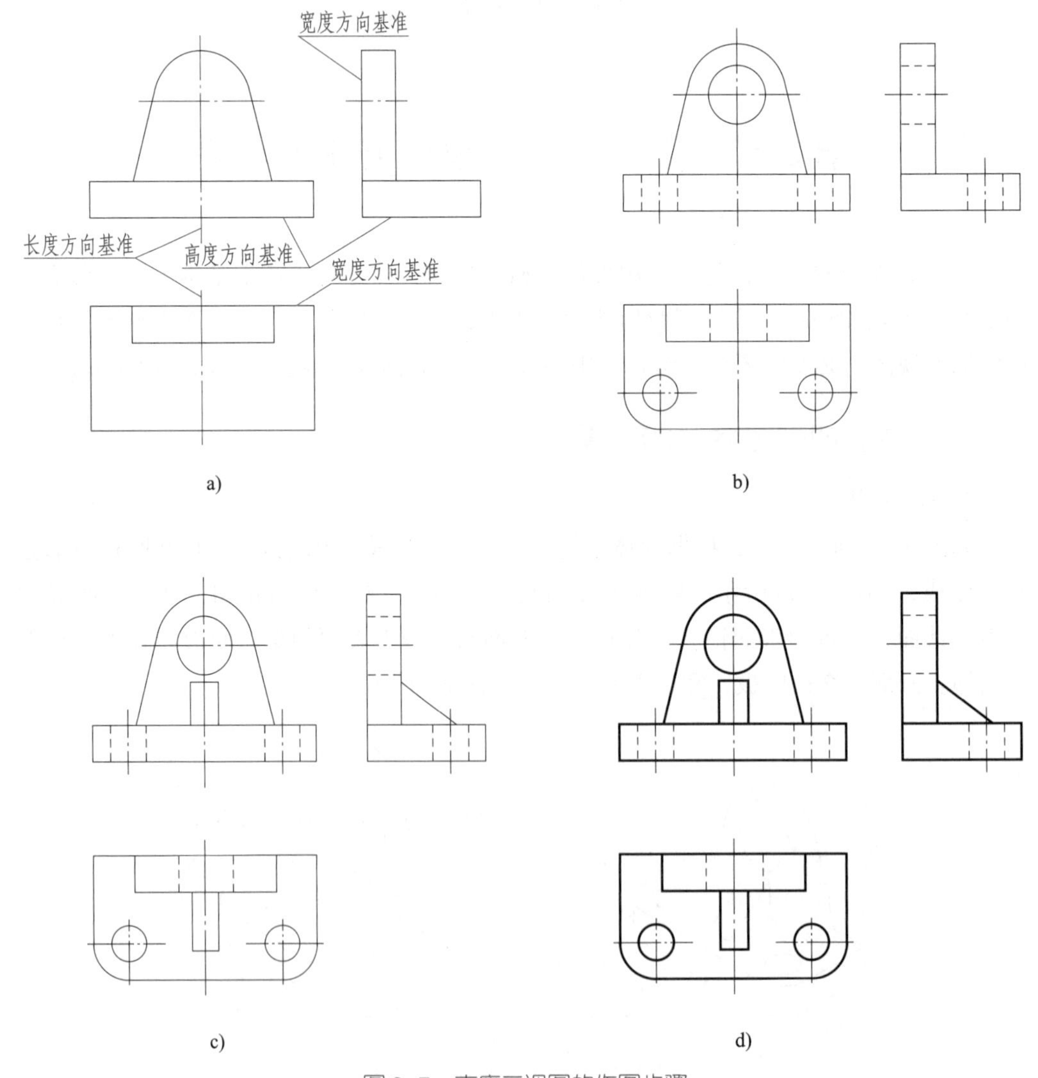

图 3-7　支座三视图的作图步骤

a）布置视图，画基准线、底板和竖板　b）画圆柱孔和圆角

c）画肋板　d）描深，完成三视图

二、画切割型组合体的视图

图 3–8a 所示组合体可看成由长方体切去形体 1、2、3 而形成。画切割型组合体的视图可在形体分析的基础上结合面形分析法进行。

所谓面形分析法，是根据表面的投影特性来分析组合体表面的性质、形状和相对位置，从而完成画图和读图的方法。

切割型组合体的作图步骤如图 3–8 所示。

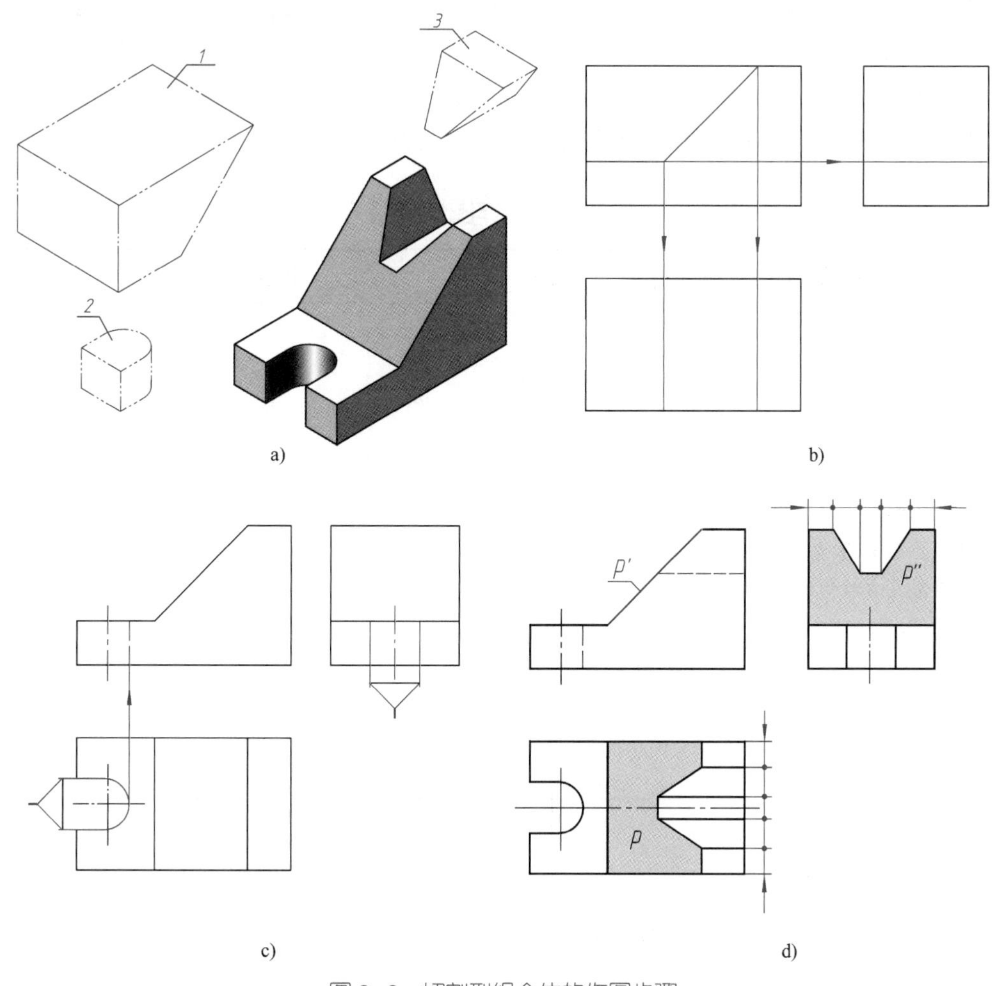

图 3–8　切割型组合体的作图步骤

a）切割型组合体　b）第一次切割　c）第二次切割　d）第三次切割

画图时应注意：

1. 作每个切口投影时，应先从反映形体特征且具有积聚性投影的视图开始，再按投影关系画出其他视图。例如第一次切割时（见图 3–8b），先画切口的主视图，再画出俯、左视图中的图线；第二次切割时（见图 3–8c），先画圆槽的俯视图，再画出主、左视图中的图线；第三次切割时（见图 3–8d），先画梯形槽的左视图，再画出主、俯视图中的图线。

2. 注意切口截面投影的类似性。如图 3–8d 中的梯形槽与斜面 P 相交而形成的截面，其水平投影 p 与侧面投影 p'' 应为类似形。

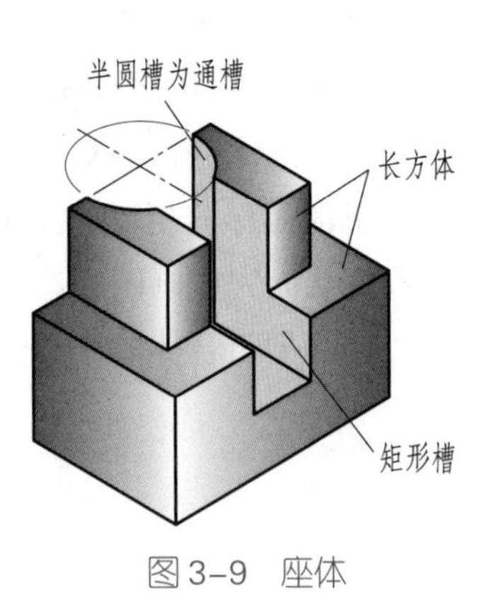

图 3–9　座体

三、画综合型组合体的视图

图 3–9 所示座体是“既有叠加又有切割”的综合型组合体，综合型组合体大都以叠加为主，绘制其三视图时可采用“先叠加，后切割”的方法。

该形体由两个长方体叠加而成，在形体的后面开有半圆槽，中间开有矩形槽，作图步骤与方法及图例见表 3–1。

表 3–1　座体三视图的作图步骤与方法及图例

作图步骤与方法	图例
（1）绘制上、下长方体的三视图 注意：该形体左右对称，在主、俯视图上需绘制左右对称线	
（2）绘制形体后面切割半圆槽后形成的轮廓线 1）先绘制半圆槽的俯视图，然后绘制其主、左视图 2）擦除俯视图上切割半圆槽后消失的轮廓线 3）绘制半圆槽的水平中心线	擦除切割半圆槽后消失的轮廓线

续表

作图步骤与方法	图例
（3）绘制形体中间开矩形槽后的轮廓线 1）先绘制矩形槽的主视图，再绘制其俯视图，最后绘制其左视图 2）矩形槽和半圆槽相交产生截交线，注意绘制左视图上截交线的投影 3）擦除切割矩形槽后消失的轮廓线	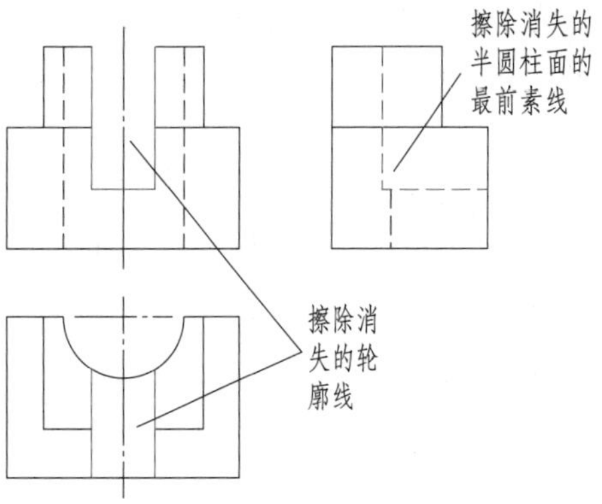 擦除消失的半圆柱面的最前素线 擦除消失的轮廓线
（4）擦除作图线，校核三视图，按线型描深图线	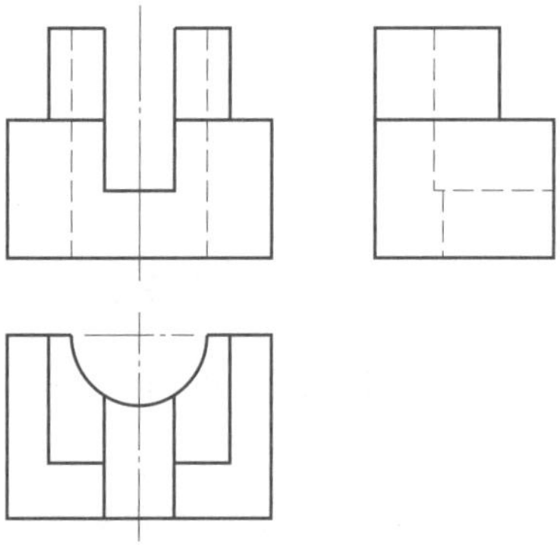

第3节 组合体的尺寸标注

一、尺寸标注的基本要求

组合体尺寸标注的基本要求是：正确、齐全和清晰。正确是指符合国家标准的规定；齐全是指标注尺寸既不遗漏也不多余；清晰是指尺寸注写布局整齐、清楚，便于看图。本节着重讨论如何保证尺寸标注齐全和清晰。

为掌握组合体的尺寸标注，在掌握基本体尺寸标注的基础上，还应熟悉几种带切口形体的尺寸标注。对于带切口的形体，除了标注基本形体的尺寸外，还要注出确定截平面位置的尺寸。必须注意，由于形体与截平面的相对位置确定后，切口的交线已完全确定，因此不应在交线上标注尺寸。图 3–10 中画“×”的为错误的尺寸标注。此外，为了便于加工和测量，正六边形的尺寸一般标注对边尺寸，并标注对角尺寸作为参考尺寸（尺寸数字加括号），如图 3–10a 所示。

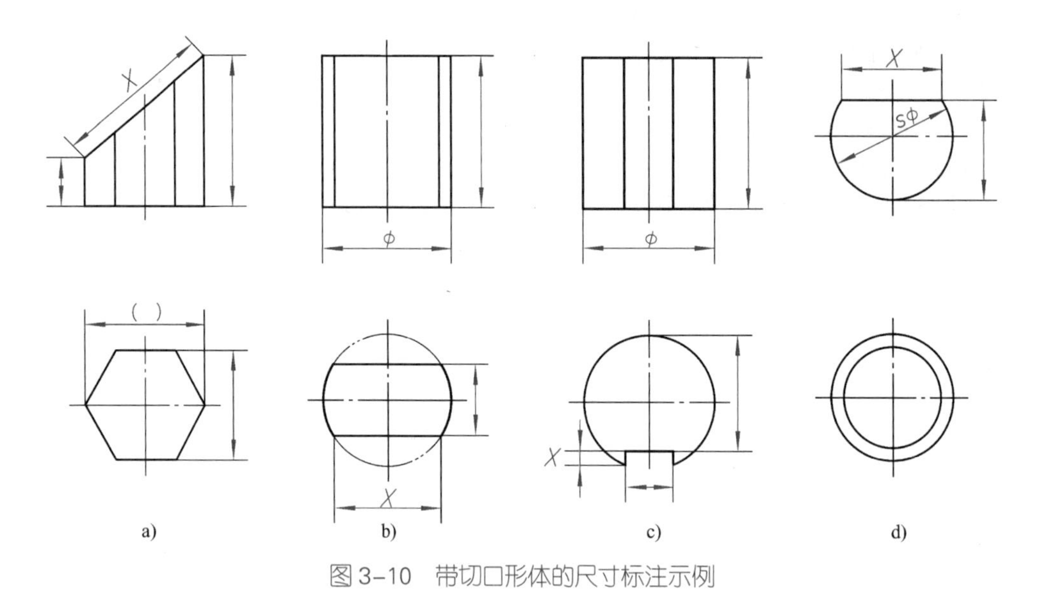

图 3–10　带切口形体的尺寸标注示例

二、组合体的尺寸标注

下面以图 3–11 为例，说明标注组合体尺寸的基本方法。

1. 尺寸标注齐全

要保证尺寸标注齐全，既不遗漏，也不重复，应先按形体分析法注出各基本形体的定形尺寸，再注出它们之间相对位置的定位尺寸，最后根据组合体的结构特点注出总体尺寸。

（1）定形尺寸

确定组合体中各基本形体大小的尺寸称为定形尺寸。在图 3–11a 中，底板的长“40”、宽“24”、高尺寸“8”，底板上圆孔直径“2 × ϕ6”和圆角半径“*R*6”都属于定形尺寸。必须注意，相同圆孔的尺寸要集中标注，并注写数量，如“2 × ϕ6”，但相同圆角的半径一般不注写数量，如“*R*6”。

（2）定位尺寸

确定组合体中各基本形体之间相对位置的尺寸称为定位尺寸。标注定位尺寸时，须在长、宽、高三个方向分别选定尺寸基准，每个方向至少有一个尺寸基准，以便确定各基本形体在各方向上的相对位置。通常选择组合体底面、端面或对称平面以及回转轴线等作为尺寸基准。如图 3-11b 所示，组合体左右对称平面为长度方向尺寸基准，后端面为宽度方向尺寸基准，底面为高度方向尺寸基准（图中用符号“▼”表示基准位置）。

如图 3-11b 所示，由长度方向尺寸基准注出底板上两圆孔的定位尺寸“28”；由宽度方向尺寸基准注出底板上圆孔与后端面的定位尺寸“18”，竖板与后端面的定位尺寸“5”；由高度方向尺寸基准注出竖板上圆孔与底面的定位尺寸“20”。

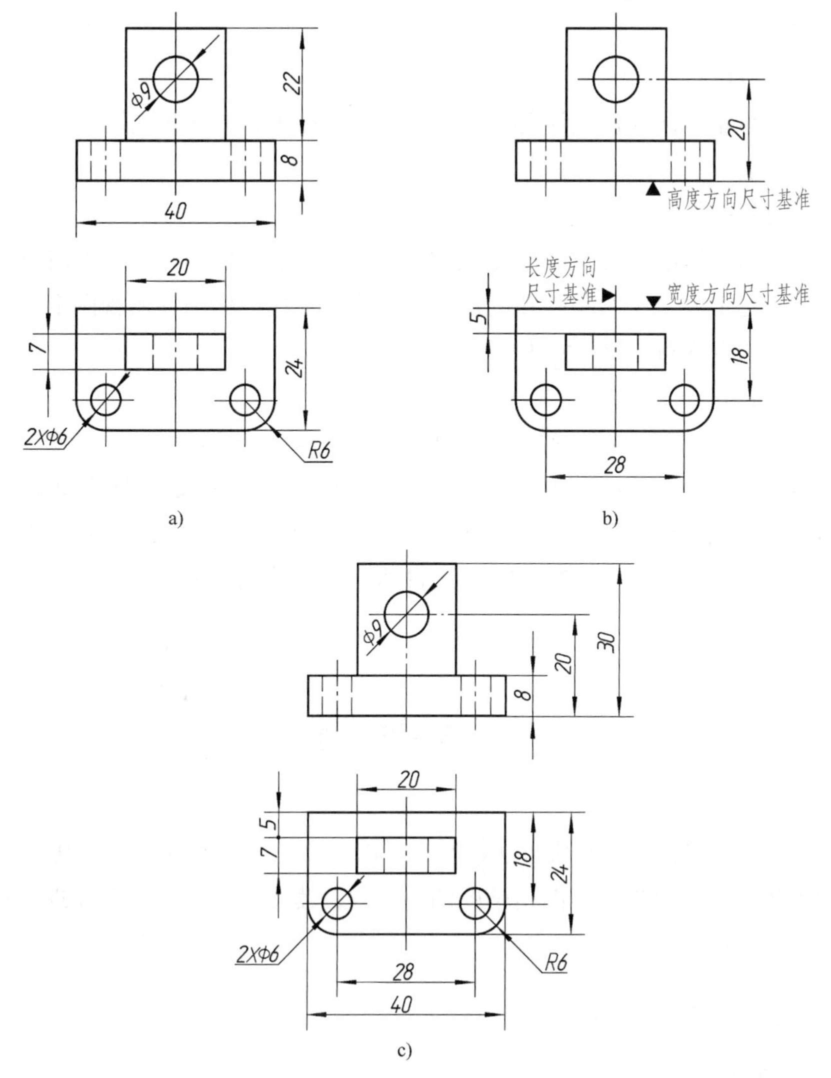

图 3-11 组合体的尺寸标注示例

（3）总体尺寸

确定组合体在长、宽、高三个方向总长、总宽和总高的尺寸称为总体尺寸。

在图 3-11c 中，组合体的总长和总宽尺寸即底板的长“40”和宽“24”，不再重复标注。总高尺寸 30 应从高度方向尺寸基准处注出。总高尺寸标注以后，原来标注的竖板高度尺寸“22”应删除。必须注意：当组合体一端为同心圆孔的回转体时，通常仅标注孔的定位尺寸和外端圆柱面的半径，不标注总体尺寸。图 3–12 所示为不注总高尺寸（图中画 ×）示例。

2. 尺寸标注清晰

为了便于读图和查找相关尺寸，尺寸的布置必须整齐清晰，下面以图 3–11c 为例，说明尺寸布置应注意的几个方面。

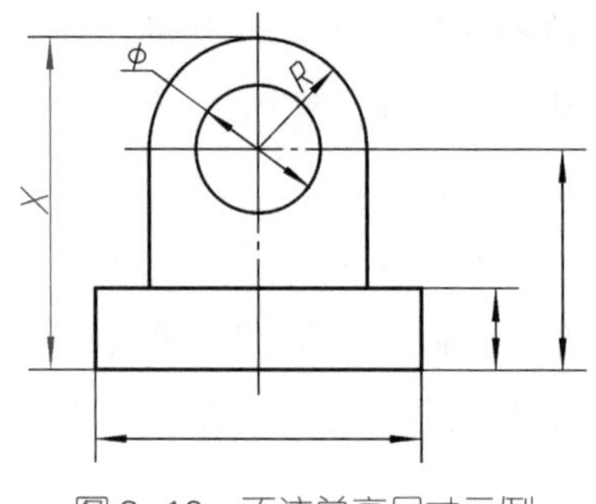

图 3–12　不注总高尺寸示例

（1）突出特征

定形尺寸尽量标注在反映该部分形状特征的视图上，如底板的圆孔和圆角尺寸应标注在俯视图上。

（2）相对集中

形体某一部分的定形尺寸及有联系的定位尺寸尽可能集中标注，便于读图时查找。例如，底板的定形尺寸及两小圆孔的定形和定位尺寸集中标注在俯视图上，竖板的定形尺寸及圆孔的定形和定位尺寸集中标注在主视图上。

（3）布局整齐

尺寸尽可能布置在两视图之间，便于对照。同方向的平行尺寸，应使小尺寸在内，大尺寸在外，间隔均匀，避免尺寸线与尺寸界线相交（如俯视图上的尺寸“18”“24”、主视图上的尺寸“8”“20”）。主、俯视图上同方向的尺寸应排列在同一直线上（如俯视图上的尺寸“7”“5”），这样既整齐又便于画图。

第 4 节　读组合体视图

画图是把空间形体按正投影方法绘制在平面上。读图则是对画出的视图进行分析，想象空间形体形状的过程。读图是画图的逆过程，读图时必须以投影原理为指导，掌握基本要领和基本方法。

一、读图的基本要领

1. 各个视图联系起来读图

在机械图样中，机件形状一般是通过几个视图来表达的，每个视图只能反映机件一个方向的形状。因此，仅由一个或者两个视图往往不能唯一地表达机件形状。如图 3–13 所示的六组图形，它们的俯视图均相同，但实际上是六种不同形状物体的俯视图。所以，只有把俯视图与主视图联系起来识读，才能判断它们的形状。又如图 3–14 所示的四组图形，它们的主、俯视图均相同，但同样是四种不同形状的物体。

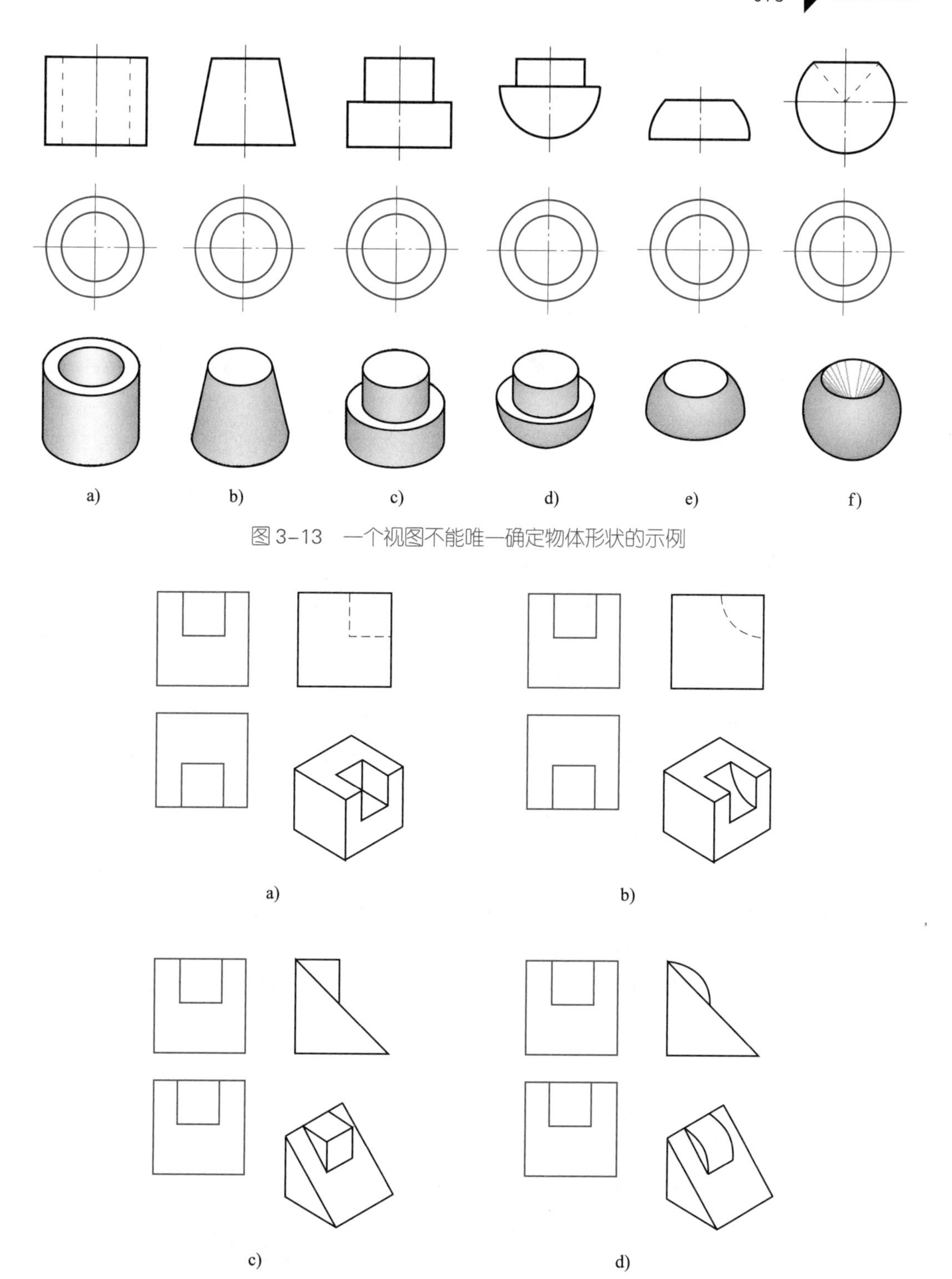

图 3–13　一个视图不能唯一确定物体形状的示例

图 3–14　两个视图不能唯一确定物体形状的示例

由此可见，读图时必须将给出的全部视图联系起来分析，才能想象出物体的形状。

2. 明确视图中线框和图线的含义

（1）视图上的每个封闭线框，通常表示物体上一个表面（平面或曲面）的投影。

如图 3-15a 所示主视图中有四个封闭线框，对照俯视图可知，线框 a'、b'、c' 分别是六棱柱前三个棱面的投影，线框 d' 则是前圆柱面的投影。

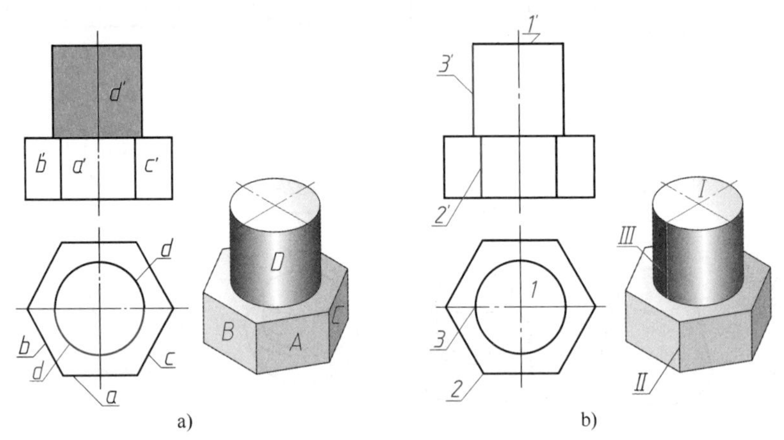

图 3-15　视图中线框和图线的含义

（2）相邻两线框或大线框中有小线框，则表示物体不同位置的两个表面。可能是两表面相交，如图 3-15a 中的 B、A、C 面依次相交；也可能是平行关系（如上下、前后、左右），如图 3-15a 所示俯视图中大线框六边形中的小线框圆，就是六棱柱顶面与圆柱顶面的投影。

（3）视图中的每条图线可能是立体表面具有积聚性的投影，如图 3-15b 所示主视图中的 $1'$ 是圆柱顶面 I 的投影；或者是两平面交线的投影，如图 3-15b 所示主视图中的 $2'$ 是 A 面与 B 面交线 II 的投影；也可能是曲面最外素线的投影，如图 3-15b 所示主视图中的 $3'$ 是圆柱面最左素线 III 的投影。

3. 抓住特征视图，确定物体形状

一组视图中能清楚地表达物体主要结构特征的视图称为特征视图。特征视图又可分为形状特征视图和位置特征视图。

形状特征视图是指最能反映物体形状特征的视图。图 3-16 所示底板的俯视图就是形状特征视图。

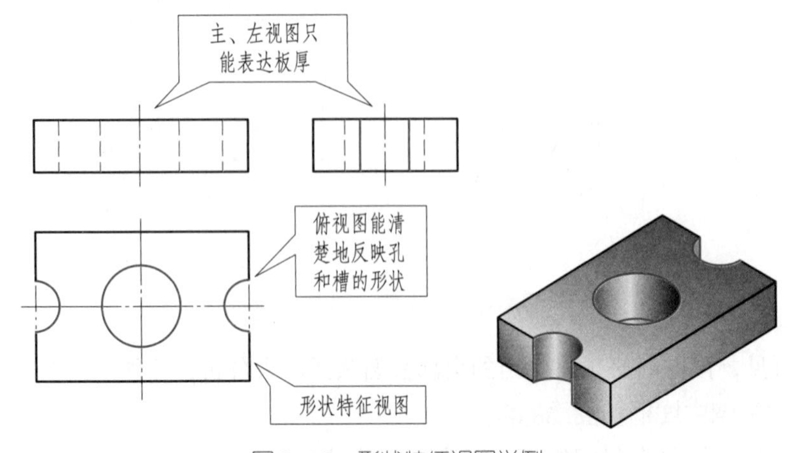

图 3-16　形状特征视图举例

位置特征视图是指最能反映组合体各形体间相互位置关系的视图。图 3–17a 所示支架的主、俯视图无法确定结构 1、2 的位置，它表示的可能是图 3–17b 的形体，也可能是图 3–17c 的形体。图 3–18 给出形体的主、左视图，在左视图上结构 1、2 的凹凸表达得十分清楚，所以该左视图就是位置特征视图。

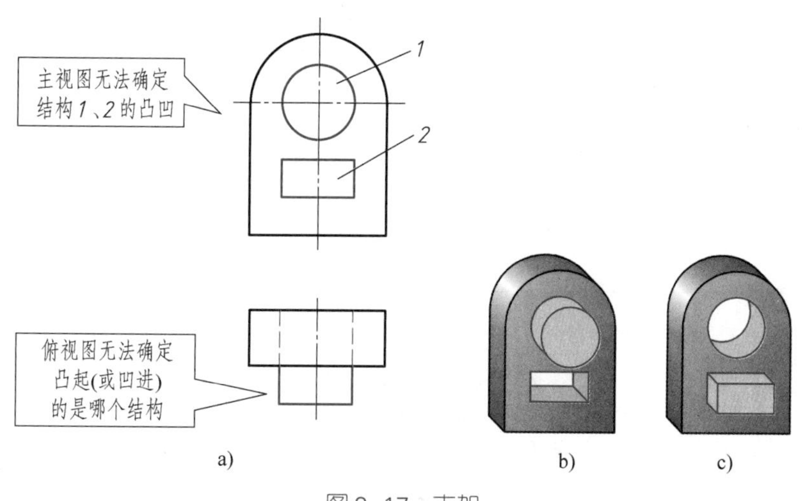

图 3–17 支架

a）两视图 b）形体一 c）形体二

看图时，应抓住反映物体主要形状特征和位置特征的视图，运用三视图的投影规律，将几个视图联系起来进行识读。在看组合体的三视图时，要把表达物体形状的三视图作为一个整体来看待，切忌只抓住其中的一个视图不放，或把三个视图孤立看待。

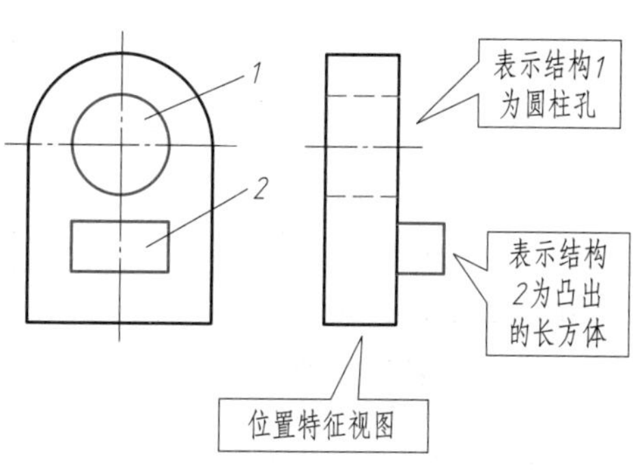

图 3–18 支架的位置特征视图

二、读图的基本方法

1. 形体分析法

读图的基本方法与画图一样，主要也是运用形体分析法。其基本思路是：在反映形状特征比较明显的主视图上按线框将组合体划分为几个部分，即几个基本体；然后通过投影关系，找到各线框在其他视图中的投影，从而分析各部分的形状及它们之间的相对位置；最后综合起来，想象出组合体的整体形状。现以识读图 3–19 所示支座的主、俯视图为例，说明运用形体分析法识读组合体视图的方法和步骤及图例（见表 3–2）。

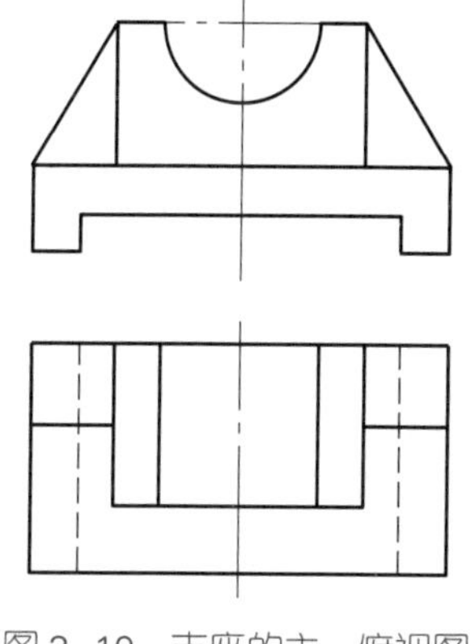

图 3–19 支座的主、俯视图

表 3-2　识读支座视图的方法和步骤及图例

方法和步骤	图　例
（1）按线框分部分 从反映该组合体形状特征的主视图入手，将其划分成 I 、II、III、IV四个部分，每一对应线框理解为一部分形体	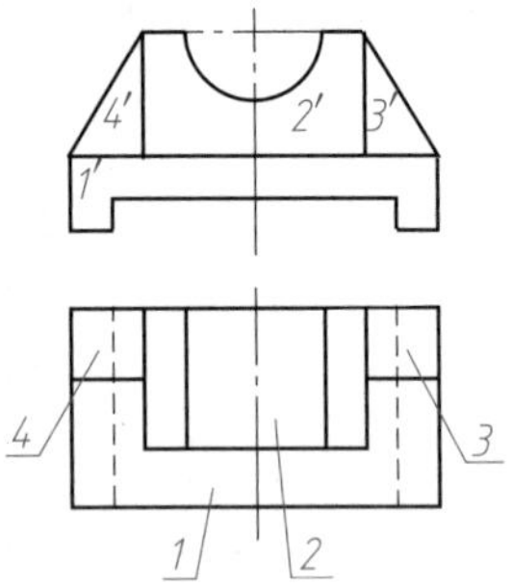
	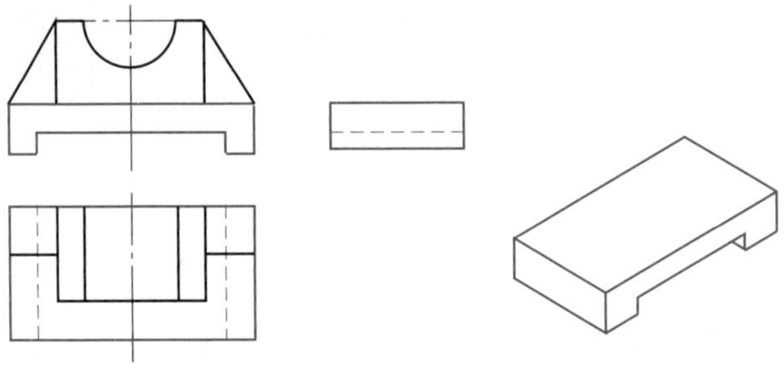
（2）对投影，想形状 运用投影规律，分别找出主视图上的四个线框对应俯视图上的投影，然后逐一想象它们的形状，并绘制左视图	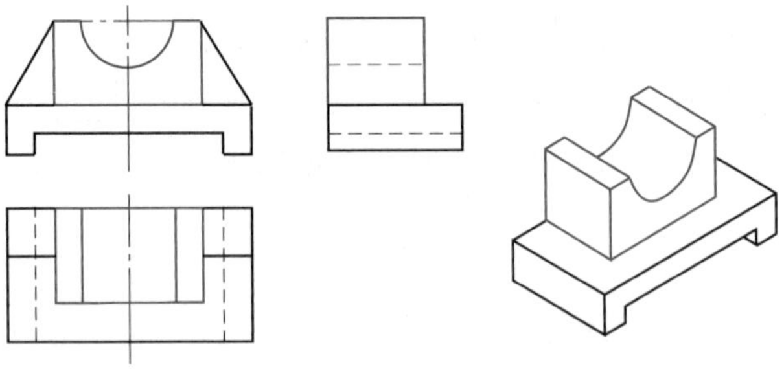
	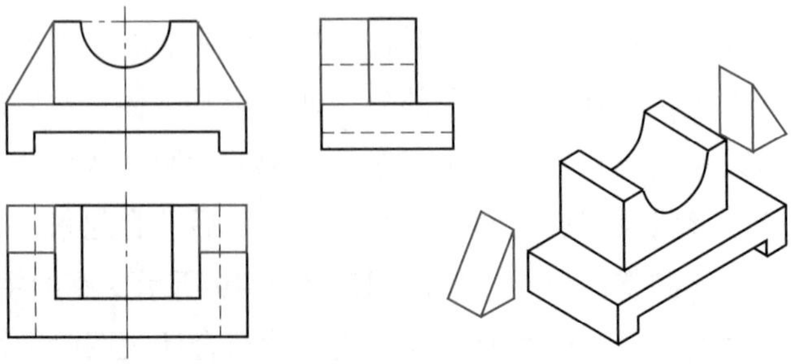

续表

方法和步骤	图　　例
（3）合起来，想整体 在看懂每个基本形体的基础上，想象它们的相互位置，逐渐形成一个整体的结构形状	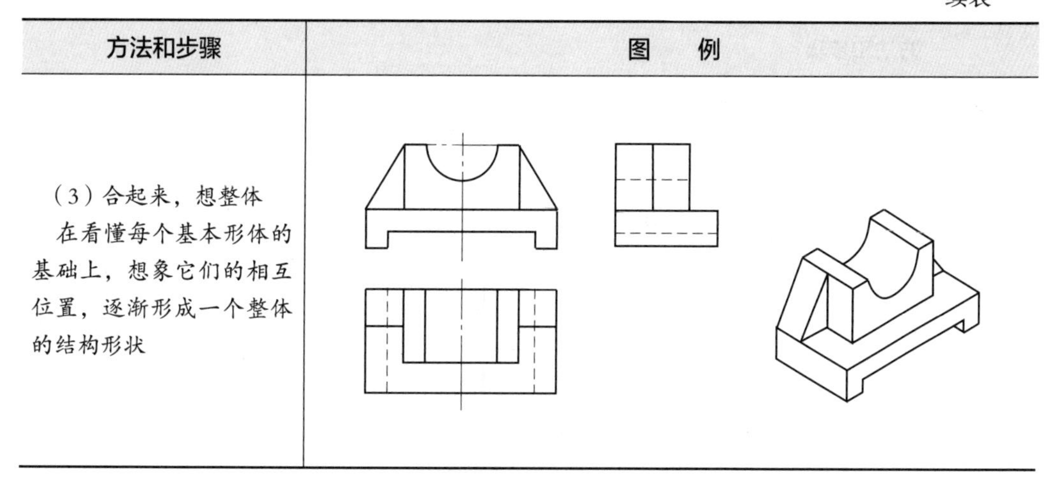

2. 面形分析法

面形分析法是指分析投影图上线面的投影特征和相对位置，进而确定物体形状的方法。面形分析法一般用于识读切割类组合体的视图。识读形状比较复杂的组合体的视图时，在运用形体分析法的同时，对不易读懂的部分，也常用面形分析法来帮助想象和读懂这些局部形状。

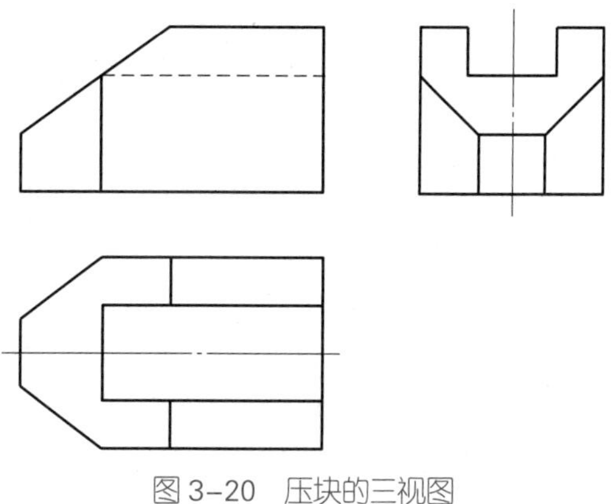

图 3–20　压块的三视图

例 3–1　识读图 3–20 所示压块的三视图，想出其整体形状。

识读图 3–20 所示压块的三视图的方法和步骤及图例见表 3–3。

表 3–3　识读压块三视图的方法和步骤及图例

方法和步骤		图　　例
形体分析	面形分析	
由三视图的基本外形轮廓近似于长方形，可以判断其基本体为长方体		形体分析

第3章　组合体

续表

方法和步骤		图　例
形体分析	面形分析	
由主视图缺角可判断长方体左上方被切掉一角	根据投影面垂直面的投影特性，可判断截断面*A*是正垂面（主视图为线段，俯、左视图为类似形）	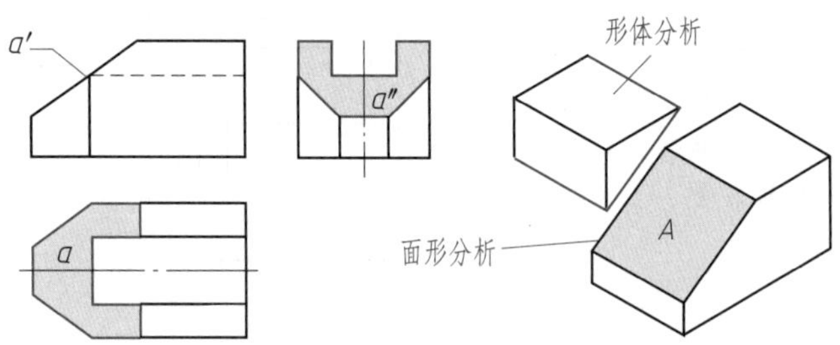 a′ a″ a 形体分析 面形分析 A
由俯视图两缺角可判断长方体左端前后对称各切去一角	根据投影面垂直面的投影特性，可判断截断面*B*是前后对称的铅垂面（俯视图为线段，主、左视图为类似形）	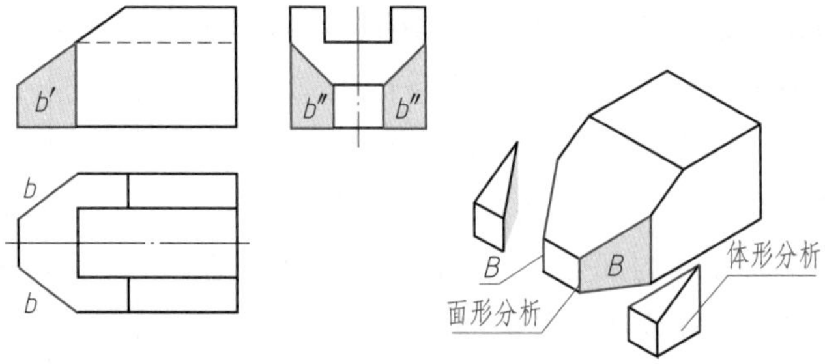 b′ b″ b″ b b B B 面形分析 体形分析
由左视图缺口可判断在长方体前后方向的中上部，沿长度方向开一长方形槽	在中上部用前、后两个正平面和一个水平面切割出一个矩形槽	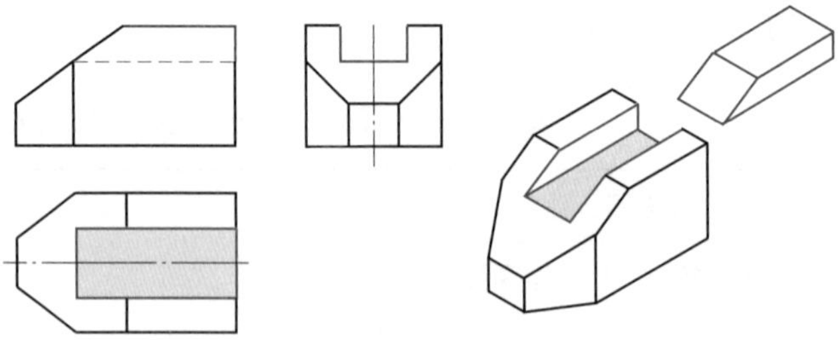
综合起来，想象出在长方体上切角和开槽后的整体结构形状		

例 3-2 补画三视图中的漏线（见图 3-21a）。

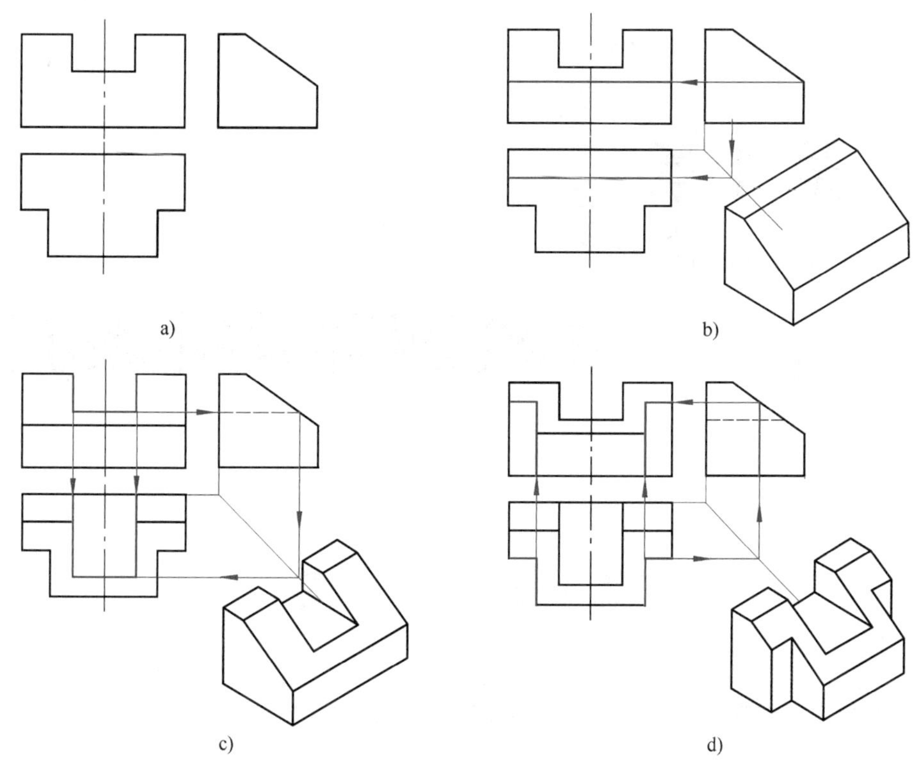

图 3-21 补画三视图中的漏线

作图步骤

（1）由左视图上的斜线可知，长方体被侧垂面切去一角。补画主、俯视图中相应的漏线（见图 3-21b）。

（2）由主视图上的凹槽可知，长方体上部被一个水平面和两个侧平面开了一个槽。补画俯、左视图中相应的漏线（见图 3-21c）。

（3）由俯视图可知，长方体前面被两组正平面和侧平面左右对称地各切去一角。补画主、左视图中相应的漏线（见图 3-21d）。

（4）校核三视图。

第4章 机械图样的基本表示法

第1节　视　　图

视图分为基本视图、向视图、局部视图和斜视图四种。

一、基本视图

将机件向基本投影面投射所得的视图称为基本视图。

如图4-1a所示，基本视图是物体向六个基本投影面投射所得的视图。空间的六个基本投影面可设想围成一个正六面体，为使其上的六个基本视图位于同一平面内，可将六个基本投影面按图4-1b所示方法展开。六个基本投射方向及视图名称见表4-1。

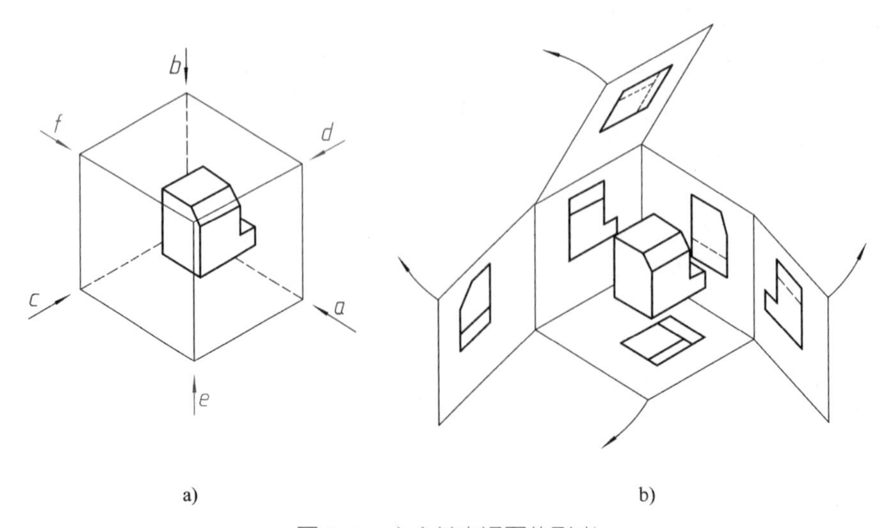

图4-1　六个基本视图的形成

表 4-1　六个基本投射方向及视图名称

方向代号	a	b	c	d	e	f
投射方向	由前向后	由上向下	由左向右	由右向左	由下向上	由后向前
视图名称	主视图	俯视图	左视图	右视图	仰视图	后视图

在机械图样中，六个基本视图的名称和配置关系如图 4–2 所示。按图 4–2 所示位置配置时，一律不注视图名称。

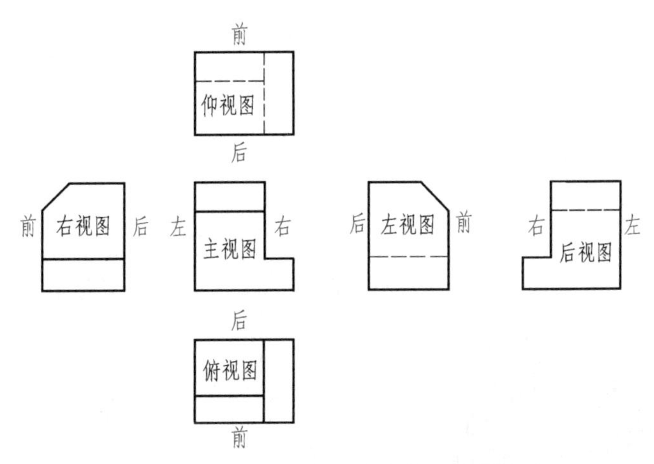

图 4–2　六个基本视图的名称和配置关系

六个基本视图仍保持“长对正、高平齐、宽相等”的三等关系，即仰视图与俯视图同样反映物体长、宽方向的尺寸，右视图与左视图同样反映物体高、宽方向的尺寸，后视图与主视图同样反映物体长、高方向的尺寸。

六个基本视图的方位对应关系如图 4–2 所示，除后视图外，在围绕主视图的俯、仰、左、右四个视图中，远离主视图的一侧表示机件的前方，靠近主视图的一侧表示机件的后方。

实际画图时，无须将六个基本视图全部画出，应根据机件的复杂程度和表达需要，选用必要的基本视图。若无特殊情况，优先选用主视图、俯视图、左视图。

二、向视图

向视图是可以自由配置的视图。当某视图不能按投影关系配置时，可绘制向视图，如图 4–3 中的视图 D、视图 E 和视图 F 皆为向视图。

向视图必须在图形上方注出视图名称“×”（“×”为大写拉丁字母，下同），并在相应的视图附近用箭头指明投射方向，注写相同的字母。

三、局部视图

局部视图是将机件的某一部分向基本投影面投射所得的视图。如图 4–4 所示的机

件，用主、俯两个基本视图表达了主体形状，但左、右两边凸缘形状若用左视图和右视图表达，则显得烦琐和重复。采用 *A* 和 *B* 两个局部视图来表达这两个凸缘形状，既简练又突出重点。

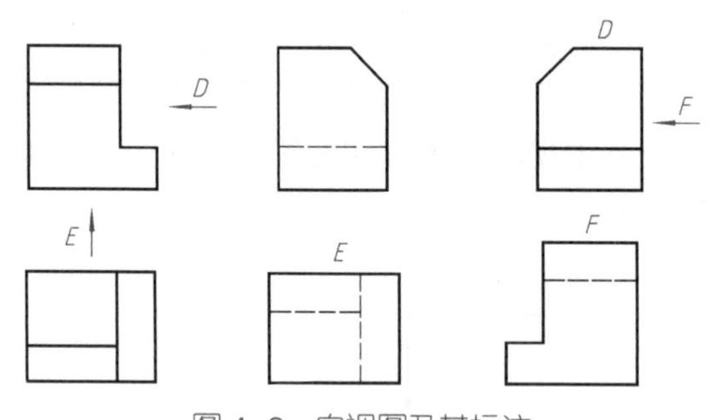

图 4–3　向视图及其标注

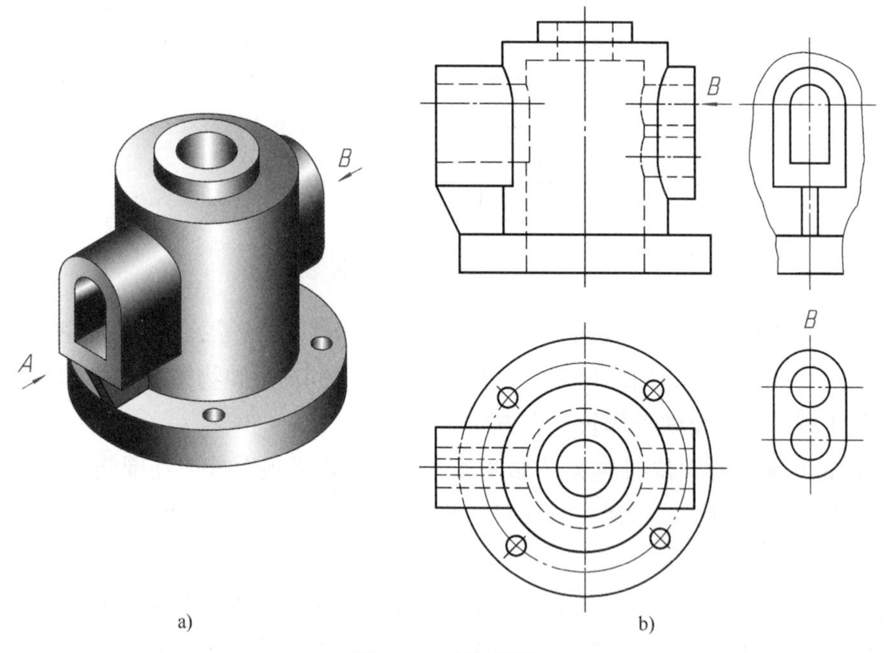

图 4–4　局部视图

局部视图的配置、标注及画法如下：

（1）局部视图按基本视图位置配置，中间若没有其他图形隔开时，则不必标注，如图 4–4 中的 *A* 向局部视图，字母 *A* 和相应的箭头均不必注出。

（2）局部视图也可按向视图的配置形式配置在适当位置，如图 4–4 中的局部视图 *B*。

（3）局部视图的断裂边界通常用波浪线或双折线表示，如图 4–4 中的 *A* 向局部视图。但当所表示的局部结构是完整的，其图形的外轮廓线封闭时，则不必画出其断裂边界线，如图 4–4 中的局部视图 *B*。

四、斜视图

将机件向不平行于基本投影面的平面投射所得的视图称为斜视图。

如图 4–5a 所示，当机件上某局部结构不平行于任何基本投影面，在基本投影面上不能反映该部分的实形时，可增加一个新的辅助投影面，使其与机件上倾斜结构的主要平面平行，并垂直于一个基本投影面，然后将倾斜结构向辅助投影面投射，就可得到反映倾斜结构实形的视图，即斜视图。画斜视图时应注意：

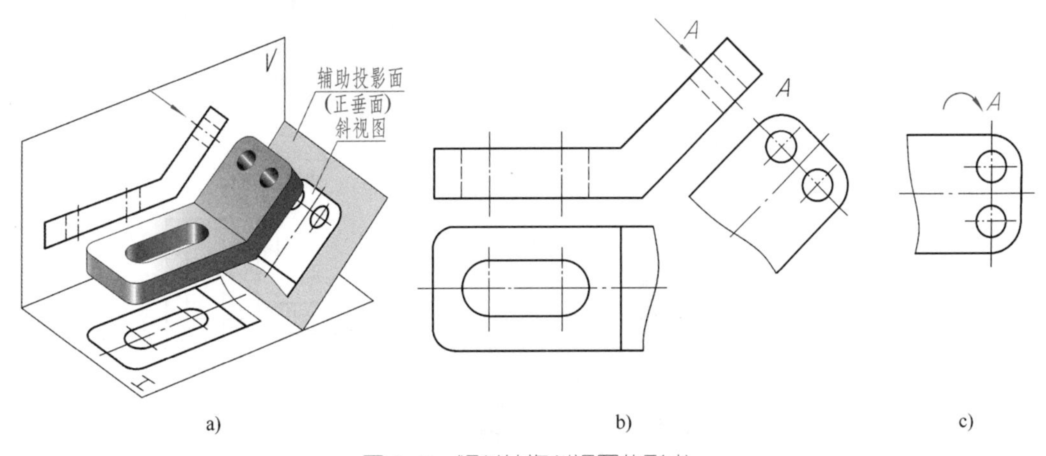

图 4–5　倾斜结构斜视图的形成

（1）斜视图常用于表达机件上的倾斜结构。画出倾斜结构的实形后，机件的其余部分不必画出，此时可在适当位置用波浪线或双折线断开，如图 4–5b 所示。

（2）斜视图的配置和标注一般遵照向视图相应的规定，必要时允许将斜视图旋转配置。此时仍按向视图标注，且加注旋转符号，如图 4–5c 所示。旋转符号为半径等于字体高度的半圆弧，表示斜视图名称的大写拉丁字母应靠近旋转符号的箭头端，也允许将旋转角度标注在字母之后。

第 2 节　剖　视　图

视图主要用来表达机件的外部形状。图 4–6a 所示支座内部结构比较复杂，视图上会出现较多细虚线而使图形不清晰，不便于看图和标注尺寸。为了清晰地表达其内部结构，常采用剖视图进行表达。

一、剖视图的形成、画法及标注

1. 剖视图的形成

假想用剖切面剖开机件，将处在观察者与剖切面之间的部分移去，将其余部分向投影面投射，所得的图形称为剖视图，简称剖视。剖视图的形成过程如图 4-6b、c 所示，图 4-6d 中的主视图即为机件的剖视图。

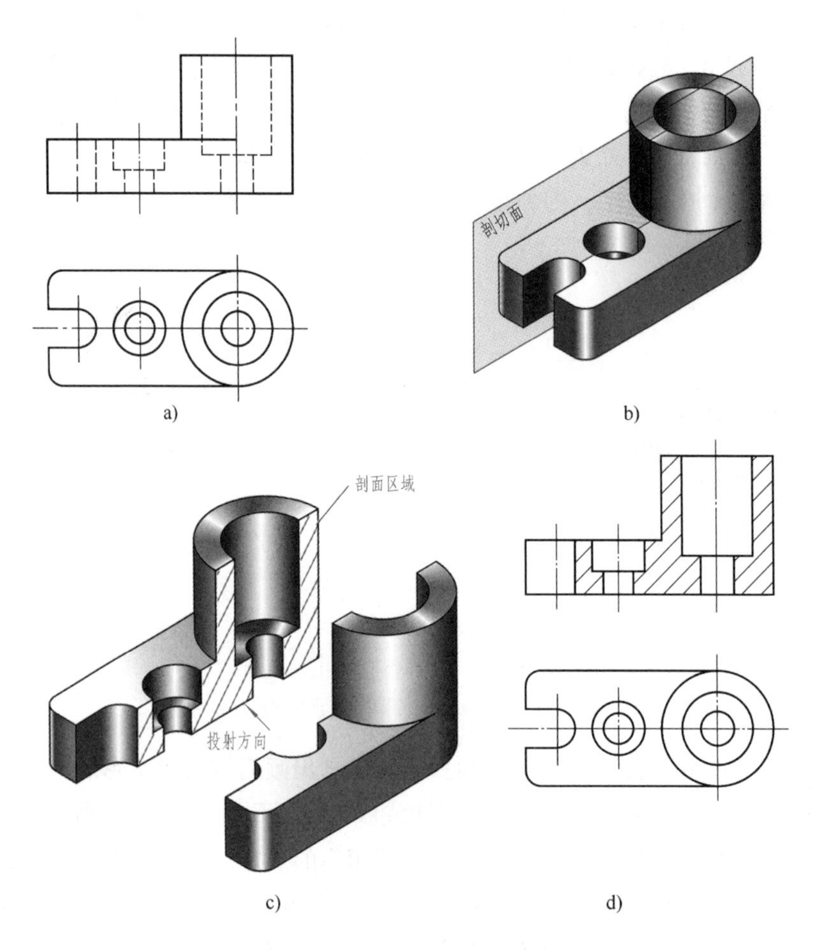

图 4-6　剖视图的形成

2. 剖面符号

在剖视图中，剖切面与机件接触部分称为剖面区域。为使具有材料实体的切断面（剖面区域）与其余部分（含剖切面后面的可见轮廓线及原中空部分）明显地区别开来，应在剖面区域内画出剖面符号，如图 4-6d 主视图所示。国家标准规定了各种材料类别的剖面符号，见表 4-2。

表 4-2　剖面符号（摘自 GB/T 4457.5—2013）

材料名称	剖面符号	材料名称	剖面符号
金属材料（已有规定剖面符号者除外）		线圈绕组元件	
非金属材料（已有规定剖面符号者除外）		转子、变压器等的迭钢片	

续表

材料名称		剖面符号	材料名称	剖面符号
型砂、粉末冶金、陶瓷刀片、硬质合金刀片等			玻璃及其他透明材料	
木质胶合板（不分层数）			格网（筛网、过滤网等）	
木材	纵断面		液体	
	横断面			

在机械设计中，金属材料使用最多，为此，国家标准规定用简明易画的平行细实线作为剖面符号，且特称为剖面线。绘制剖面线时，同一机械图样中的同一零件的剖面线应方向相同、间隔相等。剖面线的间隔应根据剖面区域的大小确定。剖面线的方向一般与主要轮廓或剖面区域的对称线成 45°，如图 4–7 所示。

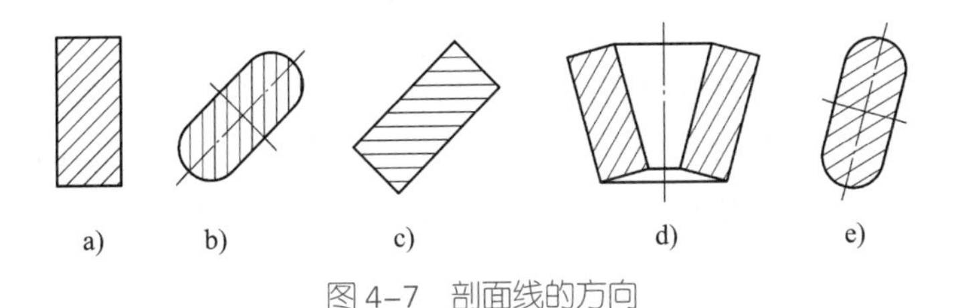

图 4–7　剖面线的方向

3. 剖视图画法的注意事项

（1）剖切机件的剖切面必须垂直于所剖切的投影面。

（2）机件的一个视图画成剖视后，其他视图的完整性不应受其影响，如图 4–6 中的主视图画成剖视图后，俯视图仍应完整画出。

（3）剖切面后面的可见结构一般应全部画出（见图 4–8）。

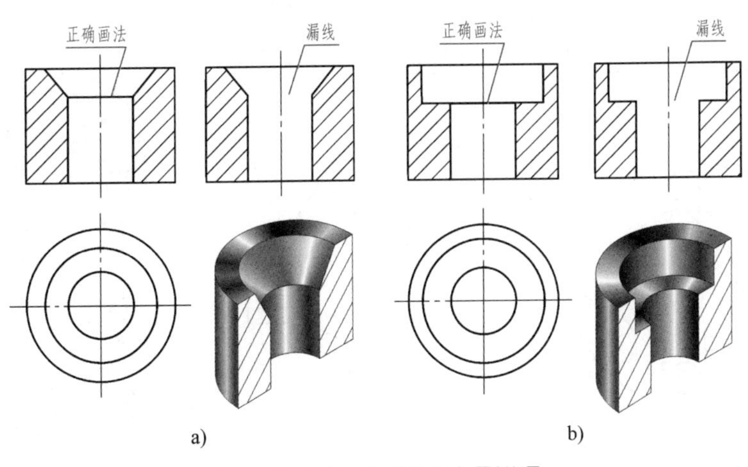

图 4–8　剖视图画法的常见错误

（4）在不致引起误解时，应避免使用细虚线表达不可见结构。也就是说，在视图或剖视图中，细虚线一般不画，当画少量细虚线可以使视图表达更加完善时，允许画出必要的细虚线，如图 4–9 所示。

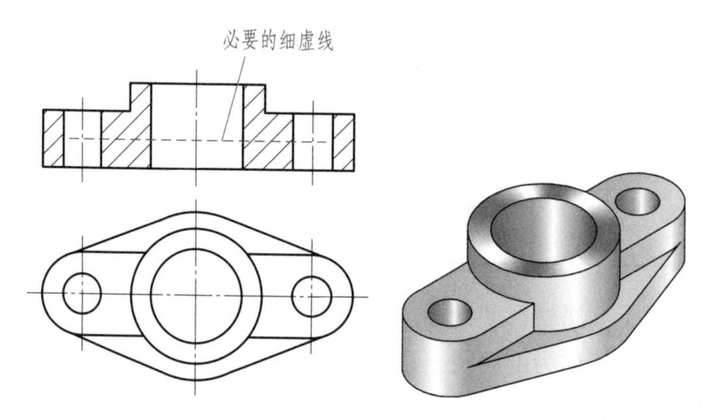

图 4–9　需要画出细虚线的剖视图

4. 剖视图的标注

为反映剖切关系，需要对剖视图进行标注。剖视图的标注如图 4–10 所示，一般应在剖视图的上方用大写的拉丁字母标出剖视图的名称“×—×”。在相应的视图上用剖切符号表示剖切位置（用短粗实线表示）和投射方向（用箭头表示），并标注相同的字母。

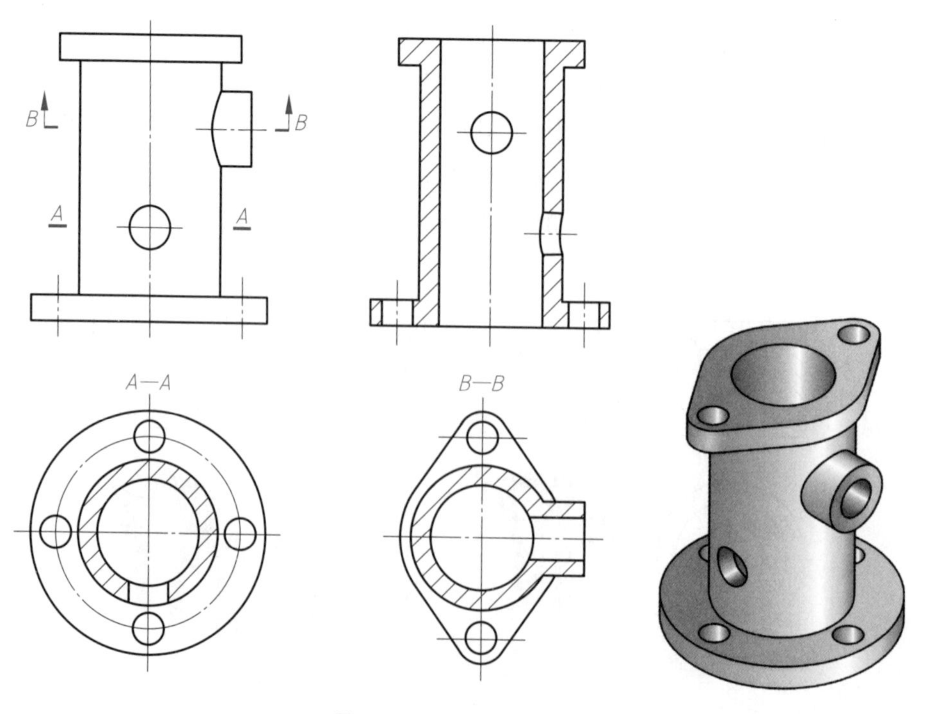

图 4–10　剖视图的标注

在下列情况下剖视图的标注可以简化或省略：

（1）当剖视图按投影关系配置，且中间没有其他图形隔开时，可以省略箭头，如图 4–10 中的俯视图。

（2）当单一剖切平面通过物体的对称平面或基本对称平面，且剖视图按投影关系配置，中间没有其他图形隔开时，可以省略标注，如图 4–10 中的左视图。

二、剖视图的种类

根据剖切范围不同，剖视图可分为全剖视图、半剖视图和局部剖视图。

1. 全剖视图

用剖切面完全地剖开机件所得的剖视图称为全剖视图。全剖视图一般适用于外形比较简单、内部结构较为复杂的机件，如图 4–11 所示。

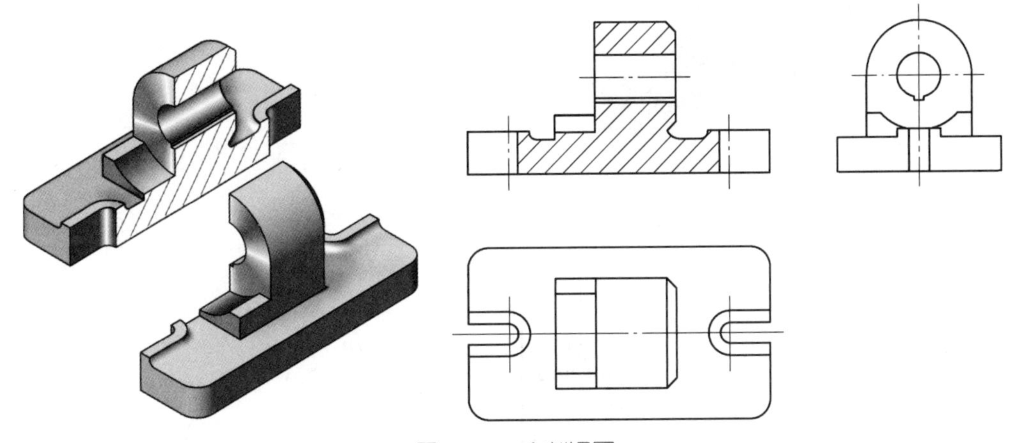

图 4–11　全剖视图

2. 半剖视图

当机件具有对称平面时，以对称中心线为界，一半画成剖视图，另一半画成外形视图的图形称为半剖视图。图 4–12 所示机件左右对称，前后也对称，所以主视图和俯视图均采用半剖视图表达。

半剖视图既表达了机件的内部形状，又保留了外部形状，常用于表达内、外形状都比较复杂的对称机件。

当机件的形状接近对称且不对称部分已另有图形表达清楚时，也可以画成半剖视图，如图 4–13 所示。

画半剖视图时应注意以下几点：

（1）半个视图与半个剖视图的分界线用细点画线表示，而不能画成粗实线。

（2）机件的内部形状已在半剖视图中表达清楚，在另一半表达外形的视图中一般不再画出细虚线。

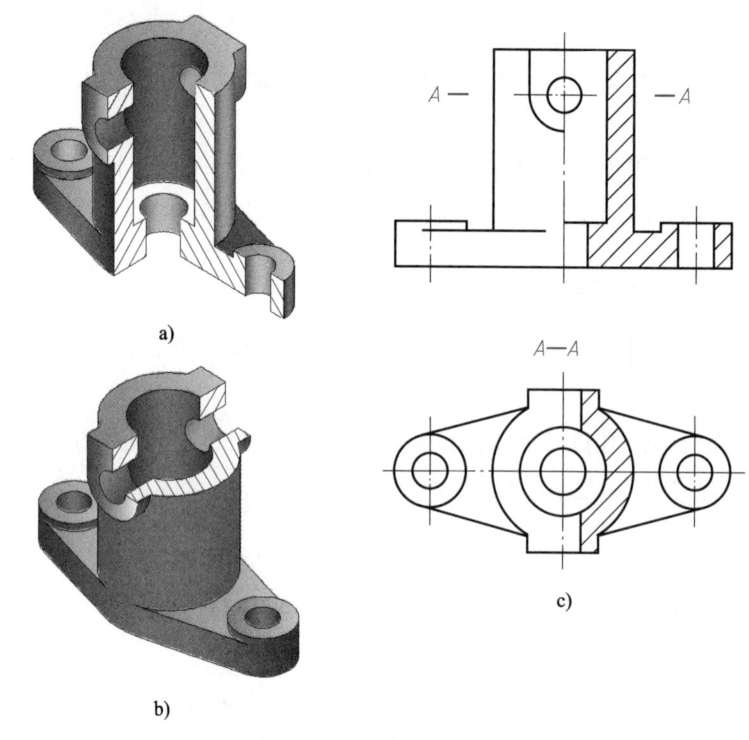

图 4-12　半剖视图（一）

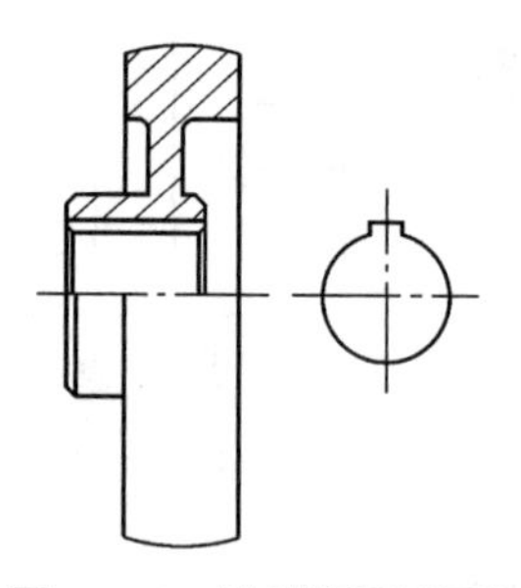

图 4-13　半剖视图（二）

3. 局部剖视图

用剖切面局部地剖开机件所得的剖视图称为局部剖视图。如图 4-14 所示机件，虽然上下、前后都对称，但由于主视图中的方孔轮廓线与对称中心线重合，所以不宜采用半剖视图，这时应采用局部剖视图。这样既可表达中间方孔内部的轮廓线，又保留了机件的部分外形。

画局部剖视图时应注意以下几点：

（1）局部剖视图可用波浪线分界，波浪线应画在机件的实体上，不能超出实体轮廓线，也不能画在机件的中空处，如图 4-15 所示。

（2）一个视图中，局部剖视的数量不宜过多，在不影响外形表达的情况下，可在较大范围内画成局部剖视，以减少局部剖视的数量。如图 4-16 所示机件，主视图、俯视图分别用两个和一个局部剖视表达其内部结构。

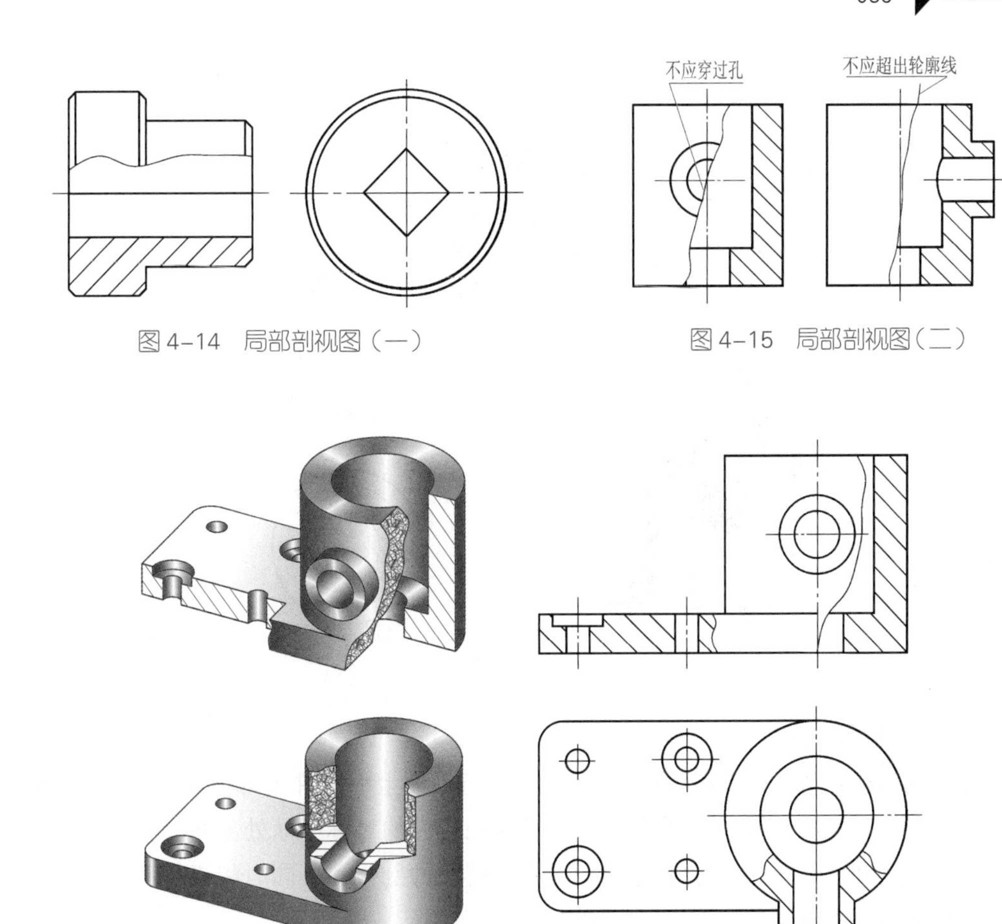

图 4–14 局部剖视图（一） 图 4–15 局部剖视图（二）

图 4–16 局部剖视图（三）

（3）波浪线不应与图样上的其他图线重合。

三、剖切面的种类

剖视图是假想将机件剖开后投射而得到的视图。前面叙述的全剖视、半剖视和局部剖视都是用平行于基本投影面的单一剖切平面剖切机件而得到的。由于机件内部结构形状的多样性和复杂性，常需选用不同数量和位置的剖切面来剖开机件，才能把机件的内部形状表达清楚。国家标准规定的剖切面有单一剖切面、几个平行的剖切平面、几个相交的剖切平面（交线垂直于某一投影面）。

1. 单一剖切面

单一剖切面可以是平行于基本投影面的剖切平面，也可以是不平行于基本投影面的斜剖切平面，如图 4–17 中的 *B—B*。这种剖视图一般应与倾斜部分保持投影关系，但也可配置在其他位置。为了画图和读图方便，可把视图转正，但必须按规定进行标注，如图 4–17 所示。

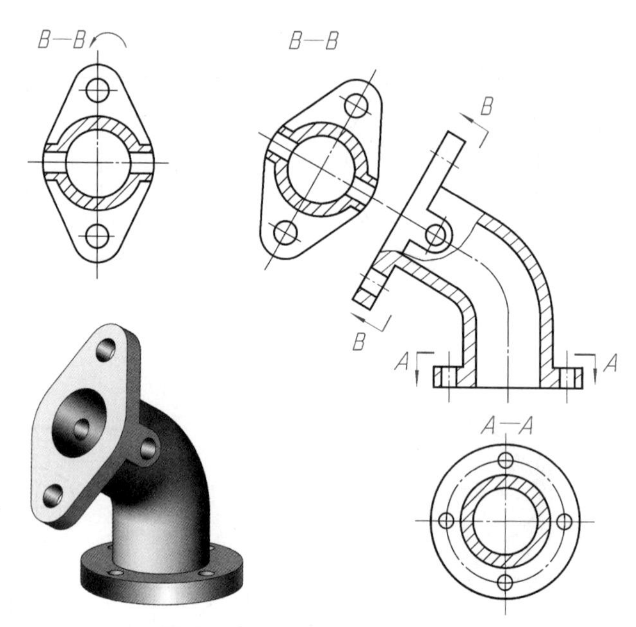

图 4-17　单一剖切面

2. 几个平行的剖切平面

这种剖切面可以用来剖切表达位于几个平行平面上的机件内部结构。如图 4-18a 所示轴承挂架，左右对称，如果用单一剖切面在机件的对称平面处剖开，则上部两个小圆孔不能剖到；若采用两个平行的剖切平面将机件剖开，可同时将机件上、下两部分的内部结构表达清楚，如图 4-18b 中的 *A—A* 剖视。

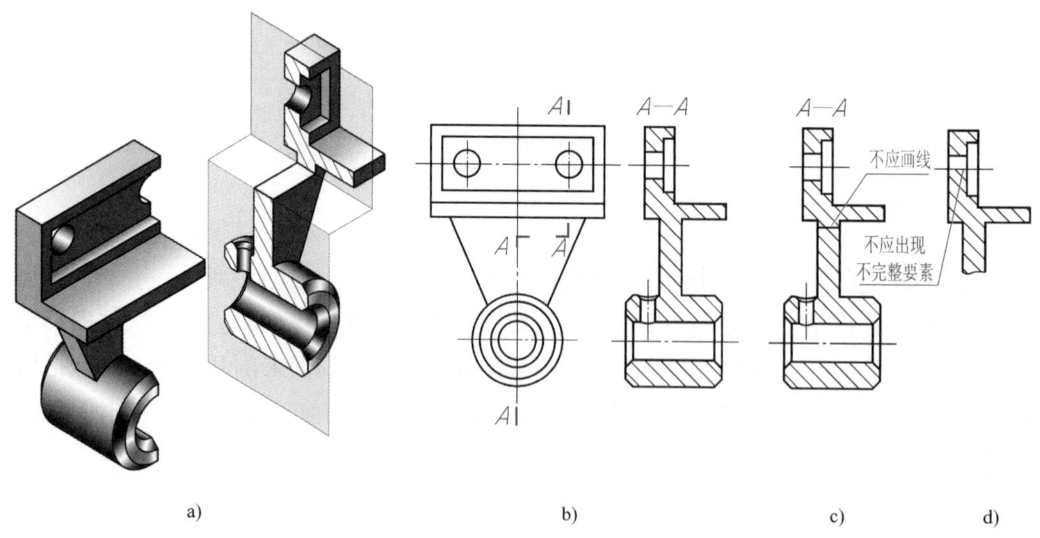

图 4-18　两个平行的剖切平面剖切时剖视图的画法

画这类剖视图时应注意以下几点：

（1）因为剖切平面是假想的，所以不应画出剖切平面转折处的投影，如图 4-18c 所示。

（2）剖视图中不应出现不完整结构要素，如图 4-18d 所示。

（3）必须在相应视图上用剖切符号表示剖切位置，在剖切平面的起讫和转折处注写相同字母。

3. 几个相交的剖切平面

如图 4-19 所示为一圆盘状机件，为了在主视图上同时表达机件的这些结构，可以用两个相交的剖切平面剖开机件。图 4-20 所示是用三个相交的剖切平面剖开机件来表达内部结构的实例。

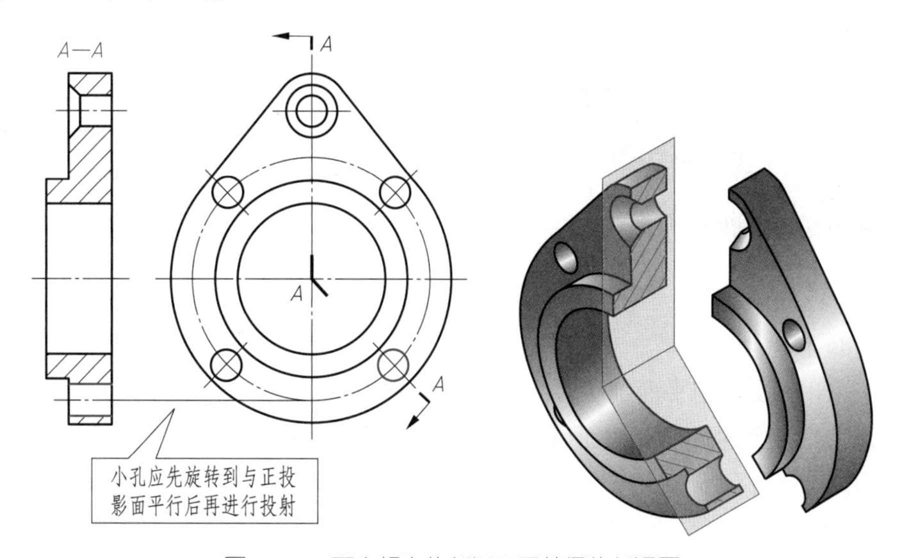

图 4-19 两个相交的剖切平面获得的剖视图

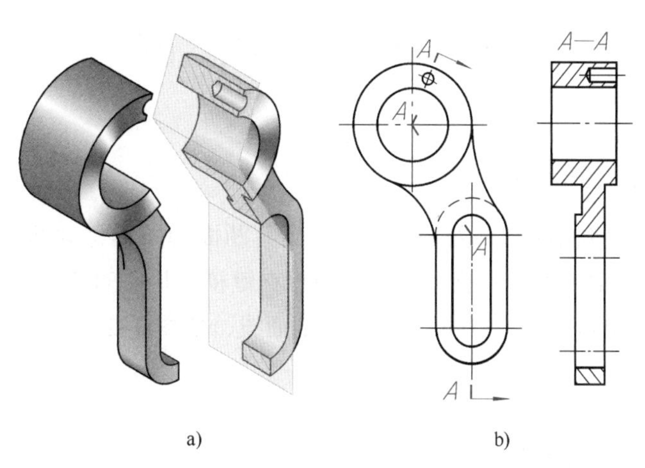

图 4-20 三个相交的剖切平面获得的剖视图

绘制采用这种剖切面的剖视图时应注意以下几点：

（1）相邻两剖切平面的交线应垂直于某一投影面。

（2）用几个相交的剖切平面剖开机件绘图时，应先剖切后旋转，使剖开的结构及其有关部分旋转至与某一选定的投影面平行后再投射。此时旋转部分的某些结构与其他图形不再保持直接的投影关系，如图 4-21 所示机件中倾斜部分的剖视图。在剖切

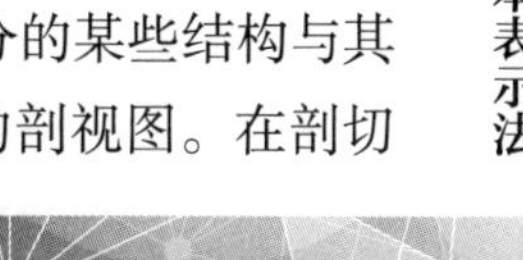

面后面的其他结构一般仍应按原来位置投射，如图 4–21 中剖切面后面的小圆孔。

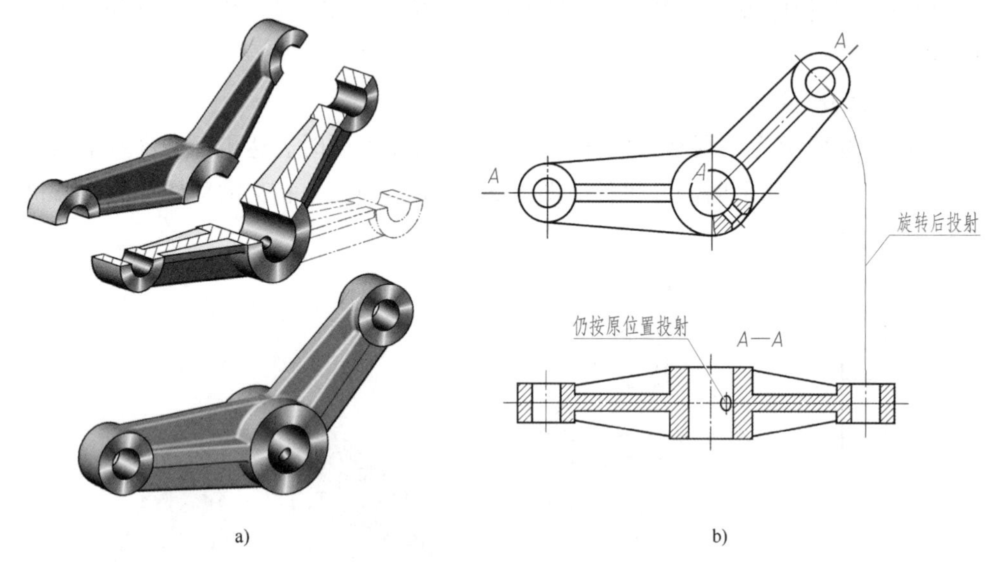

图 4–21　相交剖切平面剖切应注意的问题

（3）采用相交剖切平面剖切后，应对剖视图加以标注。

应该指出，上述三种剖切面可以根据机件内部形状特征的表达需要供三种剖视图任意选用。

第 3 节　断　面　图

一、断面图的概念

假想用剖切面将机件的某处切断，仅画出其断面的图形称为断面图。如图 4–22a 所示的轴，为了表示键槽的深度和宽度，假想在键槽处用垂直于轴线的剖切平面将轴切断，只画出断面的形状，并在断面上画出剖面线，如图 4–22b 所示。

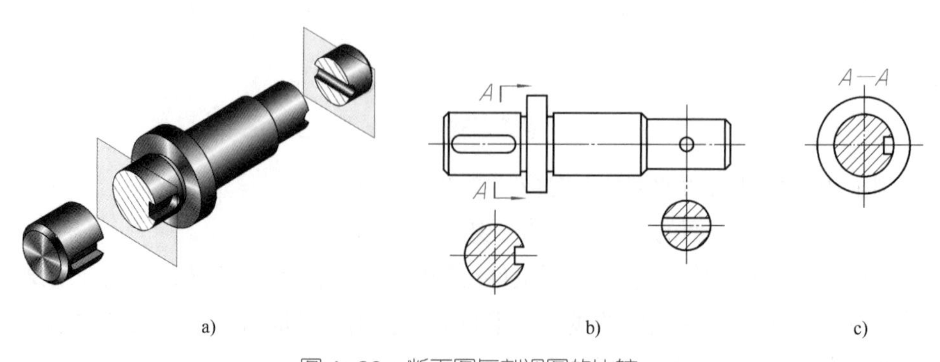

图 4–22　断面图与剖视图的比较

断面图与剖视图是两种不同的表达方法，二者虽然都是先假想剖开机件后再投射，但是剖视图不仅要画出被剖切面切到的部分，一般还应画出剖切面后面的可见部分（见图 4–22c），而断面图则仅画出被剖切面切断的断面形状（见图 4–22b）。按断面图的位置不同，可分为移出断面图和重合断面图。

二、移出断面图

画在视图之外的断面图称为移出断面图。移出断面图的轮廓线用粗实线绘制。由两个或多个相交的剖切平面剖切获得的移出断面，中间一般应断开，如图 4–23 所示。

图 4–23　两个相交的剖切平面获得的移出断面

当剖切面通过回转面形成的孔或凹坑的轴线（见图 4–24a、b），或通过非圆孔会导致出现完全分离的断面时（见图 4–24c），则这些结构按剖视图要求绘制。

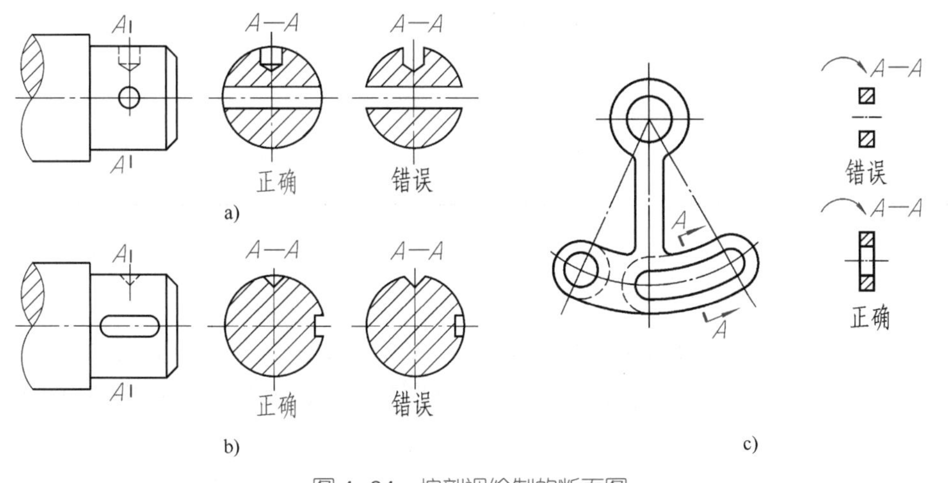

图 4–24　按剖视绘制的断面图

移出断面图也应进行标注，移出断面图的配置及标注方法见表 4–3。

表 4–3　移出断面图的配置及标注方法

配置	对称的移出断面	不对称的移出断面
配置在剖切线或剖切符号延长线上	剖切线（细点画线）	
	不必标注字母和剖切符号	不必标注字母

续表

配置	对称的移出断面	不对称的移出断面
按投影关系配置		
	不必标注箭头	不必标注箭头
配置在其他位置		
	不必标注箭头	应标注剖切符号（含箭头）和字母

三、重合断面图

画在视图之内的断面图称为重合断面图，如图 4–25a 所示。重合断面图的轮廓线用细实线绘制。当视图中的轮廓线与重合断面图重叠时，视图中的轮廓线仍应连续画出，不可间断，如图 4–25b 所示。

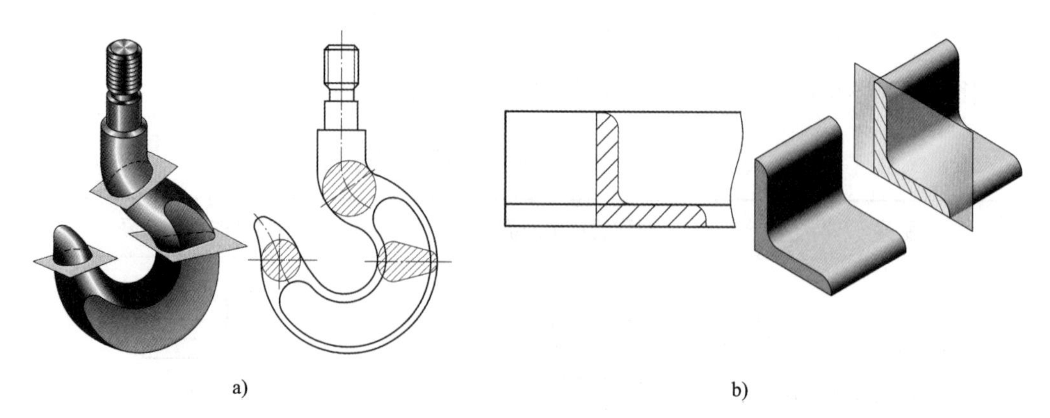

a)　　b)

图 4–25　重合断面图

重合断面的标注规定不同于移出断面。对称的重合断面不必标注，如图 4–25a 所示；不对称的重合断面，在不致引起误解时可省略标注，如图 4–25b 所示。

第 4 节　局部放大图和简化表示法

一、局部放大图

当按一定比例画出机件的视图时，其上的细小结构常常会表达不清，且难以标注尺寸，此时可局部地另行画出这些结构的放大图，如图 4–26 所示，这种将机件的部分结构用大于原图形的比例画出的图形称为局部放大图。局部放大图可画成视图，也可画成剖视图或断面图，与被放大部分的表示方法无关。

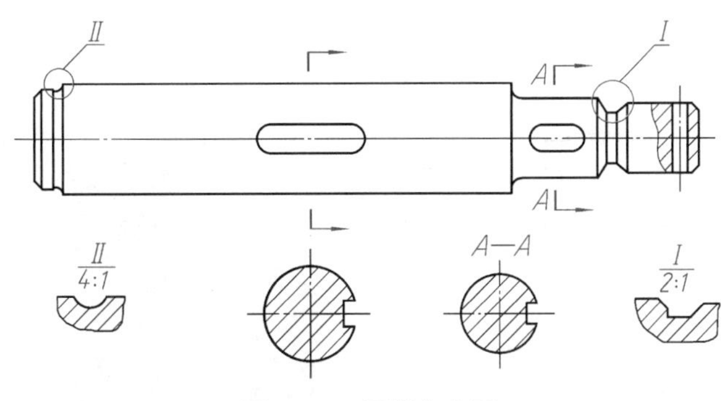

图 4–26　局部放大图

局部放大图应尽量配置在被放大部位的附近。绘制局部放大图时，除螺纹牙型、齿轮和链轮的齿形外，应用细实线圈出被放大部位，如图 4–26 所示。当同一机件上有几处被放大时，应用罗马数字编号，并在局部放大图上方标注出相应的罗马数字和所采用的比例。

二、简化画法

1. 对于机件的肋、轮辐及薄壁等，如按纵向剖切，这些结构都不画剖面符号，而用粗实线将它与其邻接部分分开。当零件回转体上均匀分布的肋、轮辐、孔等结构不处于剖切平面上时，可将这些结构旋转到切平面上画出，如图 4–27 所示。

2. 在某些情况下，由于圆角的存在，致使零件表面的交线变得不够明显，为了便于看图时区分不同的表面，需要用细实线绘制出没有圆角过渡时两零件表面的理论交线，这种表面交线称为过渡线，如图 4–28 所示。绘制过渡线时应注意以下两点：

（1）过渡线只能画到两表面轮廓的理论交点为止，不能与铸件圆角轮廓相交。

（2）当两条过渡线相交时，过渡线在交点附近应断开。

3. 当图形不能充分表达平面时，可用平面符号（两条相交的细实线）表示，如图 4–29 所示。

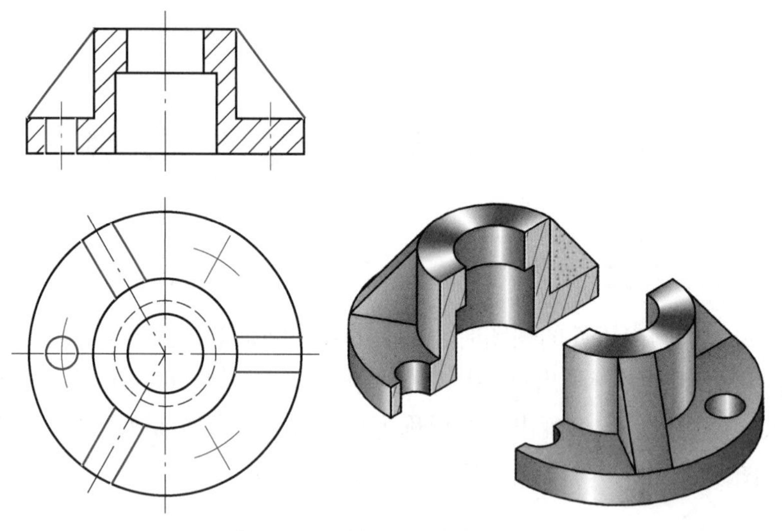

图 4–27　肋板及孔的规定画法

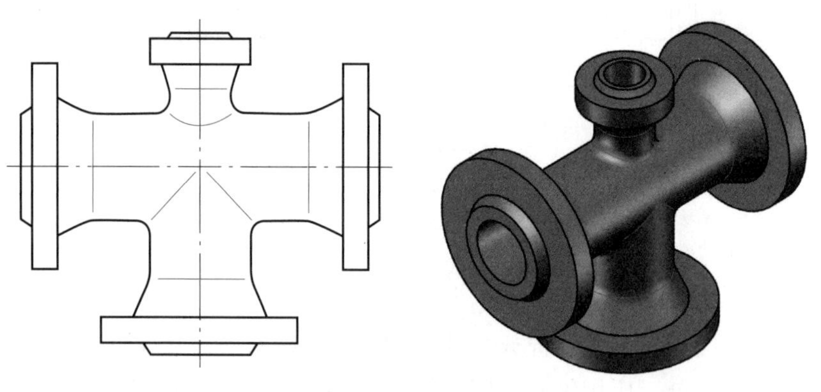

图 4–28　过渡线的画法

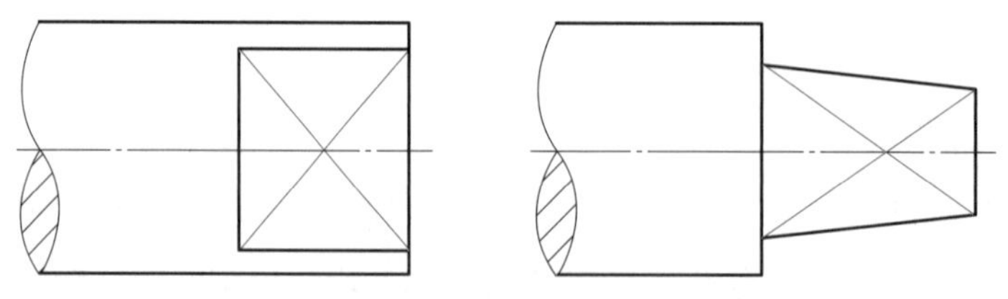

图 4–29　平面的表示法

4. 零件中规律分布的重复结构，允许只绘制出其中一个或几个完整的结构，并反映其分布情况。对称的重复结构用细点画线表示各对称结构要素的位置，如图 4–30 所示。不对称的重复结构则用相连的细实线代替，如图 4–31 所示。

5. 在不至于引起误解时，截交线、相贯线等可以简化，如用直线或圆弧代替非圆曲线，如图 4–32 所示。

6. 若干直径相同且规律分布的孔，可以仅画出一个或少量几个，其余只需用细点画线或“+”表示其中心位置，如图 4–33 所示。

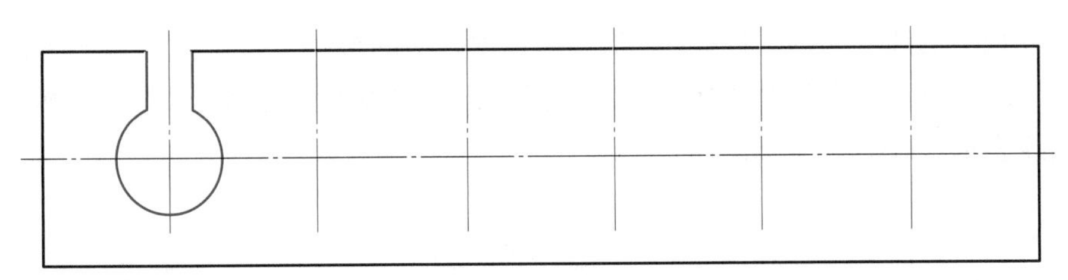

图 4-30　对称重复结构的画法

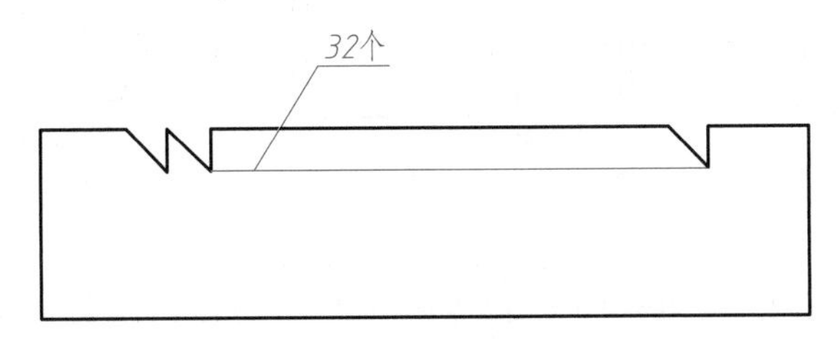

图 4-31　不对称重复结构的画法

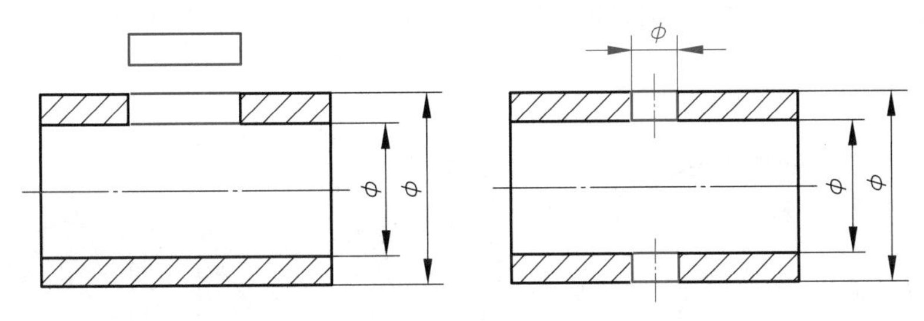

图 4-32　截交线和相贯线的简化画法

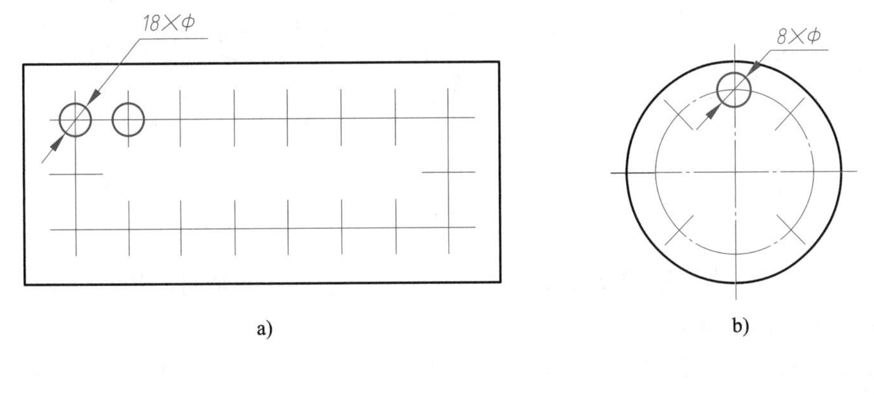

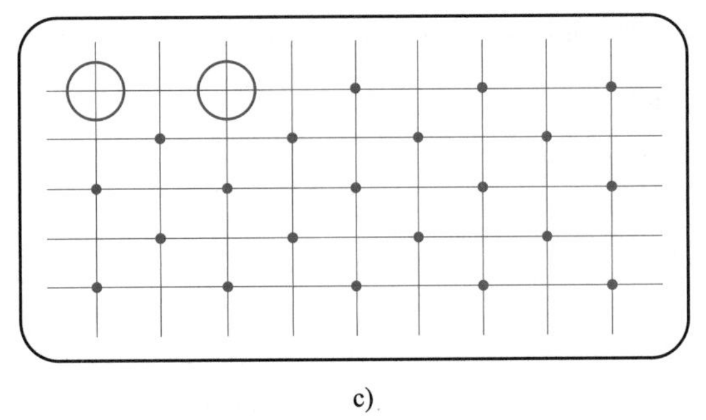

图 4-33　直径相同且规律分布孔的画法

7. 较长的机件（如轴、杆等），当其沿长度方向的形状一致或按一定规律变化时，可断开后缩短绘制，但尺寸仍按实长进行标注，断裂边界处可用波浪线、双折线或细双点画线表示，如图 4–34 所示。

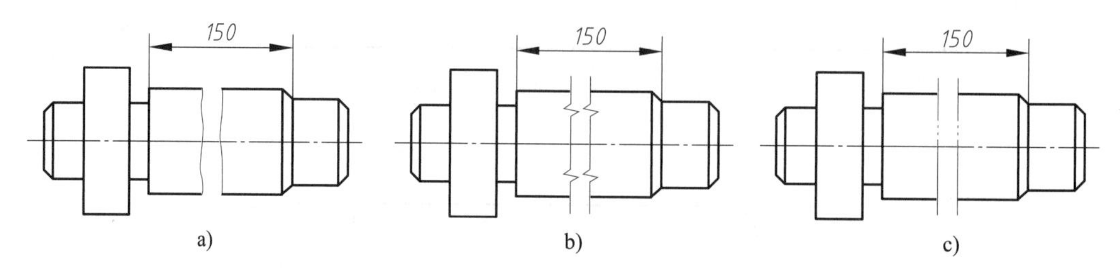

图 4–34　折断画法

a）断裂边界处画波浪线　b）断裂边界处画双折线　c）断裂边界处画细双点画线

8. 当剖切面与零件的某表面重合时，按照未剖切到处理，如图 4–35 所示。

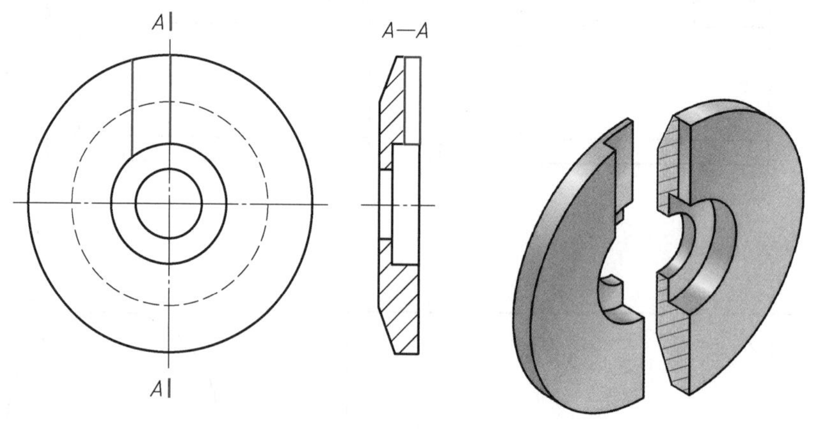

图 4–35　剖切面与零件表面重合

9. 当机件上较小的结构及斜度等已在一个图形中表达清楚时，其他图形应当简化或省略，如图 4–36 所示。

10. 对称构件或零件的视图可只画一半或四分之一，并在对称中心线的两端画出两条与其垂直的平行细实线，如图 4–37 所示。

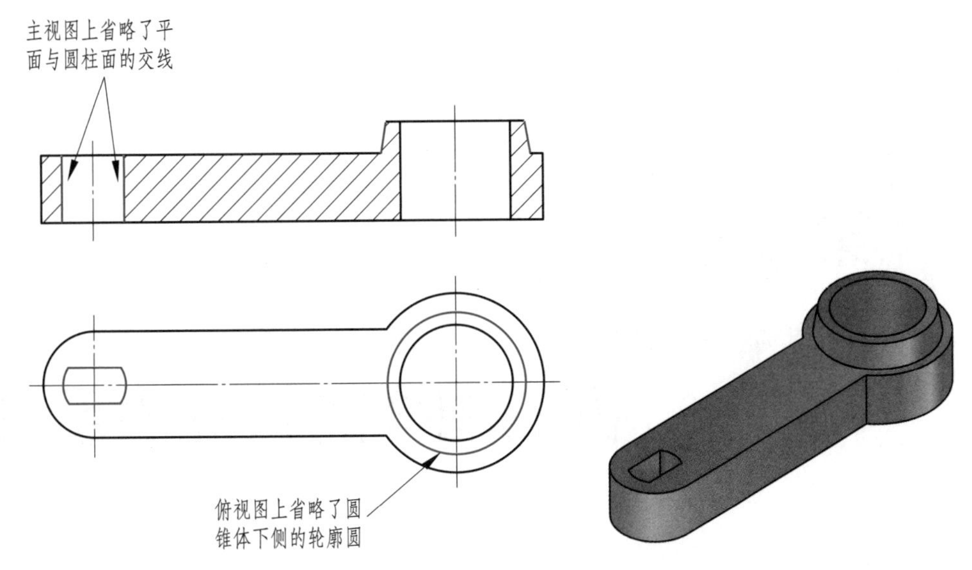

图 4-36 较小结构和斜度的简化画法

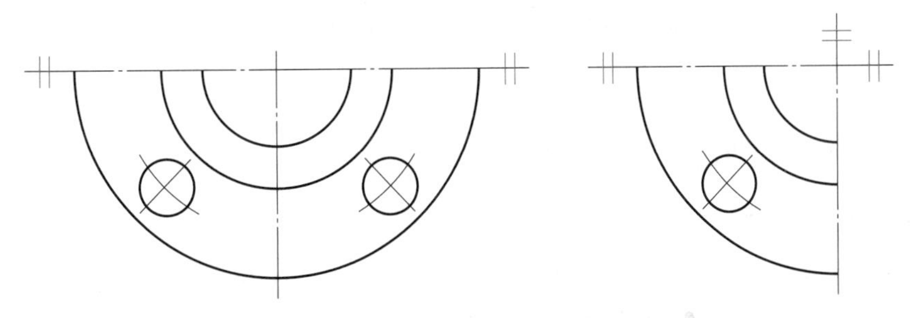

图 4-37 对称构件或零件视图的简化画法

机械图样的特殊表示法

第1节　螺纹及螺纹紧固件的画法

一、螺纹的种类及主要几何参数

1. 螺纹的种类

在圆柱或圆锥表面上，具有相同牙型（如三角形、梯形、锯齿形等）、沿螺旋线连续凸起的牙体称为螺纹。在圆柱（或圆锥）外表面上形成的螺纹称为外螺纹，在圆柱（或圆锥）内表面上形成的螺纹称为内螺纹。在圆柱面上形成的螺纹称为圆柱螺纹，在圆锥面上形成的螺纹称为圆锥螺纹。螺纹的结构如图5-1所示。

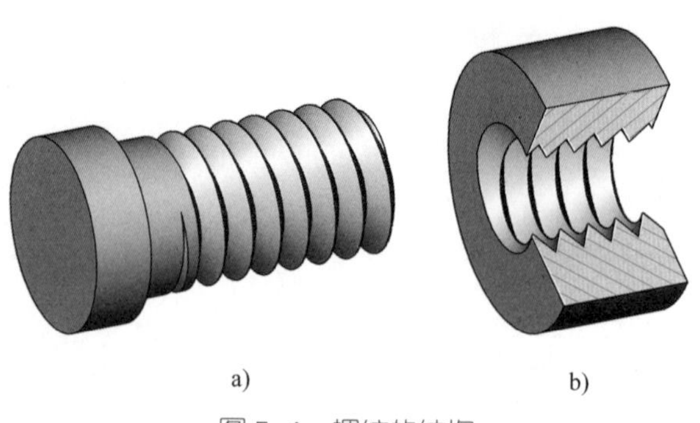

图5-1　螺纹的结构
a）内螺纹　b）外螺纹

螺纹的种类有很多，按用途可分为普通螺纹、管螺纹和传动螺纹。在通过螺纹轴线的断面上，螺纹的轮廓形状称为螺纹牙型，常见的螺纹牙型有三角形、梯形、锯齿形和矩形等。常见螺纹的种类、特征代号和牙型见表5-1。

表 5-1 常见螺纹的种类、特征代号和牙型

种类			特征代号	牙型及牙型角（或牙侧角）
普通螺纹	粗牙普通螺纹		M	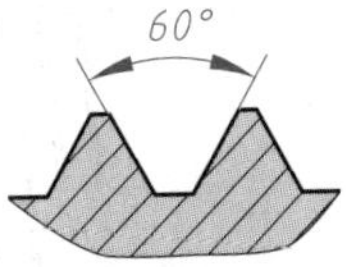
	细牙普通螺纹			
管螺纹	55° 非密封管螺纹		G	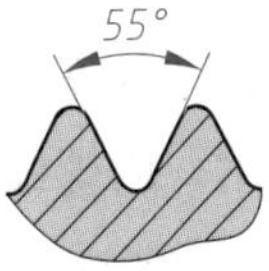
	55° 密封管螺纹	圆柱内螺纹	Rp	
		与圆柱内螺纹配合的圆锥外螺纹	R_1	
		圆锥内螺纹	Rc	
		与圆锥内螺纹配合的圆锥外螺纹	R_2	
传动螺纹	梯形螺纹		Tr	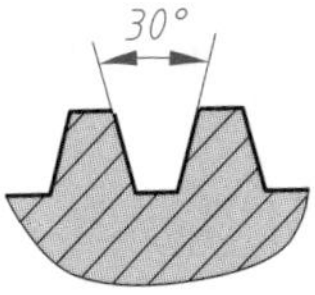
	锯齿形螺纹		B	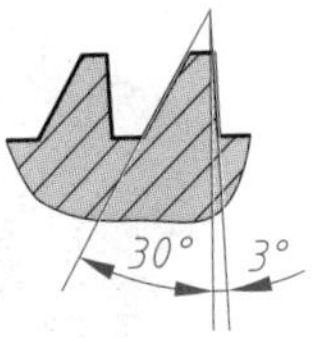
	矩形螺纹		—	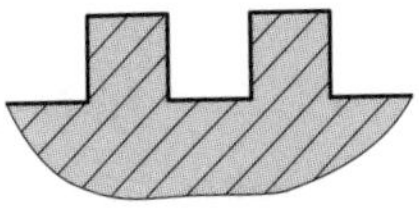

2. 螺纹的主要几何参数

螺纹的主要几何参数有大径、小径、中径、公称直径、线数、螺距、导程、旋向等，下面以圆柱螺纹为例进行介绍。

（1）大径

螺纹的大径是指与外螺纹牙顶或内螺纹牙底相切的假想圆柱的直径，外螺纹大径用 d 表示，内螺纹大径用 D 表示，如图 5-2 所示。

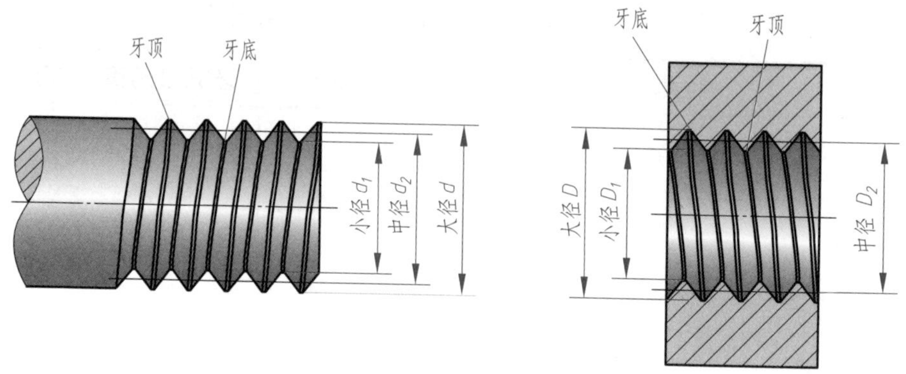

图 5-2　螺纹的大径、小径和中径

（2）小径

螺纹的小径是指与外螺纹牙底或内螺纹牙顶相切的假想圆柱的直径，外螺纹小径用 d_1 表示，内螺纹小径用 D_1 表示，如图 5-2 所示。

（3）公称直径

公称直径是指代表螺纹规格大小的直径。除管螺纹外，公称直径是指螺纹的大径。

（4）螺纹的线数

螺纹的线数是指螺纹的螺旋线数量，用字母 n 表示。沿一条螺旋线形成的螺纹称为单线螺纹，如图 5-3a 所示；沿两条或两条以上螺旋线形成的螺纹称为多线螺纹，如图 5-3b 所示为双线螺纹。

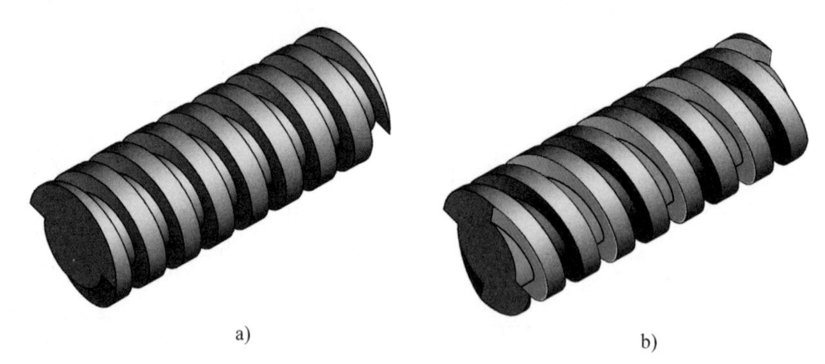

图 5-3　螺纹的线数

a）单线螺纹　b）双线螺纹

（5）螺距

螺距是指相邻两牙体上的对应牙侧与中径线相交两点间的轴向距离，用 P 表示，如图 5-4 所示。

（6）导程

导程是指最邻近的两同名牙侧（处在同一螺旋面上的牙侧）与中径线相交两点间的轴向距离，用 P_h 表示，如图 5-4b 所示。导程也可认为是一个点沿着在中径圆柱上的螺旋线旋转一周所对应的轴向位移。

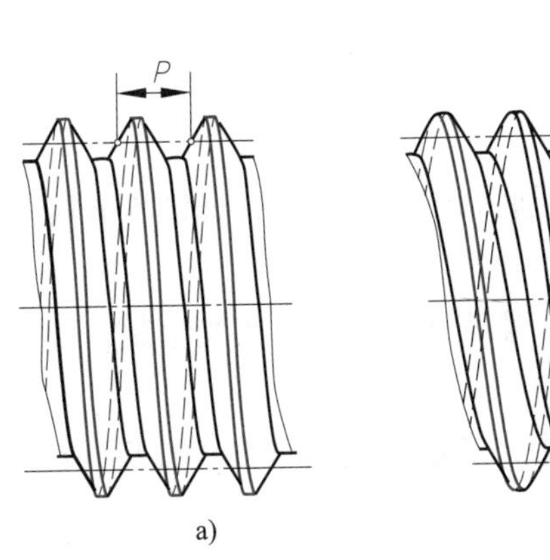

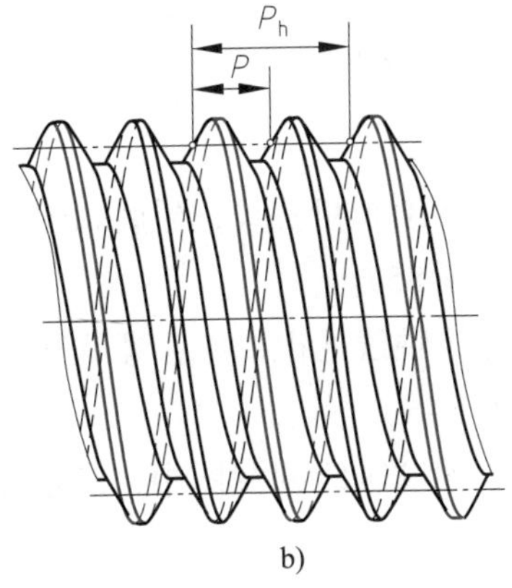

a)　　b)

图 5-4　螺距与导程

a）单线螺纹　b）双线螺纹

导程、螺距、线数之间的关系是：

$$P_h = P \times n$$

对于单线螺纹，导程与螺距之间的关系是：

$$P_h = P$$

（7）旋向

螺纹旋向分右旋、左旋两种。沿右旋螺旋线形成的螺纹为右旋螺纹，沿左旋螺旋线形成的螺纹为左旋螺纹。右旋螺杆旋入螺孔时沿顺时针旋转，左旋螺杆旋入螺孔时沿逆时针旋转。当螺杆的轴线竖直放置时，右旋螺纹的可见部分自左向右升高，左旋螺纹的可见部分则自右向左升高。螺纹的旋向及判别方法如图 5-5 所示，具体内容如下。

1）伸出右手（或左手），手心对着自己，把螺杆放在手心上。

2）四指的指向与螺纹轴线方向相同。

3）右旋螺纹的旋向与右手拇指的指向相同，左旋螺纹的旋向与左手拇指的指向相同。

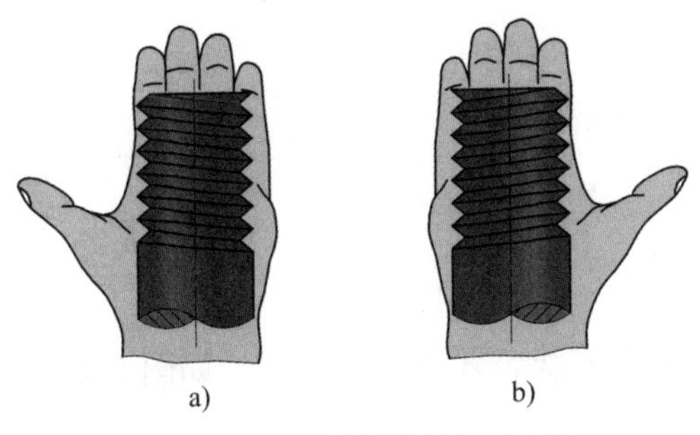

a)　　b)

图 5-5　螺纹的旋向及判别方法

a）左旋螺纹　b）右旋螺纹

二、螺纹的画法

1. 外螺纹的画法

（1）外螺纹的牙顶画粗实线，牙底画细实线绘制，如图 5–6 所示。作图时，螺纹的小径可以取 $d_1 \approx 0.85d$。

（2）在反映螺纹轴线的视图中，螺纹终止线用粗实线绘制，表示螺纹牙底的细实线画入倒角（见图 5–6）。

（3）在垂直于螺纹轴线的视图中，表示牙底的细实线圆只画约 3/4 圈，不画倒角圆（见图 5–6）。

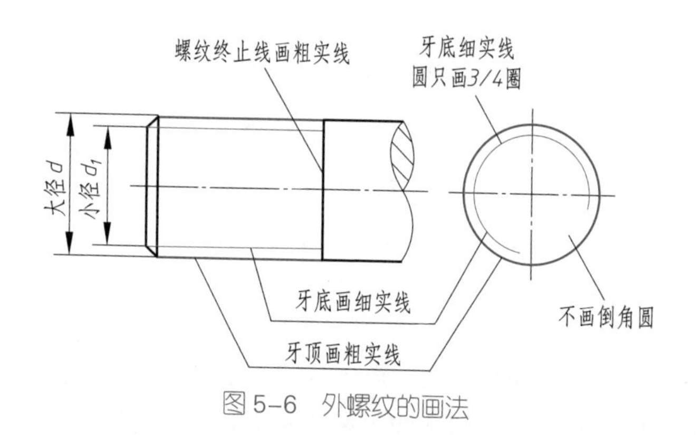

图 5–6　外螺纹的画法

（4）在外螺纹的剖视图（或断面图）中，剖面线应画到粗实线，螺纹终止线只画牙顶线与牙底线之间的部分，如图 5–7 所示。

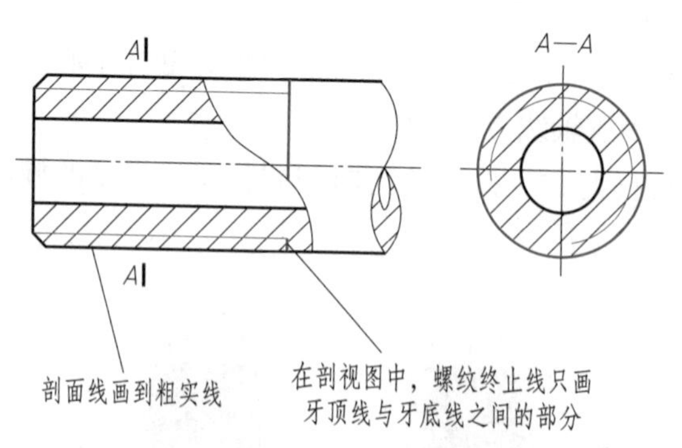

图 5–7　外螺纹在剖视图中的画法

2. 内螺纹的画法

（1）内螺纹的牙顶画粗实线，牙底画细实线，如图 5–8 所示。作图时，螺纹小径可以取 $D_1 \approx 0.85D$。

（2）在反映螺纹轴线的剖视图中，剖面线画至牙顶粗实线处（见图 5–8）。

（3）在垂直于螺纹轴线的视图中，表示牙底的细实线圆只画约 3/4 圈，不画倒角圆（见图 5–8）。

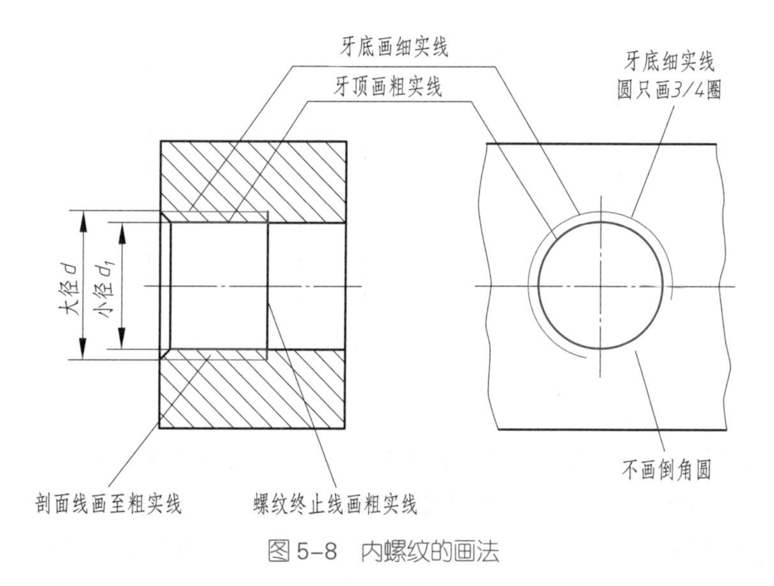

图 5–8　内螺纹的画法

（4）如果在零件上加工的是不穿通的螺孔，由于钻头端部的锥度为 118°　± 2°，所以钻孔底部近似画成 120°（见图 5–9a）。用丝锥加工不通孔螺纹时（见图 5–9b），其底部加工不出有效螺纹，一般底孔的深度比螺纹的有效长度大 0.7D，如图 5–9c 所示。

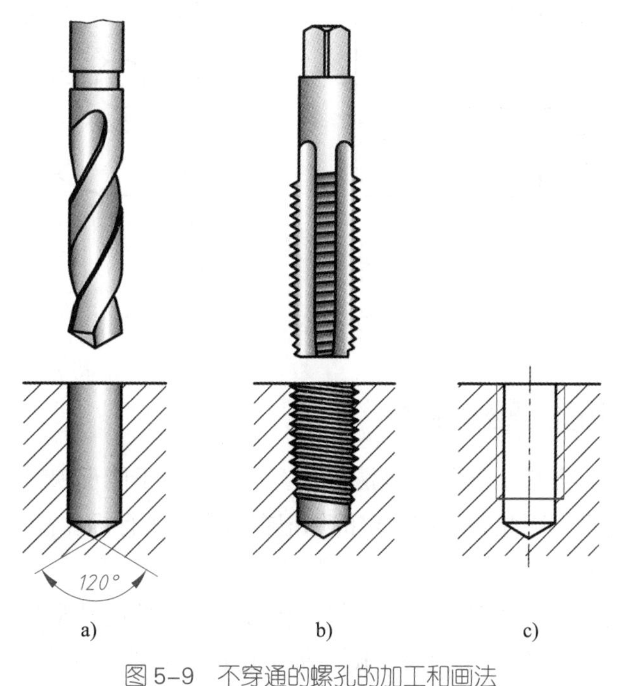

图 5–9　不穿通的螺孔的加工和画法

a）钻孔　b）攻螺纹　c）不穿通的螺孔的画法

（5）不可见螺孔的所有图线用细虚线绘制，如图 5–10 所示。

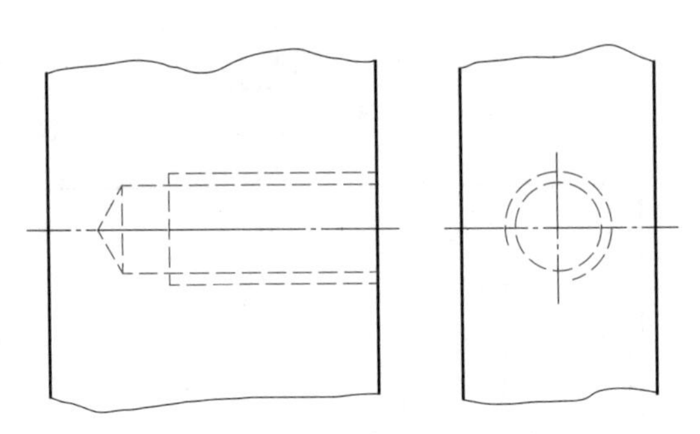

图 5-10　不可见螺孔的画法

3. 螺纹连接的画法

螺纹连接图常以剖视图来表达，如图 5-11 所示，其画法规则为：

（1）内、外螺纹的旋合部分应按外螺纹的画法绘制，其余部分仍按各自的画法表示。

（2）内螺纹的牙底线（细实线）与外螺纹的牙顶线（粗实线）对齐，内螺纹的牙顶线（粗实线）与外螺纹的牙底线（细实线）也要对齐。

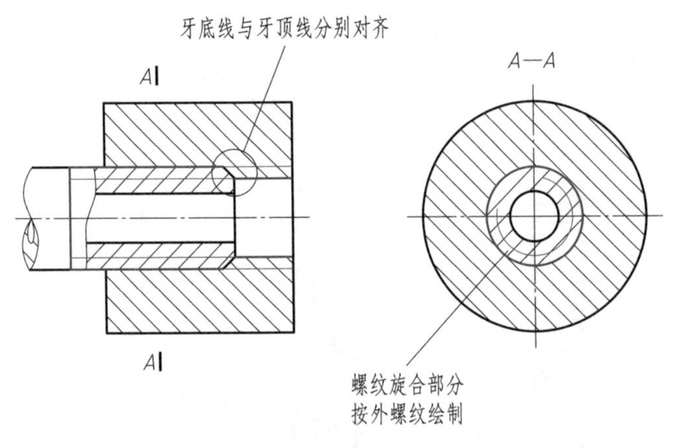

图 5-11　螺纹连接的画法

三、螺纹标记的图样标注

无论哪种螺纹，若按上述规定画法画出，在图上均不能反映它的牙型、螺距、线数和旋向等结构要素，因此必须按规定的标记在图样上进行标注。

1. 普通螺纹的标记

普通螺纹的完整标记由特征代号、尺寸代号、公差带代号及其他有必要做进一步说明的个别信息（如旋合长度代号、旋向等）组成。除特征代号与尺寸代号之间外，其他各部分之间用“-”分开，普通螺纹的完整标记的格式为：

特征代号	尺寸代号	–	公差带代号	–	旋合长度代号	–	旋向

（1）单线螺纹的尺寸代号为“公称直径 × 螺距”。因为一个公称直径所对应的粗牙螺纹只有一个，而一个公称直径所对应的细牙螺纹有可能不止一个，所以国家标准

规定：粗牙普通螺纹不标注螺距，细牙普通螺纹必须标注出螺距。例如：

“M8”表示公称直径为 8 mm 的单线粗牙螺纹。

“M8 × 1”表示公称直径为 8 mm，螺距为 1 mm 的单线细牙螺纹。

（2）多线螺纹的尺寸代号为“公称直径 ×Ph 导程 P 螺距”。例如：

“M16 × Ph3P1.5”表示公称直径为 16 mm，导程为 3 mm，螺距为 1.5 mm 的双线螺纹。

（3）公差带代号包括中径公差带代号和顶径公差带代号两部分。中径公差带代号在前，顶径公差带代号在后。若中径公差带代号和顶径公差带代号相同，只需标注一个公差带代号。

公差带代号由表示公差等级的数值和表示公差带位置的字母（内螺纹用大写字母，外螺纹用小写字母）组成。例如：

“M10–5g6g”表示中径公差带为 5g，顶径公差带为 6g 的单线粗牙外螺纹。

“M10–5H”表示中径和顶径公差带均为 5H 的单线粗牙内螺纹。

为简化标注，国家标准规定，中等公差精度的普通螺纹且符合表 5–2 所列的情况时，在螺纹标记中不标注公差带代号。

表 5–2 普通螺纹不标注公差带代号的情况

种类	公称直径≤ 1.4 mm	公称直径≥ 1.6 mm
内螺纹	5H	6H
外螺纹	6h	6g

表示螺纹副时，内螺纹的公差带代号在前，外螺纹的公差带代号在后，中间用斜线分开。例如：“M20 × 2–5H/7g6g”表示公差带为 5H 的内螺纹与公差带为 7g6g 的外螺纹组成的配合。

（4）普通螺纹的旋合长度有短旋合长度（S）、长旋合长度（L）和中等旋合长度（N）三种。中等旋合长度“N”不标注。短旋合长度和长旋合长度应在公差带代号后分别标注“S”和“L”。例如：

“M20 × 2–5H–S”表示短旋合长度的内螺纹。

（5）右旋螺纹不标注旋向代号。对于左旋螺纹，应在旋合长度代号之后标注“LH”，并与旋合长度代号间用“–”分开。例如：

“M8 × 1–LH”表示左旋螺纹。

2. 梯形螺纹和锯齿形螺纹的标记

梯形螺纹和锯齿形螺纹的标记相同，由特征代号、尺寸代号、旋向代号、公差带代号和旋合长度代号等组成，其格式如下：

特征代号	尺寸代号	旋向代号	–	公差带代号	–	旋合长度代号

（1）梯形螺纹的尺寸代号由“公称直径 × 导程（P 螺距）”组成。若为单线螺纹，可只标出螺距；若为多线螺纹，则应同时标注导程和螺距。

（2）右旋梯形螺纹不标注旋向代号。若为左旋梯形螺纹，则在尺寸代号的尾部加注“LH”。

注意：普通螺纹的旋向代号标注在旋合长度后面，中间用“–”分开；梯形螺纹或锯齿形螺纹的旋向代号标注在尺寸代号后面，中间没有其他符号。

（3）梯形螺纹的公差带代号仅包含中径公差带代号。公差带代号由公差等级数字和公差带位置字母（内螺纹用大写字母，外螺纹用小写字母）组成。表示内、外螺纹配合时，内螺纹公差带代号在前，外螺纹公差带代号在后，中间用斜线分开。

（4）为确保传动的平稳性，旋合长度不宜太短，所以规定中没有短旋合长度。中等旋合长度的螺纹不标注旋合长度代号“N”。对长旋合长度的螺纹，应在公差带代号后标注代号“L”。例如：

“Tr40 × 7–7H”表示公称直径为 40 mm，螺距为 7 mm，单线，右旋，中径公差带代号为 7H 的梯形内螺纹。

“B40 × 14（P7）LH–7e”表示公称直径为 40 mm，导程为 14 mm，螺距为 7 mm，左旋，双线，中径公差带代号为 7e 的锯齿形外螺纹。

3. 管螺纹的标记

55° 密封管螺纹的标记一般由特征代号、尺寸代号和旋向代号组成。55° 密封管螺纹不标注公差等级代号。55° 密封管螺纹的尺寸代号只是一个表示螺纹尺寸特征的代号。例如：

“Rp3/4”表示尺寸代号为 3/4 的右旋圆柱内螺纹。

“$R_1$3”表示尺寸代号为 3 的与圆柱内螺纹配合的右旋圆锥外螺纹。

55° 右旋密封管螺纹不标注旋向代号。当螺纹为左旋时，应在尺寸代号后面加注“LH”，中间没有其他符号。例如：

“Rc3/4LH”表示尺寸代号为 3/4 的左旋圆锥内螺纹。

表示螺纹副时，螺纹的特征代号为“Rp/R_1”或“Rc/R_2”，前面为内螺纹的特征代号，后面为外螺纹的特征代号，中间用斜线分开。例如：

“Rc/$R_2$3”表示尺寸代号为 3 的右旋圆锥内螺纹与圆锥外螺纹所组成的螺纹副。

4. 螺纹标记在图样上的标注方法

（1）公称直径以 mm 为单位的螺纹，其标记应直接注在大径的尺寸线或其引出线上，如图 5–12 所示。

（2）管螺纹的标记一律注在引出线上，引出线应由大径处引出或由对称中心处引出，如图 5–13 所示。

（3）螺纹副标记的标注方法与螺纹标记的标注方法相同，如图 5–14 所示。

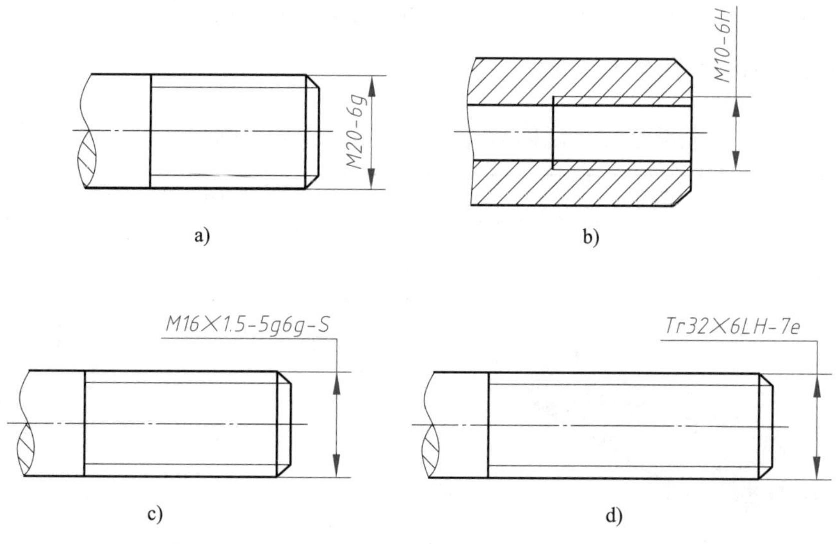

图 5-12　普通螺纹和梯形螺纹标记在图样上的标注

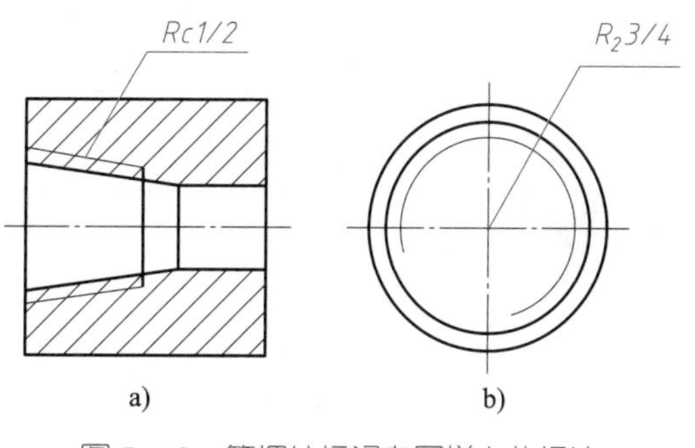

图 5-13　管螺纹标记在图样上的标注

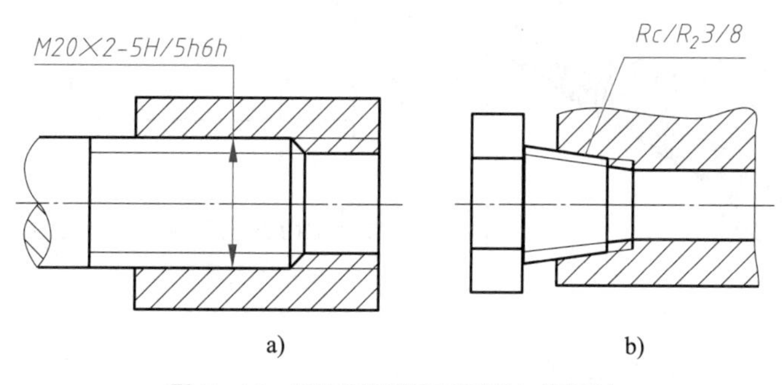

图 5-14　螺纹副标记在图样上的标注

四、螺纹紧固件的比例画法

在装配图中绘制螺纹连接件的视图时，为了作图简便和提高效率，通常采用比例画法。比例画法是指当螺纹大径选定后，除螺栓、螺钉、双头螺柱等紧固件的有效长度要根据被紧固件的情况确定外，紧固件其他各要素的尺寸都按照螺纹大径 d（或 D）的一定比例作图的方法。常用的螺纹紧固件有螺栓、双头螺柱、螺钉、螺母和垫圈等，其结构和比例画法见表 5-3。

表 5-3　常用螺纹紧固件的结构和比例画法

名称	结构	比例画法
六角头螺栓	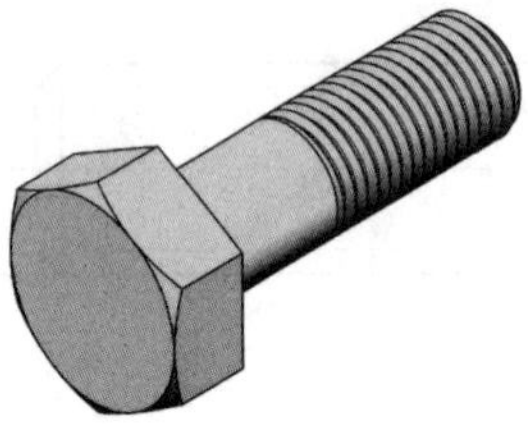	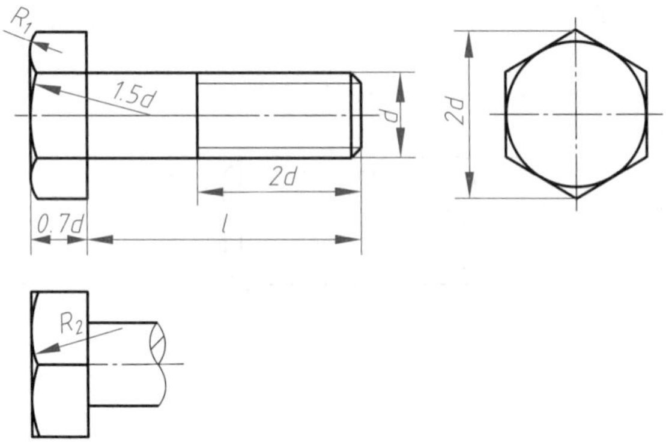 注：R_1、R_2 由作图确定
双头螺柱	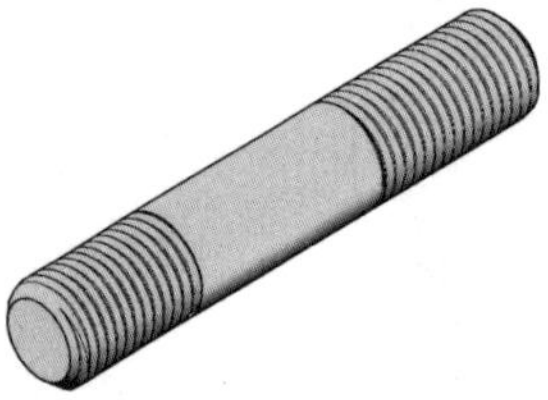	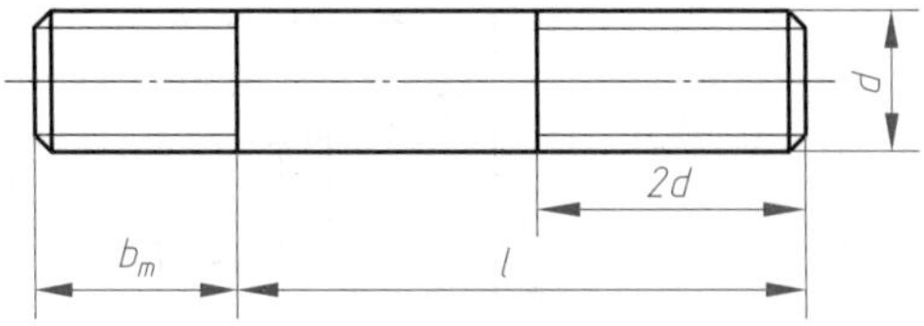 双头螺柱一端旋入螺孔，另一端旋入螺母，b_m 为旋入螺孔端的螺纹长度
开槽圆柱头螺钉	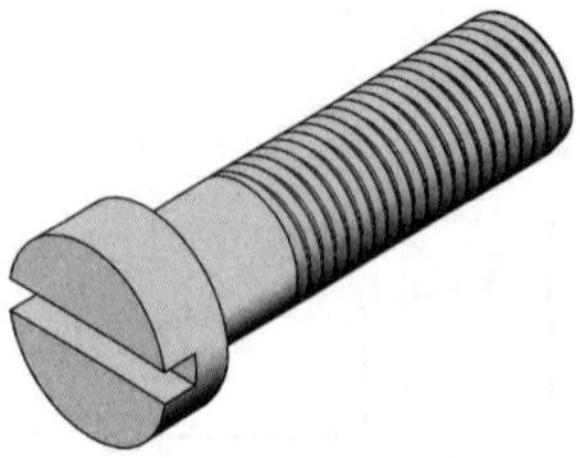	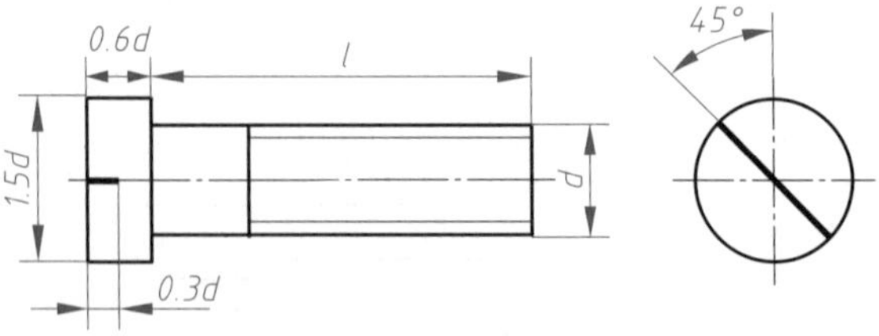 注：表示槽的图线宽度可以等于两倍的粗实线宽度，也可以等于粗实线宽度
十字槽沉头螺钉	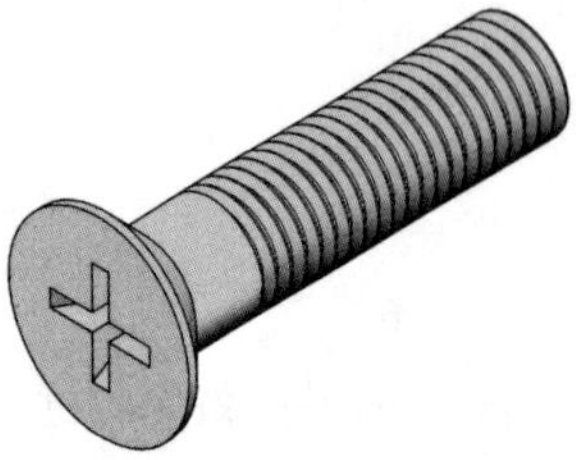	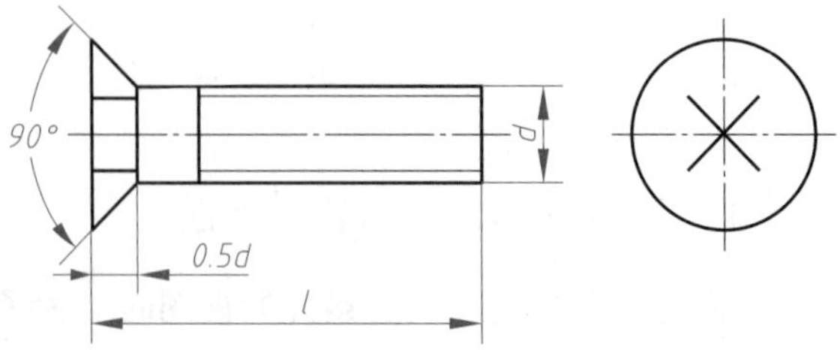

续表

名称	结构	比例画法
内六角圆柱头螺钉	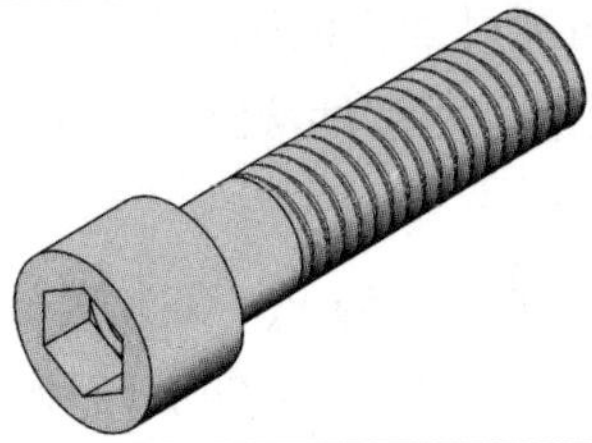	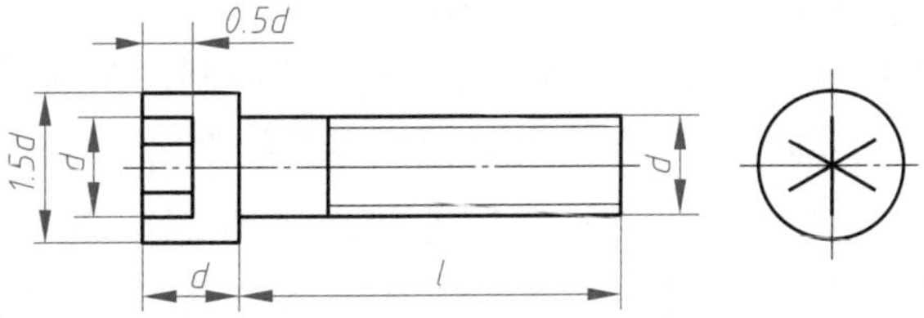
开槽沉头螺钉	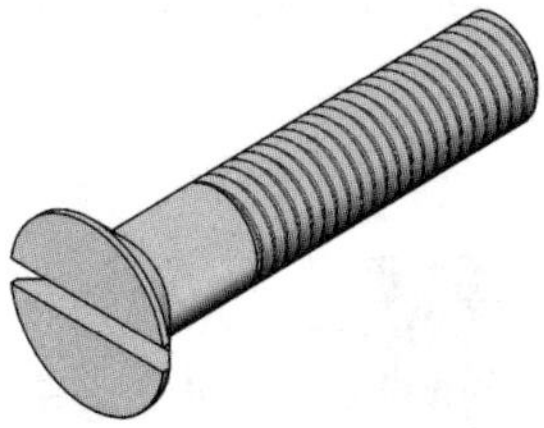	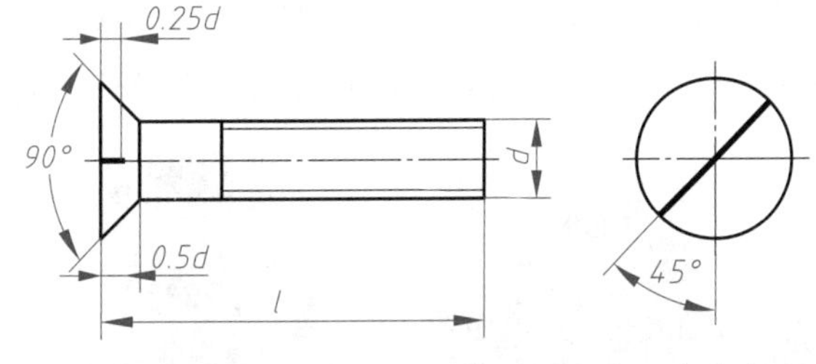 注：表示槽的图线宽度可以等于两倍的粗实线宽度，也可以等于粗实线宽度
六角螺母	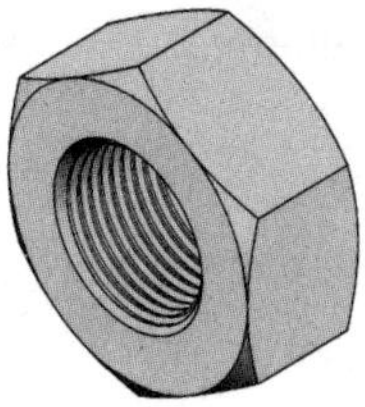	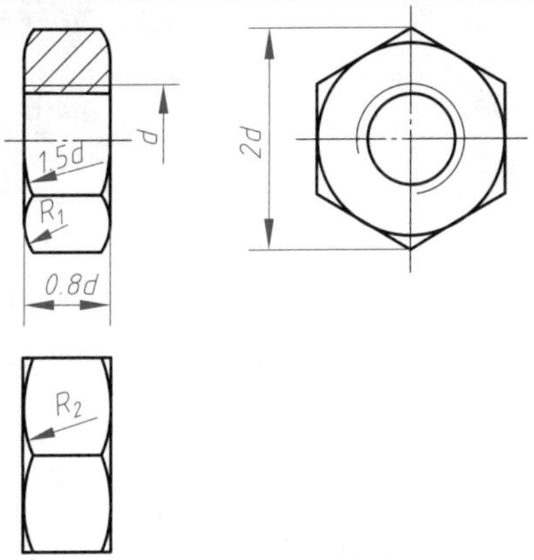 注：R_1、R_2 由作图确定
平垫圈	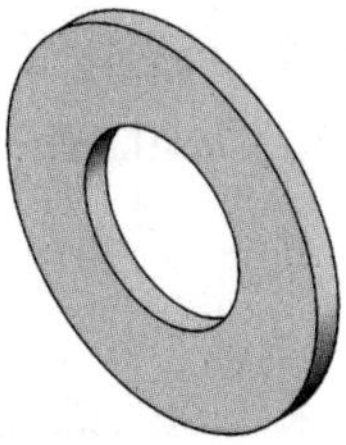	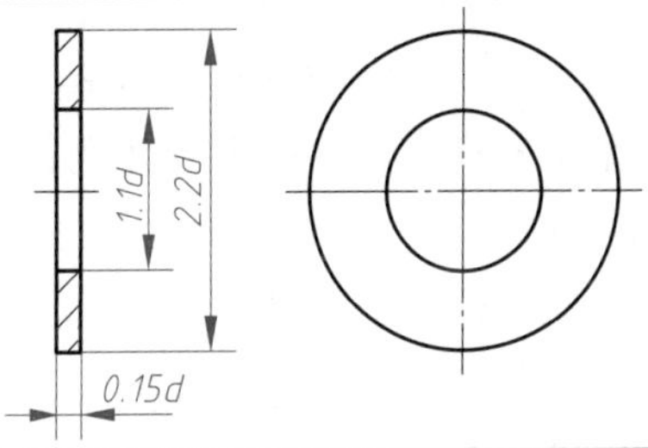
弹簧垫圈	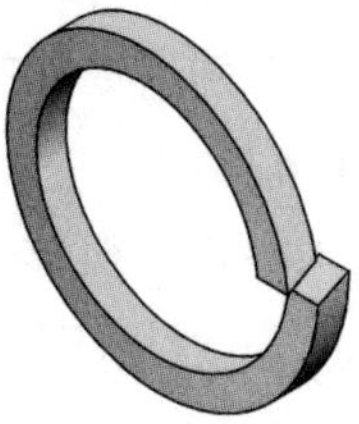	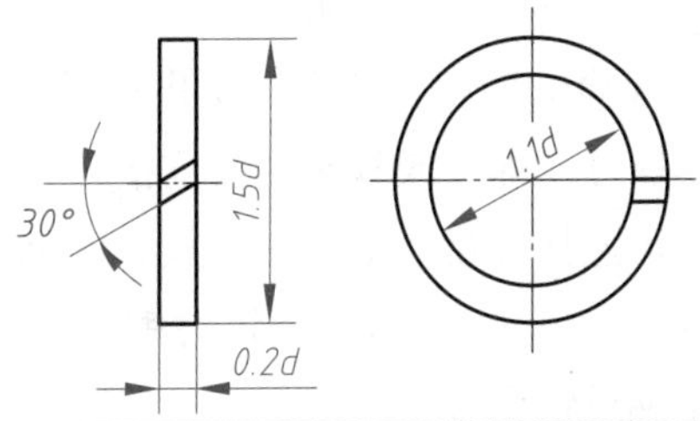

五、螺纹紧固件的连接画法

螺纹紧固件连接画法的基本规定：当剖切平面通过螺杆的轴线时，螺栓、螺柱、螺钉以及螺母、垫圈等均按未剖切绘制；在剖视图上，两零件接触表面画一条线，不接触表面画两条线；相接触两零件的剖面线方向相反。

常用螺纹紧固件的连接形式有螺栓连接（见图 5–15a）、双头螺柱连接（见图 5–15b）、螺钉连接（见图 5–15c）和紧定螺钉连接（见图 5–15d）四种。由于装配图主要是表达零部件之间的装配关系，因此，装配图中的螺纹紧固件不仅可按上述画法的基本规定简化地表示，而且图形中的各部分尺寸也可简便地按比例画法绘制。

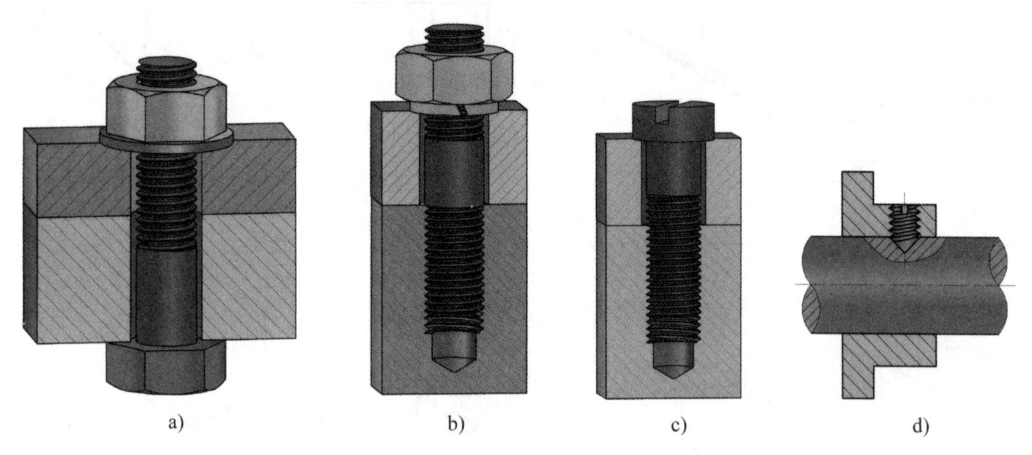

图 5–15　常用螺纹紧固件的连接形式
a）螺栓连接　b）双头螺柱连接　c）螺钉连接　d）紧定螺钉连接

1. 螺栓连接的画法

螺栓适用于连接两个不太厚的并能钻成通孔的零件。连接时将螺栓穿过被连接两零件的光孔（孔径比螺栓大径略大，一般可按 1.1d 画出），套上垫圈，然后用螺母紧固，如图 5–16 所示。

螺栓的公称长度 $l \geqslant \delta_1+\delta_2+h+m+a$（计算后查表，取最短的标准长度）。

根据螺纹公称直径 d 按下列比例作图：b=2d，h=0.15d，m=0.8d，a=0.3d，k=0.7d，e=2d，d_2=2.2d。

2. 双头螺柱连接的画法

当被连接零件之一较厚，不允许被钻成通孔时，可采用双头螺柱连接。连接前，先在较厚的零件上制出螺孔，再在另一零件上加工出通孔，如图 5–17a 所示。将双头螺柱的旋入端全部旋入螺孔内，再在另一端（紧固端）套上制出通孔的零件，加上垫圈，拧紧螺母，即完成双头螺柱连接，其连接图如图 5–17b 所示。

为保证连接强度，双头螺柱旋入端的长度 b_m 随被旋入零件（机体）材料的不同而有四种规格：b_m=d，一般用于钢对钢；b_m=1.25d 和 b_m=1.5d，一般用于钢对铸铁；b_m=2d，一般用于钢对铝合金。

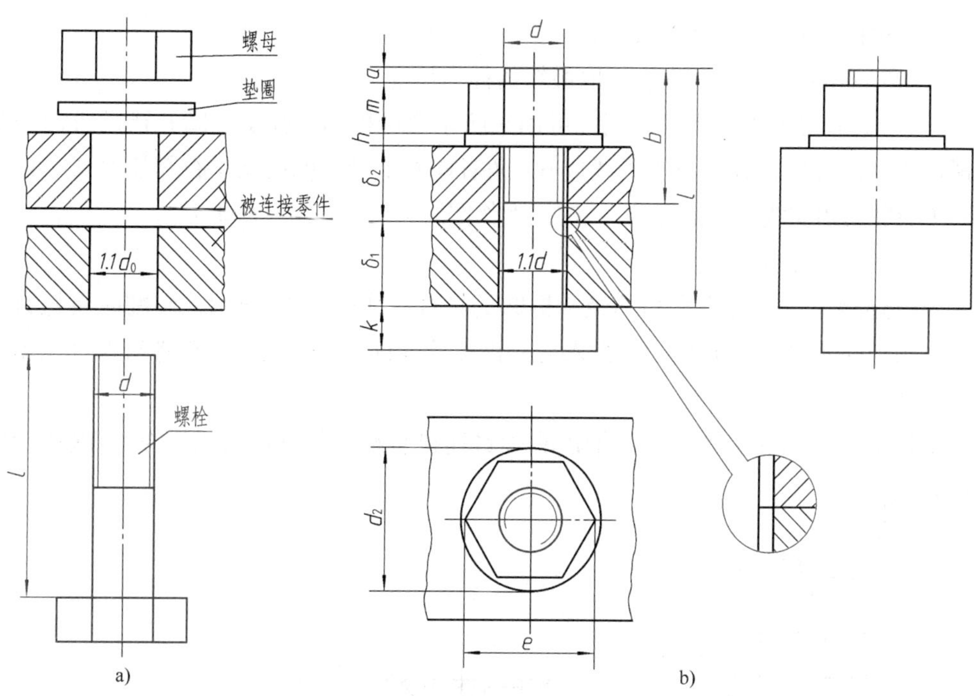

图 5-16　螺栓连接的画法

a）连接前　b）连接后

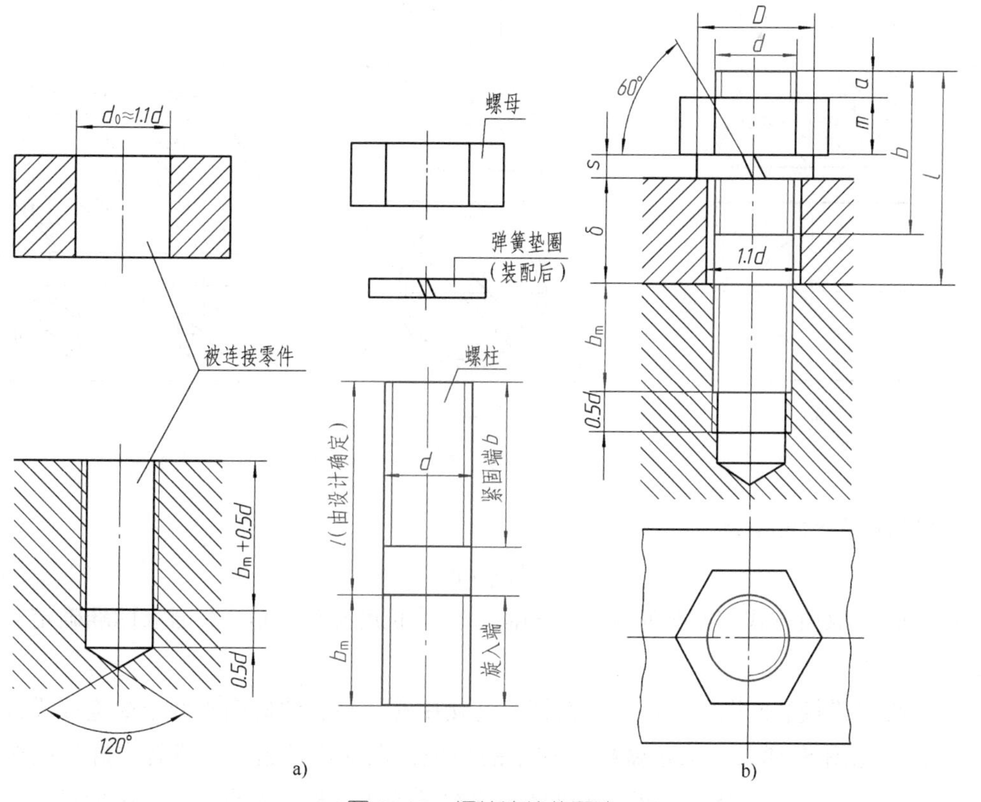

图 5-17　螺柱连接的画法

a）连接前　b）连接后

双头螺柱的公称长度 l 可按下式计算：

$l \geqslant \delta+s+m+a$（计算后查表，取最短的标准长度）

图 5–17 中的垫圈为弹簧垫圈，可用来防止螺母松动。弹簧垫圈开槽的方向为阻止螺母松动的方向，画成与水平线成 60° 角且向左上倾斜的两条平行粗实线或一条加粗线（线宽为粗实线线宽的 2 倍）。按比例作图时，取 s=0.2d，D=1.5d。

3. 螺钉连接的画法

螺钉连接用于受力不大和不经常拆卸的场合。如图 5–18 所示，装配时将螺钉直接穿过被连接零件上的通孔，再拧入另一被连接零件上的螺孔中，靠螺钉头部压紧被连接零件。

常用的开槽圆柱头螺钉和开槽沉头螺钉连接装配图的画法可采用图 5–18 所示的比例画法。

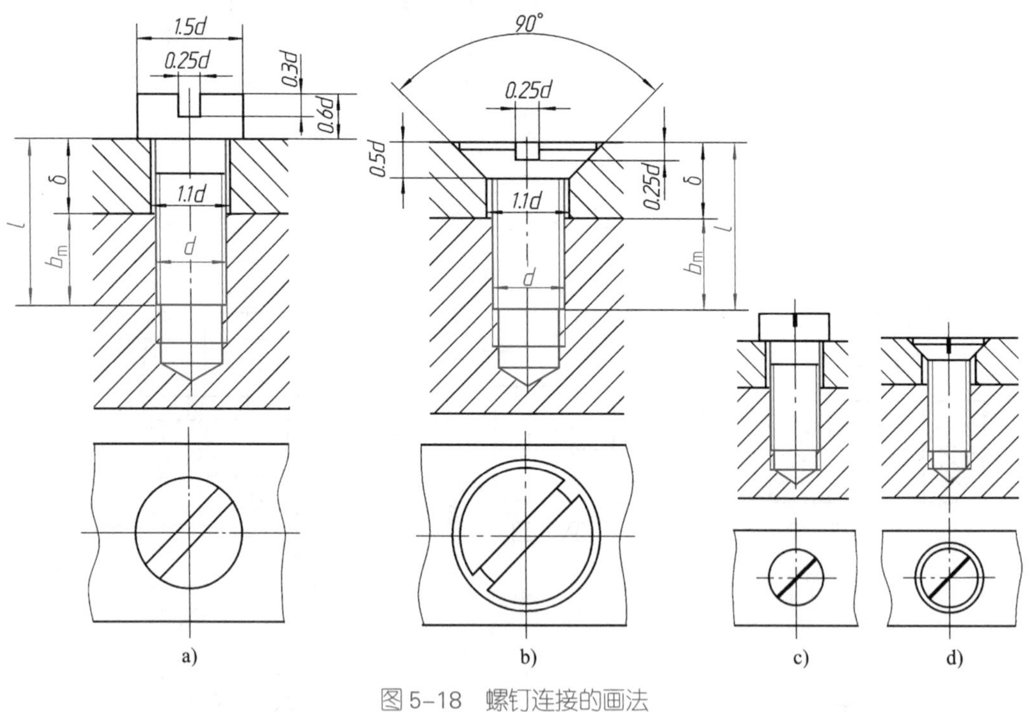

图 5–18　螺钉连接的画法

螺钉的公称长度为：

$$l=b_m+\delta$$

式中，b_m 的取值方式与双头螺柱连接相同。公称长度按计算值 l 查国家标准确定标准长度。

画螺钉连接装配图时应注意：在螺钉连接中螺纹终止线应高于两个被连接零件的结合面（见图 5–18a），表示螺钉有拧紧的余地，保证连接紧固，或者在螺杆的全长上都有螺纹（见图 5–18b）。螺钉头部的一字槽（或十字槽）的投影可以画成槽（见图 5–18a、b）也可画成宽度为粗实线一倍或两倍的粗线（见图 5–18c、d）；在投影为圆的视图上，这些槽应画成45°倾斜的粗实线（见图5–18a、b），也可画成宽度为粗实线一倍或两倍的45°粗线（见图5–18c、d），但画法要统一。

4. 紧定螺钉连接的画法

紧定螺钉用来固定两个零件的相对位置，并可传递不大的力或扭矩。如图5–19中的轴和齿轮（图中齿轮仅画出轮毂部分），用一个开槽锥端紧定螺钉旋入轮毂的螺孔，使螺钉端部的90° 锥顶压紧轴上的90° 锥坑，从而固定了轴和齿轮的相对位置。

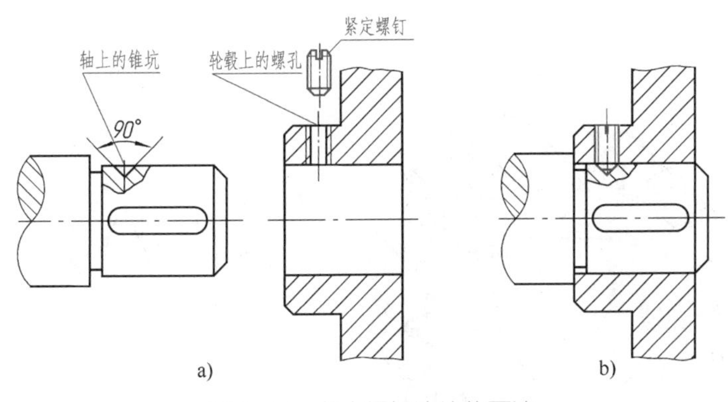

图5–19 紧定螺钉连接的画法

a）连接前 b）连接后

螺纹紧固件各部分的尺寸可由附表1至附表6查得。

第2节 齿轮的画法

齿轮是机械设备中应用最广泛的一种传动零件，它们成对使用，可用来传递动力，改变转速和运动方向，常用的齿轮传动形式有圆柱齿轮传动、锥齿轮传动、蜗杆传动等，如图5–20所示。

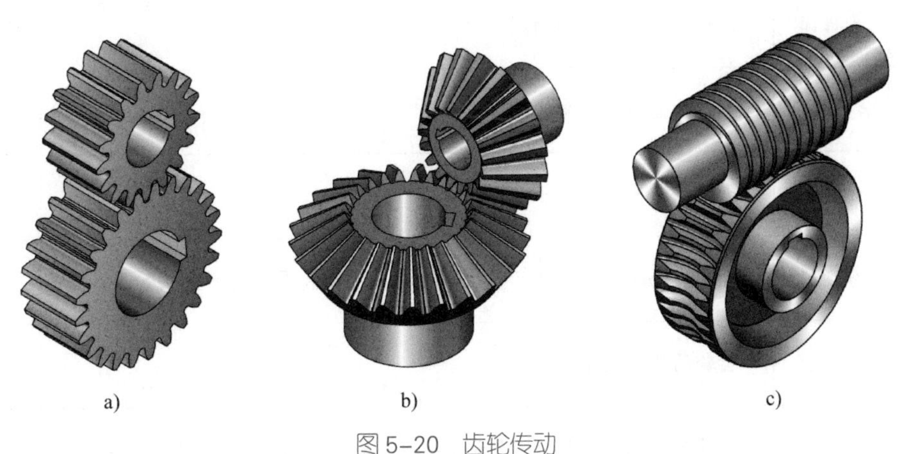

图5–20 齿轮传动

a）圆柱齿轮传动 b）锥齿轮传动 c）蜗杆传动

一、直齿圆柱齿轮的画法

1. 直齿圆柱齿轮的主要几何要素

直齿圆柱齿轮的轮齿均匀地分布在一个圆柱面上，且与其轴线平行。直齿圆柱齿轮主要几何要素的名称及有关参数如图 5-21 所示，其概念及代号见表 5-4，其尺寸计算公式见表 5-5。

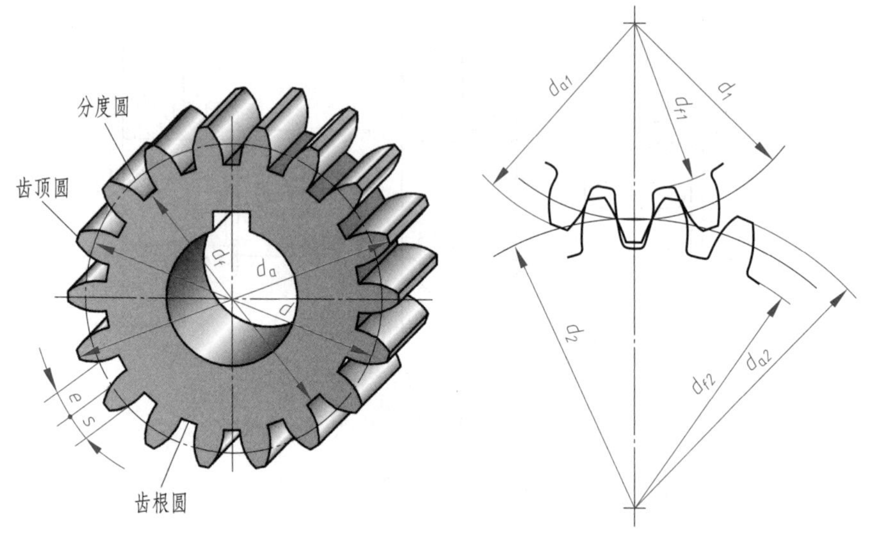

图 5-21　直齿圆柱齿轮主要几何要素的名称及有关参数

表 5-4　直齿圆柱齿轮主要几何要素的概念及代号

序号	要素名称	概念	代号
1	齿顶圆	过齿轮各轮齿顶部的圆	直径 d_a
2	齿根圆	过齿轮各齿槽底部的圆	直径 d_f
3	齿厚	一个轮齿两侧齿廓间的弧长	s
4	齿槽宽	齿槽两齿廓间的弧长	e
5	分度圆	计算齿轮各部分尺寸的基准圆，该圆上的齿厚与齿槽宽相等	直径 d
6	齿数	齿轮的轮齿数量	z
7	模数	计算齿轮几何要素的一个重要参数，已标准化，具体可查阅有关标准	m

表 5-5　直齿圆柱齿轮主要几何要素的尺寸计算公式

名称	代号	公式
分度圆直径	d	$d=mz$
齿顶圆直径	d_a	$d_a=m(z+2)$
齿根圆直径	d_f	$d_f=m(z-2.5)$
中心距	a	$a=\frac{1}{2}d_1+\frac{1}{2}d_2=\frac{1}{2}m(z_1+z_2)$

2. 单个直齿圆柱齿轮的画法

单个直齿圆柱齿轮的画法如图 5-22 所示。画图时应注意：

（1）齿顶圆和齿顶线用粗实线绘制。

（2）分度圆和分度线用细点画线绘制。

（3）齿根圆和外形图中的齿根线用细实线绘制，也可省略不画。

（4）在剖视图中的齿根线用粗实线绘制。

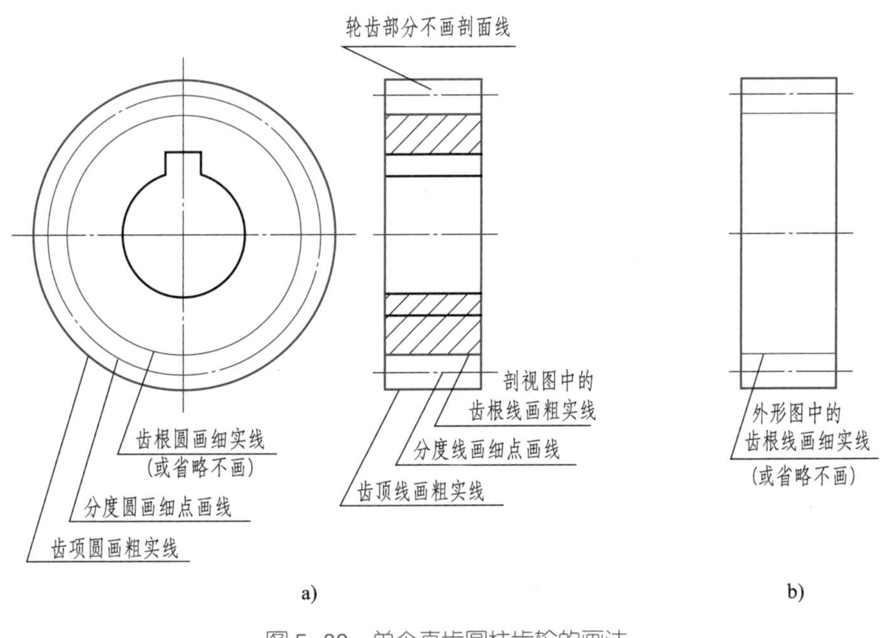

图 5-22　单个直齿圆柱齿轮的画法

a）剖视图　b）外形图

3. 两直齿圆柱齿轮啮合图的画法

两直齿圆柱齿轮啮合图的画法如图 5-23 所示，画图时应注意：

（1）两齿轮的分度圆相切。

（2）剖切平面通过两齿轮的轴线剖切时（见图 5-23a 左视图），在啮合区将一个齿轮的轮齿用粗实线绘制，另一个齿轮的轮齿被遮挡的部分用细虚线绘制，也可省略不画。

（3）在反映齿轮轴线的外形图中（见图 5-23b 左视图），啮合区的齿顶线不需画出，分度线用粗实线绘制。

（4）啮合区外的其余部分均按单个齿轮绘制，外形图中的齿根圆和齿根线一般省略不画。

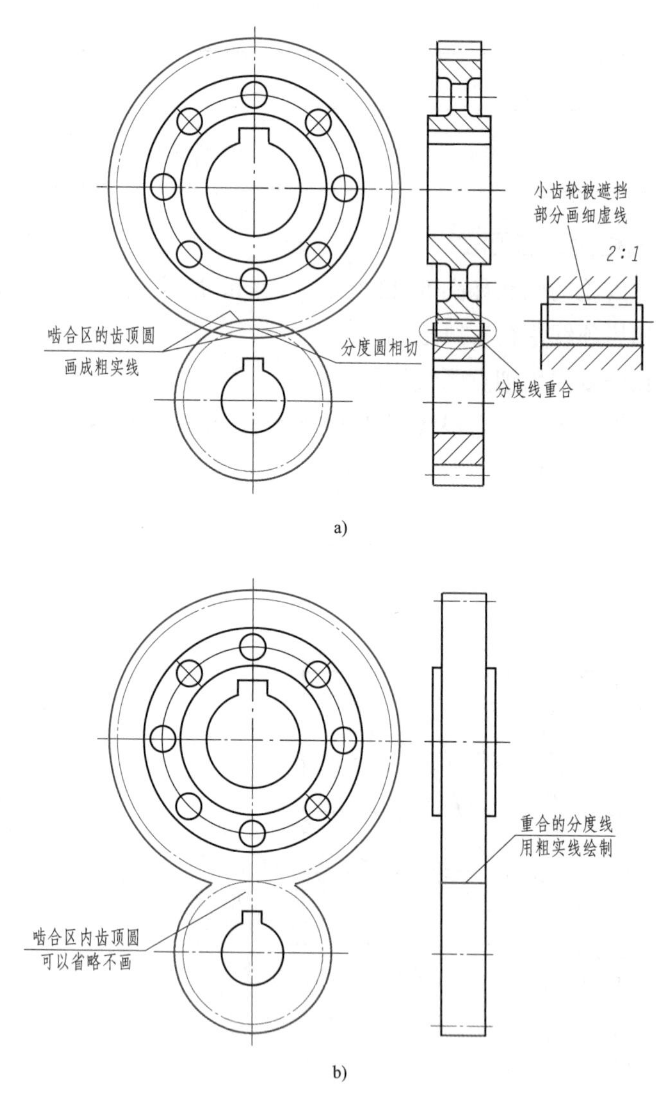

图 5-23　两直齿圆柱齿轮啮合图的画法

a）剖视图　b）外形图

二、直齿锥齿轮的画法

1. 直齿锥齿轮的结构

直齿锥齿轮的结构如图 5-24 所示，其齿形是在圆锥体上形成的，所以锥齿轮一端大、另一端小，它的齿高是逐渐变化的，其分度圆锥面、顶锥和根锥的锥顶重合。直齿锥齿轮主要几何要素的名称及含义见表 5-6。

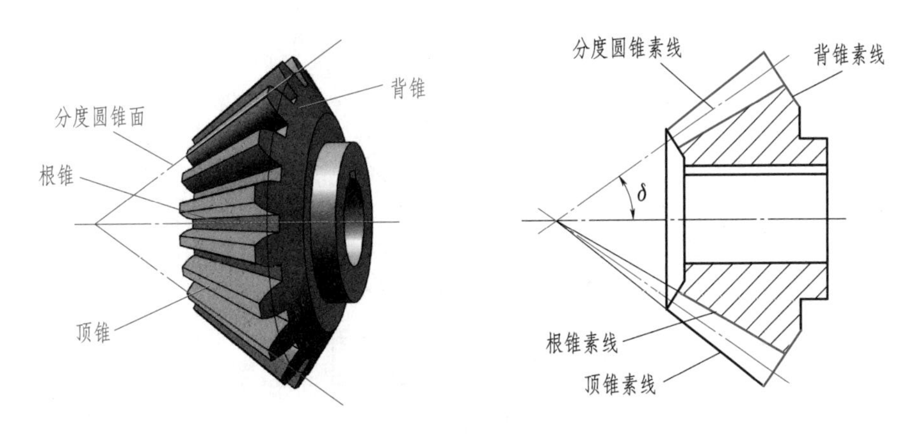

图 5-24　直齿锥齿轮的结构

表 5-6　直齿锥齿轮主要几何要素的名称及含义

几何要素名称	含义
分度圆锥面	锥齿轮的分度曲面
顶锥	锥齿轮的齿顶曲面
根锥	锥齿轮的齿根曲面
背锥	锥齿轮大端的一个锥面，其母线与分度圆锥面垂直相交

2. 直齿锥齿轮的几何尺寸计算

直齿锥齿轮的几何尺寸如图 5-25 所示，其计算公式见表 5-7。为了便于设计制造，国家标准规定以大端参数为标准值。锥齿轮的背锥素线与分度圆锥面的素线垂直。锥齿轮轴线与分度圆锥母线间的夹角称为分锥角（δ），当相啮合的两锥齿轮轴线垂直时：$\delta_1+\delta_2=90°$。

表 5-7　直齿锥齿轮的主要几何尺寸计算公式

名称	符号	计算公式
分锥角	δ	$\delta_1=\arctan\frac{z_1}{z_2}$，$\delta_2=90°-\delta_1$
分度圆直径	d	$d_1=mz_1$，$d_2=mz_2$
齿顶高	h_a	$h_a=h_{a1}=h_{a2}=m$
齿根高	h_f	$h_f=h_{f1}=h_{f2}=1.2m$
锥距	R	$R=\frac{1}{2}\sqrt{d_1^2+d_2^2}$
齿宽	b	$b \leq R/3$

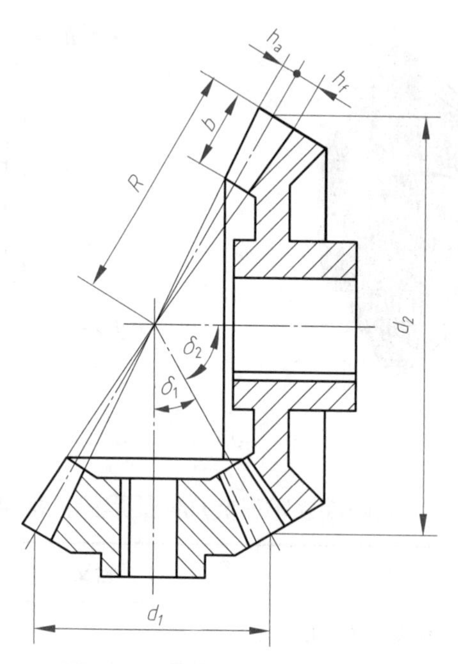

图 5-25　直齿锥齿轮的几何尺寸

3. 直齿锥齿轮的画法

直齿锥齿轮的画法如图 5-26 所示。画图时应注意：在投影为圆的视图上用粗实线画出大端和小端的齿顶圆，用细点画线画出大端的分度圆，齿根圆及小端的分度圆不画。

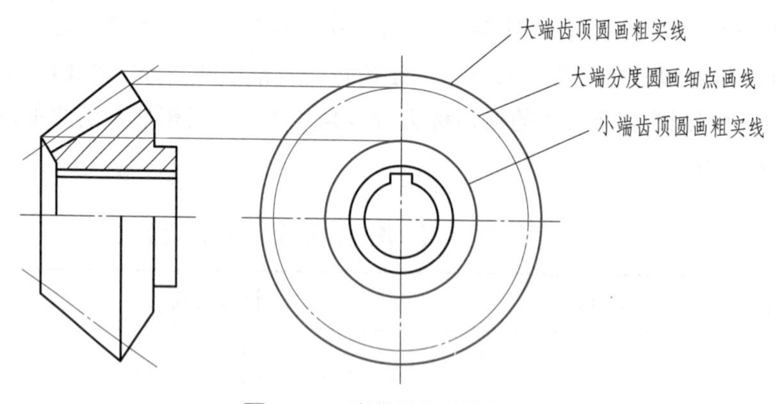

图 5-26　直齿锥齿轮的画法

4. 直齿锥齿轮啮合图的画法

直齿锥齿轮啮合图的画法如图 5-27 所示，其啮合区的画法与直齿圆柱齿轮类似。在反映两直齿锥齿轮轴线的剖视图上，两直齿锥齿轮的分度线重合，被遮挡齿轮的齿顶线画细虚线或省略不画，如图 5-27a 所示。在反映两直齿锥齿轮轴线的外形图上，重合的分度线画粗实线，如图 5-27b 所示。

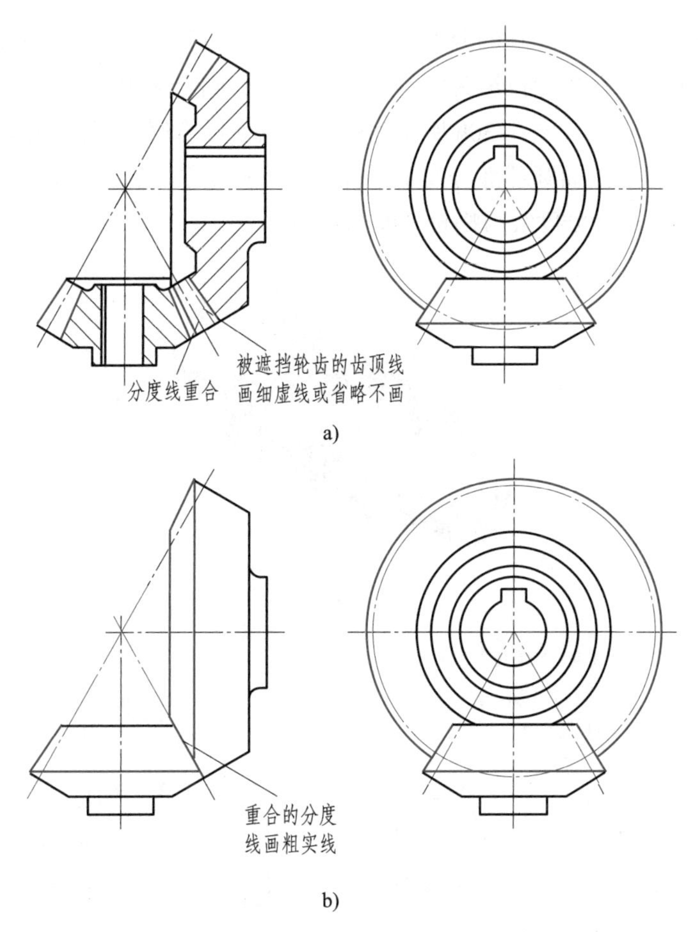

图 5-27　直齿锥齿轮啮合图的画法

a）剖视图　b）外形图

三、蜗杆与蜗轮的画法

1. 蜗杆的画法

蜗杆的画法与直齿圆柱齿轮的画法相同，如图 5-28 所示。蜗杆的齿顶圆和齿顶线用粗实线绘制，分度圆和分度线用细点画线绘制。在剖视图中，齿根圆和齿根线用粗实线绘制（见图 5-28b）；在未剖的视同中，齿根圆和齿根线用细实线绘制（见图 5-28c），或省略不画。

2. 蜗轮的画法

蜗轮的画法如图 5-29 所示，画图时应注意：

（1）在反映蜗轮轴线的剖视图上，分度线圆弧画细点画线，其半径等于蜗杆分度圆的半径。齿顶线圆弧、齿根线圆弧画粗实线。

（2）在蜗轮的端视图上，只画分度圆（细点画线）和外圆柱面的投影（粗实线）。

3. 蜗杆与蜗轮啮合图的画法

图 5-30 所示为蜗杆与蜗轮啮合图的画法，其中图 5-30a 所示为外形视图，画图

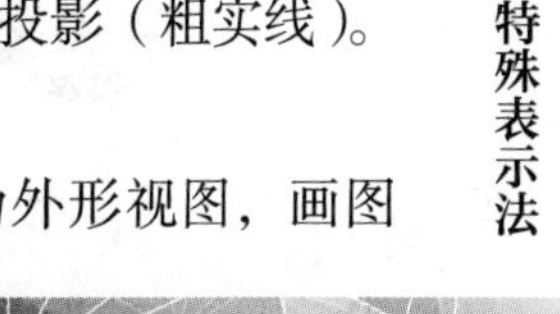

时要保证蜗杆的分度线与蜗轮的分度圆相切。在蜗杆投影为圆的外形视图中，蜗轮被蜗杆遮住部分不画；在蜗轮投影为圆的外形视图中，啮合区内蜗杆的齿顶线和蜗轮的齿顶圆都用粗实线画出。图 5-30b 所示为蜗杆与蜗轮啮合时剖视图的画法，注意啮合区域剖开处喉圆（外曲面圆环部分与中平面的相交圆）和根圆（根曲面与中平面的相交圆）画粗实线，蜗杆分度线与蜗轮分度圆相切。

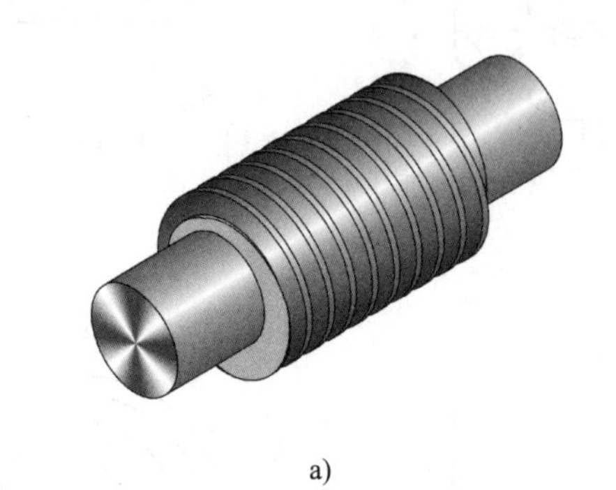

a)

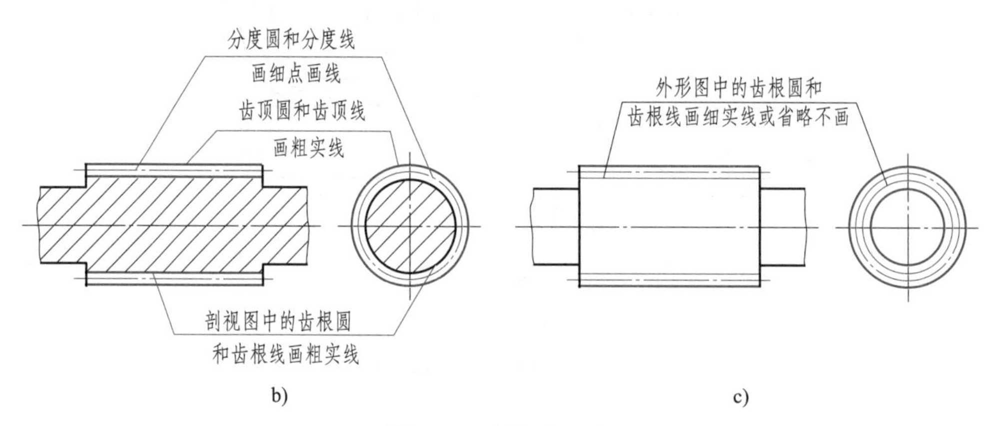

b)　　c)

图 5-28　蜗杆的画法

a）实体图　b）剖视图　c）外形图

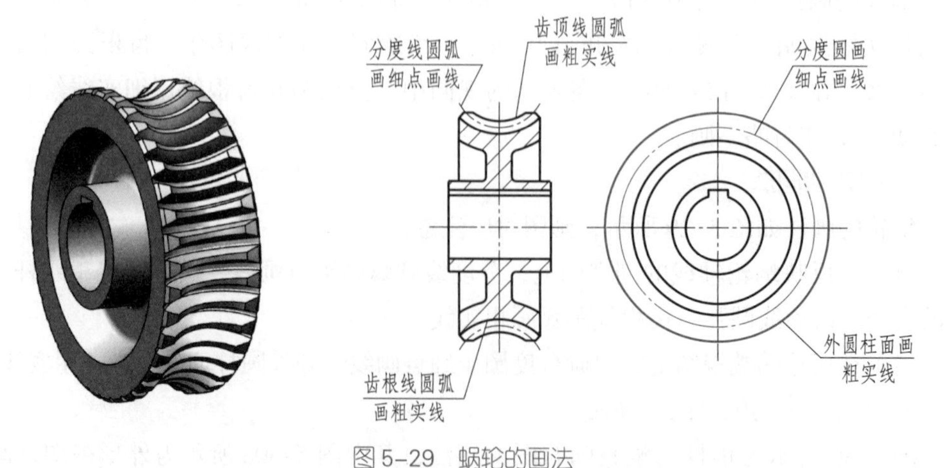

图 5-29　蜗轮的画法

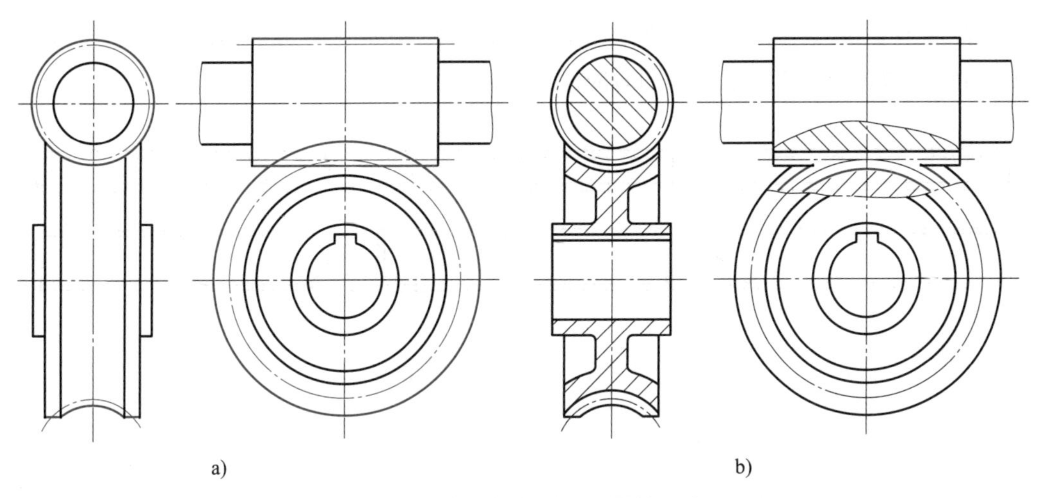

图 5-30　蜗杆与蜗轮啮合图的画法

a）外形图　b）剖视图

第 3 节　键连接和销连接的画法

键和销属于标准件，键连接和销连接是两种常用的可拆卸连接形式。

一、键连接的画法

键连接可以实现轴与轴上零件（如齿轮、带轮等）之间的周向固定，常用的键连接有普通型平键连接、半圆键连接和花键连接。

1. 普通型平键连接的画法

普通型平键连接如图 5-31 所示。普通型平键的两侧面是工作表面，连接时与键槽接触，键的顶端与孔上的键槽底面之间有间隙。

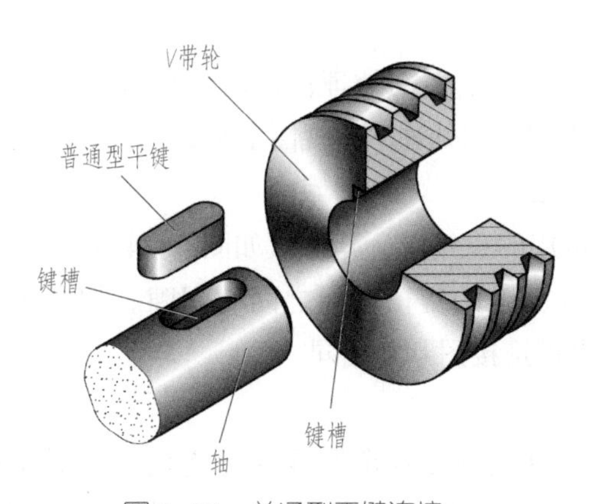

图 5-31　普通型平键连接

普通型平键分为 A 型、B 型和 C 型三种，其结构如图 5–32 所示，普通型平键连接图的画法如图 5–33 所示。画图时应注意：

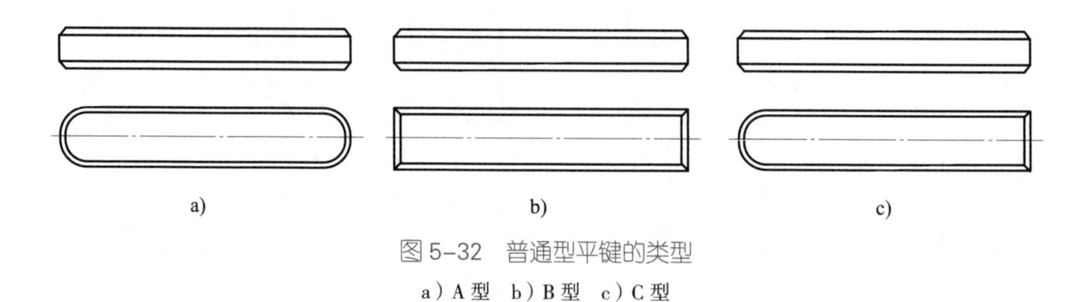

图 5–32 普通型平键的类型
a）A 型 b）B 型 c）C 型

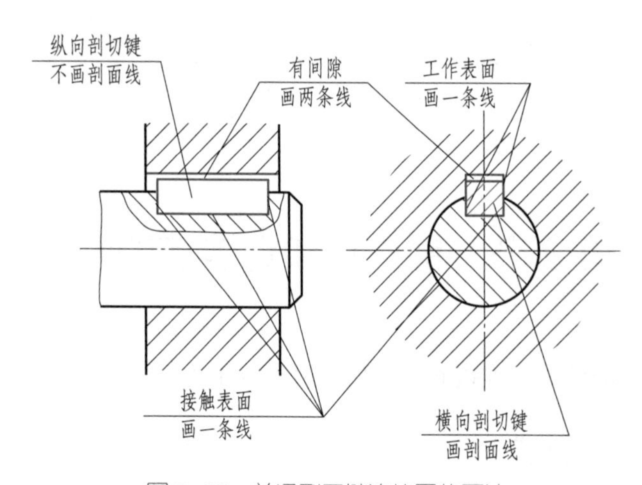

图 5–33 普通型平键连接图的画法

（1）由于普通型平键的侧面是工作表面，连接时与键槽接触，接触表面应画一条线。

（2）键在安装时应首先嵌入轴上的键槽中，因此键与轴上键槽的底面之间也是接触表面，也应画一条线。

（3）键的顶端与孔上的键槽顶面之间有间隙，应画两条线，即分别画出它们的轮廓线。

（4）纵向剖切键时，键按不剖处理；横向剖切键时，键上应画剖面线。故在图 5–33 中，主视图上平键按不剖处理，左视图上平键按剖切到处理。

2. 半圆键连接的画法

半圆键也是一种常用的连接键，其形状如图 5–34a 所示，半圆键的工作面也是两侧面，半圆键的顶端与孔上的键槽底面之间有间隙。如图 5–34b 所示为半圆键连接图，其画法与普通型平键连接图基本相同。

3. 花键连接的画法

花键连接分为矩形花键连接和渐开线花键连接，矩形花键连接如图 5–35 所示，包括外花键（花键轴）和内花键（花键孔）。在花键轴和花键孔上各有 6 个相互啮合的

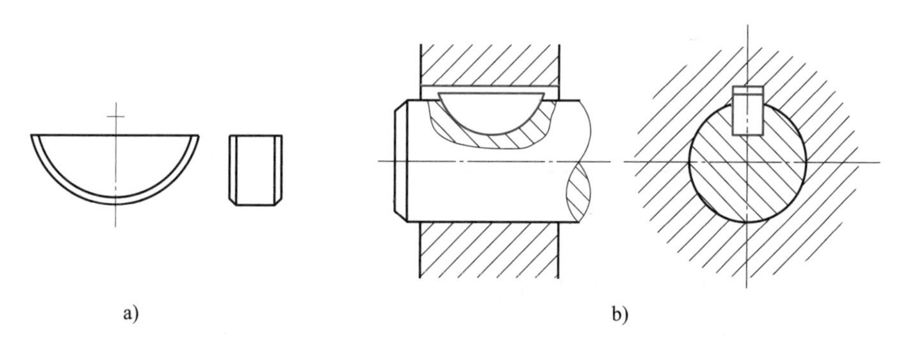

图 5-34 半圆键及其连接图

a）半圆键 b）半圆键连接图

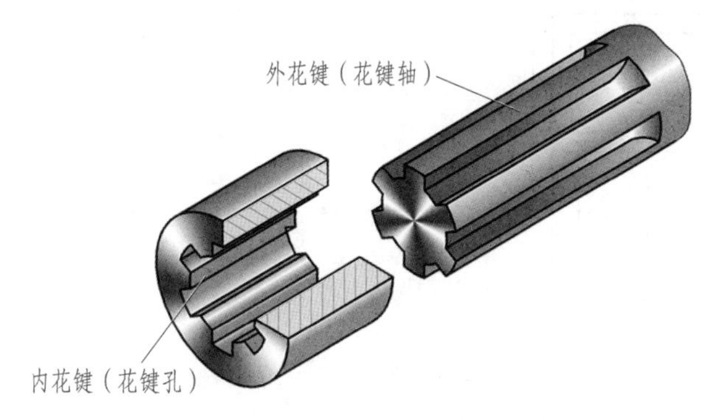

图 5-35 矩形花键连接

键齿。工作时，内花键可以在花键轴上滑动，并且和花键轴一起转动，下面介绍矩形花键及其连接图的画法。

（1）矩形外花键的画法如图 5-36 所示。在与花键轴线平行的视图上，大径用粗实线绘制，小径用细实线绘制；花键工作长度终止端和尾部长度末端也用细实线绘制，尾部画成与轴线成 30° 角的细实线。在垂直于花键轴线剖切后画的断面图上可画出一部分或全部齿形。在垂直于花键轴线的外形视图上，花键小径画成完整的细实线圆，花键端部的倒角圆不画，如图 5-37 所示。

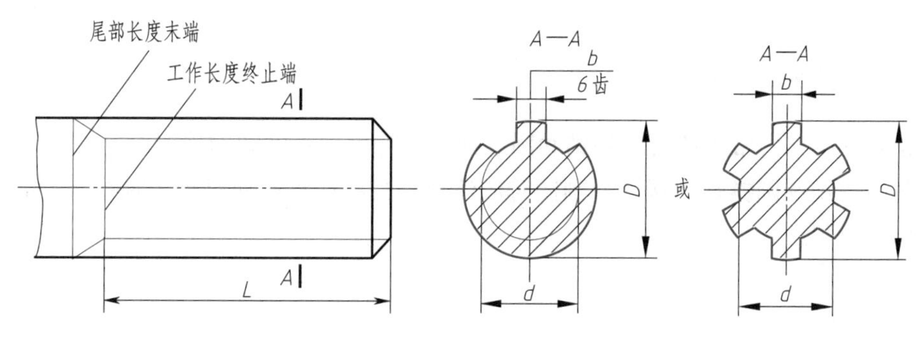

图 5-36 矩形外花键的画法（一）

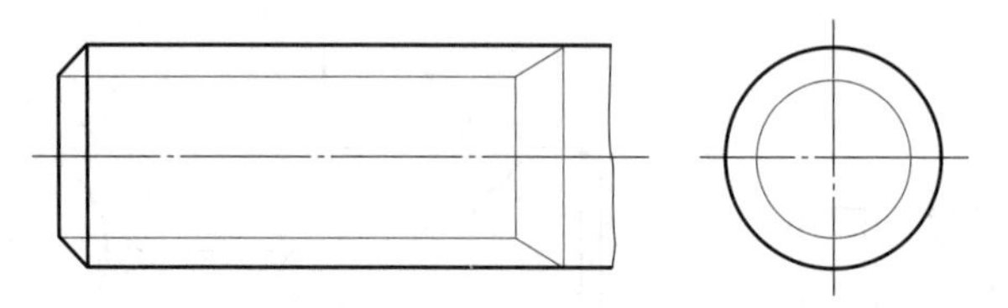

图 5–37　矩形外花键的画法（二）

（2）矩形内花键的画法如图 5–38 所示。在与内花键轴线平行的视图上，大径和小径均用粗实线绘制，在端视图上用局部视图画出一部分或全部齿形。

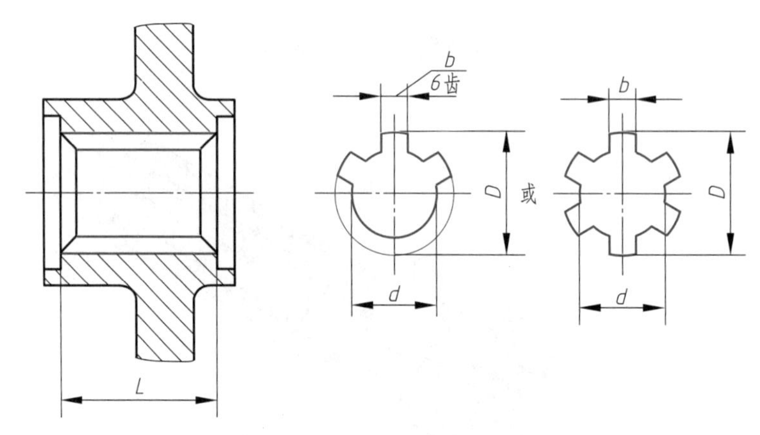

图 5–38　矩形内花键的画法

（3）花键连接图的画法如图 5–39 所示，在剖视图中，其连接部分按外花键绘制。

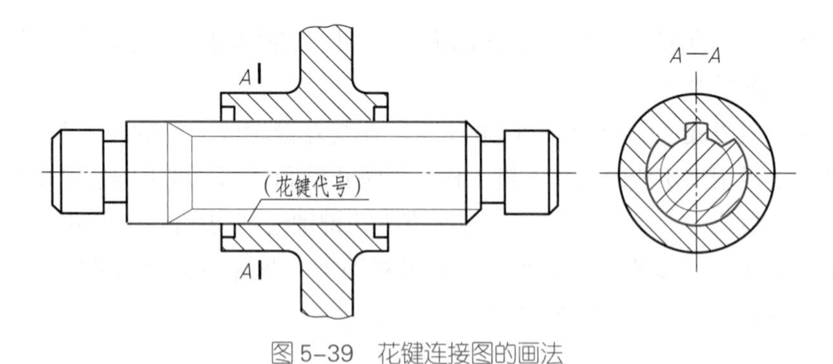

图 5–39　花键连接图的画法

二、销连接的画法

销是标准件，常用的有圆柱销和圆锥销。销常用于零件间的连接和定位，图 5–40 所示为圆柱销和圆锥销连接图。画图时应注意：当剖切平面通过销的轴线剖切时，销按未剖切绘制。

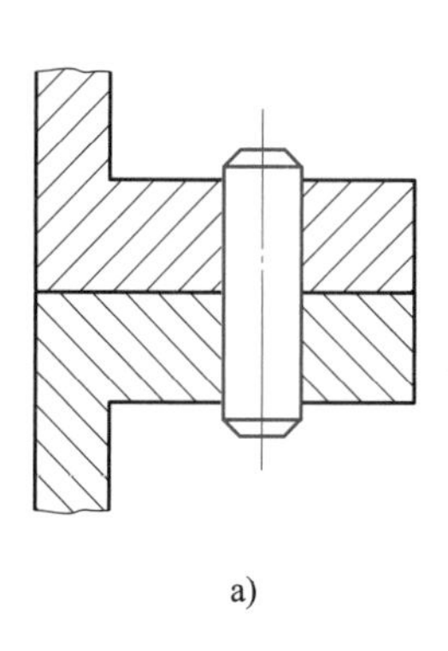

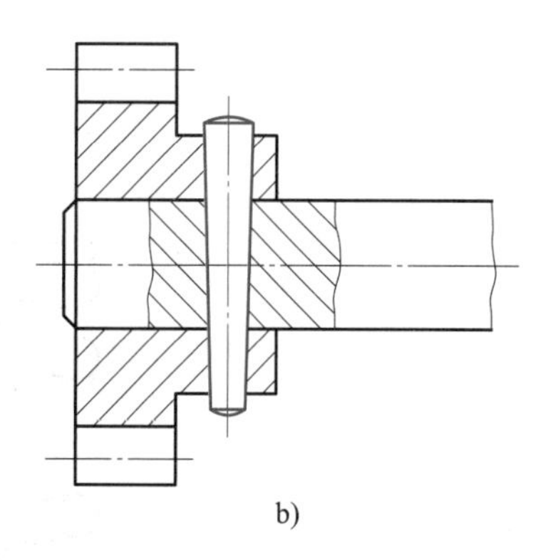

a)　　b)

图 5–40　销连接图的画法

a）圆柱销连接　b）圆锥销连接

第 4 节　弹簧的画法

弹簧是用途很广的常用零件，主要用于减振、夹紧、储能和测力等。弹簧的种类很多，常用的有圆柱螺旋压缩弹簧、圆柱螺旋拉伸弹簧、圆柱螺旋扭转弹簧和平面涡卷弹簧等，如图 5–41 所示。

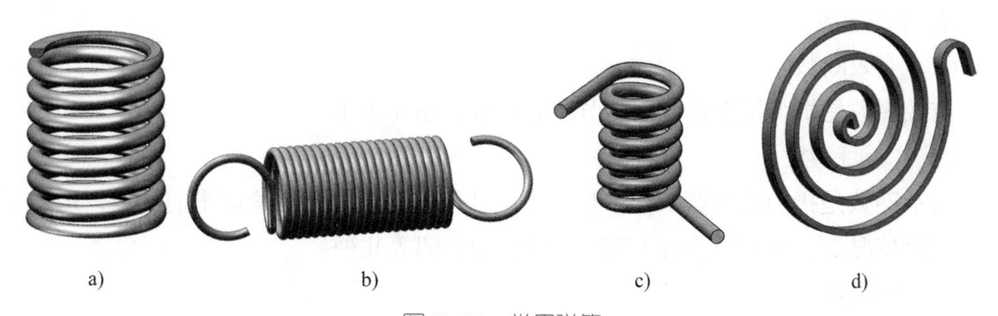

a)　b)　c)　d)

图 5–41　常用弹簧

a）圆柱螺旋压缩弹簧　b）圆柱螺旋拉伸弹簧　c）圆柱螺旋扭转弹簧　d）平面涡卷弹簧

一、圆柱螺旋压缩弹簧的主要几何尺寸

圆柱螺旋压缩弹簧的主要几何尺寸如图 5–42 所示。

1. 弹簧直径

（1）线径

线径是指用来缠绕弹簧的钢丝直径，用 d 表示。

（2）弹簧外径

弹簧外径是指弹簧的外圈直径，用 D_2 表示。

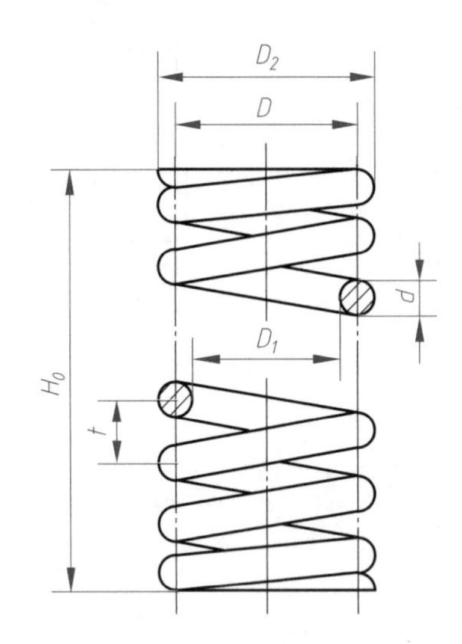

图 5-42 圆柱螺旋压缩弹簧的主要几何尺寸

（3）弹簧内径

弹簧内径是指弹簧的内圈直径，用 D_1 表示。

（4）弹簧中径

弹簧中径是指弹簧内径和外径的平均值，用 D 表示。

$$D=(D_1+D_2)/2=D_1+d=D_2-d$$

2. 弹簧圈数

（1）有效圈数

有效圈数是指弹簧能保持相同节距的圈数，用 n 表示。

（2）支承圈数

支承圈数是指为使弹簧工作平稳，将圆柱压缩弹簧两端并紧磨平的圈数，用 n_2 表示。一般情况下，支承圈数有 1.5 圈、2 圈、2.5 圈等几种。

（3）总圈数

有效圈数与支承圈数之和称为总圈数，用 n_1 表示。

$$n_1=n+n_2$$

3. 节距

节距是指除两端支承圈外，圆柱螺旋压缩弹簧两相邻有效圈截面中心线的轴向距离，用 t 表示。

4. 弹簧的旋向

螺旋弹簧的旋向一般为右旋，在组合弹簧中各层弹簧的旋向为左右旋向相间，外层一般为右旋。

5. 自由高度（长度）

弹簧的自由高度是指弹簧无负荷作用时的高度（长度），用 H_0 表示。

圆柱螺旋压缩弹簧的自由高度受端部结构的影响，难以计算出精确值。其近似公式计算为：

$$H_0=nt+（n_2-0.5）d$$

二、圆柱螺旋弹簧的画法

圆柱螺旋弹簧的画法如图 5-43 所示。其画法规定如下：

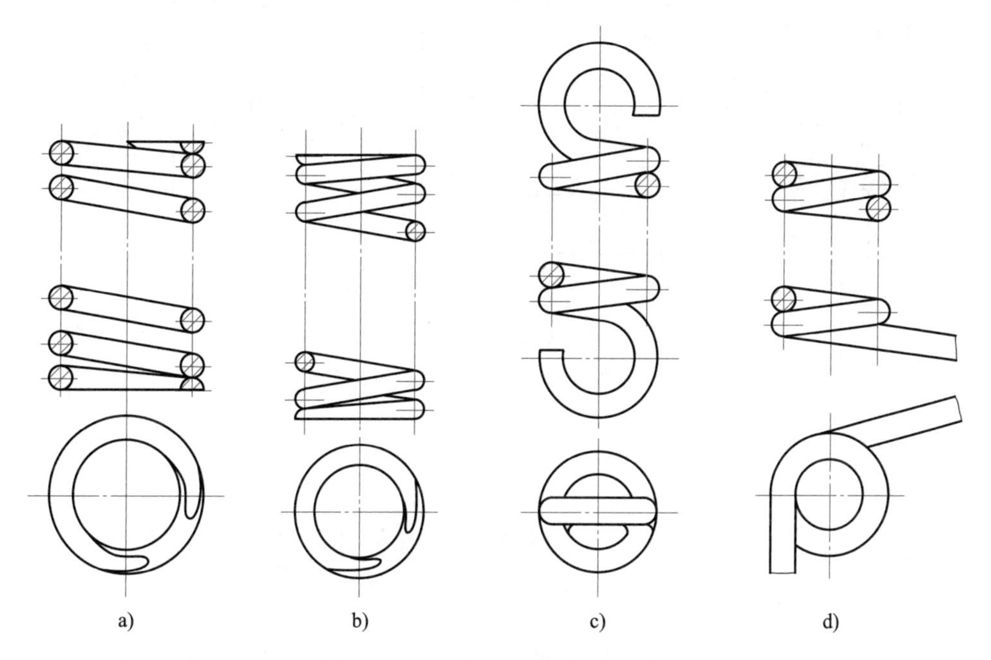

图 5-43　圆柱螺旋弹簧的画法

a）、b）压缩弹簧　c）拉伸弹簧　d）扭转弹簧

1. 在平行于螺旋弹簧轴线的投影面的视图中，其各圈的轮廓应画成直线。

2. 左、右螺旋弹簧均可画成右旋，对必须保证的旋向要求应在“技术要求”中注明。

3. 螺旋压缩弹簧，如要求两端并紧且磨平时，不论支承圈的圈数多少和末端贴紧情况如何，均按图 5-43a、b 的形式绘制。必要时也可按支承圈的实际结构绘制。

4. 有效圈数在四圈以上的螺旋弹簧中间部分可以省略。圆柱螺旋弹簧中间部分省略后，允许适当缩短图形的长度。

三、圆柱螺旋弹簧在装配图中的画法

圆柱螺旋弹簧在装配图中的画法如图 5-44 所示。其画法规定如下：

1. 被弹簧遮挡的结构一般不画出，可见部分的轮廓线画至弹簧外轮廓线或钢丝断面中心线。

2. 当弹簧的钢丝断面直径在图形上≤ 2 mm 时，可用示意画法或采用涂黑表示。

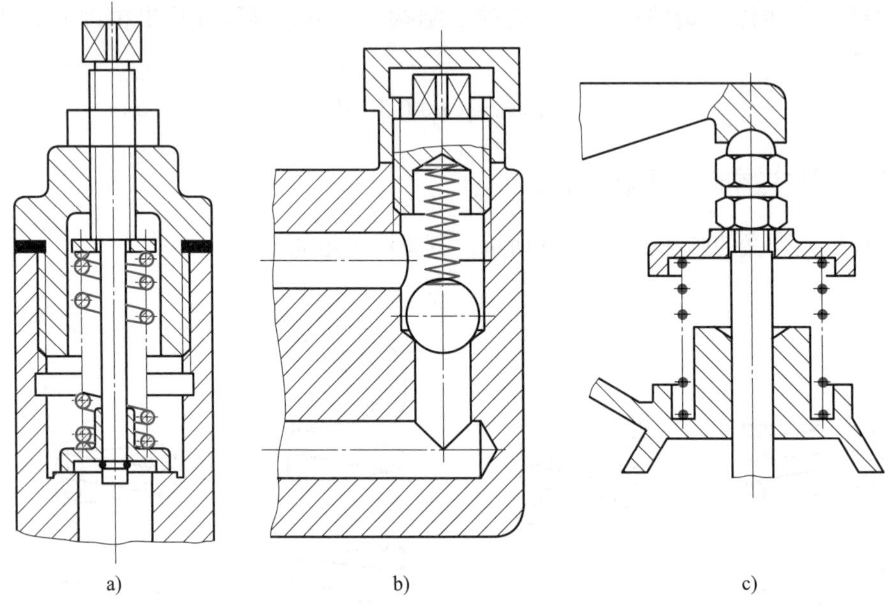

图 5–44　圆柱螺旋弹簧在装配图中的画法

a）普通画法　b）示意画法　c）涂黑表示

第 5 节　滚动轴承的画法

滚动轴承是一种支承转动轴的标准件，由于它能大大减小轴与孔之间的摩擦力，而得到广泛使用。图 5–45 所示为几种最常用的滚动轴承。

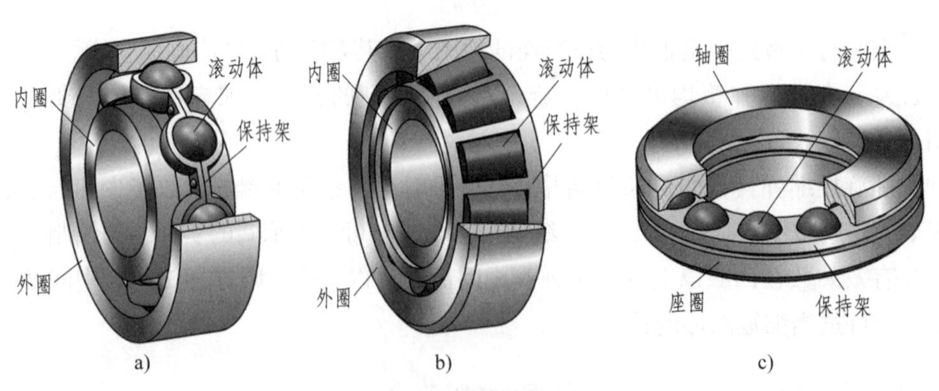

图 5–45　常用的滚动轴承

a）深沟球轴承　b）圆锥滚子轴承　c）推力球轴承

滚动轴承一般由内圈（轴圈）、外圈（座圈）、滚动体、保持架四部分组成。在装配图中绘制滚动轴承时，不必绘制其详细结构，一般可用通用画法、特征画法和规定画法进行表达。

一、滚动轴承的通用画法

在装配图中，若不必确切地表示滚动轴承的外形轮廓、载荷特性及结构特征时，可采用通用画法。通用画法是在轴的两侧用矩形线框（粗实线）及位于线框中央正立的十字形符号（粗实线）表示，如图 5–46 所示。通用画法适用于表达各种类型的滚动轴承。

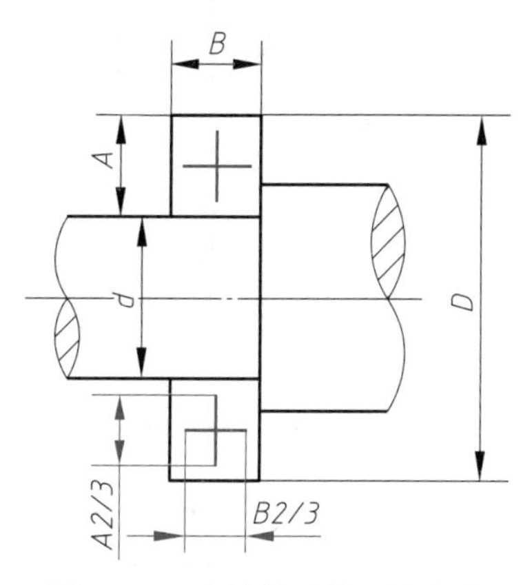

图 5–46　滚动轴承的通用画法

二、滚动轴承的特征画法

在装配图的剖视图中，若需要形象地表达滚动轴承的结构特征时，可采用特征画法。滚动轴承的特征画法是在表达轴承的矩形线框（粗实线）内，用粗实线画出表示滚动轴承结构特征和载荷特性的要素符号，常用滚动轴承的结构、特征画法和规定画法见表 5–8。

表 5–8　常用滚动轴承的结构、特征画法和规定画法

名称和标准号	装配示意图	特征画法	规定画法
深沟球轴承（GB/T 276—2013）		B　B2/3　A　D　d　B/6	B/2　A　A/2　A/2　D　d　60°　B

续表

名称和标准号	装配示意图	特征画法	规定画法
圆锥滚子轴承 （GB/T 297—2015）	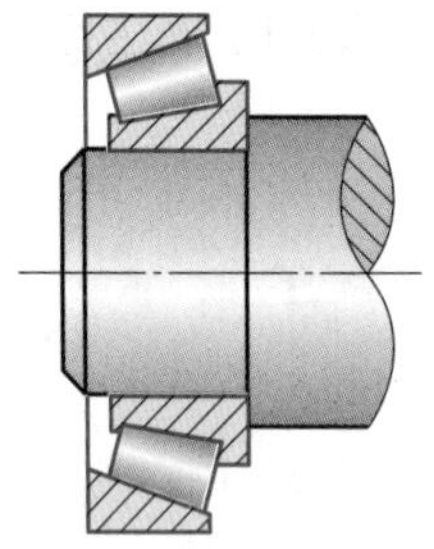	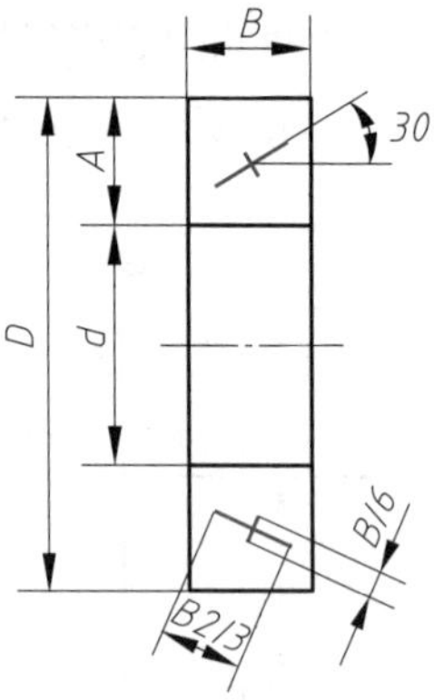	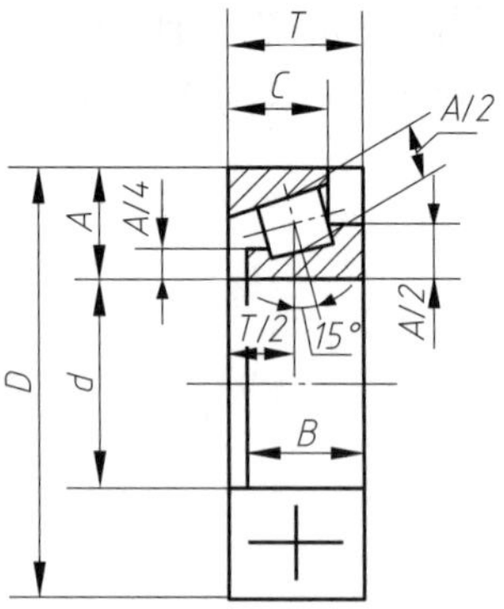
推力球轴承 （GB/T 301—2015）	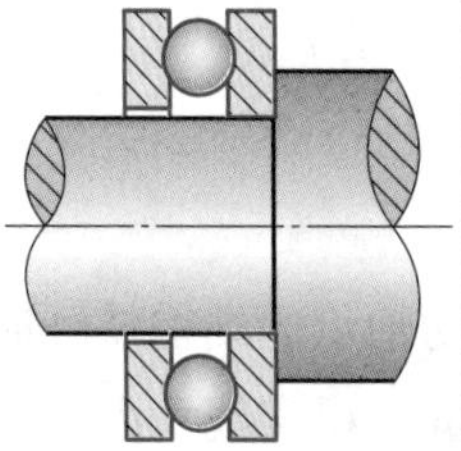	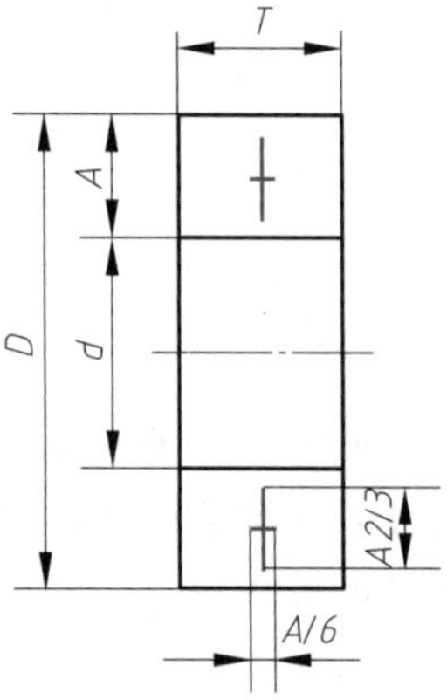	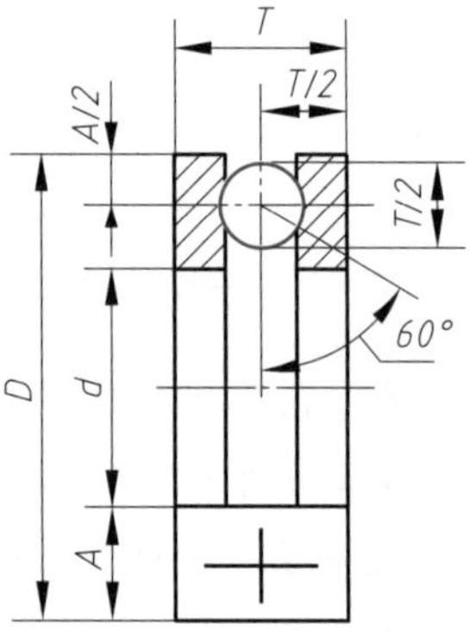

三、滚动轴承的规定画法

当需要表达滚动轴承的主要结构时，可采用规定画法，常用滚动轴承规定画法见表 5-8。画图时应注意：

1. 在用规定画法绘制轴承时，内、外圈的剖面线应方向一致、间隔相同。

2. 规定画法一般只用在图的一侧，在图的另一侧应按通用画法绘制。

四、滚动轴承的标记

滚动轴承的标记由三部分组成，即：

轴承名称　轴承代号　标准编号

标记示例：滚动轴承　30205　GB/T 297—2015。

查阅 GB/T 297—2015，即可得知该滚动轴承为圆锥滚子轴承，查表可得该圆锥滚子轴承的外形尺寸。

公差配合与测量

第1节　基 本 术 语

一、孔和轴

一般情况下，孔和轴是指圆柱形的内、外表面，而在极限与配合的相关标准中，孔和轴的定义更为广泛。孔通常指工件各种形状的内表面，包括圆柱形内表面和其他由单一尺寸形成的非圆柱形包容面（尺寸之间无材料），其特点为在工件加工过程中，越加工尺寸越大。轴通常指工件各种形状的外表面，包括圆柱形外表面和其他由单一尺寸形成的非圆柱形被包容面（尺寸之间有材料），其特点为在工件加工过程中，越加工尺寸越小。其中包容与被包容是就工件的装配关系而言的，即在工件装配后形成包容与被包容的关系，包容面统称为孔，被包容面统称为轴。图 6–1a 所示为由圆柱形内、外表面所形成的孔和轴，装配后形成包容与被包容的关系；如图 6–1b 所示为槽的两侧面与键的两侧面装配后形成包容与被包容的关系，因此槽的两侧面形成孔，键的两侧面形成轴。

二、尺寸

尺寸是用特定长度或角度单位表示的数值，包括公称尺寸、实际尺寸、极限尺寸等。

1. 公称尺寸

公称尺寸是指由图样规范定义的理想形状要素的尺寸，它是由设计者根据零件的使用要求，通过计算、试验或按类比法确定的尺寸。孔、轴的公称尺寸分别用 D、d 表示。如图 6–2 所示，孔直径的公称尺寸为“ϕ10 mm”，轴直径的公称尺寸为“ϕ20 mm”，两端面之间距离的公称尺寸为“35 mm”。

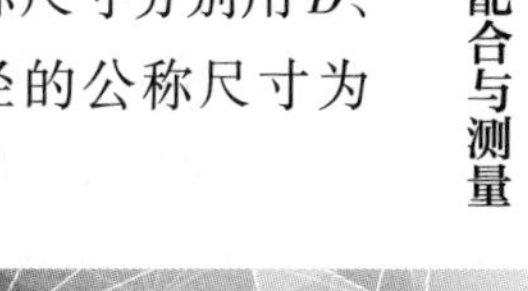

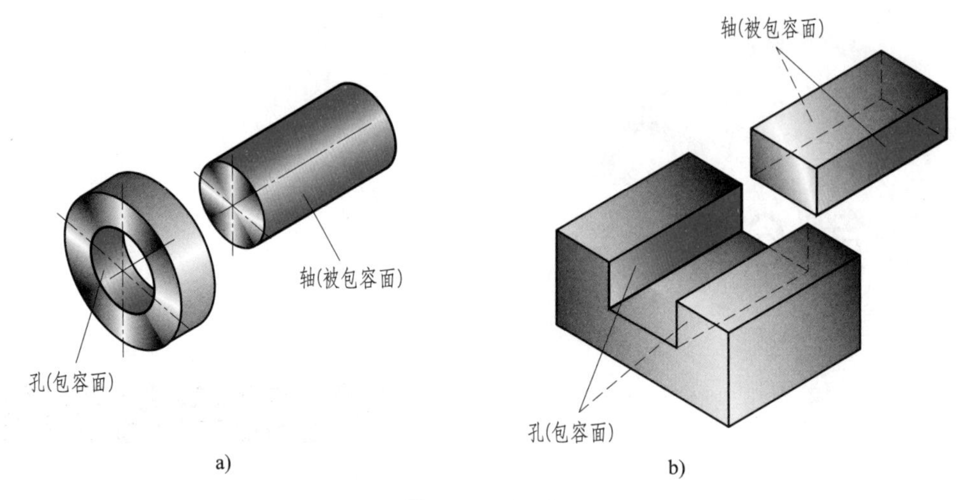

图 6–1　孔和轴

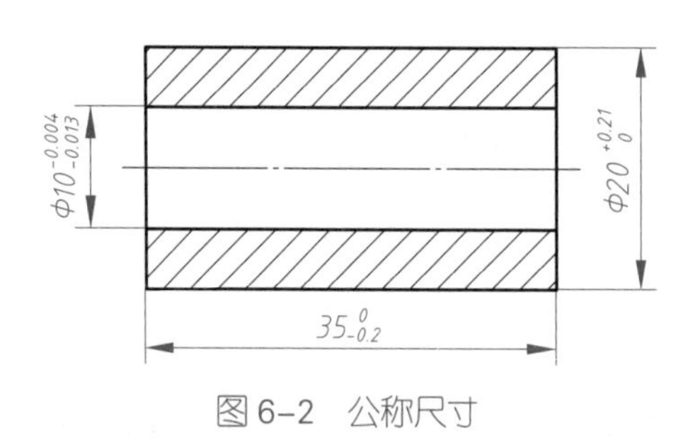

图 6–2　公称尺寸

2. 实际尺寸

实际尺寸是指通过测量得到的尺寸，在本教材中，孔、轴的实际尺寸分别用 D_a、d_a 表示。由于存在加工误差和测量误差，工件同一表面上不同位置的实际尺寸不一定相等。如图 6–3 所示，工件上不同位置测量的尺寸 d_{a1}、d_{a2}、d_{a3} 和 d_{a4} 不一定相等。

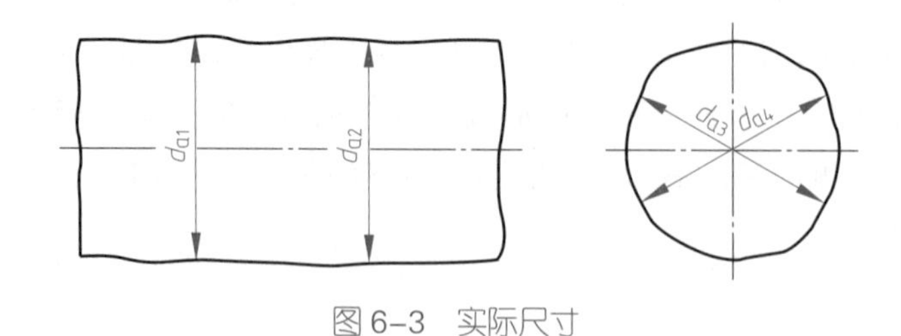

图 6–3　实际尺寸

3. 极限尺寸

极限尺寸是指允许实际尺寸变化的两个界限值，分为上极限尺寸和下极限尺寸。上极限尺寸是指尺寸要素允许的最大尺寸，下极限尺寸是指尺寸要素允许的最小尺寸。在本教材中，孔的上极限尺寸用 D_{ULS} 表示，下极限尺寸用 D_{LLS} 表示；轴的上极限尺寸用 d_{ULS} 表示，下极限尺寸用 d_{LLS} 表示。合格工件的实际尺寸应在上极限尺寸和下极限尺寸之间，也可等于上极限尺寸或下极限尺寸。

三、偏差与公差的基本术语

1. 偏差

偏差分为实际偏差和极限偏差。

（1）极限偏差

极限偏差分为上极限偏差和下极限偏差。

上极限偏差是指上极限尺寸减其公称尺寸所得的代数差。孔、轴尺寸的上极限偏差分别用字母 ES、es 表示，上极限偏差、公称尺寸、上极限尺寸三者之间的关系用公式表示为：

$$ES=D_{ULS}-D$$

$$es=d_{ULS}-d$$

下极限偏差是指下极限尺寸减其公称尺寸所得的代数差。孔、轴尺寸的下极限偏差分别用字母 EI、ei 表示。下极限偏差、公称尺寸、下极限尺寸三者之间的关系用公式表示为：

$$EI=D_{LLS}-D$$

$$ei=d_{LLS}-d$$

公称尺寸、极限尺寸和极限偏差之间的关系如图 6–4 所示。上极限偏差和下极限偏差都可以是负值、零或正值。

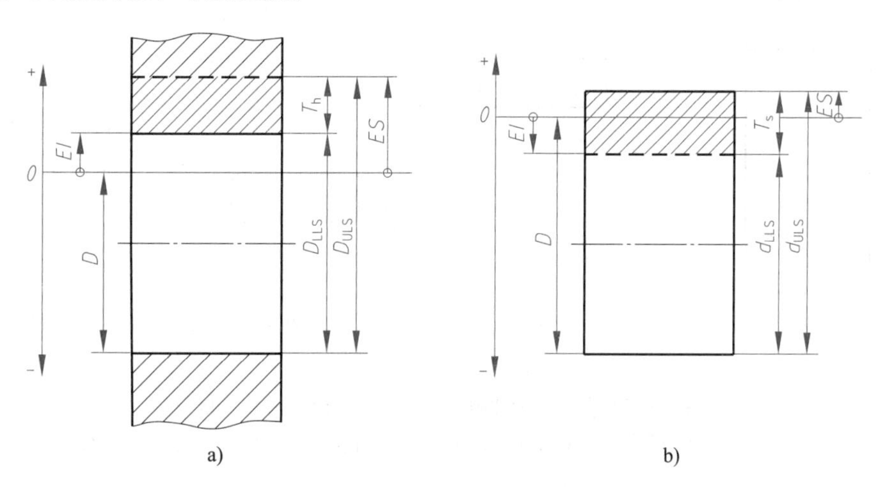

图 6–4　公称尺寸、极限尺寸和极限偏差之间的关系

a）孔　b）轴

图 6–4 中与“0”对其的横向细实线称为公称尺寸线（旧标准称为零线），其左侧两端带箭头的竖线表示极限偏差的方位。确定公差带相对公称尺寸线位置的极限偏差称为基本偏差，即基本偏差是靠近公称尺寸线的那个偏差。

（2）实际偏差

实际偏差是指实际尺寸减其公称尺寸所得的代数差。合格工件的实际偏差应在上、下极限偏差之间。

2. 公差

公差又称为尺寸公差，是上极限尺寸与下极限尺寸之差，等于上极限偏差与下极限偏差之差。在本教材中，孔、轴的尺寸公差分别用 T_h、T_s 表示（见图 6–4），即：

$$T_h=|D_{ULS}-D_{LLS}|=|ES-EI|$$

$$T_s=|d_{ULS}-d_{LLS}|=|es-ei|$$

从加工的角度看，公称尺寸相同的工件，公差值越大，加工就越容易；反之，加工就越困难。

公差是一个没有符号的绝对值。因此，在公差值的前面不应出现“+”号或“–”号，也不能取零值。

3. 公差带

上极限尺寸和下极限尺寸之间（包括上极限尺寸和下极限尺寸）的尺寸变动值称为公差带，它由公差大小和相对于公称尺寸线的位置确定。将公称尺寸线、极限偏差、尺寸公差之间的关系用放大比例画成的简图称为公差带图，如图 6–5 所示。公差带图有详细画法和简化画法两种，详细画法绘制了孔或轴的轮廓，简化画法只绘制了公差带及表示其位置的坐标线，一般情况下常采用简化画法。在公差带图中，表示基本偏差的横线画粗实线，表示另一个极限偏差的横线画粗虚线。

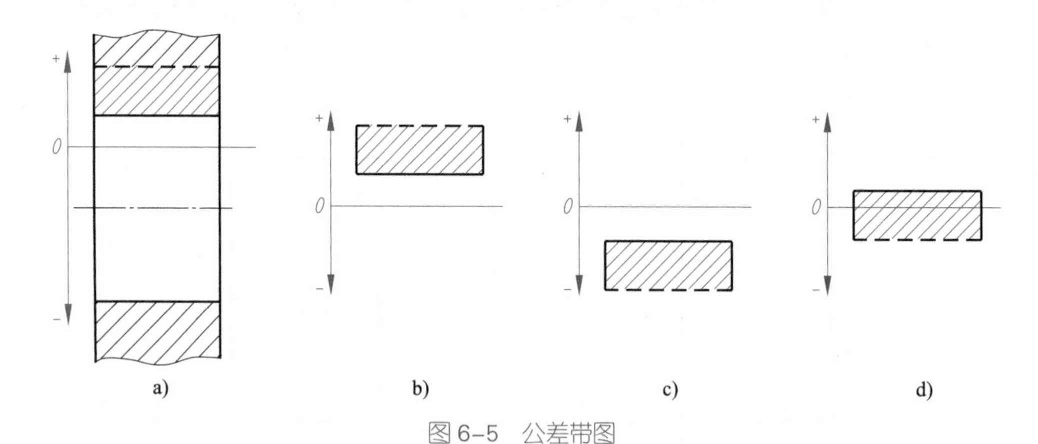

图 6–5　公差带图

a）详细画法　b）简化画法（公差带在公称尺寸线上侧）

c）简化画法（公差带在公称尺寸线下侧）　d）简化画法（公差带包括公称尺寸线）

绘制公差带图时，在竖直方向，一般可按 200 : 1 或 500 : 1 的比例绘制，偏差较小的也可以按 1 000 : 1 的比例绘制，在水平方向的尺寸可根据需要选取。

公差带可以在公称尺寸线上侧（见图 6–5b），也可以在公称尺寸线下侧（见图 6–5c），或者包括公称尺寸线（见图 6–5d）。

4. 极限偏差的表示方法

在图样上标注极限偏差时，必须遵循以下规定：

（1）上极限偏差标注在公称尺寸的右上方，下极限偏差标注在公称尺寸的右下方，其数字比尺寸数字小一号，如“$\phi 20^{+0.025}_{-0.008}$”。

（2）当上极限偏差（或下极限偏差）为 0 时，要将上、下极限偏差的个位“0”对齐，如“$\phi 30_{-0.013}^{\ 0}$”。

（3）当上、下极限偏差的小数点后的数字位数不同时，可以用“0”补齐，且小数点对齐，如“$\phi 45_{-0.050}^{-0.025}$”。

（4）小数点后的“0”一般不注出，但当上、下极限偏差的数字相同，正负相反时，只需注写一次数字，且高度与公称尺寸相同，并在极限偏差与公称尺寸之间注出符号“±”，如“57±0.02”。

例 6–1 如图 6–6 所示的轴，计算尺寸 $\phi 60_{-0.012}^{+0.018}$ mm 的上、下极限尺寸和公差，并绘制公差带图。若该轴加工后测得的实际尺寸为 $\phi 60.012$ mm，判断该工件尺寸是否合格。

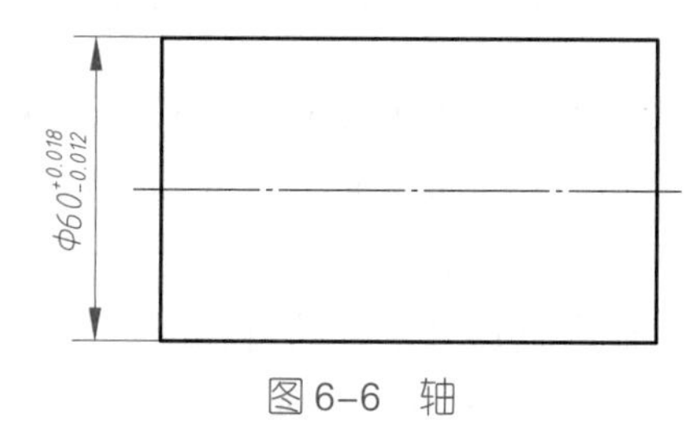

图 6–6 轴

解：

（1）计算轴的上、下极限尺寸

轴的上极限尺寸为：

$$d_{ULS}=d+es=60\text{ mm}+0.018\text{ mm}=60.018\text{ mm}$$

轴的下极限尺寸为：

$$d_{LLS}=d+ei=60\text{ mm}+(-0.012)\text{ mm}=59.988\text{ mm}$$

（2）计算公差

尺寸 $\phi 60_{-0.012}^{+0.018}$ mm 的公差为：

$$T_s=|es-ei|=|+0.018\text{ mm}-(-0.012)\text{ mm}|=0.030\text{ mm}$$

（3）绘制公差带图

尺寸 $\phi 60_{-0.012}^{+0.018}$ mm 的公差带图如图 6–7 所示。

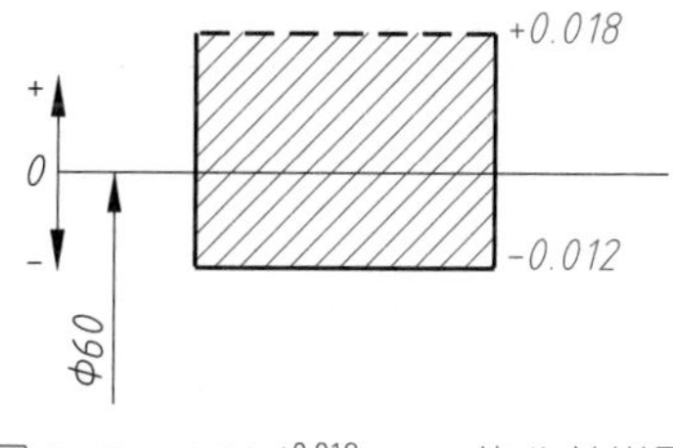

图 6–7 $\phi 60_{-0.012}^{+0.018}$ mm 的公差带图

（4）判断轴的直径尺寸是否合格

方法一

由于 $\phi 59.988$ mm $<$ $\phi 60.012$ mm $<$ $\phi 60.018$ mm，即工件的实际尺寸介于上、下

极限尺寸之间，因此该工件尺寸合格。

方法二

轴的实际偏差 $=d_a-d=60.012\text{ mm}-60\text{ mm}=+0.012\text{ mm}$。

由于 $-0.012\text{ mm}<+0.012\text{ mm}<+0.018\text{ mm}$。即轴的实际偏差介于上、下极限偏差之间，因此该工件尺寸合格。

四、配合的基本术语

配合是指类型相同且待装配的轴和孔之间的关系，相互配合的轴和孔的公称尺寸相同。

1. 间隙与过盈

（1）间隙

相互配合的轴与孔，当轴的直径小于孔的直径时，孔和轴的尺寸之差称为间隙。在本教材中，间隙用 X 表示，在计算间隙时，所得到的值是正值。

（2）过盈

相互配合的轴与孔，当轴的直径大于孔的直径时，孔和轴的尺寸之差称为过盈。在本教材中，过盈用 Y 表示，在计算过盈时，所得到的值是负值。

2. 配合的种类

孔、轴公差带之间的不同关系决定了孔、轴配合的松紧程度。根据孔公差带和轴公差带的相对位置不同，配合分为间隙配合、过渡配合和过盈配合三种。

（1）间隙配合

孔和轴装配时总是存在间隙的配合称为间隙配合。在间隙配合中孔的下极限尺寸大于或在极端情况下等于轴的上极限尺寸。如图 6–8 所示，轴（$\phi 38_{-0.025}^{-0.009}$ mm）与轴承座上孔（$\phi 38_{0}^{+0.025}$ mm）的配合为间隙配合，孔的公差带在轴的公差带之上，这表明从一批尺寸合格的孔和轴中任取一对，装配后都具有间隙。

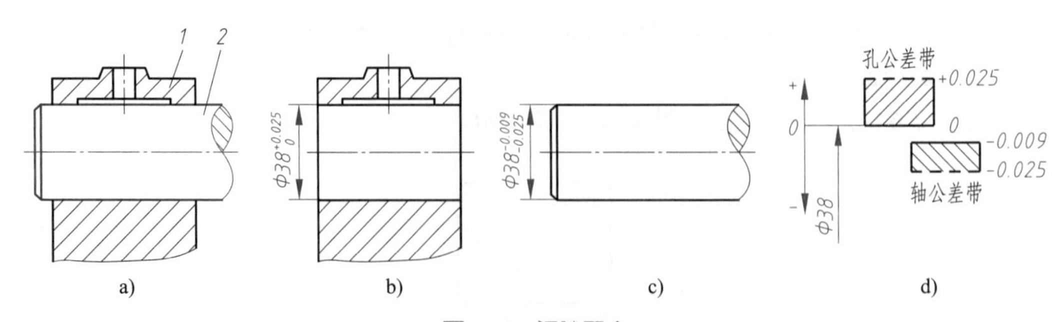

图 6–8　间隙配合

a）滑动轴承装配图　b）轴承座　c）轴　d）配合公差带图

1—轴承座　2—轴

（2）过盈配合

孔和轴装配时总是存在过盈的配合称为过盈配合。此时，孔的上极限尺寸小于或在极端情况下等于轴的下极限尺寸。如图 6–9 所示，轴瓦（$\phi 38_{+0.043}^{+0.059}$ mm）与轴承座上孔（$\phi 38^{+0.025}_{0}$ mm）的配合为过盈配合，孔的公差带完全在轴的公差带之下，这表明从一批尺寸合格的孔和轴中任取一对，孔的尺寸总是小于轴的尺寸。装配时，必须施加一定的压力才能把轴装入到孔中。

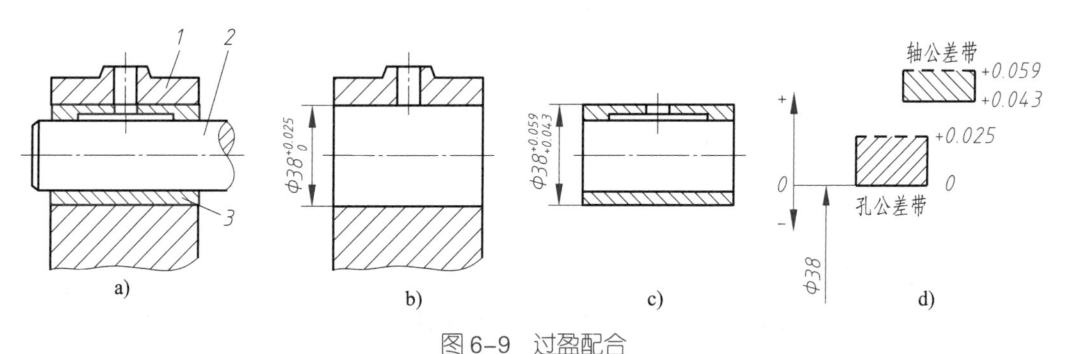

图 6–9　过盈配合

a）滑动轴承装配图　b）轴承座　c）轴瓦　d）配合公差带图

1—轴承座　2—轴　3—轴瓦

（3）过渡配合

孔和轴装配时可能具有间隙，也可能具有过盈的配合称为过渡配合。在过渡配合中，孔和轴的公差带完全或部分重叠。因此，是形成间隙配合还是形成过盈配合，取决于孔和轴的实际尺寸。如图 6–10 所示，轴瓦（$\phi 38^{+0.033}_{+0.017}$ mm）与轴承座上孔（$\phi 38^{+0.025}_{0}$ mm）的配合为过渡配合，轴的公差带和孔的公差带相互交叠，这表明从一批尺寸合格的孔和轴中任取一对，孔的尺寸可能大于轴的尺寸，也可能小于轴的尺寸，但间隙和过盈都很小。

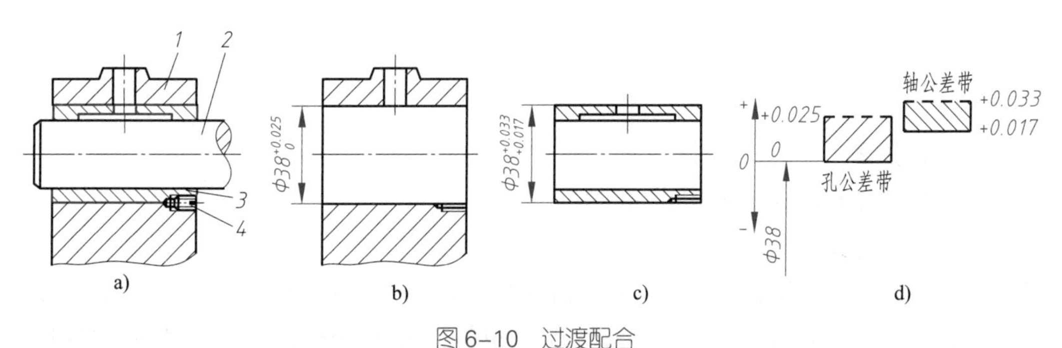

图 6–10　过渡配合

a）滑动轴承装配图　b）轴承座　c）轴瓦　d）配合公差带图

1—轴承座　2—轴　3—轴瓦　4—紧定螺钉

3. 极限间隙

极限间隙分为最小间隙与最大间隙两种。

（1）最小间隙

在间隙配合中，孔的下极限尺寸与轴的上极限尺寸之差称为最小间隙。如图 6–11 所示，最小间隙也等于孔的下极限偏差与轴的上极限偏差之差。在本教材中，最小间隙用 X_{min} 表示，则：

$$X_{min}=D_{LLS}-d_{ULS}=EI-es$$

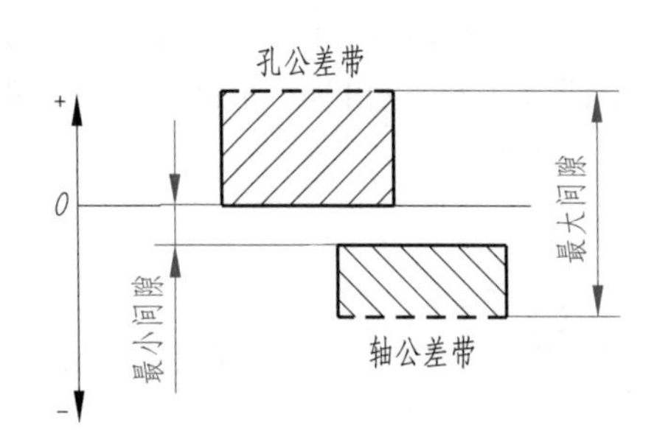

图 6–11　间隙配合的最大间隙与最小间隙

（2）最大间隙

在间隙配合或过渡配合中，孔的上极限尺寸与轴的下极限尺寸之差称为最大间隙。如图 6–11、图 6–12 所示，最大间隙也等于孔的上极限偏差与轴的下极限偏差之差。在本教材中，最大间隙用 X_{max} 表示，则：

$$X_{max}=D_{ULS}-d_{LLS}=ES-ei$$

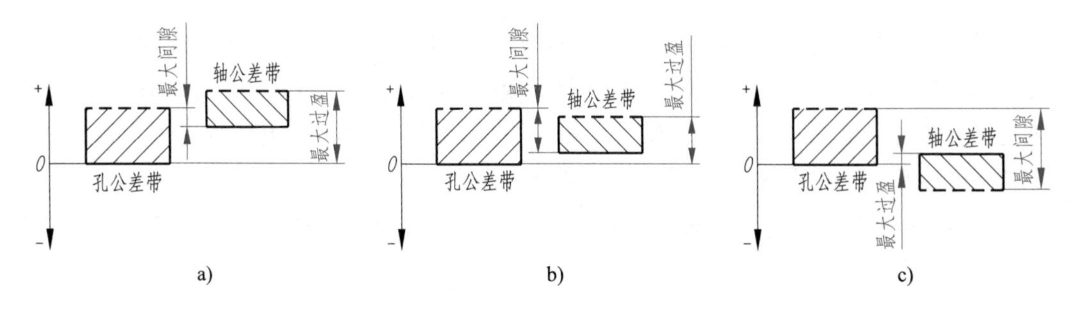

图 6–12　过渡配合的最大间隙与最大过盈

4. 极限过盈

极限过盈分为最小过盈与最大过盈。

（1）最小过盈

在过盈配合中，孔的上极限尺寸与轴的下极限尺寸之差称为最小过盈。如图 6–13 所示，最小过盈与最大间隙的计算公式相同，也等于孔的上极限偏差与轴的下极限偏差之差。在本教材中，最小过盈用 Y_{min} 表示，则：

$$Y_{min}=D_{ULS}-d_{LLS}=ES-ei$$

（2）最大过盈

在过盈配合或过渡配合中，孔的下极限尺寸与轴的上极限尺寸之差称为最大过盈。如图 6–12、图 6–13 所示，最大过盈也等于孔的下极限偏差与轴的上极限偏差之差。在本教材中，最大过盈用 Y_{max} 表示，则：

$$Y_{max}=D_{LLS}-d_{ULS}=EI-es$$

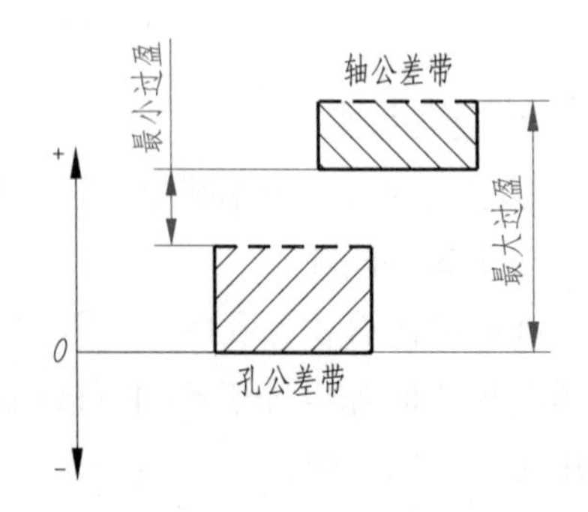

图 6–13　过盈配合的最大过盈与最小过盈

例 6–2　$\phi 25^{+0.021}_{\ 0}$ mm 孔与 $\phi 25^{-0.020}_{-0.033}$ mm 轴相配合，试绘制其配合公差带图，判断配合类型，计算其极限间隙或极限过盈。

解:

（1）绘制公差带图，如图 6–14 所示。

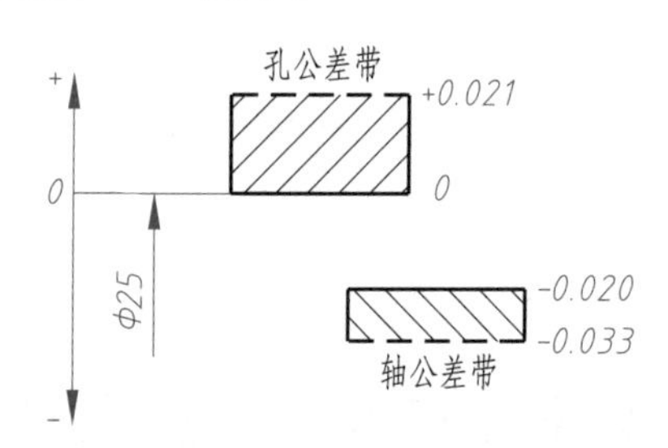

图 6–14　间隙配合示例

（2）由图 6–14 可以看出，该组孔和轴为间隙配合。

（3）该组配合的最大间隙 $X_{max}=ES-ei$=+0.021 mm–（–0.033）mm=+0.054 mm。

该组配合的最小间隙 $X_{min}=EI-es$=0 mm–（0.020）mm=+0.020 mm

例 6–3　$\phi 32^{+0.025}_{\ 0}$ mm 孔和 $\phi 32^{+0.050}_{+0.034}$ mm 轴相配合，试绘制其配合公差带图，判断配合类型，并计算其极限间隙或极限过盈。

解:

（1）绘制公差带图，如图 6–15 所示。

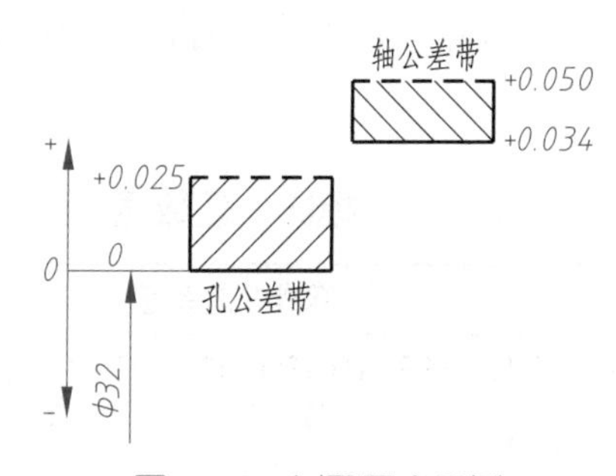

图 6–15　过盈配合示例

（2）由图 6–15 可以看出，该组孔和轴为过盈配合。

（3）该组配合的最大过盈 $Y_{max}=EI-es$=0 mm–（+0.050）mm=–0.050 mm

该组配合的最小过盈 $Y_{min}=ES-ei$=+0.025 mm–（+0.034）mm=–0.009 mm

例 6–4　$\phi 55^{+0.030}_{\ 0}$孔和 $\phi 55^{+0.030}_{+0.011}$ mm 轴相配合，试绘制其配合公差带图，判断配合类型，并计算其极限间隙或极限过盈。

解:

（1）绘制公差带图，如图 6–16 所示。

（2）由图 6–16 可以看出，该组孔和轴为过渡配合。

（3）该组配合的最大间隙 $X_{max}=ES-ei$=（+0.030）mm–（+0.011）mm=+0.019 mm。

该组配合的最大过盈 $Y_{max}=EI-es$=0 mm–（+0.030）mm=–0.030 mm。

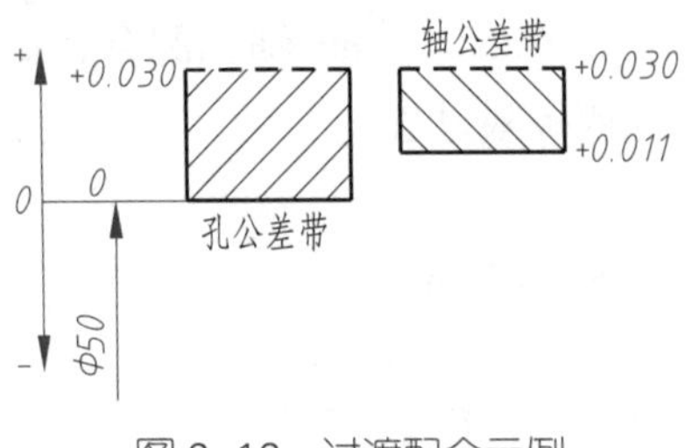

图 6–16 过渡配合示例

第 2 节 线性尺寸公差与配合的基本规定

一、标准公差

标准公差是指《产品几何技术规范（GPS） 线性尺寸公差 ISO 代号体系 第 1 部分：公差、偏差和配合的基础》（GB/T 1800.1—2020）中规定的公差，标准公差用字母“IT”表示。标准公差分为 20 个等级，分别为 IT01、IT0、IT1、IT2···IT18。其中，IT01 精度最高，其余依次降低，IT18 精度最低。同一公称尺寸的标准公差值依次增大，即 IT01 公差值最小，IT18 公差值最大。

标准公差数值见表 6–1。从表中可以看出，标准公差的数值与两个因素有关，即标准公差等级和公称尺寸分段。

表 6–1 标准公差数值

公称尺寸 mm		标准公差等级																	
		IT1	IT2	IT3	IT4	IT5	IT6	IT7	IT8	IT9	IT10	IT11	IT12	IT13	IT14	IT15	IT16	IT17	IT18
大于	至	μm											mm						
—	3	0.8	1.2	2	3	4	6	10	14	25	40	60	0.1	0.14	0.25	0.4	0.6	1	1.4
3	6	1	1.5	2.5	4	5	8	12	18	30	48	75	0.12	0.18	0.3	0.48	0.75	1.2	1.8
6	10	1	1.5	2.5	4	6	9	15	22	36	58	90	0.15	0.22	0.36	0.58	0.9	1.5	2.2
10	18	1.2	2	3	5	8	11	18	27	43	70	110	0.18	0.27	0.43	0.7	1.1	1.8	2.7
18	30	1.5	2.5	4	6	9	13	21	33	52	84	130	0.21	0.33	0.52	0.84	1.3	2.1	3.3
30	50	1.5	2.5	4	7	11	16	25	39	62	100	160	0.25	0.39	0.62	1	1.6	2.5	3.9
50	80	2	3	5	8	13	19	30	46	74	120	190	0.3	0.46	0.74	1.2	1.9	3	4.6
80	120	2.5	4	6	10	15	22	35	54	87	140	220	0.35	0.54	0.87	1.4	2.2	3.5	5.4
120	180	3.5	5	8	12	18	25	40	63	100	160	250	0.4	0.63	1	1.6	2.5	4	6.3

续表

公称尺寸 mm		标准公差等级																	
		IT1	IT2	IT3	IT4	IT5	IT6	IT7	IT8	IT9	IT10	IT11	IT12	IT13	IT14	IT15	IT16	IT17	IT18
大于	至	μm											mm						
180	250	4.5	7	10	14	20	29	46	72	115	185	290	0.46	0.72	1.15	1.85	2.9	4.6	7.2
250	315	6	8	12	16	23	32	52	81	130	210	320	0.52	0.81	1.3	2.1	3.2	5.2	8.1
315	400	7	9	13	18	25	36	57	89	140	230	360	0.75	0.89	1.4	2.3	3.6	5.7	8.9
400	500	8	10	15	20	27	40	63	97	155	250	400	0.63	0.97	1.55	2.5	4	6.3	9.7
500	630	9	11	16	22	32	44	70	110	175	280	440	0.7	1.1	1.75	2.8	4.4	7	11
630	800	10	13	18	25	36	50	80	125	200	320	500	0.8	1.25	2	3.2	5	8	12.5
800	1 000	11	15	21	28	40	56	90	140	230	360	560	0.9	1.4	2.3	3.6	5.6	9	14
1 000	1 250	13	18	24	33	47	66	105	165	260	420	660	1.05	1.65	2.6	4.2	6.6	10.5	16.5
1 250	1 600	15	21	29	39	55	78	125	195	310	500	780	1.25	1.95	3.1	5	7.8	12.5	19.5
1 600	2 000	18	25	35	46	65	92	150	230	370	600	920	1.5	2.3	3.7	6	9.2	15	23
2 000	2 500	22	30	41	55	78	110	175	280	440	700	1 100	1.75	2.8	4.4	7	11	17.5	28
2 500	3 150	26	36	50	68	96	135	210	330	540	860	1 350	2.1	3.3	5.4	8.6	13.5	21	33

注：IT01 和 IT0 在工业上很少用到，因此在本表中未列出。

公差等级越高，零件的精度越高，使用性能也越高，但加工难度越大，生产成本也越高；公差等级越低，零件的精度越低，使用性能也越低，但加工难度减小，生产成本降低。因而要同时考虑零件的使用要求和加工经济性能这两个因素，合理确定公差等级。

在实际生产中使用的公称尺寸是很多的，如果每一个公称尺寸都对应一个公差值，就会形成一个庞大的公差数值表，不利于实现标准化，给实际生产带来困难。因此，国家标准对公称尺寸进行了分段。尺寸分段后，同一尺寸段内所有的公称尺寸，在相同公差等级的情况下，具有相同的公差值。如公称尺寸 40 mm 和 50 mm 都在“大于 30 mm 至 50 mm”尺寸段，两尺寸的 IT7 数值均为 0.025 mm。

二、基本偏差

基本偏差是确定公差带相对公称尺寸位置的那个极限偏差，当公差带在公称尺寸线上方时，基本偏差为下极限偏差；当公差带在公称尺寸线下方时，基本偏差为上极限偏差。当公差带的某一偏差为零时，此偏差自然就是基本偏差。

国家标准规定，孔、轴的基本偏差各有 28 种，如图 6–17 所示。孔的基本偏差用大写字母表示，轴的基本偏差用小写字母表示。该图表示 28 种孔、轴的基本偏差相对公称尺寸线的位置关系。它只表示公差带位置，不表示公差带大小。因此图中公差带只画了靠近公称尺寸线的一端，另一端开口。JS 和 js 的公差带相对公称尺寸线对称分布，故基本偏差的概念不适用于 JS 和 js，图中公差带两端开口。H 的下极限偏差为零，h 的上极限偏差为零。

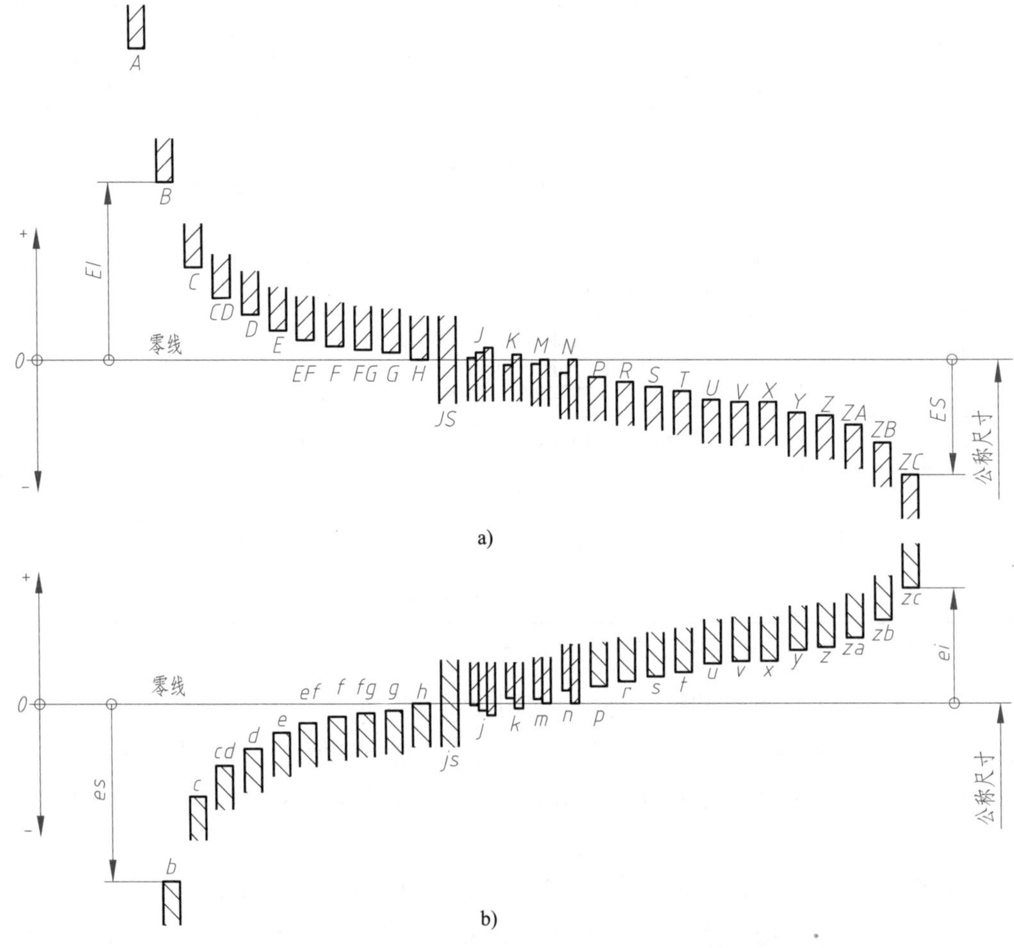

图 6–17　公差带（基本偏差）相对于公称尺寸位置的示意说明

a）孔的基本偏差系列　b）轴的基本偏差系

三、公差带代号

1. 公差带代号的组成

孔和轴的公差带代号分别由代表孔的基本偏差的大写字母或代表轴的基本偏差的小写字母与代表标准公差等级的数字组合而成。例如 F6、H7、P8 等为孔的公差带代号，fg6、h7、p7 等为轴的公差带代号。《产品几何技术规范（GPS）线性尺寸公差 ISO 代号体系　第 1 部分：公差、偏差和配合的基础》（GB/T 1800.1—2020）对孔和轴的基本偏差数值进行了规定，见附表 12 和附表 13。

在图样上标注尺寸公差时，可用公称尺寸与公差带代号表示，也可用公称尺寸与极限偏差表示，还可用公称尺寸与公差带代号、极限偏差共同表示。例如：轴 ϕ16d9 也可用 $\phi16_{-0.093}^{-0.050}$或 ϕ16d9（$_{-0.093}^{-0.050}$）表示；孔 ϕ40G7 也可用 $\phi40_{+0.009}^{+0.034}$或 ϕ40G7（$_{+0.009}^{+0.034}$）表示。

例 6–5 查表确定尺寸 ϕ8e7、ϕ50D8 和 ϕ80R6 的标准公差和基本偏差，并计算另一个极限偏差。

解：

（1）ϕ8e7 代表轴，从附表 13 可查得 e 的基本偏差为上极限偏差，其数值为：

$$es=-25\ \mu\text{m}=-0.025\ \text{mm}$$

从表 6–1 中可查到标准公差数值为：

$$\text{IT}=15\ \mu\text{m}=0.015\ \text{mm}$$

则另一个极限偏差（下极限偏差）为：

$$ei=es-\text{IT}=-0.025\ \text{mm}-0.015\ \text{mm}=-0.040\ \text{mm}$$

（2）ϕ50D8 代表孔，从附表 12 可查得 D 的基本偏差为下极限偏差，其数值为：

$$EI=+80\ \mu\text{m}=+0.080\ \text{mm}$$

从表 6–1 中可查得标准公差数值为：

$$\text{IT}=39\ \mu\text{m}=0.039\ \text{mm}$$

则另一个极限偏差（上极限偏差）为：

$$ES=EI+\text{IT}=+0.080+0.039=0.119\ \text{mm}$$

（3）ϕ80R6 代表孔，从附表 12 中可查得 R 的基本偏差为上极限偏差，其数值为：

$$ES=-43\ \text{mm}+\Delta=-43\ \text{mm}+6\ \text{mm}=-37\ \mu\text{m}=-0.037\ \text{mm}$$

从表 6–1 中可查得标准公差数值为

$$\text{IT}=19\ \mu\text{m}=0.019\ \text{mm}$$

则另一个极限偏差（下极限偏差）为：

$$EI=ES-\text{IT}=-0.037\ \text{mm}-0.019\ \text{mm}=-0.056\ \text{mm}$$

2. 公差带代号的选取

标准公差等级有 20 级，孔和轴的基本偏差代号各有 28 个，由此可以组合出很多种公差带，孔和轴公差带又能组成更大数量的配合。为了尽可能减少零件、刀具、量具和工艺装备的品种、规格，国家标准对孔、轴所选用的公差带做了必要的限制。一般用途的公差带代号应尽可能从图 6–18 和图 6–19 给出的孔和轴相应的公差带代号中选取，框中所示的公差带代号应优先选取。

例 6–6 已知 ϕ25H8 孔与 ϕ25f7 轴相配合，查表确定孔和轴的极限偏差和公差，计算极限尺寸，画出公差带图，判定配合类型，求配合的极限间隙或极限过盈。

解：

（1）查表确定孔的极限偏差和公差，计算极限尺寸

从附表 12 查得 ϕ25H8 孔的下极限偏差 EI=0，从表 6–1 中查得其公差 IT=0.033 mm，则上极限偏差 $ES=EI+\text{IT}=0\ \text{mm}+0.033\ \text{mm}=+0.033\ \text{mm}$。

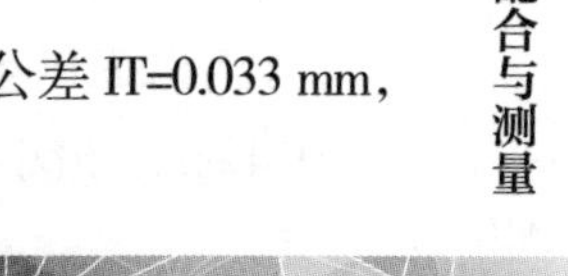

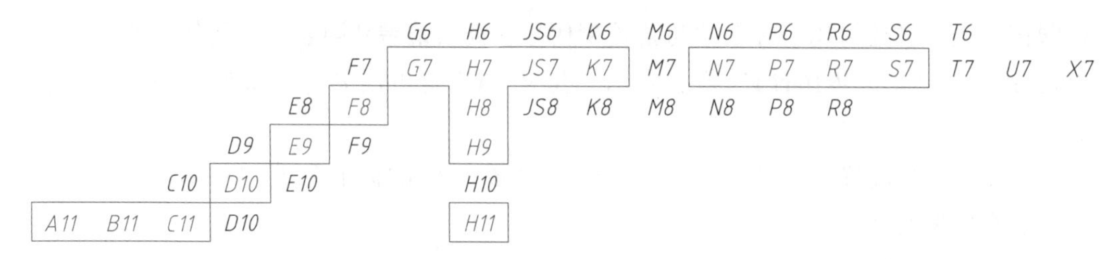

图 6–18 一般用途轴的公差带代号选择范围

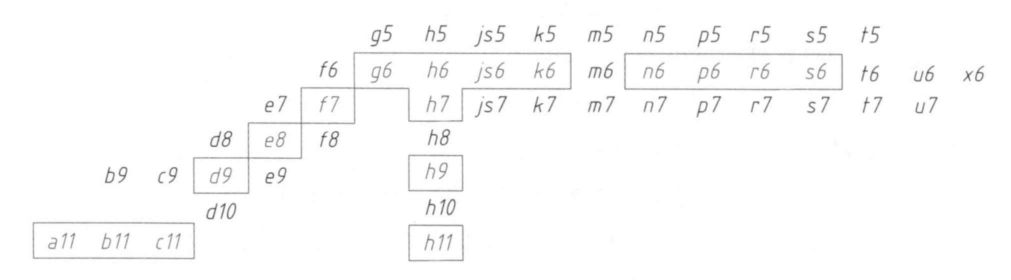

图 6–19 一般用途孔的公差带代号选择范围

ϕ25H8 孔的上极限尺寸 $D_{ULS}=D+ES=25$ mm+（+0.033）mm=25.033 mm，下极限尺寸 $D_{LLS}=D+EI=25$ mm+0 mm=25 mm。

（2）查表确定轴的极限偏差和公差，计算极限尺寸

从附表 13 查得 ϕ25f7 轴的上极限偏差 $es=-0.020$ mm，从表 6–1 中查得其公差 IT=0.021 mm，则下极限偏差 $ei=es-\text{IT}=-0.020$ mm-0.021 mm$=-0.041$ mm。

ϕ25f7 轴的上极限尺寸 $d_{ULS}=d+es=25$ mm+（−0.020）mm=24.980 mm，下极限尺寸 $d_{LLS}=d+ei=25$ mm+（−0.041）mm=24.959 mm。

（3）绘制公差带图，判定配合类型

绘制孔和轴的公差带图如图 6–20 所示，可以看出，孔的公差带在轴的公差带之上，此配合为间隙配合。

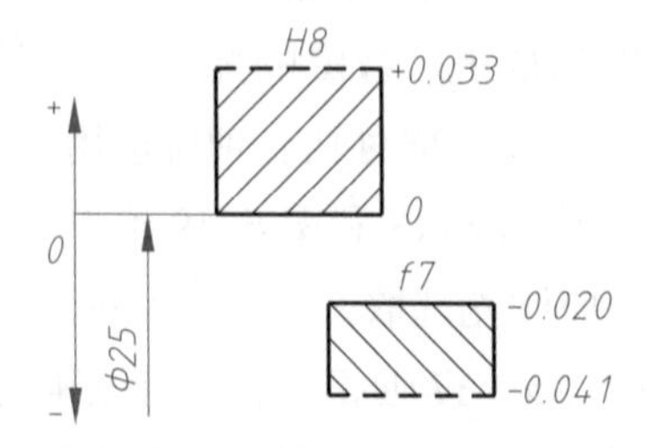

图 6–20 孔 ϕ25H8 和轴 ϕ25f7 的公差带图

（4）求配合的极限间隙

孔 ϕ25H8 和轴 ϕ25f7 配合的最大间隙 $X_{max}=ES-ei=+0.033$ mm−（−0.041）mm=+0.074 mm，最小间隙 $X_{min}=EI-es=0$ mm−（−0.020）mm=+0.020 mm。

四、配合

1. 配合制

轴和孔配合时，只要改变相互配合的孔或轴的公差带位置，都会引起配合松紧的变化。在实际应用中，通常把孔或轴的公差带位置固定一个，通过改变另一个来得到不同的配合，这种配合制度称为配合制，配合制分为基孔制和基轴制。

（1）基孔制配合

孔的基本偏差为零的配合称为基孔制配合，基孔制配合的孔称为基准孔，其下极限偏差等于零，下极限尺寸与公称尺寸相同，公差带位于公称尺寸线上方并紧邻公称尺寸线，基本偏差代号为“H”。配合所要求的间隙或过盈由不同公差带代号的轴与基本偏差为零的公差带代号的基准孔相配合得到，如图 6–21 所示。

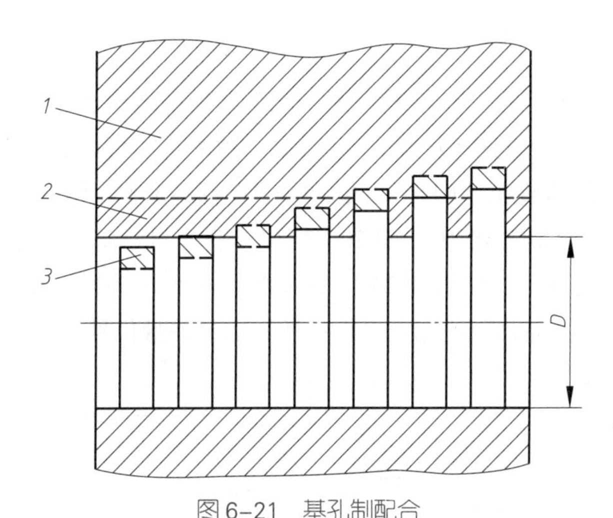

图 6–21　基孔制配合

1—基准孔　2—基准孔的公差带　3—不同基本偏差轴的公差带

（2）基轴制配合

轴的基本偏差为零的配合称为基轴制配合，基轴制配合的轴称为基准轴，其上极限偏差等于零，上极限尺寸与公称尺寸相同，公差带位于公称尺寸线下方并紧邻公称尺寸线，基本偏差代号为“h”。配合所要求的间隙或过盈由不同公差带代号的孔与基本偏差为零的公差带代号的基准轴相配合得到，如图 6–22 所示。

当基准孔和基准轴配合时，既可以认为是基孔制配合，也可以认为是基轴制配合。

2. 配合代号的组成

配合代号用孔、轴公差带代号的组合表示，写成分数形式，分子为孔的公差带代号，分母为轴的公差带代号，如“H8/f7”或“$\frac{H8}{f7}$”。在图样上标注配合代号时，配合代号标注在公称尺寸之后，如“ϕ 50H8/f7”或“$\phi 50\frac{H8}{f7}$”，其含义为：公称尺寸为 ϕ 50 mm，孔的公差带代号为 H8，轴的公差带代号为 f7，基孔制间隙配合。

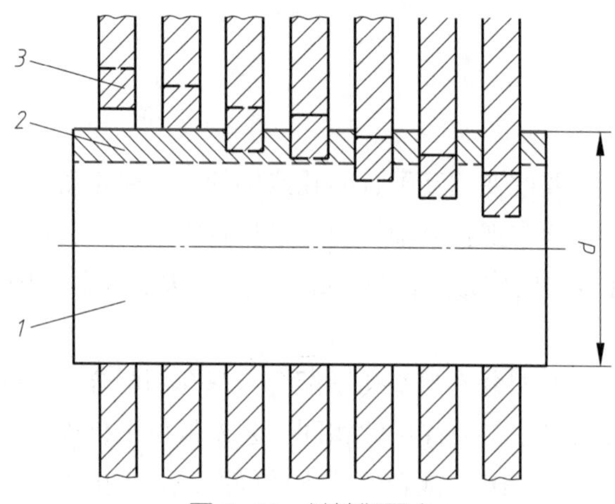

图 6-22　基轴制配合

1—基准轴　2—基准轴的公差带　3—不同基本偏差孔的公差带

3. 优先配合

从理论上讲，任意一孔公差带和任意一轴公差带都能组成配合，但这样会形成庞大的配合数目。对于一般的机械产品，只需要少数配合即可满足生产需要。为此，国家标准《产品几何技术规范（GPS） 线性尺寸公差 ISO 代号体系　第 1 部分：公差、偏差和配合的基础》（GB/T 1800.1—2020）给出了基孔制配合的优先配合（见图 6-23）和基轴制配合的优先配合（见图 6-24）。这些配合可满足普通工程机械的需要。基于经济因素，如有可能，配合应优先选择框中所示的公差带代号。

基准孔	轴公差带代号																	
	间隙配合							过渡配合				过盈配合						
H6						g5	h5	js5	k5	m5		n5	p5					
H7					f6	g6	h6	js6	k6	m6	n6		p6	r6	s6	t6	u6	x6
H8				e7	f7		h7	js7	k7	m7					s7		u7	
			d8	e8	f8		h8											
H9			d8	e8	f8		h8											
H10	b9	c9	d9	e9			h9											
H11	b11	c11	d10				h10											

图 6-23　基孔制配合的优先配合

基准轴	孔公差带代号																	
	间隙配合							过渡配合				过盈配合						
h5						G6	H6	JS6	K6	M6		N6	P6					
h6					F7	G7	H7	JS7	K7	M7	N7		P7	R7	S7	T7	U7	X7
h7				E8	F8		H8											
h8			D9	E9	F9		H9											
h9				E8	F8		H8											
			D9	E9	F9		H9											
	B11	C10	D10				H10											

图 6-24　基轴制配合的优先配合

五、公差与配合的图样标注

1. 尺寸公差的图样标注

（1）有公差要求的尺寸，在图样中应标注极限偏差或公差带代号，如图 6–25 和图 6–26 所示。

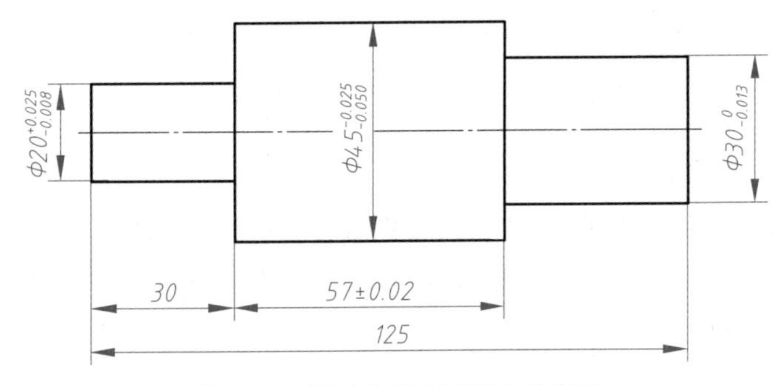

图 6–25　尺寸公差在图样中的标注

（2）当标注线性尺寸的公差带代号时，公差带代号与公称尺寸的数字同高，如图 6–26 所示。

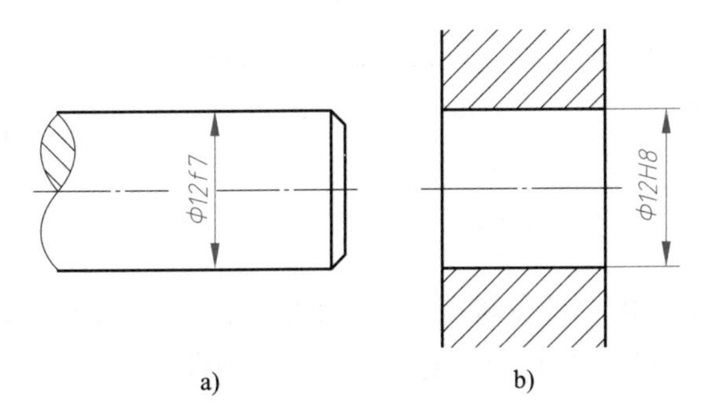

图 6–26　公差带代号在图样中的标注

a）孔的公差带代号　b）轴的公差带代号

（3）当同时用公差带代号和相应的极限偏差数值标注线性尺寸公差时，公差带代号在前，极限偏差在后并加圆括号，如图 6–27 所示。

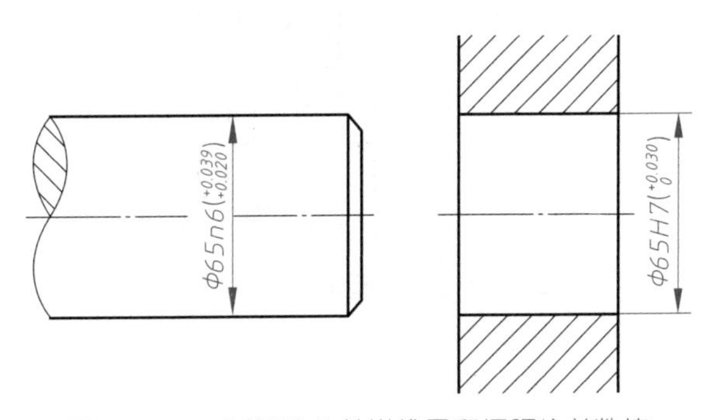

图 6–27　同时标注公差带代号和极限偏差数值

（4）角度尺寸的公差带国家标准没有统一规定，角度尺寸公差的标注方法与线性尺寸公差标注的方法相同，如图 6–28 所示。

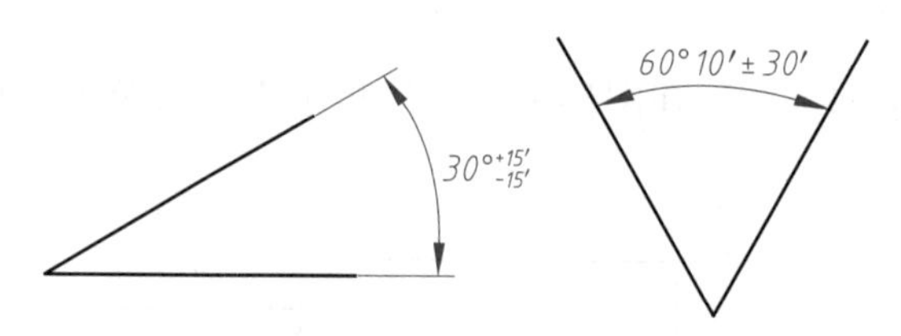

图 6–28　角度尺寸公差在图样中的标注

2. 配合代号的图样标注

（1）配合代号在图样中的标注形式如图 6–29 所示，配合代号的字体高度与尺寸数字的字体高度相同，基本尺寸和配合代号可标注在尺寸线上方（或左侧），也可标注在尺寸线的中断处。

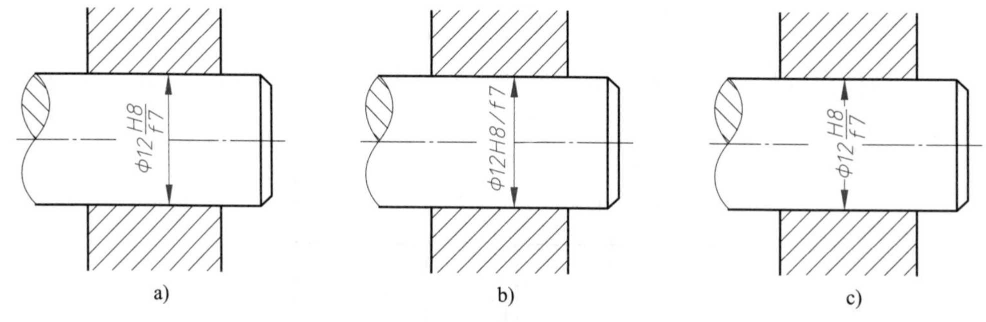

图 6–29　配合代号在图样中的标注

（2）标注与标准件配合的要求时，可只标注该零件的公差带代号，如图 6–30 中与滚动轴承配合的轴与孔，只标出了它们自身的公差带代号。

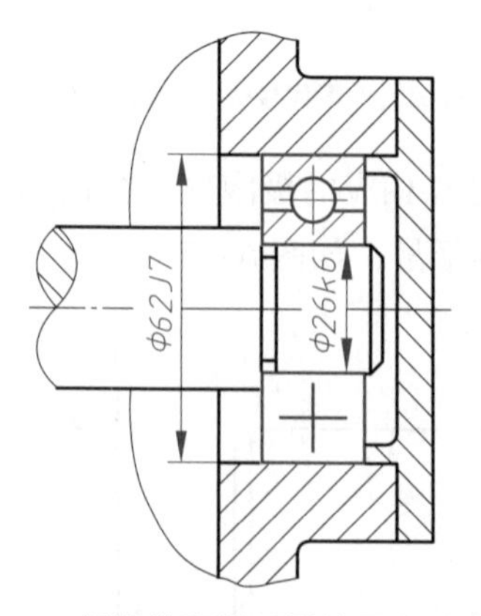

图 6–30　标准件和普通零件配合时的标注

六、未注公差的线性尺寸公差

1. 一般公差的概念

零件的任何要素都有一定的功能要求和精度要求，其中一些精度要求不高的要素，其公差在车间通常加工条件下即可保证，这种公差称为一般公差，在图样中不单独注出，而是将其极限偏差在图样上的技术要求或技术文件中统一做出说明。一般公差可应用于线性尺寸、角度尺寸、形状和位置等几何要素。

2. 一般公差的极限偏差数值

国家标准《一般公差　未注公差的线性和角度尺寸的公差》(GB/T 1804—2000)规定，线性尺寸的一般公差分为四个等级，即 f（精密级）、m（中等级）、c（粗糙级）和 v（最粗级）。线性尺寸一般公差的极限偏差数值见表 6–2，倒圆半径与倒角高度尺寸一般公差的极限偏差数值见表 6–3。

表 6–2　线性尺寸一般公差的极限偏差数值　mm

公差等级	尺寸分段							
	0.5~3	>3~6	>6~30	>30~120	>120~400	>400~1 000	>1 000~2 000	>2 000~4 000
f（精密级）	±0.05	±0.05	±0.1	±0.15	±0.2	±0.3	±0.5	—
m（中等级）	±0.1	±0.1	±0.2	±0.3	±0.5	±0.8	±1.2	±2
c（粗糙级）	±0.2	±0.3	±0.5	±0.8	±1.2	±2	±3	±4
v（最粗级）	—	±0.5	±1	±1.5	±2.5	±4	±6	±8

表 6–3　倒圆半径与倒角高度尺寸一般公差的极限偏差数值　mm

公差等级	尺寸分段			
	0.5~3	>3~6	>6~30	>30
f（精密级）	±0.2	±0.5	±1	±2
m（中等级）				
c（粗糙级）	±0.4	±1	±2	±4
v（最粗级）				

3. 一般公差的标注

采用 GB/T 1804—2000 标准规定的一般公差，应在图样标题栏附近或技术要求、

技术文件（如企业标准）中注出该标准号及公差等级代号。例如选取中等级时，标注为：GB/T 1804—m。

采用一般公差的尺寸，在通常车间精度保证的条件下，一般可不检验。

第3节　线性尺寸公差与配合的选用

在机械制造中，合理地选用公差带与配合是非常重要的，它对提高产品的性能、质量，以及降低制造成本都有重大的作用。公差带与配合的选择就是公差等级、配合制和配合种类的选择。

一、公差等级的选用

选择公差等级时要综合考虑使用性能和经济性能两方面的因素。总的选择原则是：在满足使用要求的条件下，尽量选取低的公差等级。

选用公差等级时一般情况下采用类比法，即参考经过实践证明是合理的典型产品的公差等级，结合零件的配合、工艺和结构等特点，经分析对比后确定公差等级。用类比法选择公差等级时，应掌握各公差等级的应用范围，以便类比选择时有所依据。附表 14 列出了常用标准公差等级的用途及应用实例。

二、配合制的选用

基孔制配合和基轴制配合对于零件的功能没有技术性的差别，因此应基于经济因素选择配合制。配合制的选用原则有以下几点：

1. 优先选用基孔制

一般情况下，应优先选用基孔制。这是因为中、小尺寸段的孔精加工一般采用铰刀、拉刀等定尺寸刀具，检验也多采用塞规等定尺寸量具，而轴的精加工不存在这类问题。因此，采用基孔制可以减少定尺寸刀具、量具的品种和规格，有利于刀具和量具的标准化、系列化，从而降低生产成本。

2. 选用基轴制的情况

（1）有明显经济效益时可选择基轴制配合。例如，采用冷拉钢材做轴时，由于本身的精度已能满足设计要求，故不需进行切削加工就可以直接当轴使用。此时采用基轴制，只需对孔进行加工即可。

（2）同一轴与公称尺寸相同的几个孔配合，且配合性质要求不同的情况下，选用基轴制，这样在技术上和经济上都是合理的。

3. 根据标准件选用配合制

当设计的零件与标准件相配合时，配合制的选择通常依标准件而定。例如，当零件与滚动轴承配合时，因滚动轴承是标准件，所以滚动轴承内圈与轴的配合采用基孔制，而滚动轴承外圈与孔的配合采用基轴制，如图 6–31 所示。

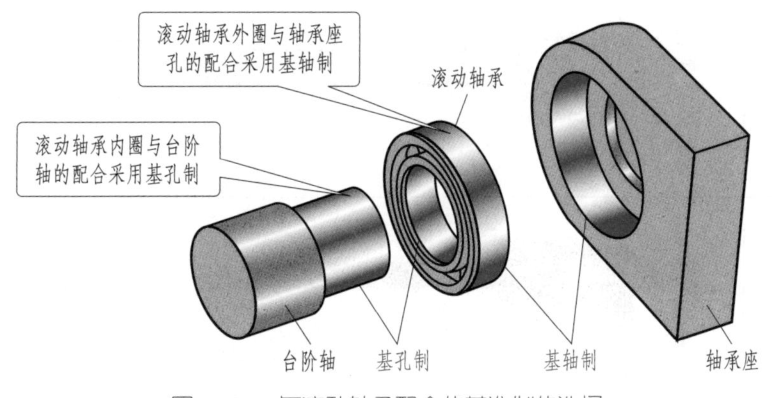

图 6–31　与滚动轴承配合的基准制的选择

三、配合种类的选用

选用配合种类通常采用类比法，即与经过生产和使用验证后的某种配合进行比较，然后确定其配合种类。

采用类比法选择配合时，首先应了解该配合部位在机器中的作用、使用要求及工作条件，还应该掌握国家标准中各种基本偏差的特点，了解各种常用配合和优先配合的特征及应用场合，熟悉一些典型的配合实例。附表 15 列出了轴的各种基本偏差的应用，该表也适用于同名孔的各种基本偏差（如轴的基本偏差代号 a、b 与孔的基本偏差代号 A、B 同名），供选用配合时参考。

第 4 节　工件线性尺寸检测

机械产品必须经过检测才能判断是否合格，检测包括测量和检验，通常所说的测量是指用量具或量仪对工件进行度量，从而确定被测工件量值的过程，检验是指对测量结果进行技术处理并判断工件是否合格的过程。检测工件是机械加工人员必须掌握的一项技能。

一、常用量具和量仪

测量线性尺寸的量具和量仪类型很多，常用的有游标卡尺、数显卡尺、带表卡尺、游标深度卡尺、游标高度卡尺、外径千分尺、内径千分尺、内测千分尺、内径百分表、光滑极限量规等，见表 6–4。

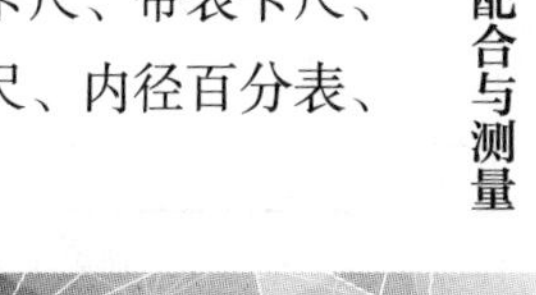

表 6-4　测量线性尺寸的常用量具和量仪

名称	外观图	用途
游标卡尺		测量内外尺寸、宽度、深度和孔距等
数显卡尺		
带表卡尺		
游标深度卡尺		测量阶梯孔、不通孔、凹槽等的深度尺寸
游标高度卡尺		测量高度尺寸、相对位置尺寸和进行精密画线
外径千分尺		测量外尺寸，如外径、长度和厚度等

续表

名称	外观图	用途
两点内径千分尺		测量大孔径
内测千分尺	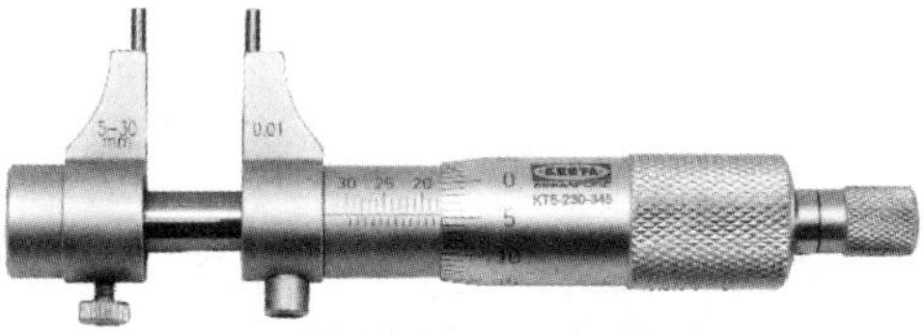	测量内尺寸，如浅孔直径、沟槽宽度、浅槽宽度、孔心距
内径百分表		用于以比较法测量孔径或槽宽、孔或槽的几何形状误差
光滑极限量规	 塞规 　环规 　卡规	塞规用于孔径检验，环规和卡规用于轴径检验

二、游标卡尺

1. 游标卡尺的结构

游标卡尺由主尺（尺身）、游标（可在尺身上滑动）、深度尺、紧固螺钉等组成，尺身和游标上各有一个内测量爪和外测量爪，如图 6-32 所示。紧固螺钉可以将游标固定在主尺上，游标上的凸钮用于推拉游标。

2. 游标卡尺的分度值

计量器具标尺上每个刻度间距所代表的量值称为分度值，又称为刻度值。按分度值的不同，常用的游标卡尺有 0.02 mm、0.05 mm、0.10 mm 三种规格，如图 6-33 所示。其中分度值为 0.02 mm 的游标卡尺最常用。

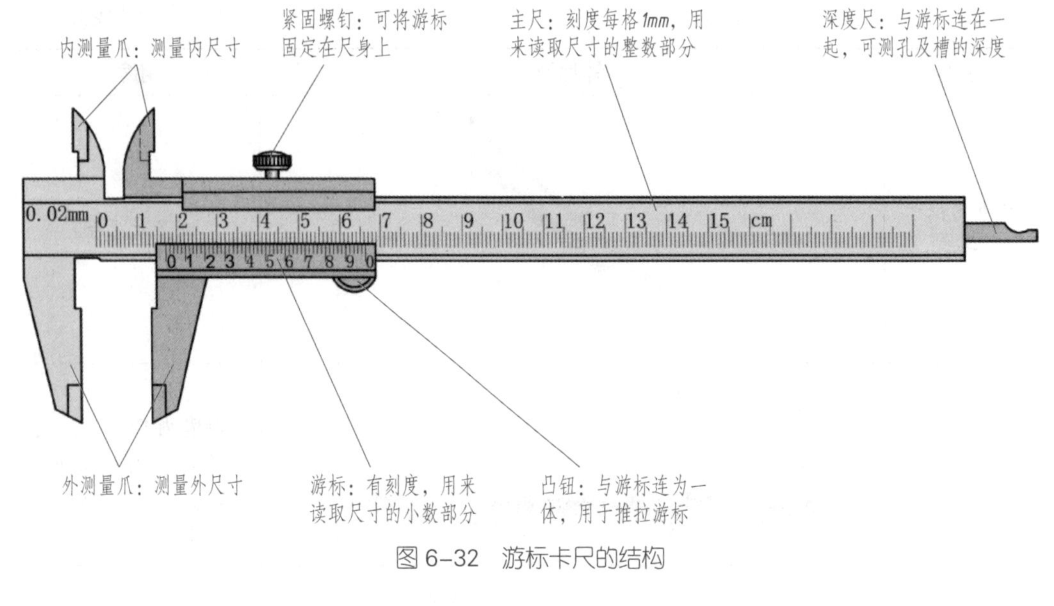

图 6–32　游标卡尺的结构

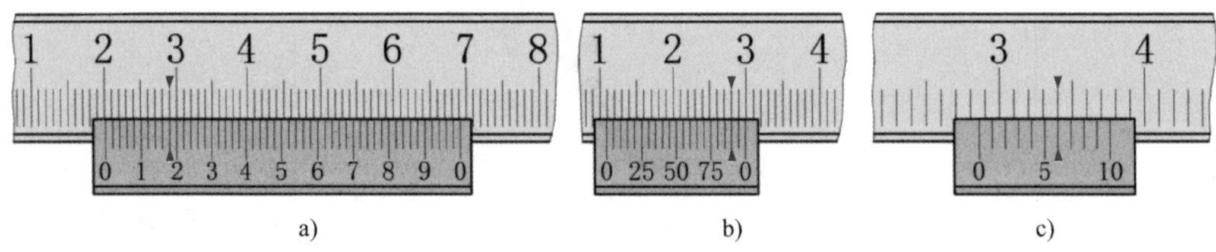

图 6–33　游标卡尺的分度值

a）分度值 0.02 mm　b）分度值 0.05 mm　c）分度值 0.10 mm

分度值为 0.02 mm 的游标卡尺的游标上每格的刻度值为 0.02 mm，分度值为 0.05 mm 的游标卡尺的游标上每格刻度值为 0.05 mm，分度值为 0.10 mm 的游标卡尺的游标上每格刻度值为 0.10 mm。分度值小的游标卡尺精度相对高，分度值大的游标卡尺精度相对低。

按游标卡尺的测量范围，常用的游标卡尺有 0 ~ 125 mm、0 ~ 150 mm、0 ~ 180 mm、0 ~ 250 mm、0 ~ 300 mm 等多种规格。

3. 读取游标卡尺示值的方法和步骤

读取游标卡尺示值的方法和步骤如下：

（1）读主尺

在游标卡尺的主尺上，为了便于读取数字，每 10 mm 标有一个数字。读数时，应先读取主尺上最靠近游标零线的尺寸数值（单位为 mm），如图 6–34 所示的尺寸整数部分为 20 mm。

（2）读游标

读游标得到尺寸的小数部分，方法是找到游标与主尺对齐的刻线，然后读取其示值，分度值为 0.02 mm 的游标卡尺的游标上每 5 格标有一数字（单位为 0.1 mm），所以每格的尺寸表示 0.02 mm。图 6–34 所示游标卡尺三角形所示位置为主尺和游标刻线

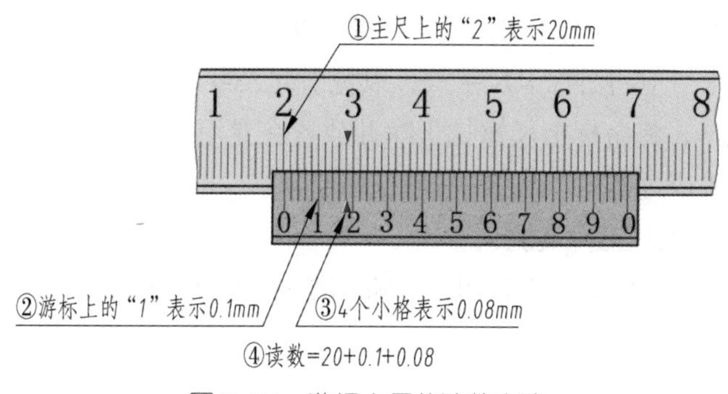

图 6-34　游标卡尺的读数方法

对齐的位置，读游标上的数值时，先读出小数点后的第一位数“0.1”，再读出小数点后的第二位“0.08”，因此在游标上读出的小数为 0.18 mm。

特别要注意，在读数时，若没有正好对齐的刻线，则取最接近对齐的刻线进行读数。

（3）计算尺寸数值

把主尺和游标上读取的两尺寸加起来，即为实际测量的尺寸，如图 6-34 所示的尺寸读数应为 20+0.18=20.18 mm。

4. 游标卡尺的使用

（1）测量前的准备工作

1）使用前，应先将游标卡尺用软布擦干净。

2）拉动游标，检查游标沿主尺滑动是否灵活，有无阻滞现象，紧固螺钉能否正常使用。

3）合拢游标卡尺的两个量爪，检查量爪间是否透光，同时检验游标零线与主尺零线是否对齐。若量爪间漏光严重，则需进行修理；若游标零线与主尺零线不对齐，则存在零位偏移误差，需进行调整，但不得自行拆卸。

4）把被测工件表面的油污、灰尘等擦除干净。

（2）测量步骤

1）测量时，右手握住尺身，左手持工件使被测工件表面靠近两量爪（大型工件可以将工件放置在工作台上，左手握尺身，右手握游标）。

2）右手大拇指推动游标将测量爪与被测表面贴紧。

3）用游标上方的紧固螺钉将游标锁紧。

4）读取游标卡尺上的示值。

（3）测量注意事项

1）测量时，游标卡尺的量爪位置要摆正，不能歪斜。

2）保持合适的测量力。

3）读数时，视线应与尺身表面垂直，避免产生视觉误差。

5. 游标卡尺的保养

游标卡尺是一种比较精密的量具，使用完毕后要注意保养。

（1）测量结束后应把游标卡尺的量爪合拢，以免深度尺露在外边，产生变形或折断。

（2）测量结束后应将游标卡尺平放，以免引起尺身弯曲变形。

（3）使用完毕，将游标卡尺擦拭干净并放置在专用盒内。如果长时间不用，要涂油保存，防止弄脏或生锈。

6. 用游标卡尺检测工件实例

下面以如图 6–35 所示轴套为例，分析用游标卡尺测量工件并判定工件是否合格的方法和步骤。

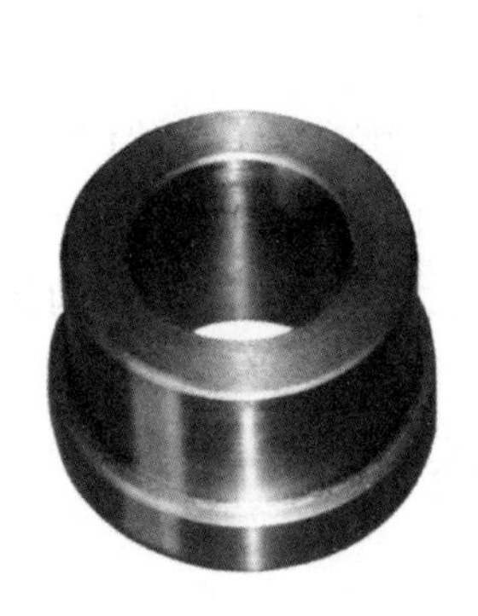

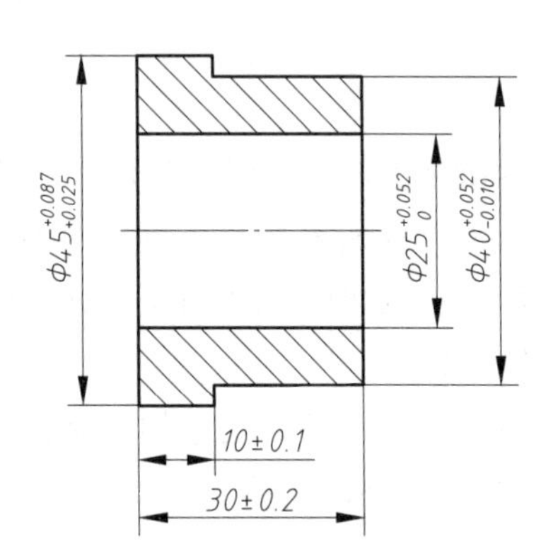

图 6–35　轴套

（1）选择游标卡尺的规格

轴套最小尺寸公差为 0.052 mm，为提高测量精度，应尽量选用测量精度高的游标卡尺，故选用分度值为 0.02 mm 的游标卡尺。轴套上的最大尺寸为 45 mm，测量范围为 0 ~ 125 mm 的游标卡尺能满足其测量范围的要求。因此选用分度值为 0.02 mm、测量范围为 0 ~ 125 mm 的游标卡尺。

（2）测量工件

用游标卡尺测量轴套尺寸的方法和步骤见表 6–5。

表 6–5　用游标卡尺测量轴套尺寸的方法和步骤

步骤	被测尺寸 / mm	测量方法	注意事项
1	$\phi 25^{+0.052}_{0}$		（1）卡爪张开的尺寸应小于工件的尺寸，然后拉动游标靠近工件内表面 （2）作用在游标上的推力要适中 （3）测量面应与被测孔的轴线重合

续表

<table>
<tr><th>步骤</th><th>被测尺寸/mm</th><th>测量方法</th><th>注意事项</th></tr>
<tr><td>2</td><td>$\phi 40^{+0.052}_{-0.010}$</td><td>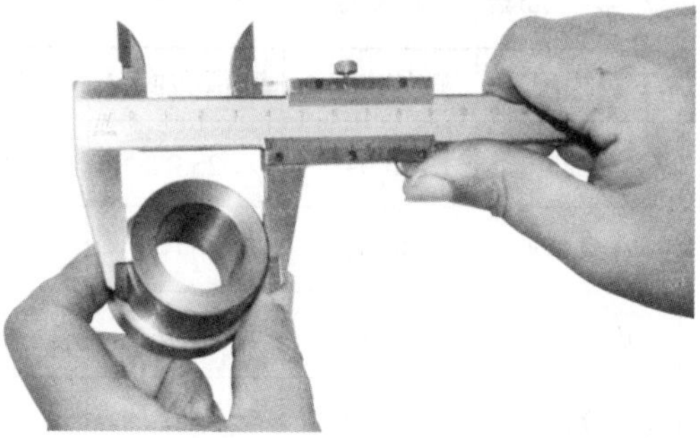</td><td rowspan="2">（1）卡爪张开的尺寸应大于工件的尺寸，然后推动游标靠近工件外表面
（2）卡爪应超过工件中心</td></tr>
<tr><td>3</td><td>$\phi 45^{+0.087}_{+0.025}$</td><td>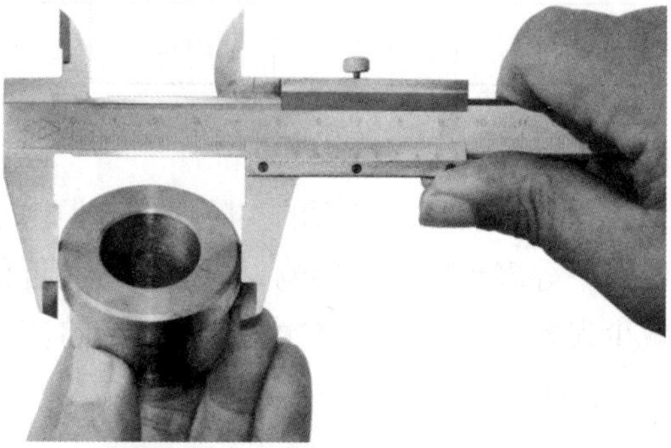</td></tr>
<tr><td>4</td><td>30±0.2</td><td>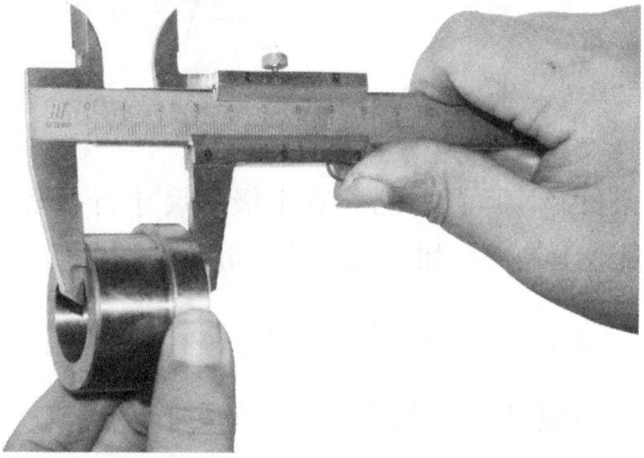</td><td rowspan="2">工件应摆正，让卡爪与被测表面充分接触</td></tr>
<tr><td>5</td><td>10±0.1</td><td>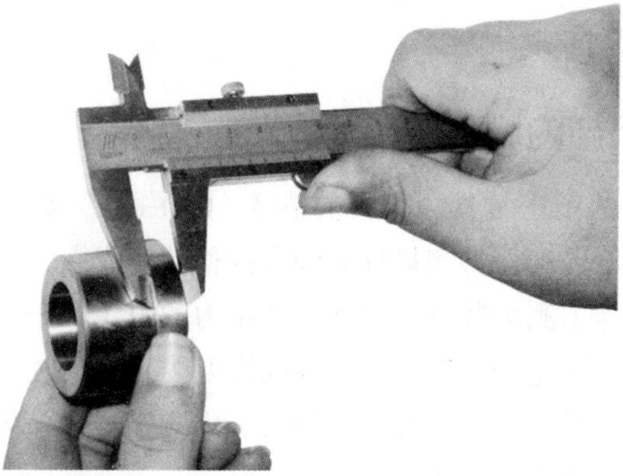</td></tr>
</table>

将测得的尺寸数值填入表6-6。为保证测量尺寸准确，可对轴套同一尺寸进行2 ~ 3次测量。

表6-6 轴套测得尺寸及尺寸合格性判断 mm

被测尺寸	上极限尺寸	下极限尺寸	测得数据1	测得数据2	实际尺寸	尺寸合格性
$\phi 25^{+0.052}_{0}$	ϕ25.052	ϕ25	25.04	25.02	25.03	合格
$\phi 40^{+0.052}_{-0.010}$	ϕ40.052	ϕ39.990	40.04	40.04	40.04	合格
$\phi 45^{+0.087}_{+0.025}$	ϕ45.087	ϕ45.025	45.18	45.16	45.17	不合格
30±0.2	30.20	29.80	30.02	30.02	30.02	合格
10±0.1	10.10	9.90	10.04	10.02	10.03	合格

（3）处理数据，判断工件合格性

尺寸测量的目的是为了得到被测尺寸要素的实际尺寸。但由于测量方法、测量仪器、测量条件以及观测者水平等多种因素的影响，只能获得其近似值，也就是说测量一定是有误差的，为了减少误差，一般进行多次测量，然后将测量数据的算术平均值作为该尺寸要素的实际尺寸，即：

$$\text{实际尺寸}=\frac{l_1+l_2+\cdots+l_n}{n}$$

式中 l_1、l_2、…、l_n——测得数据，mm；

n——测量次数。

判断工件合格性的条件是实际尺寸必须在上极限尺寸与下极限尺寸之间。轴套各尺寸要素的合规性判断见表6-6。例如：该工件的最大外圆的实际尺寸为：

$$d_a=\frac{l_1+l_2}{2}=\frac{45.18+45.16}{2}=45.17\ \text{mm}$$

由于实际尺寸大于上极限尺寸，所以工件的该尺寸不合格。由于该尺寸要素为外圆，所以工件没有报废，可以将工件返工，将该尺寸要素的实际尺寸加工到上、下极限尺寸之间，即可使产品合格。

三、外径千分尺与内测千分尺

千分尺是一种常用的精密量具，其测量精度（0.01 mm）要比游标卡尺高，千分尺的工作原理是通过螺旋传动，将测量杆的轴向位移转换成微分筒的圆周转动，使读数直观准确。千分尺增加了测力装置，保证了测量力的恒定，千分尺按测量范围分为0 ~ 25 mm、25 ~ 50 mm（固定套管上的最小刻度值为25 mm，最大刻度值为50 mm）、50 ~ 75 mm等规格，按测量方式分为外径千分尺、内测千分尺、内径千分尺、深度千分尺、螺纹千分尺、公法线千分尺等。

1. 外径千分尺

（1）外径千分尺的结构

图 6–36 所示为外径千分尺，由尺架 1、砧座 2、测微螺杆 3、锁紧装置 4、固定套管 5、微分筒 6 和测力装置 7 等组成。砧座 2 固定在尺架 1 上，测微螺杆 3 的右端有高精度螺纹，与微分筒 6 和测力装置 7 连接，旋转微分筒 6 可使其沿轴向移动；固定套管 5 固定在尺架 1 上，上面有刻线，右端内部装螺纹套；锁紧装置 4 用于锁紧测微螺杆 3，防止尺寸变动；测力装置 7 用于控制测量时的测量力。

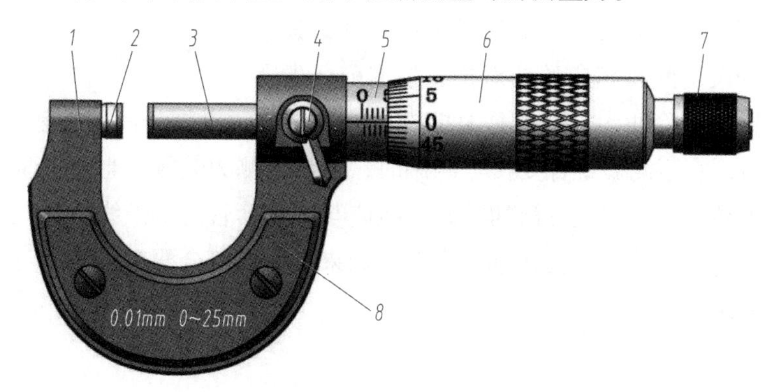

图 6–36 外径千分尺

1—尺架 2—砧座 3—测微螺杆 4—锁紧装置
5—固定套管 6—微分筒 7—测力装置 8—隔热垫板

（2）读取外径千分尺示值的方法和步骤

如图 6–37 所示，在外径千分尺的固定套管上刻有轴向中线，作为微分筒读数的基准线。在中线的两侧，刻有两排刻线，每排刻线的间距为 1 mm，上下两排相互错开 0.5 mm。在固定套管基准线上面有数字的一边的刻线为毫米刻线，下面一边的刻线为毫米刻线的中线，即 0.5 mm 刻线。测微螺杆的螺距为 0.5 mm，微分筒的外圆周上刻有 50 等份的刻度。当微分筒旋转一周时，测微螺杆轴向移动 0.5 mm。微分筒转动一格时，则螺杆的轴向移动为 0.5 mm/50=0.01 mm，因而外径千分尺的分度值为 0.01 mm。

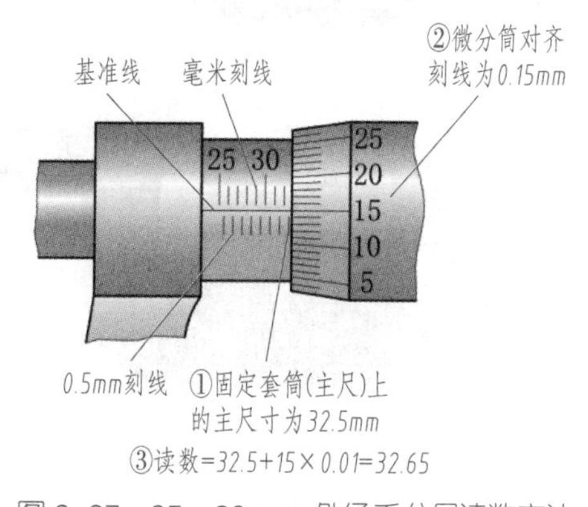

图 6–37 25 ~ 30 mm 外径千分尺读数方法

在外径千分尺上读取尺寸的步骤如下：

1）读出微分筒边缘在固定套管（主尺）上的整毫米数和半毫米数。图 6–37 所示的主尺尺寸为 32.5 mm。

2）看微分筒上哪一格与固定套管上的基准线对齐，读出微分筒上的示值，然后乘以 0.01 mm 就是小于 0.5 mm 的小数部分的读数。图 6–37 所示微分筒的示值为 15 × 0.01= 0.15 mm。

3）把两个读数加起来，即为外径千分尺的示值。图 6–37 所示的尺寸为 32.5 mm+0.15 mm=32.65 mm。

4）当微分筒上没有任何一根刻线与基准线对齐时，应该估读到小数点后第三位。图 6–38 所示外径千分尺的读数为 6.013 mm。

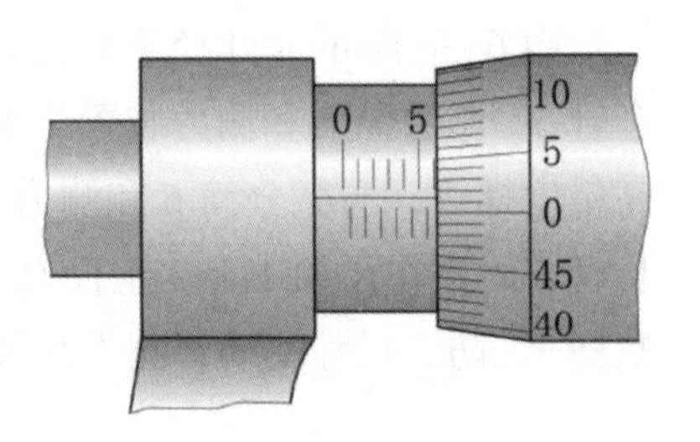

图 6–38　估读外径千分尺

（3）外径千分尺的校零

使用外径千分尺时，先要校对零位。校零方法如图 6–39 所示。除 0 ~ 25 mm 的外径千分尺外，其他规格的千分尺均配有相应的校对棒。校零前，先松开锁紧装置，清除油污，特别是要擦拭干净测砧与测微螺杆间的接触面。校零时，先旋转微分筒，直至测微螺杆要接近测砧时，再旋转测力装置。当测力装置发出“咔咔”后，停止转动。这时微分筒的零刻度线应与固定套管的基准线重合，且微分筒端面也恰好与固定套管的零刻度线基本重合。如果零位不符合要求，则应对零位进行调整。调整步骤如下：

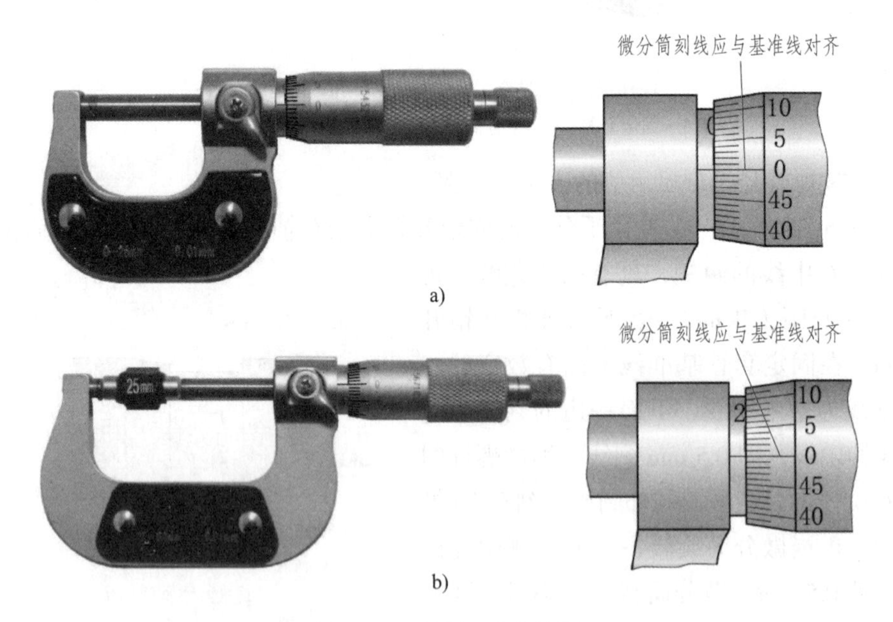

图 6–39　外径千分尺校零

a）0 ~ 25 mm 外径千分尺　b）25 ~ 50 mm 外径千分尺

1）转动测力装置，使测微螺杆的测杆和砧座两测量面接触，或使校对棒的两端面分别与测杆和砧座的测量面接触。

2）锁紧测微螺杆。

3）旋松固定套管上的紧固螺钉。

4）用千分尺的专用扳手插入固定套管的小孔内，扳转固定套管，使固定套管的基准线与微分筒上的零线对准。

5）拧紧固定套管上的紧固螺钉。

2. 内测千分尺

（1）内测千分尺的结构

测量孔径不大的内孔时，可使用内测千分尺，其结构与外径千分尺类似，如图 6–40 所示，主要包括固定量爪 1、活动量爪 2、固定套管 3、微分筒 4、测力装置 5、锁紧装置 6 等。内测千分尺与外径千分尺的不同之处在于固定套管和微分筒上的刻线递增方向与外径千分尺相反。当转动微分筒时，活动量爪做直线运动。

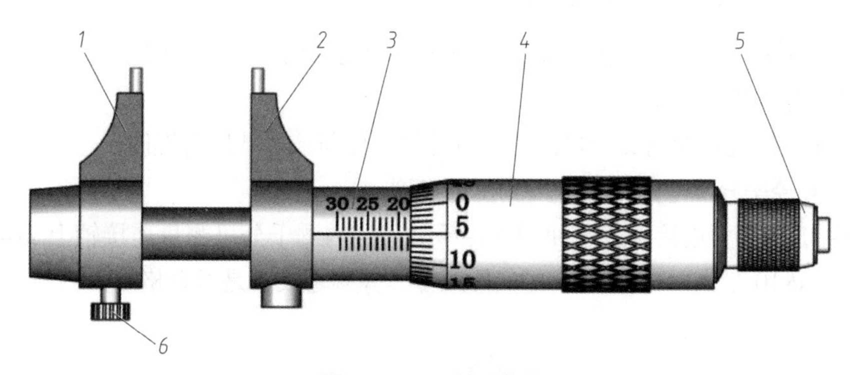

图 6–40　内测千分尺

1—固定量爪　2—活动量爪　3—固定套管　4—微分筒　5—测力装置　6—锁紧装置

（2）内测千分尺的读数原理

内测千分尺的刻线原理与外径千分尺基本一致，分度值也为 0.01 mm。因固定套管和微分筒上刻度递增方向与外径千分尺相反，因此内测千分尺的读数方向与外径千分尺相反。如图 6–41 所示，内测千分尺的读数步骤如下：

1）读取固定套管上的整毫米数和半毫米数。图 6–41 所示固定套管上的尺寸为 38 mm。

2）读出微分筒上的示值，然后乘以 0.01 mm 就是小于 0.5 mm 的小数部分的读数。图 6–41 所示微分筒的示值为 27 × 0.01=0.27 mm。

3）估读小数点后第三位。图 6–41 所示内测千分尺的读数为 0.005 mm。

4）把三个读数加起来，即内测千分尺的示值。图 6–41 所示的尺寸为 38 mm+0.27 mm+ 0.005 mm= 38.275 mm。

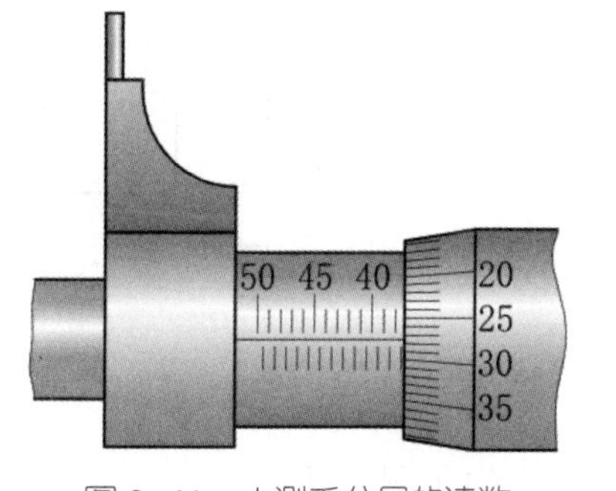

图 6–41　内测千分尺的读数

3. 使用千分尺的注意事项

（1）千分尺是一种精密量具，只适用于精度较高工件的测量，不能用千分尺测量精度较低的工件，严禁测量表面粗糙的毛坯工件。

（2）测量前，必须把千分尺及工件的测量面擦拭干净。

（3）测量时，手应该握在隔热垫板上，并使千分尺与被测工件等温，以减少温度对测量精度的影响。

（4）测量时，测微螺杆（量爪）要缓慢接触工件，直至棘轮发出两三声“咔咔”的响声后，方可进行读数。

（5）单手测量时，旋转微分筒的力矩要适当，不可用力过大。

（6）读取千分尺的数值时，应尽量在工件上直接读取，且要使视线与刻线表面保持垂直。当需要离开工件读数时，必须锁紧测微螺杆。

（7）不能将千分尺与工具或工件混放。

（8）使用完毕，应将千分尺擦净并放置在专用盒内。若长时间不用，应涂特种轻质润滑油保存，以防生锈。

（9）千分尺应定期送交计量部门进行计量和保养，严禁擅自拆卸。

4. 用外径千分尺与内测千分尺测工件实例

图 6–42 所示为连接轴，下面用外径千分尺和内测千分尺测量连接轴上 $\phi 45\,^{0}_{-0.025}$、$\phi 25\,^{-0.020}_{-0.041}$、$\phi 10\,^{+0.022}_{0}$、$16\,^{+0.002}_{-0.025}$ mm 的实际尺寸，并判定尺寸是否合格。

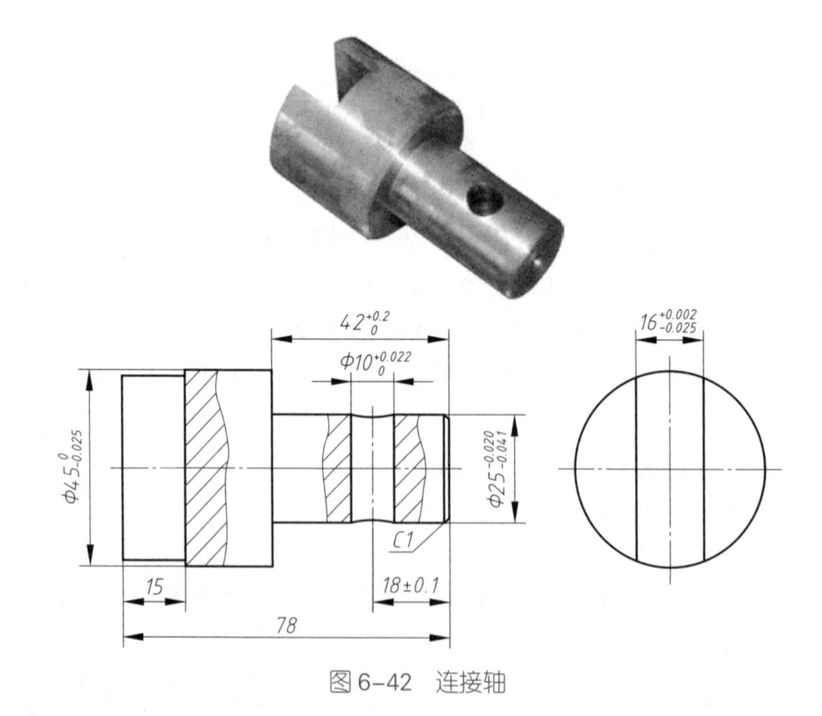

图 6–42　连接轴

（1）测量尺寸

用外径千分尺测量 $\phi 45\,^{0}_{-0.025}$ mm 和 $\phi 25\,^{-0.020}_{-0.041}$ mm 的实际尺寸，用内测千分尺测量 $\phi 10\,^{+0.022}_{0}$ mm 和 $16\,^{+0.002}_{-0.025}$ mm 的实际尺寸，测量方法见表 6–7。

表 6-7 用外径千分尺和内测千分尺测量工件

被测尺寸 / mm	测量方法	注意事项
$\phi 45_{-0.025}^{0}$	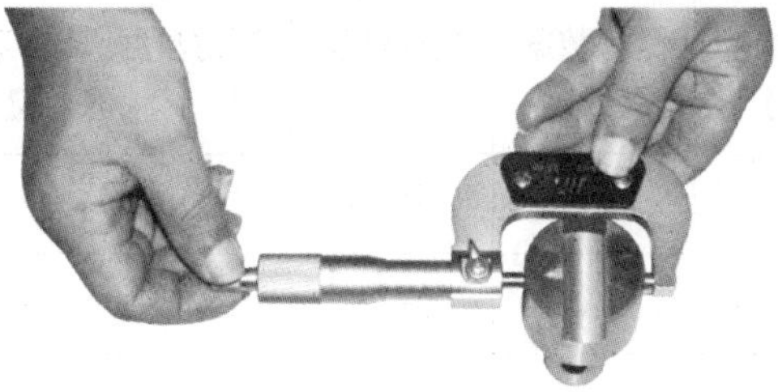	选用 25 ~ 50 mm 外径千分尺，测量该尺寸可采用双手测量法 双手测量法：左手握千分尺，右手转动微分筒，使测微螺杆靠近工件，然后用右手转动测力装置。测量时，必须保证测微螺杆的轴线与工件的轴线垂直相交，该方法适用于较大工件或较大尺寸的测量
$\phi 25_{-0.041}^{-0.020}$	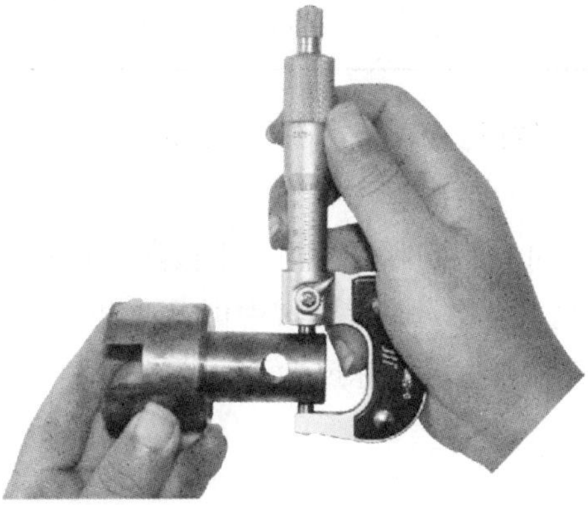	由于该处的公称尺寸为 25 mm，且尺寸的基本偏差为负值，因此应选用 0 ~ 25 mm 外径千分尺。该尺寸可采用单手测量法 单手测量法：左手拿工件，右手握千分尺，先右手转动微分筒，然后再转动测力装置。此法适用于较小工件或较小尺寸的测量。测量时，施加在微分筒上的扭矩要适当
$\phi 10_{0}^{+0.022}$	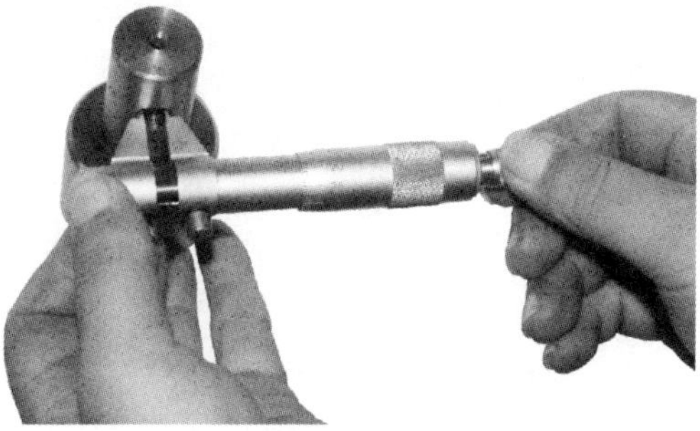	测量时，内测千分尺在孔中不能歪斜，以保证测量准确
$16_{-0.025}^{+0.002}$		测量槽的宽度，要注意将内测千分尺摆正，应以测量的最小值作为槽的宽度

对于连接轴上精度要求较高的尺寸，应进行2–3次测量，将测得尺寸填入表6–8。

表6–8　连接轴的测定尺寸及尺寸合格性判断　mm

序号	被测尺寸	上极限尺寸	下极限尺寸	测得数据1	测得数据2	测得数据3	实际尺寸	尺寸合规性
1	$\phi 45_{-0.025}^{0}$	ϕ45	ϕ44.975	44.99	45.00	44.98	44.990	合格
2	$\phi 25_{-0.041}^{-0.020}$	ϕ24.980	ϕ24.959	25.01	25.01	24.99	25.003	不合格
3	$\phi 10_{0}^{+0.022}$	ϕ10.022	ϕ10	10.00	10.01	10.02	10.010	合格
4	$16_{-0.025}^{+0.002}$	16.002	15.975	15.98	15.99	15.98	15.983	合格

连接轴上的其他尺寸的精度要求较低，可用游标卡尺测量。

（2）判定实际尺寸是否合格

取测得数据的平均值作为实际尺寸，将实际尺寸与其上极限尺寸和下极限尺寸进行比较，即可判断连接轴的实际尺寸是否合格。从表6–8中可以看出，尺寸$\phi 25_{-0.041}^{-0.020}$ mm的实际尺寸为25.003 mm，所以该尺寸要素的实际尺寸不合格。

几何公差与测量

由于机床精度、夹具、刀具、材料及工人操作水平等因素的影响，零件经过机械加工后，不仅有尺寸误差，而且还不可避免地存在零件上的点、线、面等几何要素的实际形状和相互位置与理想形状和相互位置的差异。这种形状上的差异就是形状误差，相互位置的差异就是位置误差，统称为几何误差。几何误差不仅会影响机械产品的质量，还会影响零件的互换性。例如，由于圆柱表面存在形状误差，在间隙配合中会使间隙不均匀，造成局部磨损加快，从而降低零件的使用寿命。再如，在齿轮传动中，如果两轴的轴线不平行，会降低轮齿的接触精度，影响使用寿命。为了满足零件的使用要求，保证零件的互换性和制造的经济性，设计时不仅要控制其尺寸误差，还必须合理控制其几何误差。国家标准《产品几何技术规范（GPS）几何公差　形状、方向、位置和跳动公差标注》（GB/T 1182—2018）对零件几何公差要求进行了规定。

第1节　概　　述

一、几何要素

几何要素是指构成零件几何特征的点、线、面、体（基本形体）和它们的集合。图 7–1 所示的手柄，球心为点要素，素线和轴线为线要素，平面、球面、圆柱面、圆锥面为面要素，圆柱体、圆锥体和球体为体要素。

在机械零件上，点要素主要有圆心、球心、中心点和交点等。线要素主要有平面上的直线、回转体的素线、曲线、轴线和中心线等。面要素主要有平面、曲面、圆柱面、

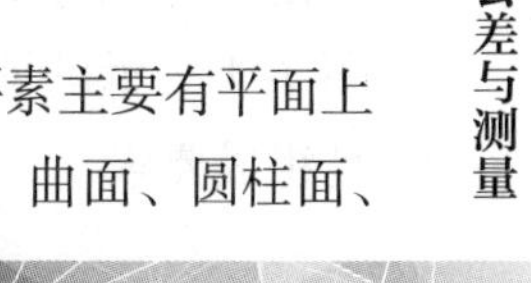

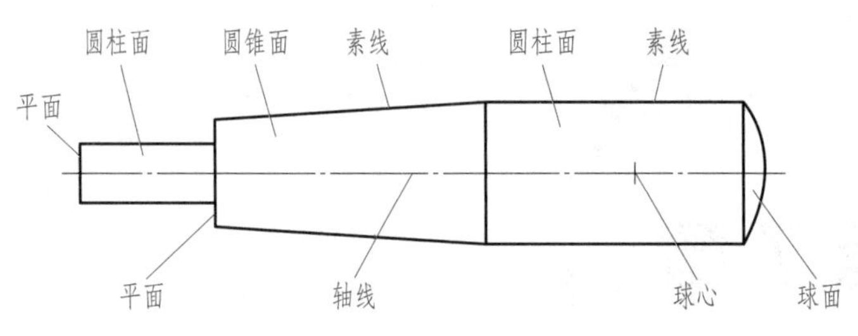

图 7–1　手柄中的几何要素

圆锥面、球面、圆环面和中心面等。体要素主要有棱柱体、棱锥体、圆柱体、圆锥体、球体、圆环等。

1. 理想要素与非理想要素

（1）理想要素

设计者根据零件的功能确定的具有理想形状和理想尺寸的“工件”称为公称表面模型（见图 7–2），公称表面模型上的要素称为理想要素。

（2）非理想要素

设计者假想的工件实际表面的模型称为非理想表面模型（见图 7–3），完全依赖于非理想表面模型或工件实际表面的不完美的几何要素称为非理想要素。

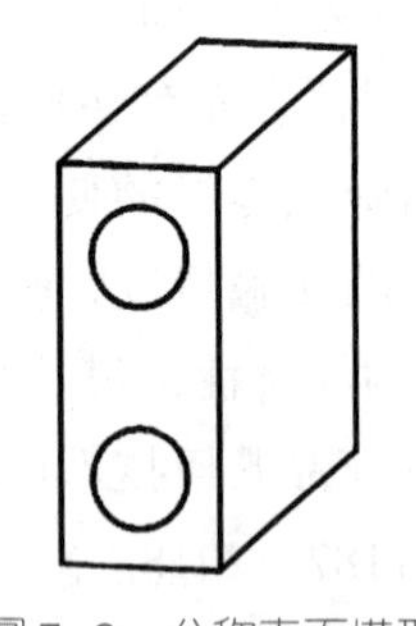
图 7–2　公称表面模型

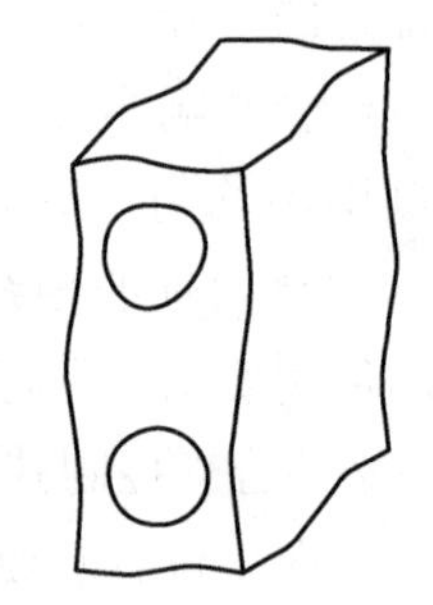
图 7–3　非理想表面模型

理想要素是完美的几何要素，是设计者设计的要素，只能存在于图纸上。非理想要素是不完美的要素，可以是工件的实际要素，也可以是设计者假想的实际表面预期的几何要素。

2. 按特征分类的几何要素

几何要素按特征可分为组成要素和导出要素。

（1）组成要素

组成要素是指属于工件的实际表面或表面模型（公称表面模型和非理想表面模型）的几何要素。也就是说，组成要素存在于工件的实际表面或者表面模型上，可以是理想要素，也可以是非理想要素，但组成要素一定是工件表面上的要素。如图 7–4 所示的顶尖，其上的圆柱面、圆锥面、球面、端平面、回转面上的素线等都是组成要素。

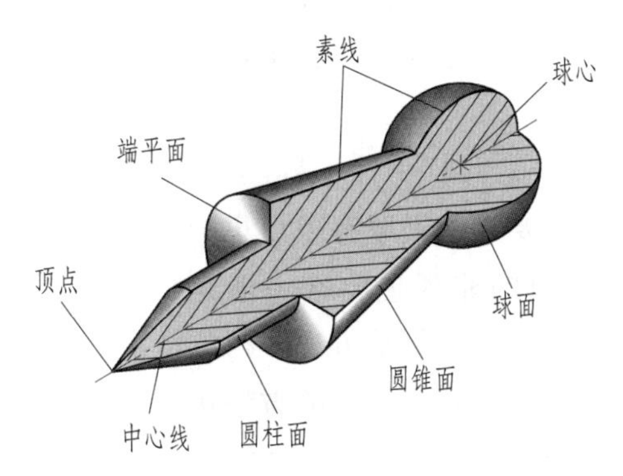

图 7–4　顶尖上的组成要素和导出要素

（2）导出要素

由组成要素产生的中心点、中心线或中心面称为导出要素，图 7–4 中的球心、中心线和图 7–5 中槽口的中心平面都是导出要素。

3. 按范畴分类的几何要素

与几何要素相关的三个范畴是设计范畴、工件范畴和检验范畴。设计范畴是指设计者对未来工件的设计意图的表达；工件范畴是指工件实物；检验范畴是指对工件进行测量和数据处理，然后判定零件是否合格的过程。几何要素按范畴分为公称要素、实际要素和提取要素。

（1）公称要素

公称要素是指由设计者在产品技术文件中定义的理想要素。公称要素属于设计范畴的几何要素，是理想要素。如图 7–6 所示，图样中的理想圆柱面和圆柱面的轴线都是公称要素。公称要素分为公称组成要素和公称导出要素。

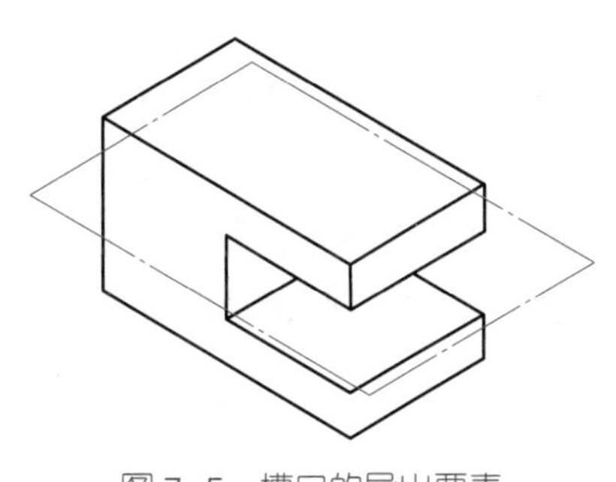
图 7–5　槽口的导出要素

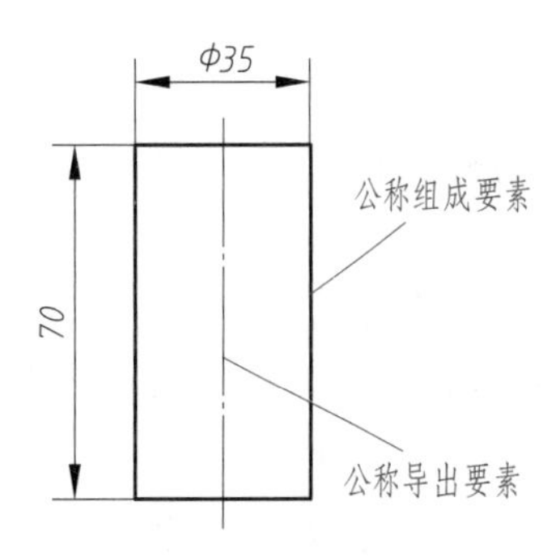

图 7–6　圆柱的公称要素

1）公称组成要素。由技术制图或其他方法确定的理想组成要素称为公称组成要素。图 7–6 所表示的理想圆柱面属于公称组成要素。

2）公称导出要素。由公称组成要素导出的中心点、中心线或中心面称为公称导出要素。图 7–6 所表示的理想圆柱面的中心线属于公称导出要素。

（2）实际要素

实际要素是工件范畴的要素，是指工件实际表面上的要素，如图 7–7 所示。实际要素只有实际组成要素，没有实际导出要素。

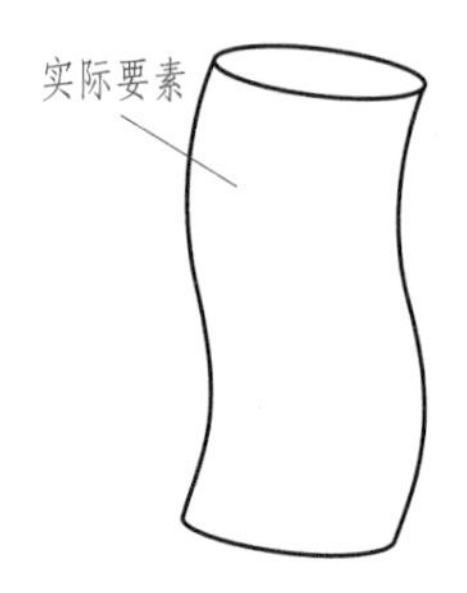

图 7–7　圆柱零件上的实际要素

（3）提取及提取要素

提取是指从一个非理想要素中提取有限点集的操作，如图 7–8 所示。这里的非理想要素一般是工件实际表面，提取可以认为是用测量方法获得的某些特定点。也可以认为提取就是用规定的方法进行测量。

提取要素是指由提取的有限个点组成的几何要素。提取要素属于检验的范畴，因为提取只能得到有限的点，所以提取要素只能是由有限点组成。

提取要素分为提取组成要素和提取导出要素。

1）提取组成要素。按规定方法，由实际（组成）要素提取有限数目的点所形成的实际（组成）要素的近似替代要素称为提取组成要素，图 7–9 中的粗虚线为由实际圆柱面提取的提取组成要素。

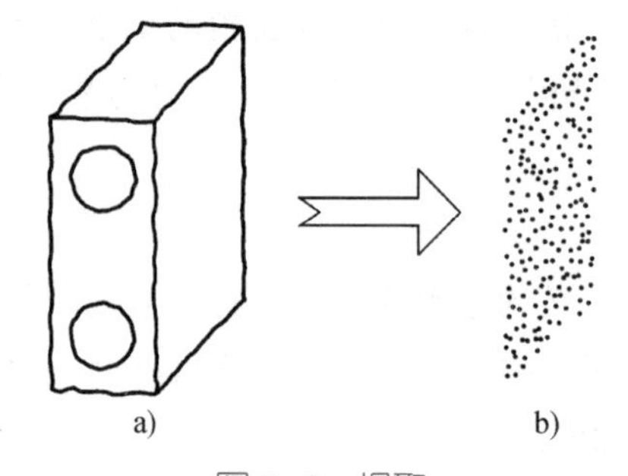

图 7–8　提取
a）非理想表面模型　b）从非理想表面模型的要素提取的点

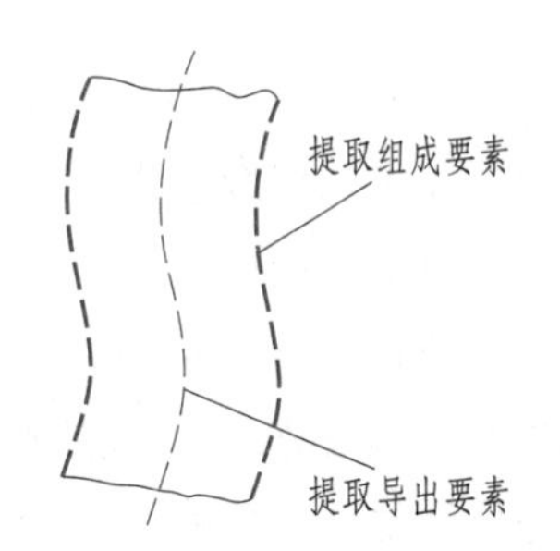

图 7–9　圆柱零件的提取要素

实际（组成）要素虽然存在，但是无法完全获得，所以在实际应用中，用提取组成要素替代实际要素。

2）提取导出要素。由一个或几个提取组成要素得到的中心点、中心线或中心面称为提取导出要素。提取圆柱面的导出中心线称为提取中心线，两相对提取平面的导出中心面称为提取中心面。

4. 被测要素和基准要素

定义了几何公差要求的几何要素称为被测要素。

用来定义几何公差的公差带方向和位置的要素称为基准要素，简称基准。

二、几何公差的特征项目

几何公差的特征项目名称及符号见表 7–1。

表 7-1　几何公差的特征项目名称及符号（摘自 GB/T 1182—2018）

公差类型	特征项目	符号	有无基准	公差类型	特征项目	符号	有无基准
形状公差	直线度	⏤	无	方向公差	面轮廓度	⌓	有
	平面度	⏥	无	位置公差	位置度	⌖	有或无
	圆度	○	无		同心度（用于中心点）	◎	有
	圆柱度	⌭	无				
	线轮廓度	⌒	无		同轴度（用于轴线）	◎	有
	面轮廓度	⌓	无		对称度	⌯	有
方向公差	平行度	//	有		线轮廓度	⌒	有
	垂直度	⊥	有		面轮廓度	⌓	有
	倾斜度	∠	有	跳动公差	圆跳动	↗	有
	线轮廓度	⌒	有		全跳动	⌰	有

三、几何公差框格与基准符号

几何公差框格如图 7-10a 所示，一般由几何特征符号、公差值、基准字母等组成（形状公差只有几何特征符号和公差值两项内容），自左至右分别填写在三个框格内部。若有其他补充说明，可注写在框格的上面或下面。

基准符号如图 7-10b 所示，它由带大写字母的方框、指引线和涂黑三角形组成。

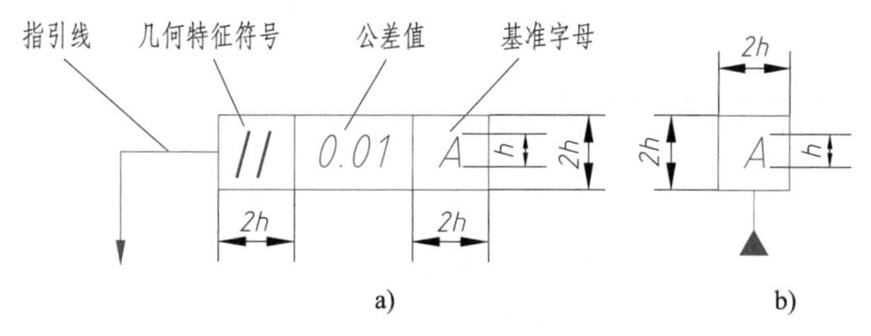

图 7-10　几何公差框格和基准符号

a）几何公差框格　b）基准符号

h—字体的高度

第 2 节　几何公差项目的定义

几何公差分为形状公差、方向公差、位置公差和跳动公差四类，几何公差项目中的轮廓度公差有三类，无基准的轮廓度属于形状公差；三个方向都有基准的轮廓度属于位置公差；二个方向有基准，允许公差带在一个方向浮动的轮廓度属于方向公差。

一、形状公差

形状公差是指单一实际要素的形状相对其公称（理想）要素的允许变动量。形状公差是为了限制形状误差而设置的。形状公差项目有直线度、平面度、圆度、圆柱度、与基准不相关的线轮廓度和与基准不相关的面轮廓度。

1. 直线度

直线度用于限制实际平面内直线或空间直线（如圆柱的轴线）的形状误差，直线度主要有给定平面内的直线度、圆柱面母线的直线度和圆柱面中心线的直线度三种。

（1）给定平面内的直线度

给定平面内的直线度是指对实际平面上的直线要素给出公差要求。

在图 7–11a 中标注了零件上表面的直线度公差要求，在直线度公差框格的右侧增加了指示直线度公差带方向的相交平面框格，同时在图样上标注了作为确定公差带方向的基准符号。

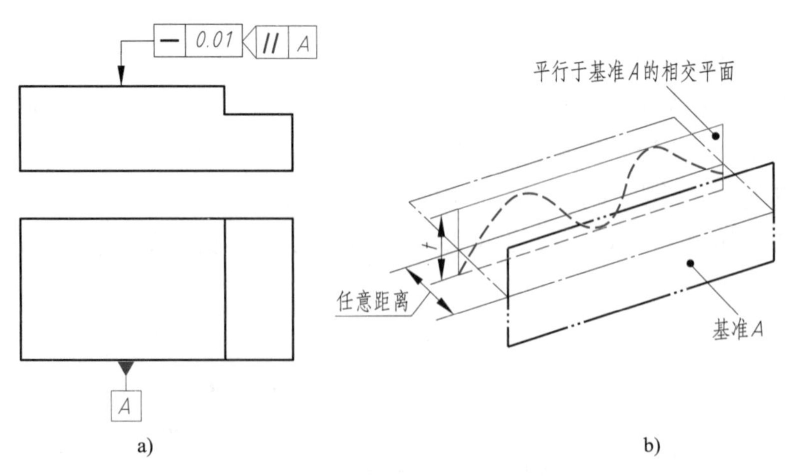

图 7–11　给定平面内的直线度

a）图样标注　b）公差带

为了明确表示几何公差带的方向和位置，在某些几何公差的标注中需要增加辅助要素框格，辅助要素框格有相交平面框格、定向平面框格、方向要素框格和组合平面框格四种，它们标注在几何公差框格的右侧。

相交平面框格的组成如图 7–12 所示，左侧框格中绘制表示相交平面相对于基准位置的符号。“//”表示与基准平行，“⊥”表示与基准垂直，“∠”表示与基准呈一定的夹角，“⌯”表示相交平面对称于基准要素（或包含基准要素）。相交平面框格的第二格中放置基准字母，如字母“*B*”，该字母与标注在图中的基准要素对应。

图 7–12　相交平面框格

在图 7–11a 中，几何公差框格 [— | 0.01] 表示直线度公差为 0.01 mm，相交平面框格 [// | A] 表示该直线度的公差带所在的平面要与基准平面 *A*（零件前面）平行，基准符号 [A] 的三角形放置在前面的轮廓线上，表示以零件的前面作为基准构建相交平面，几何公差框格左侧的指引线指向最上侧的轮廓线，表示被测要素是上侧的平面。

图 7–11a 中几何公差和基准符号的标注表示在由相交平面框格规定的平面内，零件上表面的提取线应限定在间距等于 0.01 mm 的两平行直线之间。该直线度的公差带如图 7–11b 所示，为在平行于基准 *A* 的任意平面内和给定方向上，间距等于公差值 t 的两平行直线所限定的区域。

在公差带图中，对图线类型的应用与普通机械图样有所不同，见表 7–2。

表 7–2　公差带图中图线的类型

要素层次	要素类型	线型	
		可见的	不可见的
公称要素	组成要素	粗实线	细虚线
	导出要素	细点画线	细点画线
实际要素	组成要素	粗不规则实线	细不规则虚线
提取要素	组成要素	粗虚线	细虚线
	导出要素	粗点线	细点线
基准要素		粗双点画线	细双点画线
公差界限、各公差平面		细实线	细虚线
尺寸线、指引线		细实线	细虚线

（2）圆柱面母线的直线度

圆柱面母线的直线度公差用于限制圆柱面母线的直线形状误差。在图 7–13a 中标注了圆柱面母线的直线度公差要求，图中的直线度公差框格表示被测实际圆柱面的母线应限定在间距等于 0.1 mm 的两平行平面之间。该直线度的公差带如图 7–13b 所示，为在由圆柱面轴线和母线确定的平面内、间距等于公差值 t 的两平行平面所限定的区域。

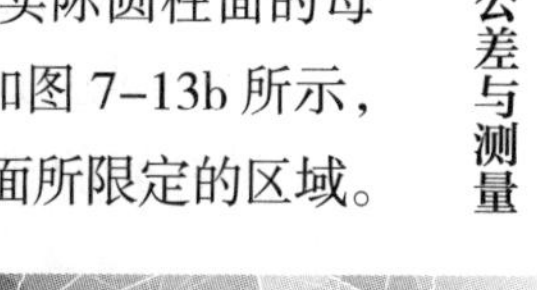

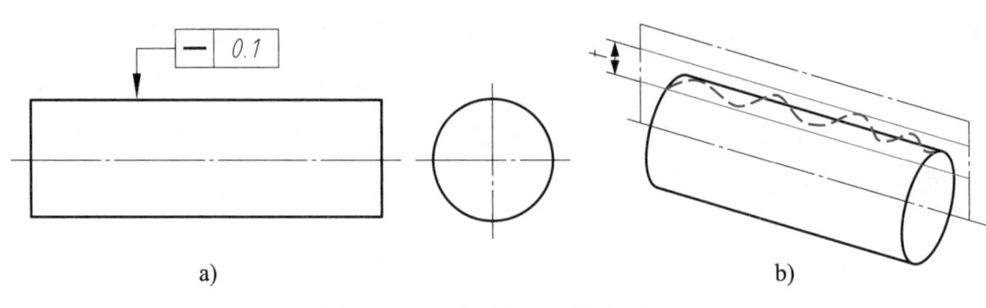

图 7–13　圆柱面母线的直线度

a）图样标注　b）公差带

（3）圆柱面中心线的直线度公差

圆柱面中心线的直线度公差用于限制圆柱面的中心线在任意方向的形状误差。在图 7–14a 中标注了零件外圆柱面的中心线的直线度公差要求，图中的直线度公差框格表示圆柱面的提取（实际）中心线应限定在直径等于 0.08 mm 的圆柱面内，该几何公差的公差值前加注了直径符号，表示公差带为圆柱面。该直线度的公差带如图 7–14b 所示，为直径等于公差值 t 的圆柱面所限定的区域。

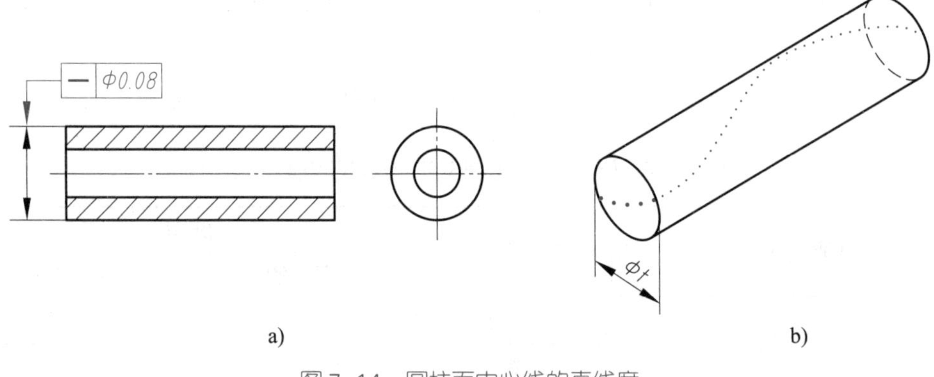

图 7–14　圆柱面中心线的直线度

a）图样标注　b）公差带

2. 平面度

平面度公差用于限定实际平面的形状误差。在图 7–15a 中标注了零件上表面的平面度公差要求，图中的平面度公差框格表示实际上表面应限定在间距等于 0.08 mm 的两平行平面之间。平面度的公差带如图 7–15b 所示，为间距等于公差值 t 的两平行平面所限定的区域。

3. 圆度

圆度公差用于限定实际圆柱面、圆锥面或球面等在某一截平面上的形状误差，下面重点介绍圆柱面和圆锥面的圆度公差。

（1）圆柱面的圆度

圆柱面的圆度公差用于控制实际圆柱面在垂直于圆柱面轴线的截平面上的轮廓的

形状误差。在图 7–16a 中标注了圆柱面的圆度公差要求，图中的圆度公差框格表示在圆柱面的任意横截面内，提取圆周应限定在半径差等于 0.03 mm 的两共面同心圆之间。如图 7–16b 所示，圆柱面的圆度公差带为在给定横截面内，半径差等于公差值 t 的两个同心圆所限定的区域。

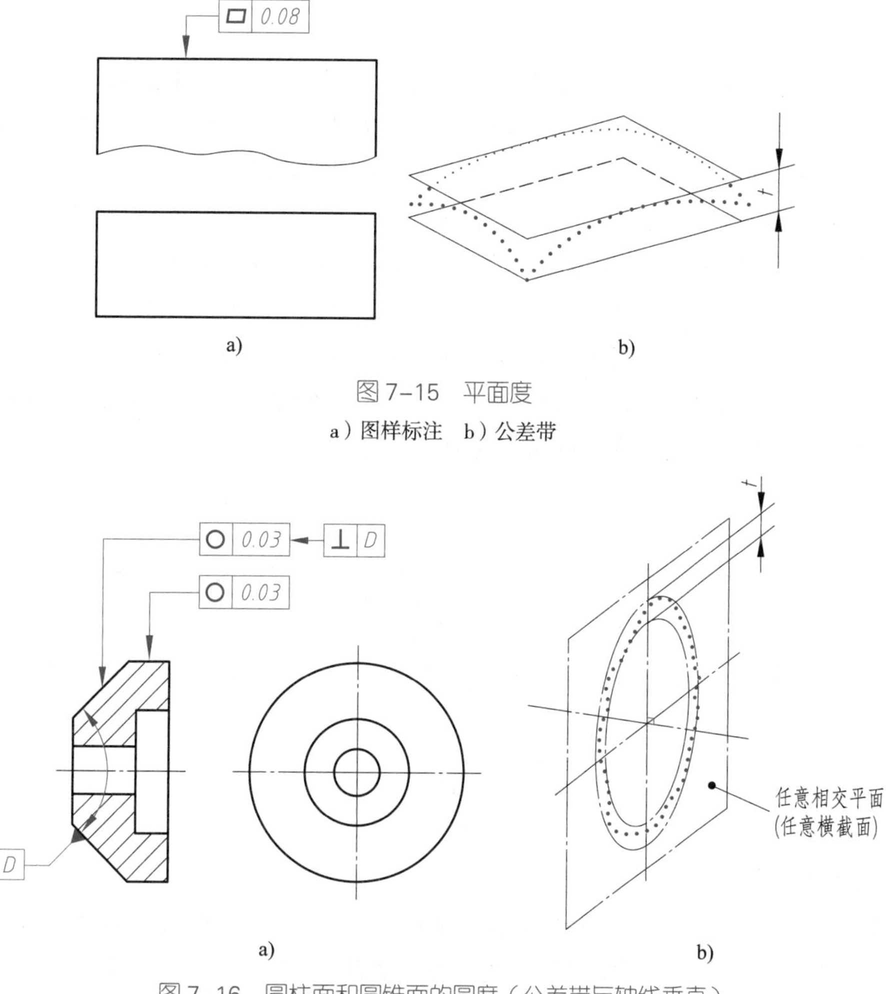

图 7–15　平面度

a）图样标注　b）公差带

图 7–16　圆柱面和圆锥面的圆度（公差带与轴线垂直）

a）图样标注　b）公差带

（2）圆锥面的圆度（公差带与轴线垂直）

圆锥面的圆度公差用于控制实际圆锥面在垂直于圆锥面轴线的截平面上，或者在垂直于母线的截圆锥面上的轮廓的形状误差。

在图 7–16a 中标注了圆锥面的圆度公差要求，在几何公差框格右侧增加了方向要素框格 ◄ ⊥ D，同时标注了基准符号。基准符号的三角形与角度尺寸的尺寸线对齐，表示基准为圆锥面的轴线。

方向要素是指由工件的提取要素建立的，用于标识公差带宽度方向的要素。方向要素框格的组成如图 7–17 所示，左侧框格中绘制表示位置关系的符号（平行、垂直、倾斜或跳动符号），其中跳动符号表示公差带的宽度方向与被测要素垂直，而不是与基准垂直。右侧框格中填写构建方向要素的基准要素的字母。

图 7–17　方向要素框格

在图 7–16a 中标注的圆锥面的圆度公差表示在圆锥面的任意横截面（垂直于圆锥面中心线的平面）内，提取（实际）圆周应限定在半径差等于 0.03 mm 的两共面同心圆之间，该圆锥面的圆度公差带与圆柱面的圆度公差带相同。

（3）圆锥面的圆度（公差带与母线垂直）

在图 7–18 中标注了圆锥面的圆度公差和方向要素框格，同时也标注了基准符号，且基准符号的三角形也与角度尺寸的尺寸线对齐。图中标注的圆锥面的圆度公差表示该圆锥面的提取圆周线应限定在距离等于 0.2 mm 的两个圆之间，这两个圆位于与被测圆锥面同轴且垂直的圆锥面上。如图 7–18b 所示，该圆锥面的公差带为在给定横截面内，距离为公差值 t 的两个在圆锥面上的圆所限定的区域。

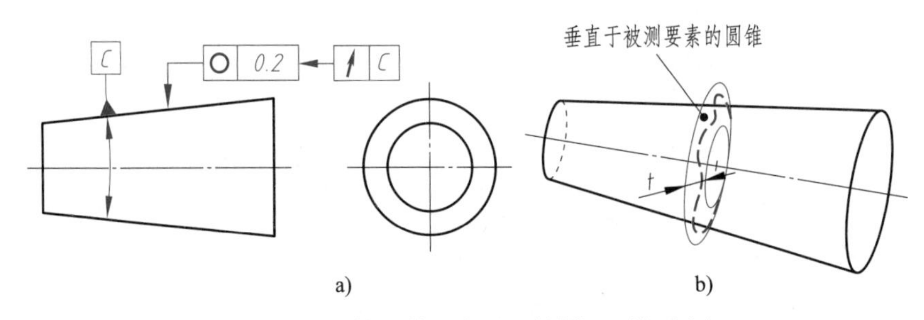

图 7–18　圆锥面的圆度（公差带与母线垂直）

a）图样标注　b）公差带

4. 圆柱度

圆柱度公差用于限定实际圆柱表面的形状误差，在图 7–19a 中标注了零件右侧圆柱面的圆柱度公差要求，图中的圆柱度公差框格表示实际圆柱表面应限定在半径差等于 0.03 mm 的两同轴圆柱面之间。如图 7–19b 所示，圆柱度的公差带为半径差等于公差值 t 的两个同轴圆柱面所限定的区域。

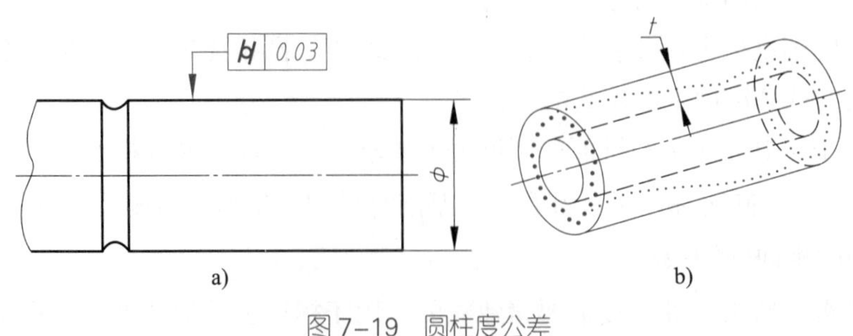

图 7–19　圆柱度公差

a）图样标注　b）公差带

5. 与基准不相关的线轮廓度

与基准不相关的线轮廓度公差用于限制实际曲面（或平面）上的曲线（或直线）对其理想曲线（或直线）的变动。理想曲线（或直线）的形状由理论正确尺寸确定，公差带的位置是浮动的。

理论正确尺寸是指确定理论正确位置、方向或轮廓的尺寸。理论正确尺寸没有公差，可以标注，也可以缺省（如 0°、90°），如图 7-20 所示。

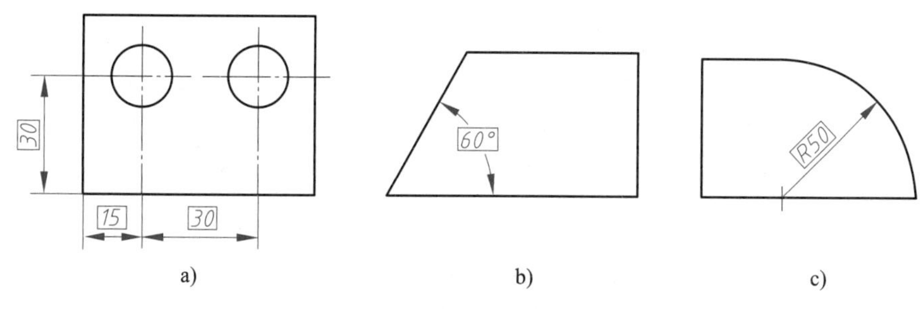

图 7-20　理论正确尺寸

a）确定孔位置的理论正确尺寸　b）确定方向的理论正确尺寸　c）确定轮廓的理论正确尺寸

在图 7-21a 中标注了与基准不相关的线轮廓度公差，图中的线轮廓度公差框格表示在任一平行于基准平面 *A* 的截面内，提取（实际）轮廓线应限定在直径等于 0.04 mm、圆心位于理论正确几何形状上的一系列圆的两等距包络线之间。如图 7-21b 所示，与基准不相关的线轮廓度的公差带为直径等于公差值 *t*、圆心位于具有理论正确几何形状上的一系列圆的两包络线所限定的区域。

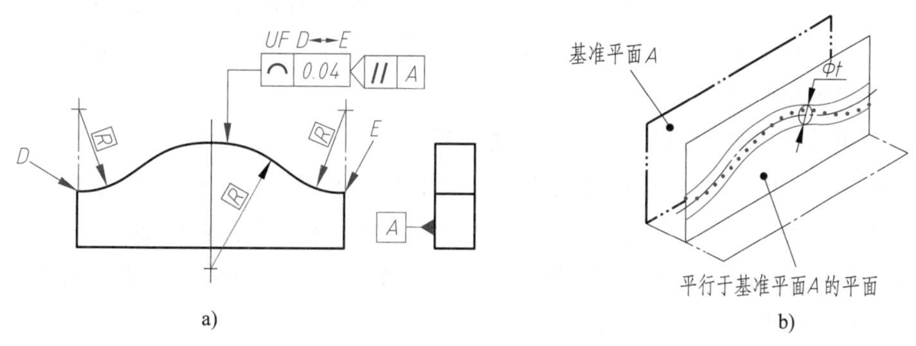

图 7-21　与基准不相关的线轮廓度

a）图样标注　b）公差带

在图 7-21 中几何公差框格的上侧标注了符号“UF”和“D↔E”，UF 表示联合要素，联合要素是指由几个连续的或不连续的组成要素组合而成的要素，并将其视为一个单一要素。图 7-21a 所示的联合要素由三段圆弧组成。“↔”是区间符号，用于定义联合要素的范围。“D↔E”表示线轮廓度公差的被测要素是从 *D* 点到 *E* 点之间的三段圆弧组成的柱面。

6. 与基准不相关的面轮廓度

与基准不相关的面轮廓度公差用于限制实际曲面（或平面）对其理想曲面（或平面）

的变动。理想曲面（或平面）的形状由理论正确尺寸确定，公差带的位置是浮动的。

在图 7–22 中标注了与基准不相关的面轮廓度公差，图中的面轮廓度公差框格表示提取（实际）轮廓面应限定在直径等于 0.02 mm、球心位于被测要素理论正确几何形状表面上的一系列圆球的两等距包络面之间。如图 7–22b 所示，与基准不相关的面轮廓度的公差带为直径等于公差值 t、球心位于理论正确几何形状上的一系列圆球的两个包络面所限定的区域。

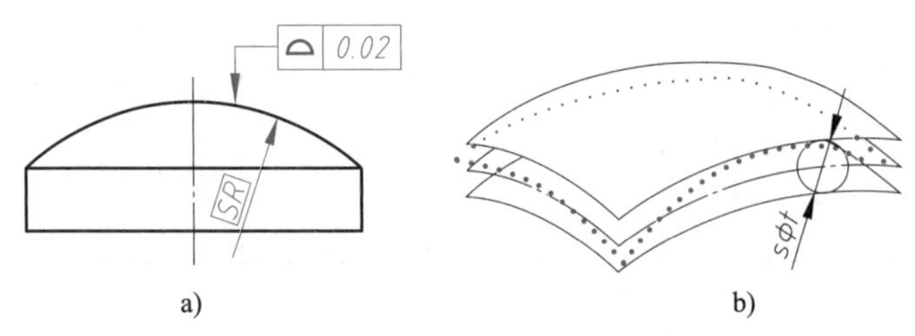

图 7–22　与基准不相关的面轮廓度

a）图样标注　b）公差带

二、方向公差

方向公差是指被测要素对基准要素在方向上允许的变动量。方向公差包括平行度、垂直度、倾斜度、线轮廓度、面轮廓度等，其中平行度、垂直度和倾斜度最常用。

1. 平行度

平行度公差用于限制被测要素（平面或直线）相对基准要素（平面或直线）在平行方向上的变动量。平行度公差的项目非常多，常用的有相对于基准直线的中心线平行度公差、相对于基准面的中心线平行度公差、相对于基准直线的平面平行度公差和相对于基准面的平面平行度公差。

（1）相对于基准直线的中心线平行度公差

在图 7–23a 中标注了上侧圆柱孔中心线相对于下侧圆柱孔中心线的平行度公差要求，图中的平行度公差框格表示实际中心线应限定在平行于基准轴线 A、直径等于 0.03 mm 的圆柱面内。如图 7–23b 所示，该平行度的公差带为平行于基准轴线、直径等于公差值 t 的圆柱面所限定的区域。

（2）相对于基准面的中心线平行度公差

在图 7–24a 中标注了圆柱孔中心线相对于下侧平面的平行度公差要求，图中的平行度公差框格表示实际中心线应限定在平行于基准平面 B、间距等于 0.01 mm 的两平行平面之间。如图 7–24b 所示，该平行度的公差带为平行于基准平面、间距等于公差值 t 的两平行平面所限定的区域。

（3）相对于基准直线的平面平行度公差

在图 7–25a 中标注了上侧平面相对于圆柱孔中心线的平行度公差要求，图中的平行度公差框格表示实际平面应限定在间距等于 0.1 mm、平行于基准轴线 C 的两平行平面之间。如图 7–25b 所示，该平行度的公差带为间距等于公差值 t、平行于基准 A 的两平行平面所限定的区域。

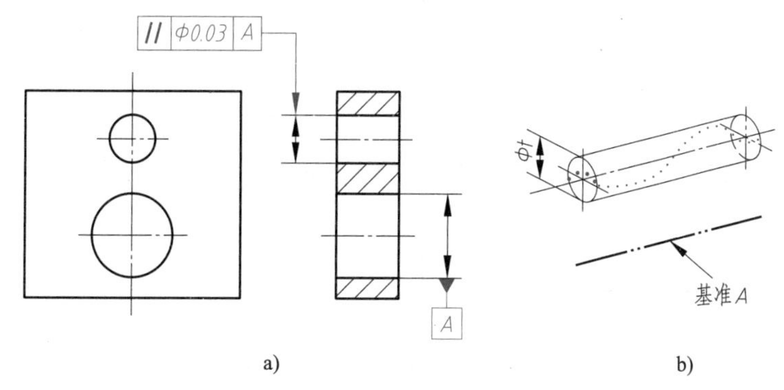

图 7–23　相对于基准直线的中心线平行度公差

a）图样标注　b）公差带

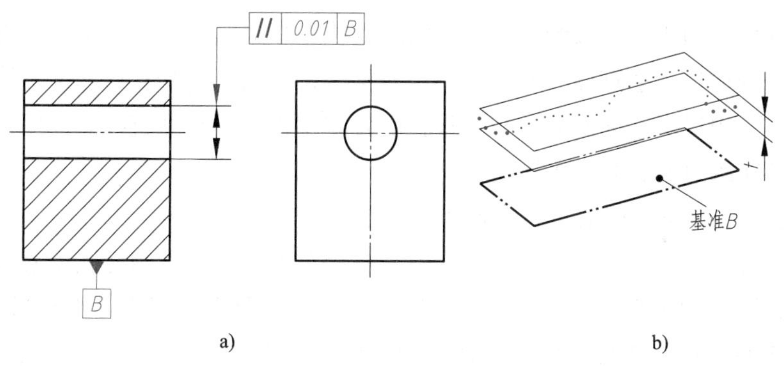

图 7–24　相对于基准面的中心线平行度公差

a）图样标注　b）公差带

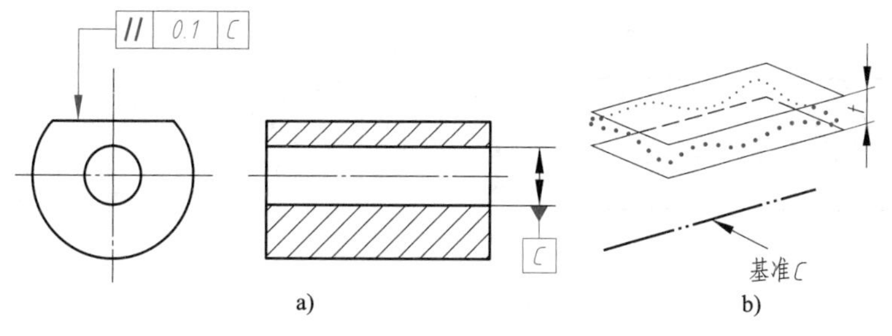

图 7–25　相对于基准直线的平面的平行度公差

a）图样标注　b）公差带

（4）相对于基准面的平面平行度公差

在图 7–26a 中标注了上侧平面相对于下侧平面的平行度公差要求，图中的平行度公差框格表示实际表面应限定在间距等于 0.1 mm、平行于基准面 D 的两平行平面之间。如图 7–26b 所示，该平行度的公差带为间距等于公差值 t、平行于基准平面的两平行平面所限定的区域。

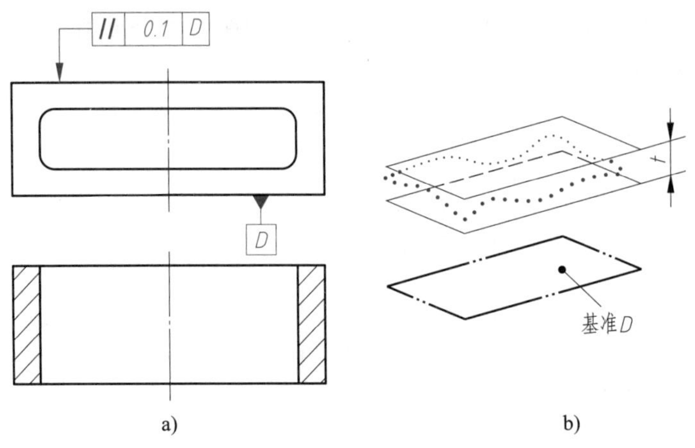

a)　　b)

图 7–26　相对于基准面的平面平行度公差

a）图样标注　b）公差带

2. 垂直度

垂直度公差用于限制被测要素（平面或直线）相对基准要素（平面或直线）在垂直方向上的变动量。垂直度公差的项目也非常多，常用的有相对于基准直线的中心线垂直度公差、相对于基准面的中心线垂直度公差、相对于基准直线的平面垂直度公差和相对于基准面的平面垂直度公差。

（1）相对于基准直线的中心线垂直度公差

在图 7–27a 中标注了上侧斜圆柱孔中心线相对于下侧水平圆柱孔中心线的垂直度公差要求，图中的垂直度公差框格表示实际中心线应限定在间距等于 0.06 mm、垂直于基准轴 A 的两平行平面之间。如图 7–27b 所示，该垂直度的公差带为间距等于公差值 t、垂直于基准轴线的两平行平面所限定的区域。

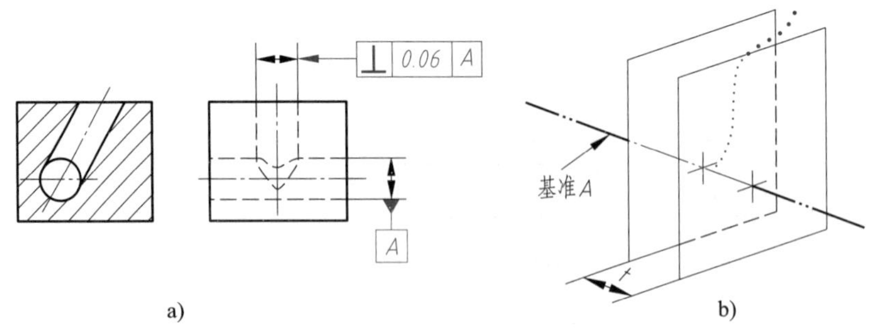

a)　　b)

图 7–27　相对于基准直线的中心线垂直度公差

a）图样标注　b）公差带

（2）相对于基准面的中心线垂直度公差

在图 7–28a 中标注了圆柱中心线相对于下侧底面的垂直度公差要求，图中的垂直度公差框格表示实际中心线应限定在直径等于 0.01 mm、垂直于基准平面 A 的圆柱面内。如图 7–28b 所示，该垂直度的公差带为直径等于公差值 t、轴线垂直于基准平面的圆柱面所限定的区域。

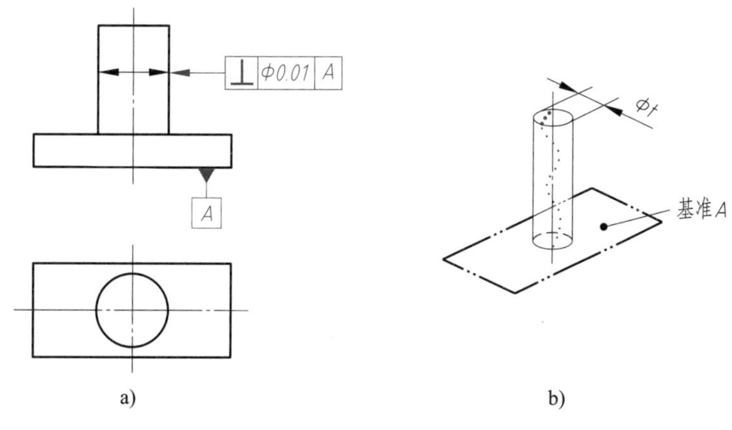

图 7–28 相对于基准面的中心线垂直度公差

a）图样标注 b）公差带

（3）相对于基准直线的平面垂直度公差

在图 7–29a 中标注了右侧圆柱右端面相对于左侧圆柱轴线的垂直度公差要求，图中的垂直度公差框格表示实际平面应限定在间距等于 0.08 mm 的两平行平面之间，该两平行平面垂直于基准轴线 *A*。如图 7–29b 所示，该垂直度的公差带为间距等于公差值 *t* 且垂直于基准轴线的两平行平面所限定的区域。

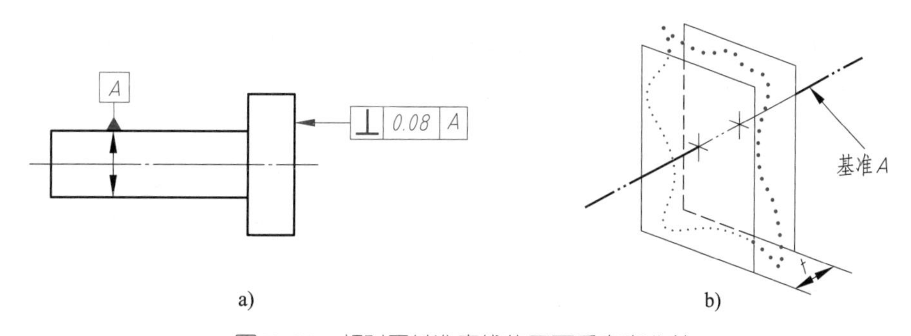

图 7–29 相对于基准直线的平面垂直度公差

a）图样标注 b）公差带

（4）相对于基准面的平面垂直度公差

在图 7–30a 中标注了右侧平面相对于底面的垂直度公差要求，图中的垂直度公差框格表示实际平面应限定在间距等于 0.08 mm、垂直于基准平面 *A* 的两平行平面之间。如图 7–30b 所示，该垂直度的公差带为间距等于公差值 *t*、垂直于基准平面 *A* 的两平行平面所限定的区域。

3. 倾斜度

倾斜度公差用于限制被测要素（平面或直线）相对基准要素（平面或直线）在倾斜方向上的变动量。倾斜度公差包括相对于基准直线的中心线倾斜度公差、相对于基准体系的中心线倾斜度公差、相对于基准直线的平面倾斜度公差和相对于基准面的平面倾斜度公差四种。

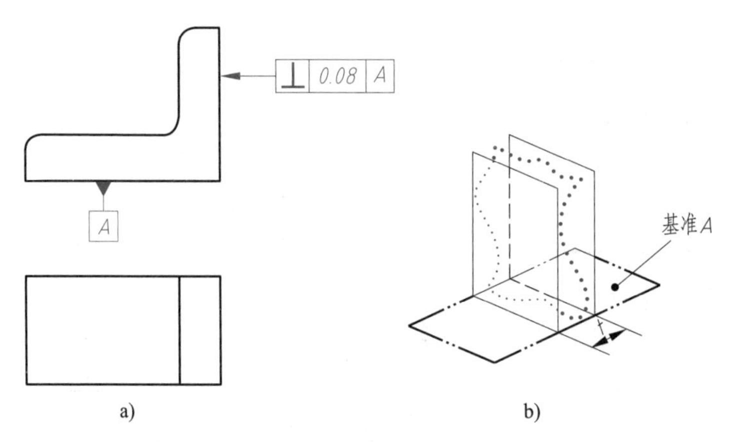

a)　　b)

图 7–30　相对于基准面的平面垂直度公差

a）图样标注　b）公差带

（1）相对于基准直线的中心线倾斜度公差

在图 7–31a 中标注了斜孔相对于两侧圆柱面公共轴线的倾斜度公差要求，图中的倾斜度公差框格表示斜孔的提取（实际）中心线应限定在间距等于 0.08 mm 的两平行平面之间，该两平行平面按理论正确角度 60° 倾斜于公共基准轴线 *A*—*B*。公共基准轴线是指由两条或两条以上轴线建立的轴线。如图 7–31b 所示，该倾斜度的公差带为间距等于公差值 t 的两平行平面所限定的区域，该两平行平面按规定角度 α 倾斜于基准轴线，被测轴线与基准轴线在不同的平面内。

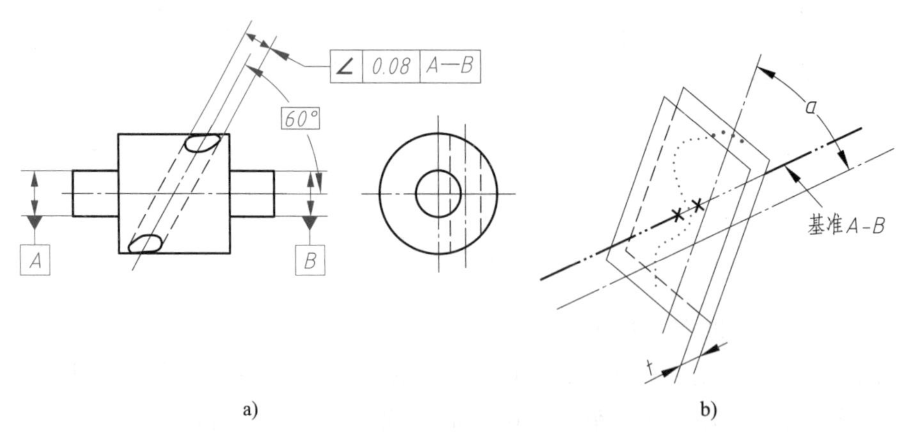

a)　　b)

图 7–31　相对于基准直线的中心线倾斜度公差（一）

a）图样标注　b）公差带

在图 7–32a 中，倾斜度公差数值前面标注了直径符号“ϕ”，表示斜孔的提取（实际）中心线应限定在直径等于 0.08 mm 的圆柱面所限定的区域，该圆柱按理论正确角度 60° 倾斜于公共基准轴线 *A*–*B*。如图 7–32b 所示，该倾斜度的公差带为直径等于公差值 t 的圆柱面所限定的区域，该圆柱面按规定角度 α 倾斜于基准轴线，被测轴线与基准轴线在不同的平面内。

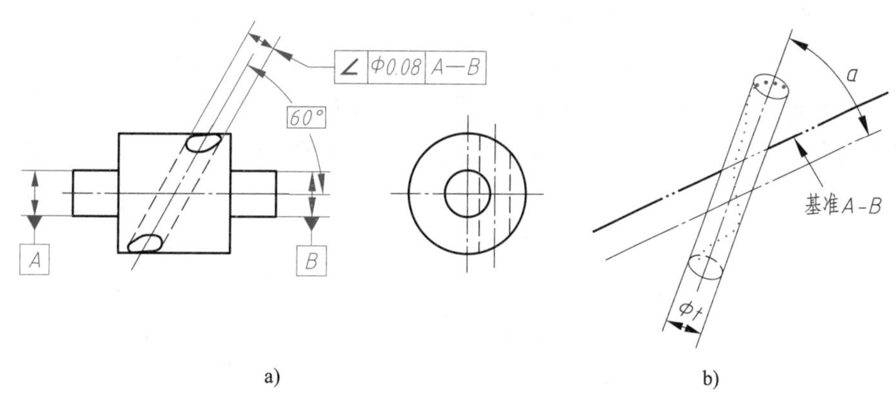

图 7-32　相对于基准直线的中心线倾斜度公差（二）

a）图样标注　b）公差带

（2）相对于基准体系的中心线倾斜度公差

基准体系是由两个或三个基准组成的体系，它们的基准代号字母应按各基准的优先顺序在公差框格的第三格到第五格中依次标出，分别称作“第一基准”“第二基准”“第三基准”，如图 7-33 所示。基准体系遵循六点定位原则，第一基准由三个点确定，第二基准由两个点确定，第三基准由一个点确定。应用基准体系时，设计者在图样上标注基准应特别注意基准的顺序，在加工或检验时，不得随意更换基准顺序。

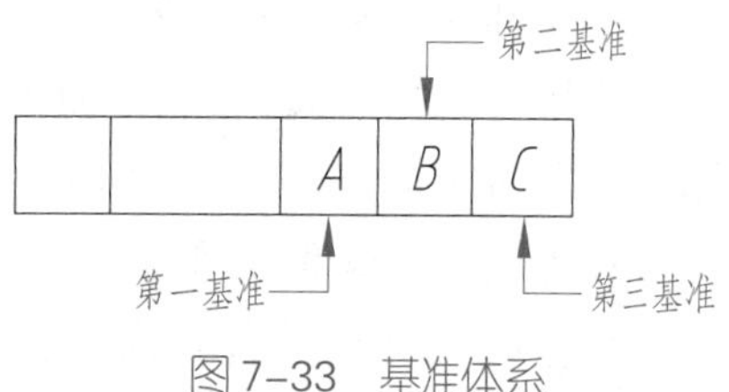

图 7-33　基准体系

在图 7-34a 中标注了斜孔相对于由底面和后面组成的基准体系的倾斜度公差要求，图中的倾斜度公差框格表示斜孔的提取（实际）中心线应限定在直径等于 0.1 mm 的圆柱面内，该圆柱面的中心线按理论正确角度 60° 倾斜于基准平面 A，且平行于基准平面 B。如图 7-34b 所示，该倾斜度的公差带为直径等于公差值 t 的圆柱面所限定的区域。该圆柱面公差带的轴线按规定角度 α 倾斜于基准平面 A，且平行于基准平面 B。

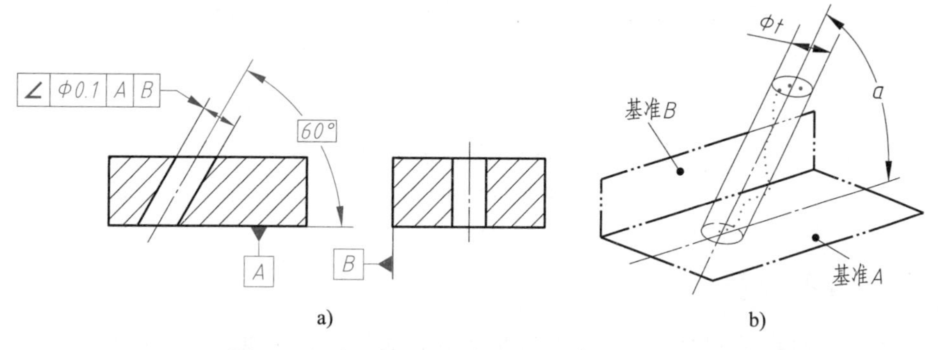

图 7-34　相对于基准体系的中心线倾斜度公差

a）图样标注　b）公差带

（3）相对于基准直线的平面倾斜度公差

在图 7–35a 中标注了斜平面相对于左侧圆柱轴线的倾斜度公差要求，图中的倾斜度公差框格表示斜平面的提取（实际）表面应限定在间距等于 0.1 mm 的两平行平面之间，该两平行平面按理论正确角度 75° 倾斜于基准轴线 A。如图 7–35b 所示，该倾斜度的公差带为间距等于公差值 t 的两平行平面所限定的区域，该两平行平面按规定角度 α 倾斜于基准直线。

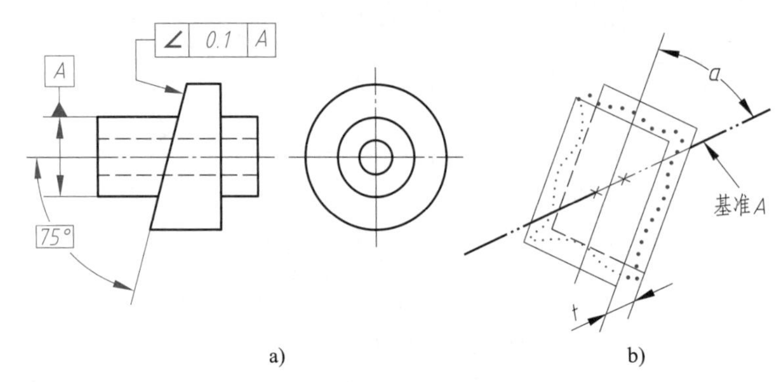

图 7–35　相对于基准直线的平面倾斜度公差

a）图样标注　b）公差带

（4）相对于基准面的平面倾斜度公差

在图 7–36a 中标注了斜平面相对于底面的倾斜度公差要求，图中的倾斜度公差框格表示斜平面的提取（实际）表面应限定在间距等于 0.08 mm 的两平行平面之间，该两平行平面按理论正确角度 40° 倾斜于基准平面 A。如图 7–36b 所示，该倾斜度的公差带为间距等于公差值 t 的两平行平面所限定的区域。该两平行平面按规定角度 α 倾斜于基准平面。

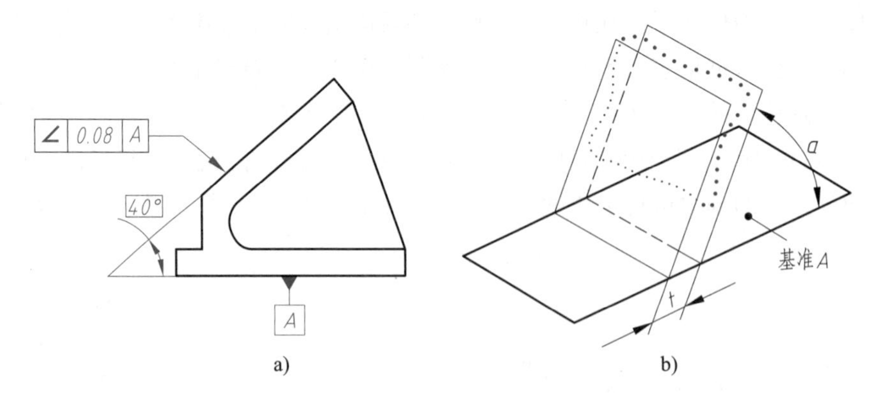

图 7–36　相对于基准面的平面倾斜度公差

a）图样标注　b）公差带

三、位置公差

位置公差是指被测要素相对于基准要素在位置上允许的变动量。位置公差包括同心度与同轴度、对称度、位置度、线轮廓度、面轮廓度等，其中同轴度、对称度和位置度最常用。

1. 同轴度

同轴度公差是限制被测实际轴线相对于基准轴线的共轴误差。

在图 7–37a 中标注了中间圆柱的轴线相对于两端圆柱的公共轴线的同轴度公差要求，图中的同轴度公差框格表示被测圆柱的实际中心线应限定在直径等于 0.08 mm、以公共基准轴线 *A*—*B* 为轴线的圆柱面内。如图 7–37b 所示，该同轴度的公差带为直径等于公差值 *t* 的圆柱面所限定的区域，该圆柱面的轴线与基准轴线重合。

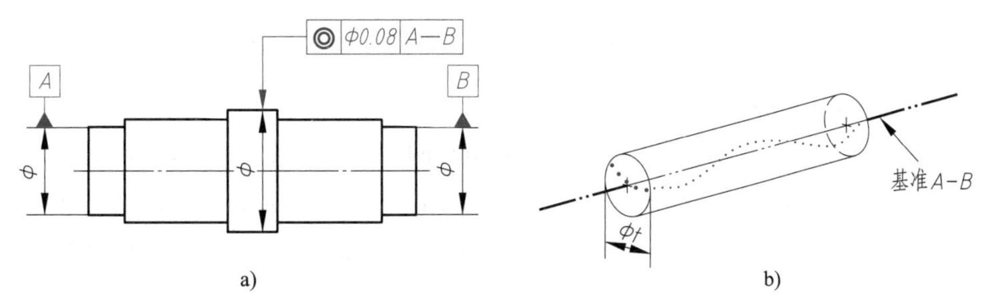

图 7–37 相对公共轴线的同轴度公差

a）图样标注 b）公差带

在图 7–38a 中标注了大圆柱轴线相对于小圆柱轴线的同轴度公差要求，图中的同轴度公差框格表示被测圆柱的实际中心线应限定在直径等于 0.1 mm、以基准轴线 *A* 为轴线的圆柱面内。如图 7–38b 所示，该同轴度的公差带也为直径等于公差值 *t* 的圆柱面所限定的区域，该圆柱面的轴线与基准轴线重合。

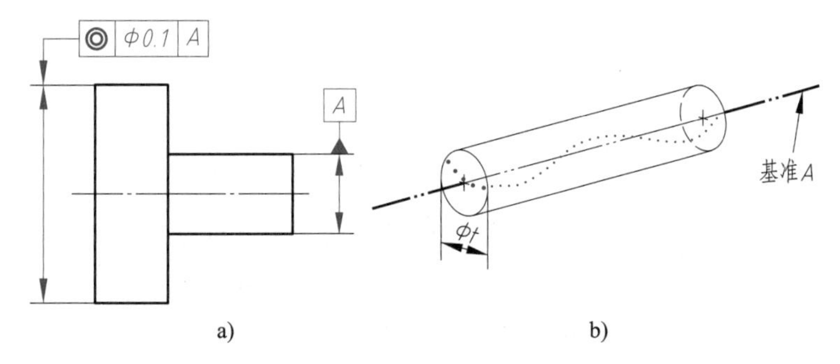

图 7–38 相对单一基准轴线的同轴度公差

a）图样标注 b）公差带

2. 对称度

对称度公差是指被测要素（中心平面）的位置相对基准要素（中心平面或中心线）的允许变动量，是限制被测要素偏离基准要素的一项指标。

图 7–39a 标注了槽口的对称面相对于长方体对称面的对称度公差，图中的对称度公差框格表示槽口的提取（实际）中心平面应限定在间距等于 0.01 mm、对称于基准中心平面 *A* 的两平行平面之间。如图 7–39b 所示，该对称度的公差带为间距等于公差值 *t* 且对称于基准中心平面的两平行平面所限定的区域。

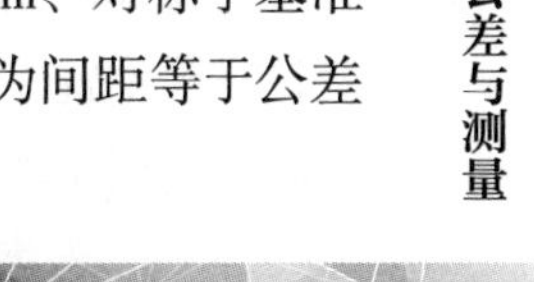

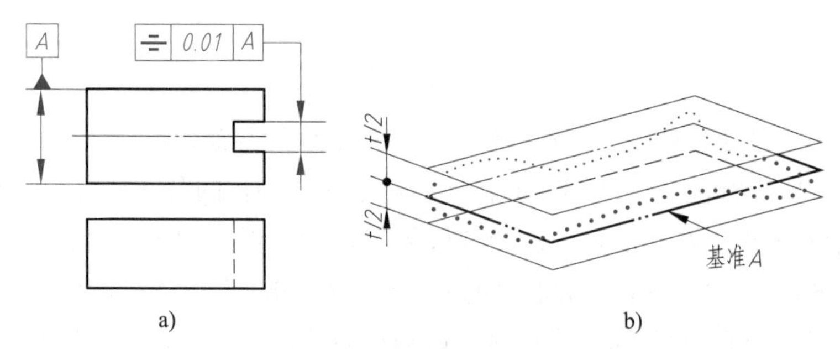

图 7–39 槽口的对称度公差

a）图样标注 b）公差带

在图 7–40a 中标注了键槽的对称面相对于圆柱轴线的对称度公差，图中的对称度公差框格表示被测键槽的实际中心平面应限定在间距等于 0.02 mm、对称于基准轴线 A（通过基准轴线 A 的理想平面）的两平行平面之间。如图 7–40b 所示，该对称度的公差带为间距等于公差值 t、对称于基准轴线（通过基准轴线的理想平面）的两平行平面所限定的区域。

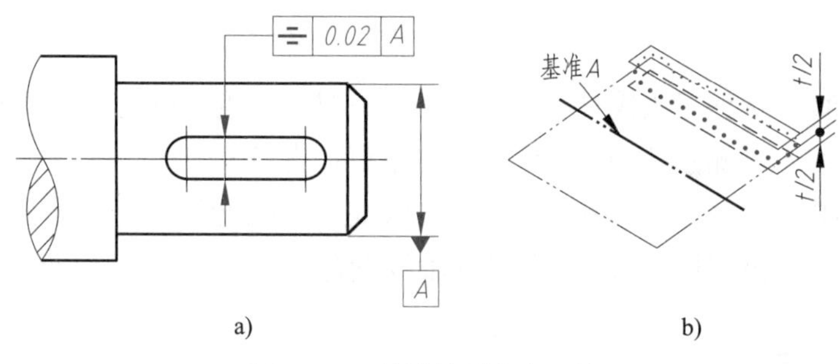

图 7–40 键槽的对称度公差

a）图样标注 b）公差带

3. 位置度

位置度公差是指被测要素所在的实际位置相对于由基准要素和理论正确尺寸所确定的理想位置所允许的变动量。位置度公差分为导出点的位置度公差、中心线的位置度公差、中心面的位置度公差和平表面的位置度公差等，其中公差带为圆柱面的中心线的位置度公差应用最广。

图 7–41a 中标注了孔的轴线相对于由基准 A、基准 B 和基准 C 组成的基准体系的位置度公差，图中的位置度公差框格表示提取（实际）中心线应限定在直径等于 0.08 mm 的圆柱面内，该圆柱面的轴线应处于由基准平面 C、A、B 和理论正确尺寸确定的被测孔的理论正确位置。图 7–41b 中标注了 8 个孔的轴线相对于由基准 A、基准 B 和基准 C 组成的基准体系的位置度公差，图中的位置度公差框格表示各孔的提取（实际）中心线应各自限定在直径等于 0.2 mm 的圆柱面内，该圆柱面的轴线应处于由基准 C、A、B 和理论正确尺寸确定的理论正确位置。如图 7–41c 所示，图 7–41a、b 所示位置度的公差带为直径等于公差值 t 的圆柱面所限定的区域，该圆柱面轴线的位置由相对于基准 C、A、B 的理论正确尺寸确定。

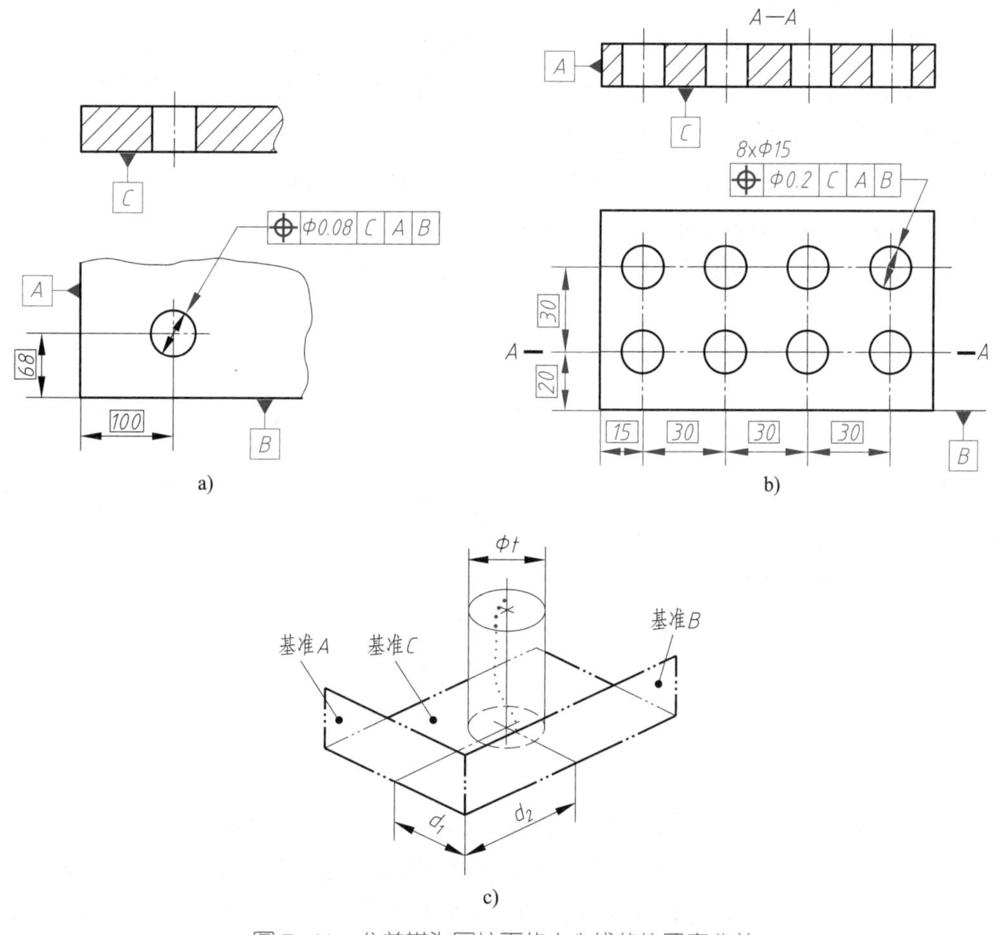

图 7-41 公差带为圆柱面的中心线的位置度公差

a）、b）图样标注 c）公差带

四、跳动公差

跳动公差是被测要素在无轴向移动的条件下，绕基准轴线回转一周或连续回转所允许的最大变动量。跳动公差用于综合控制被测要素的形状、方向和位置误差。跳动公差的被测要素一般为回转面或回转体的端面，跳动公差分为圆跳动公差和全跳动公差。

1. 圆跳动

圆跳动是指被测要素在任一测量截面内相对于基准轴线的最大允许变动量，圆跳动分为径向圆跳动、轴向圆跳动、斜向圆跳动和给定方向的圆跳动，其中径向圆跳动和轴向圆跳动最常用。

（1）径向圆跳动

径向圆跳动公差用于限制被测要素（圆柱面）的任一截面相对于基准轴线的径向

跳动误差。在图 7–42a 中标注了中间大圆柱面相对于 A—B 公共基准轴线的径向圆跳动公差，图中的径向圆跳动公差框格表示在任一垂直于公共基准直线 A—B 的横截面内，提取（实际）线应限定在半径差等于公差值 0.1 mm、圆心在基准轴线 A—B 上的两共面同心圆之间。在图 7–42b 中标注了扇形块外圆柱面相对于孔轴线的径向圆跳动公差，图中的径向圆跳动公差框格表示在任一垂直于基准轴线 A 的横截面内，提取（实际）线应限定在半径差等于公差值 0.2 mm 的共面同心圆之间。如图 7–42c 所示，图 7–42a、b 所示径向圆跳动的公差带为在任一垂直于基准轴线的横截面内、半径差等于公差值 t，圆心在基准轴线上的两同心圆所限定的区域。

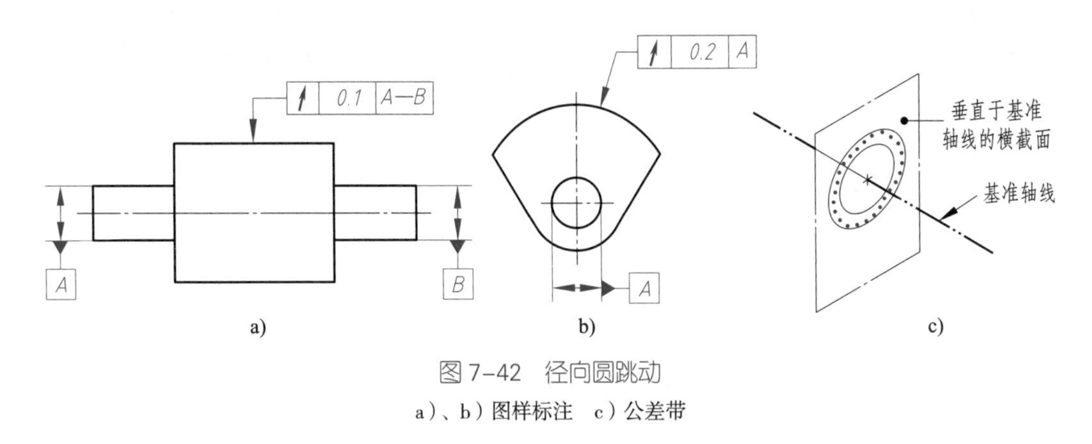

图 7–42　径向圆跳动

a）、b）图样标注　c）公差带

（2）轴向圆跳动

轴向圆跳动用于限制被测要素（圆柱端面）的任一圆柱截面相对于基准轴线的轴向跳动误差。在图 7–43a 中标注了右侧圆柱右端面的轴向圆跳动公差，图中的轴向圆跳动公差框格表示在与基准轴线 A 同轴的任一圆柱形截面上，提取（实际）圆应限定在轴向距离等于 0.1 mm 的两个等圆之间。如图 7–43b 所示，该轴向圆跳动的公差带为与基准轴线同轴的任一半径的圆柱截面上、间距等于公差值 t 的两圆所限定的圆柱面区域。

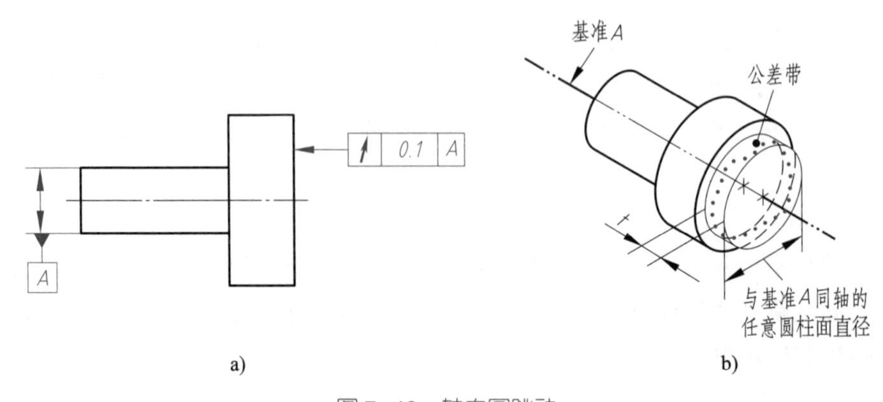

图 7–43　轴向圆跳动

a）图样标注　b）公差带

2. 全跳动

全跳动公差是被测表面绕基准轴线连续回转时，在给定方向上所允许的最大跳动量。全跳动公差分为径向全跳动和轴向全跳动两种。

（1）径向全跳动

径向全跳动公差用于限制整个被测要素相对于基准轴线的径向跳动误差。在图 7–44a 中标注了中间大圆柱面相对于 *A—B* 公共基准轴线的径向全跳动公差，图中的径向全跳动公差框格表示提取（实际）表面应限定在半径差等于 0.1 mm、与公共基准轴线 *A—B* 同轴的两圆柱面之间。如图 7–44b 所示，该径向全跳动的公差带为半径差等于公差值 *t*、与基准轴线同轴的两圆柱面所限定的区域。

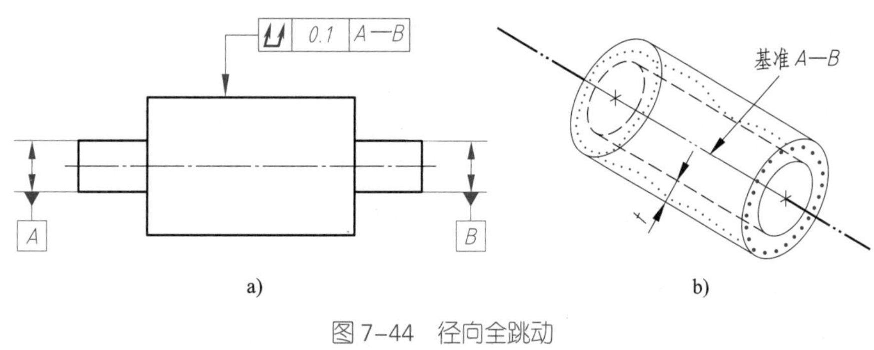

图 7–44　径向全跳动

a）图样标注　b）公差带

（2）轴向全跳动

轴向全跳动公差用于限制整个被测要素相对于基准轴线的轴向跳动误差。在图 7–45a 中标注了右侧圆柱右端面的轴向全跳动公差，图中的轴向全跳动公差框格表示提取（实际）表面应限定在间距等于 0.1 mm、垂直于基准轴线 *D* 的两平行平面之间。如图 7–45b 所示，该轴向全跳动的公差带为间距等于公差值 *t*、垂直于基准轴线的两平行平面所限定的区域。

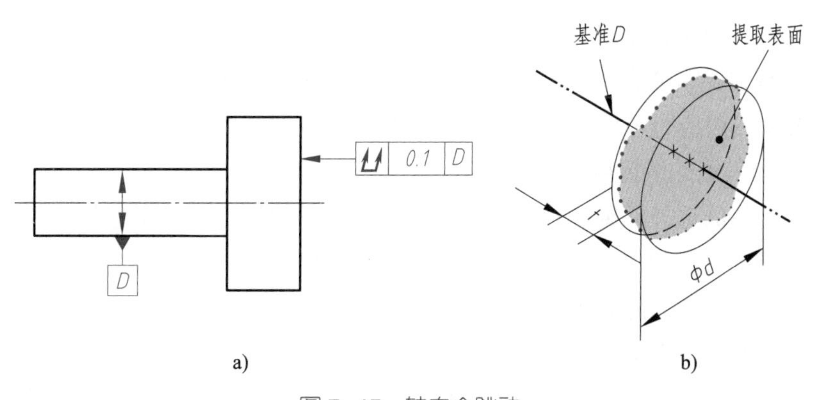

图 7–45　轴向全跳动

a）图样标注　b）公差带

第3节　几何公差的选用与标注

一、几何公差的选用

1. 几何公差项目的选用原则

正确选用几何公差项目，合理确定几何公差数值，对提高产品的质量和降低制造成本具有十分重要的意义。几何公差项目的选择应综合考虑零件的形体结构特征、功能要求、检测方法及其经济性等多方面的因素。

（1）根据零件的形体结构特征选择几何公差项目

零件本身的形体结构特征决定了它可能需要的公差项目。如对圆柱体零件，一般会选择圆柱度、轴线或素线的直线度，零件的重要平表面会选择平面度，零件的槽口或键槽类会选择对称度，台阶轴或台阶孔类零件会选择同轴度，凸轮类零件会选择轮廓度。

（2）根据零件的功能要求选择几何公差项目

选择几何公差项目时，需要考虑零件各部位的功能要求。如安装齿轮轴的机床箱体上的孔，为保证齿轮的正确啮合，需要给出两孔轴线的平行度要求。为保证机床工作台或刀架的运动精度，需要对导轨提出直线度或平面度要求。对于有相对运动关系的孔与轴（如柱塞与柱塞套），需要给出圆柱度要求。

（3）根据便于检测的原则选择几何公差项目

在满足零件功能要求的前提下，应充分考虑几何公差项目检测的方便性和可操作性。如轴类零件可用易于检测的跳动公差综合控制圆柱度、同轴度、端面对轴线的垂直度等。

2. 基准的选择原则

基准的选择要考虑零件在机器中的安装位置、零件重要结构的作用和零件加工检验的要求。基准要素通常应具有较高的形状精度，长度或面积较大，并具有较好的刚度。基准要素一般应是零件在机器中的安装基准或定位基准。

3. 几何公差值的选择原则

几何公差值的选择原则是在满足零件使用要求的前提下，尽量选择较大的公差值，各种几何公差的公差等级和公差值见附表16。确定几何公差值一般采用类比法，常见零件几何公差的应用见附表17。

4. 选用几何公差的注意事项

（1）在同一要素上给出的形状公差值应小于位置公差值。如要求平行的两个平面，其平面度公差值应小于平行度公差值。

（2）圆柱体零件的形状公差值（轴线直线度除外）一般应小于其尺寸公差值。

（3）平行度公差值应小于其相应的距离公差值。

（4）对于下列情况，考虑到加工的难易程度和除主参数外其他因素的影响，在满足功能要求的情况下，可适当降低 1 ~ 2 级选用。

1）相配合的孔相对于轴。

2）细长的孔或轴。

3）距离较大的孔或轴。

4）宽度较大（一般大于 1/2 长度）的零件表面。

5）线对线、线对面相对于面对面的平行度、垂直度。

（5）凡有关标准已对几何公差做出规定的，如与滚动轴承相配合的轴和壳体孔的圆柱度公差、机床导轨的直线度公差等，都应按相应的标准确定。

二、几何公差的图样标注

1. 几何公差要求的标注

（1）被测要素是组成要素时的几何公差要求的标注

当几何公差要求的被测要素是组成要素时，指引线箭头终止在要素的轮廓线或其延长线上，且必须与尺寸线明显分离，如图 7–46 所示。

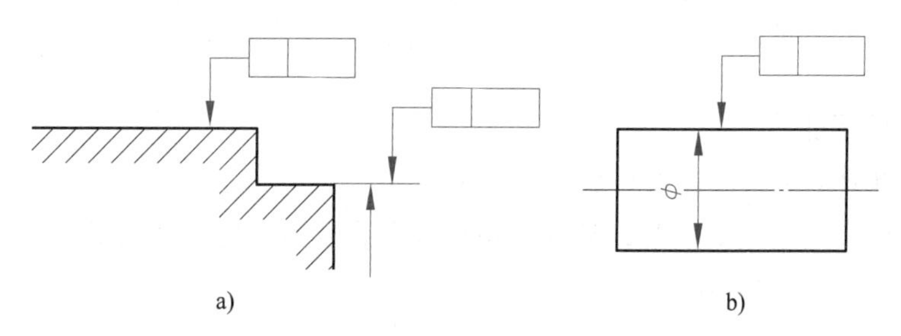

图 7–46　被测要素是组成要素的几何公差标注

a）被测要素是平面　b）被测要素是圆柱面

（2）被测要素是导出要素时的几何公差标注

当几何公差要求的被测要素是导出要素（中心线、中心面或中心点）时，指引线的箭头应终止在尺寸线的延长线上，如图 7–47 所示。

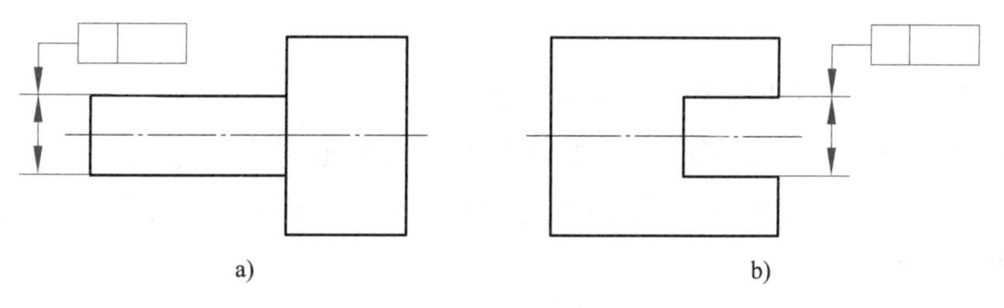

图 7–47　被测要素是导出要素的几何公差标注

a）被测要素是圆柱面的轴线　b）被测要素是两平行平面的对称面

（3）同一要素具有多项几何公差时的标注

当需要为同一要素指定多项几何公差要求时，为了方便，可采用上下堆叠公差框格的标注形式，如图 7–48 所示。标注时应注意以下两点：

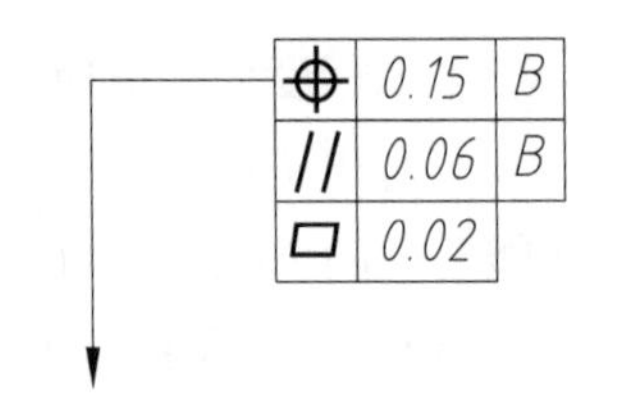

图 7–48　上下堆叠公差框格的标注形式

1）推荐将公差框格按公差值从上到下依次递减的顺序排布。

2）指引线的起点应连接于某个公差框格左侧或右侧的中点，而非公差框格中间的延长线。

（4）多个单独要素具有相同几何公差要求的标注

当多个单独要素具有相同几何公差要求时，可以共用一个几何公差框格，如图 7–49 所示。

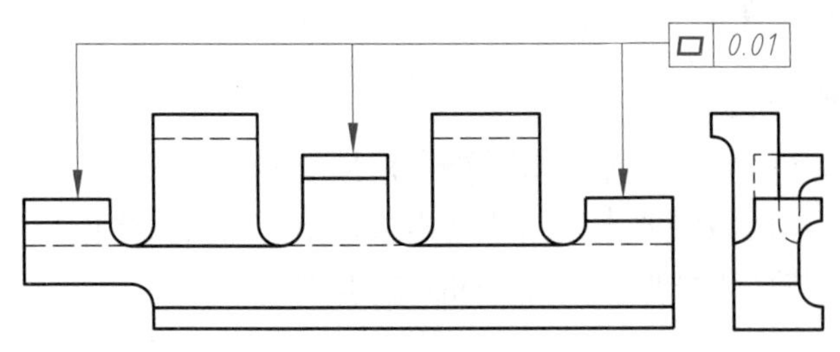

图 7–49　多个单独要素具有相同几何公差的标注

2. 基准的标注

（1）基准要素是组成要素时基准的标注

当基准要素是组成要素时，基准三角形放置在要素的轮廓线或其延长线上，与尺寸线明显错开，如图 7–50 所示。

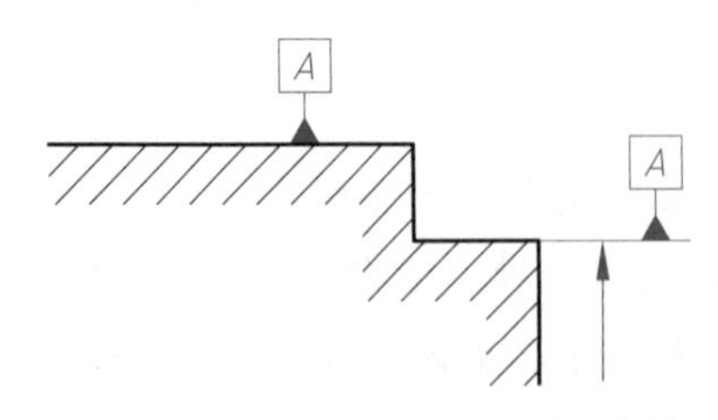

图 7–50　基准要素是组成要素时基准的标注

（2）基准要素是导出要素时基准的标注

当基准要素是导出要素时，基准符号的三角形放置在尺寸线的延长线上（见图 7–51a），如果没有足够的位置标注尺寸的两个箭头，其中一个箭头可用基准三角形代替（见图 7–51b）。

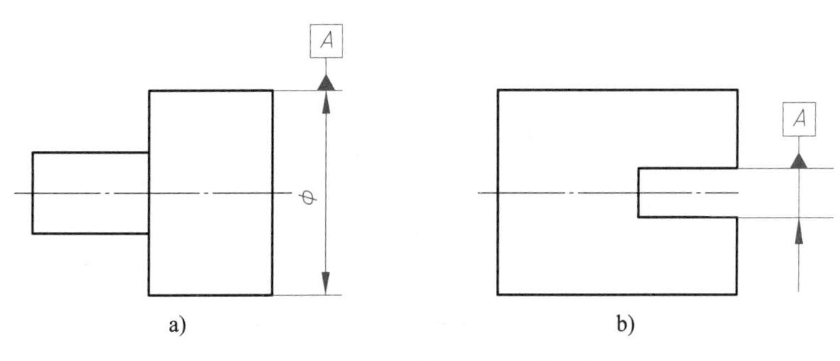

图 7-51　基准要素是导出要素时基准的标注

第 4 节　常见几何误差的测量

一、用刀口尺测量平面的直线度误差

1. 测量工具

（1）刀口尺

刀口尺是具有一个测量面的刀口形直尺，如图 7-52 所示。刀口尺主要用来测量工件的直线度或平面度误差。

（2）塞尺

塞尺是具有标准厚度尺寸的单片或成组的薄片，又称厚薄规，如图 7-53 所示。塞尺用于测量两结合面之间的间隙，使用时可将一片或数片重叠在一起插入缝隙内。

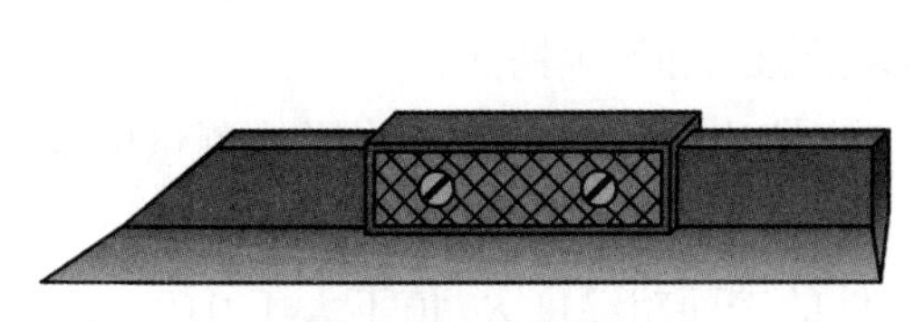
图 7-52　刀口尺

图 7-53　塞尺

2. 测量方法和步骤

图 7-54 所示为长方体垫铁，其上侧工作面有公差值为 0.10 mm 的直线度要求，下面用刀口尺测量垫铁工作表面的直线度误差。

用刀口尺测量垫铁上侧工作面的直线度误差的方法如图 7-55 所示，具体步骤如下：

（1）手握刀口尺的护板，按直线度相交平面框格的要求摆放刀口尺，使刀口尺的工作边轻轻地与被测面接触，凭刀口尺的自重使其工作棱边与被测面紧密贴合。不允许对刀口尺施加压力。

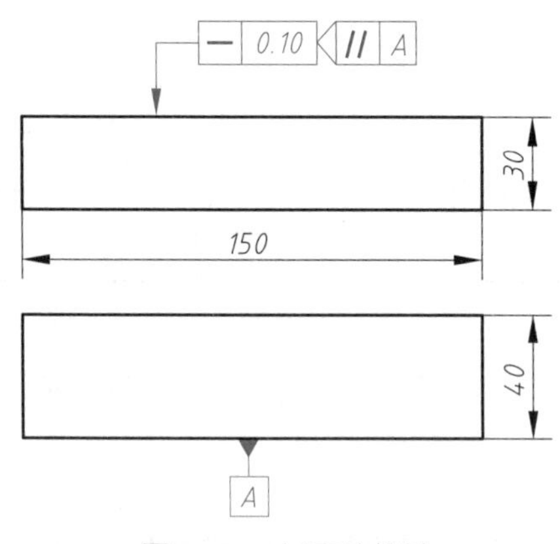

图 7–54　长方体垫铁

（2）观察刀口尺与被测线之间的最大光隙，并根据光隙大小选择测量方法。

1）当光隙较大时，可用塞尺测量其数值。

2）当光隙较小时，可以通过观察透光颜色判断间隙大小。在良好的照明条件下，光隙小于 0.5 μm 时不透光，在 0.3 ~ 3 μm 时呈红色光或紫色光，大于 3 μm 时呈白色光。

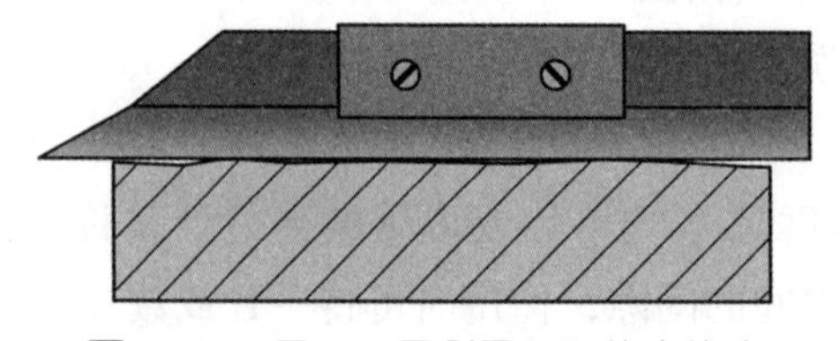
图 7–55　用刀口尺测量平面的直线度

3. 测量注意事项

（1）测量前，应检查刀口尺测量面是否清洁，不得有划痕、碰伤、锈蚀等缺陷。

（2）手应握持护板，以避免温度对测量结果的影响和产生锈蚀。

（3）使用时不得碰撞刀口尺，以确保其工作棱边的完整，否则将影响测量的准确度。

（4）用刀口尺检测工件直线度时，要求工件的表面粗糙度 *Ra* 值不大于 0.04 μm，若表面粗糙度 *Ra* 值过大，光在间隙中会产生散射，不易看准光隙量。

（5）使用完毕后，在刀口尺工作面上涂上防锈油并用防锈纸包好，放回尺盒中。

二、用指示表测量平面的平面度误差

1. 测量工具

测量平面的平面度误差的工具为指示表，常用的指示表有百分表、千分表和杠杆百分表等。本教材重点介绍百分表和千分表的结构及读数方法。

（1）百分表

百分表是指针式量具，其结构如图 7–56 所示，它利用机械传动系统将测量的直线位移转换为指针的角位移，并在表盘上显示被测量值。百分表的分度值为 0.01 mm。用百分表测量尺寸时，大表盘指针和小表盘指针的位置都在变化，大表盘指针转一圈，小表盘指针转一格（1 mm），所以毫米整数值从小指针转过的格数来读取，毫米小数值从大指针的指示位置读取，当大指针停在两条刻线之间时，可以进行估读，读出小数第三位的数值，即微米（μm）。读取百分表示值时，眼光要垂直表盘，否则会出现读数误差。图 7–56 所示百分表的示值为 3.636 mm。

（2）千分表

千分表的结构与百分表类似，只是分度盘的分度值不同，如图 7–57 所示。千分表的分度值有 0.001 mm、0.002 mm 和 0.005 mm 三种，测量范围有 0 ~ 1 mm、0 ~ 2 mm、0 ~ 3 mm 和 0 ~ 5 mm 四种。一般情况下，在表盘上都要标注出分度值，在图 7–57 中，标注了"→|←1μm"，它表示千分表的分度值为 0.001 mm，该千分表每圈的刻度为 200 格，所以大指针旋转一周则测头移动 0.2 mm。在千分表的表盘上（见图 7–57）有一个小刻度盘，大指针每旋转一圈，小指针旋转一格，所以小表盘上的 2 表示 0.2 mm。从小表盘上的刻度可以看出，该千分表的测量范围为 0 ~ 1 mm。

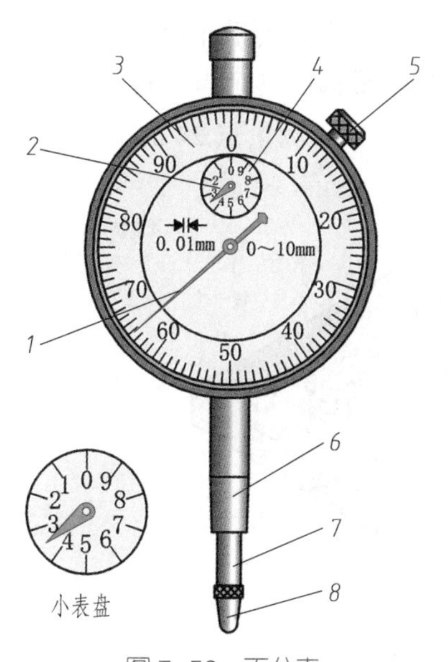

图 7–56　百分表

1—大指针　2—小指针　3—大表盘　4—小表盘　5—锁紧螺钉　6—装夹套　7—测杆　8—触头

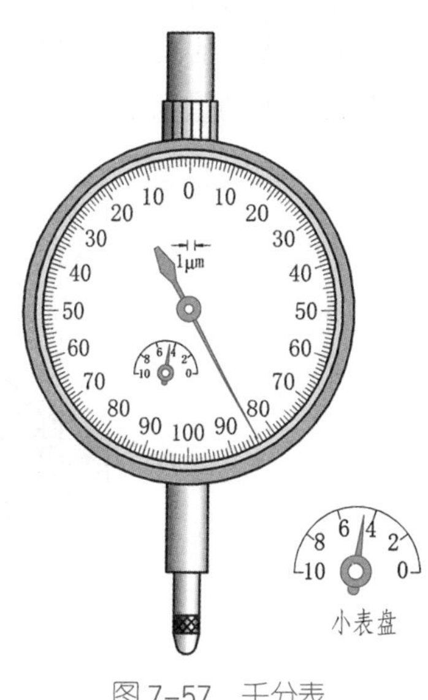

图 7–57　千分表

在读取千分表的示值时，要先读出小表盘的示值，再读出大表盘的示值。图 7–57 中千分表小指针的示值为 0.4 mm，大指针的示值为 0.084 mm，所示该千分表的示值为：0.4 mm+0.084 mm=0.484 mm。

2. 测量方法和步骤

图 7–58所示为小平板，其上侧工作面有平面度公差要求，下面用千分表测量小平板工作平面的平面度误差。

（1）布置测量点

根据小平板的尺寸大小，在其上侧工作面上按图 7–59 所示的位置布置 24 个测量点。

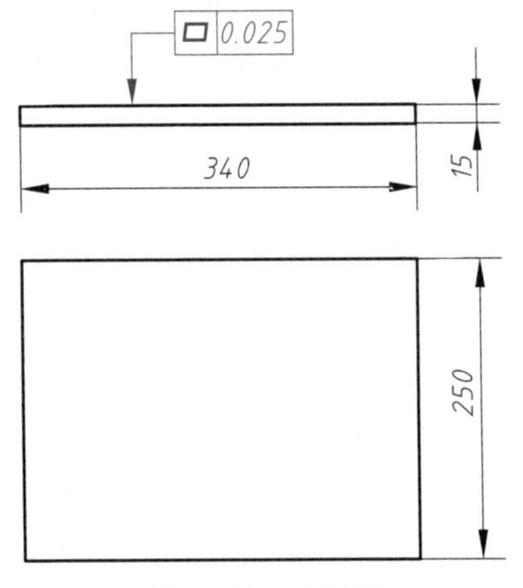

图 7–58　小平板

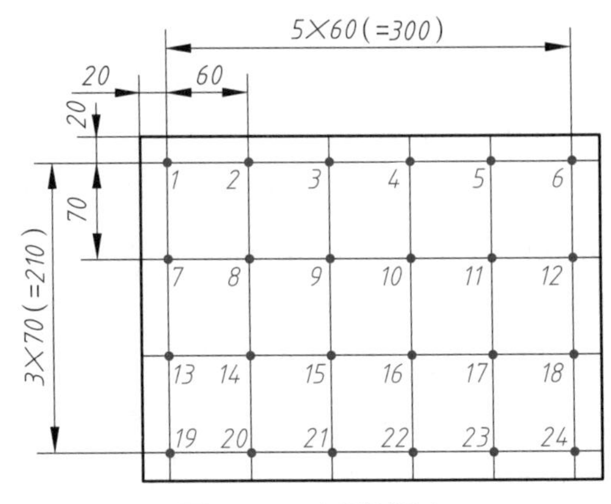

图 7–59　布置测量点

（2）安装活头千斤顶

将小平板的上表面朝上，在铸铁平板上放置三个活头千斤顶，将小平板支承起来。为使三个活头千斤顶的位置为小平板上相距最远的三个点，将三个活头千斤顶分别放置于测量点 3 与测量点 4 的中点、测量点 19、测量点 24 的下方，如图 7–60 所示。

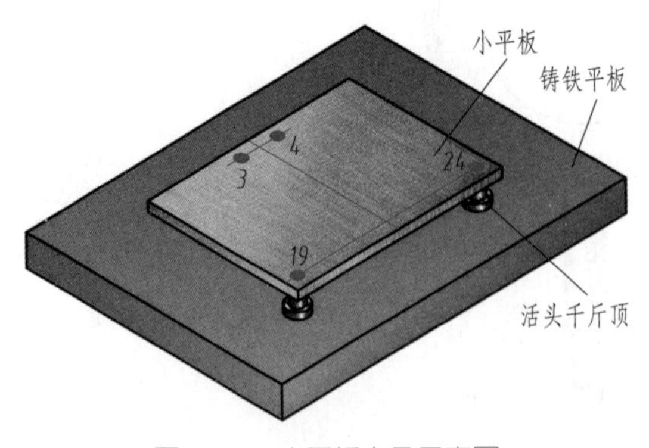

图 7–60　小平板支承示意图

（3）建立基准平面

将千分表安装在表架上，使测杆垂直于被测表面，调节活头千斤顶使其上方小平板被测面的三个点到铸铁平板工作面的距离相等，如图 7–61 所示。

（4）测量并记录数据

将千分表调零，按布点位置逐一测量各点相对于基准平面的误差值。

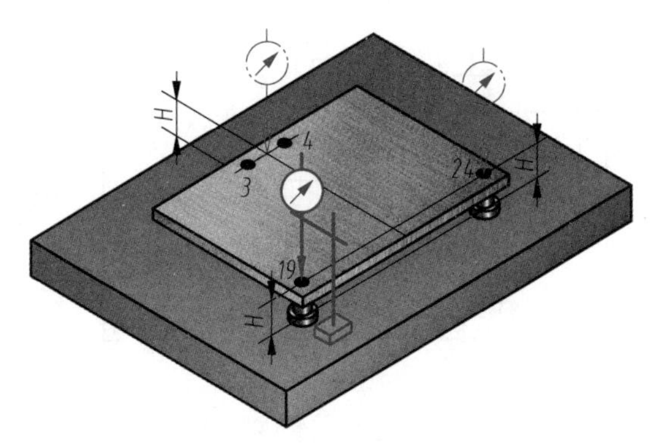

图 7-61　找正小平板基准平面

（5）计算平面度误差

千分表示值的最大值与最小值的差值即为平面度误差，即：

$$f=f_{max}-f_{min}$$

式中　f——平面度误差，mm；

f_{max}——最大读数值，mm；

f_{min}——最小读数值，mm。

三、用百分表测量台阶轴的同轴度误差

图 7-62 所示为台阶轴，其中间 ϕ55 圆柱面的轴线有相对于两侧 ϕ32 圆柱面轴线的同轴度公差要求，下面用千分表测量台阶轴的同轴度误差。

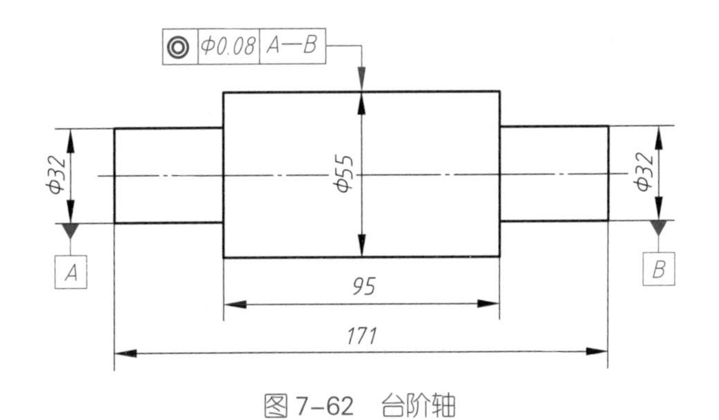

图 7-62　台阶轴

1. 安放工件

如图 7-63 所示，以铸铁平板作为测量基准，将准备好的两个等高刃口状 V 形架放置在铸铁平板上，并使两个 V 形架的对称中心平面共面，将台阶轴放置在刃口状 V 形架上，并进行轴向定位。由于以两个 V 形架体现公共轴线，因此公共轴线平行于铸铁平板。按照图 7-63 所示位置，在同一支架上安装两个百分表使这两个百分表的测杆同轴且垂直于铸铁平板。

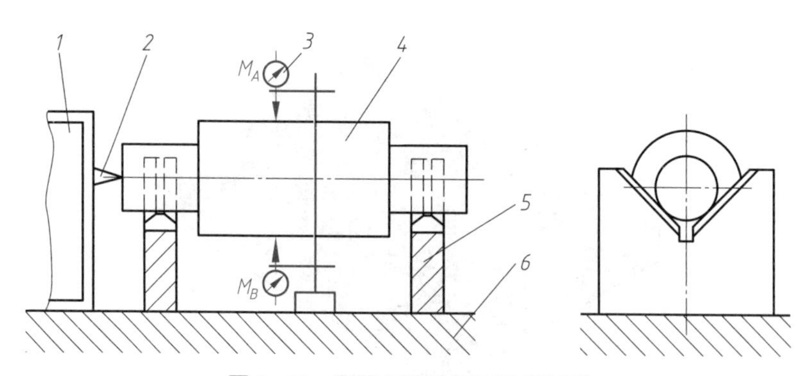

图 7-63 测量台阶轴的同轴度误差

1—方箱 2—轴端支承 3—百分表 4—台阶轴 5—刃口状 V 形架 6—铸铁平板

2. 百分表调零

先将一个百分表（如上方的百分表）的测头与被测横截面轮廓接触，记录该百分表的示值。然后将被测台阶轴在 V 形架上旋转 180°。如果这时该百分表的示值与第一次记录的示值相同，则可将另一个百分表的测头与被测横截面的轮廓接触，并将两个百分表调零。此时上、下两个百分表的测头相对于公共基准轴线 *A—B* 对称，如图 7-64a 所示。

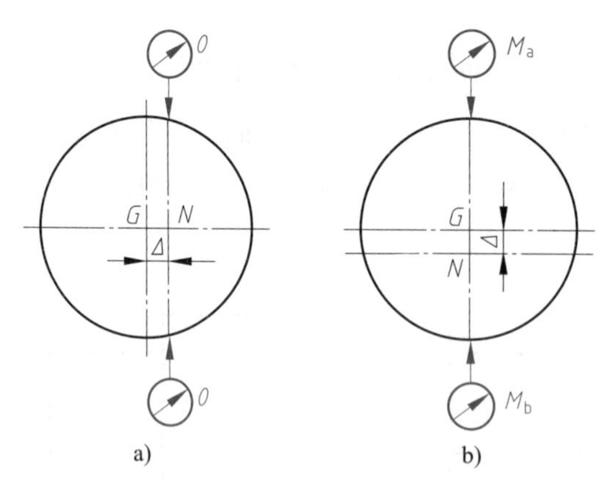

图 7-64 侧头位置调整和测量示值

a）百分表的零位调整 b）被测部位顺时针转过 90°

N—公共基准轴线（*A—B*） *G*—被测横截面轮廓的中心 *Δ*—偏离量

如果工件在 *V* 架上回转 180° 后，百分表的示值与第一次记录的示值不同，则需要少许转动工件，直到使工件回转 180° 后百分表的示值与第一次记录的示值相同为止。

调整百分表位置时，要尽量让百分表的触头与基准轴线在一个竖直平面内，否则测得的同轴度误差较大。

3. 在横截面上测量同轴度误差

转动工件，在被测横截面轮廓的各处进行测量，记录每个测量位置上两个百分表

的示值 M_A 和 M_B（见图 7–64b）。取各个测量位置上两个百分表的示值之差的绝对值 $|M_A-M_B|$ 中的最大值作为该截面轮廓中心 G 相对于公共基准轴线 $A—B$ 的同轴度误差。取所有截面中的最大同轴度误差作为该圆柱面的同轴度误差。

四、用百分表测量键槽对称面相对于圆柱轴线的对称度误差

图 7–65 所示为某齿轮变速箱的中间轴，齿轮与轴之间采用键连接，为保证齿轮传动的精度，对键槽的对称面给出了相对于 $\phi\ 30^{+0.049}_{+0.028}$ 圆柱轴线的对称度公差要求。下面用百分表测量键槽对称面相对于圆柱轴线的对称度误差。

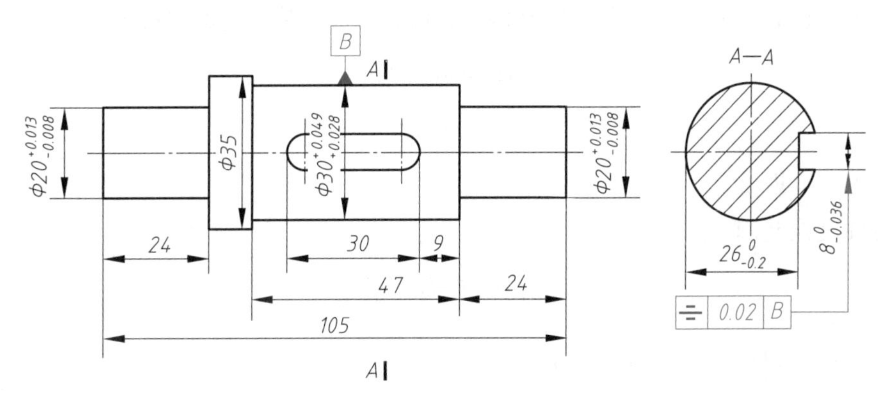

图 7–65 中间轴

1. 安放零件

（1）如图 7–66 所示，在键槽中安装一个宽度与键槽尺寸相等的测量块。装入键槽中的测量块要保证不能松动。

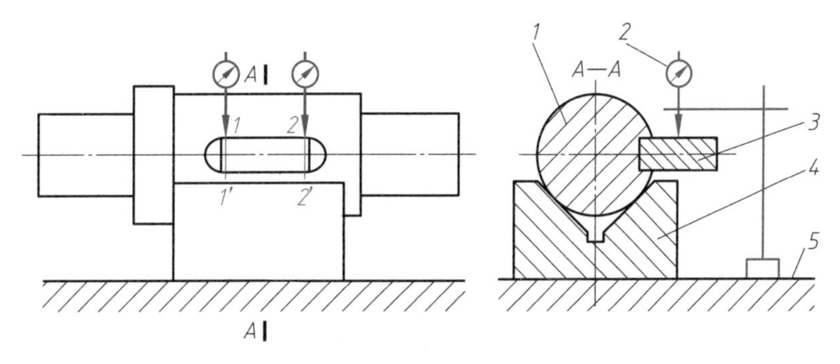

图 7–66 测量对称度误差

1—中间轴 2—百分表 3—测量块 4—V 形架 5—铸铁平板

（2）如图 7–66 所示，将被测工件放置在 V 形架上。以铸铁平板作为测量基准，用 V 形架模拟 ϕ30 mm 圆柱的轴线（基准），用测量块模拟被测键槽的中心平面。

2. 调整被测工件

将百分表的测头与测量块的顶面接触，然后使测头沿测量块的某一个横截面（垂直于被测圆柱轴线的平面）移动，稍微转动被测零件以调整测量块的位置，直到百分

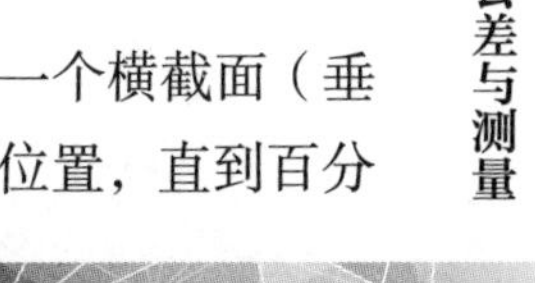

表在这个横截面上移动时示值不变为止，从而使测量块沿径向（前后方向）与铸铁平板平行。

3. 测量

（1）用百分表测量 1、2 两点，测得示值 M_1、M_2。

（2）将中间轴在 V 形架上翻转 180°。调整被测工件，再次使测量块沿径向与铸铁平板平行。然后测量 1、2 两点的对应点 1′、2′，测得示值 M'_1、M'_2。

4. 处理数据

（1）计算偏移量

两个测量截面上键槽实际被测中心平面相对于基准轴线的偏移量为：

$$\Delta_1=|M_1-M'_1|$$

$$\Delta_2=|M_2-M'_2|$$

（2）计算误差

对称度误差用下式计算：

$$f=\frac{d(f_1-f_2)+2tf_2}{d-t}$$

式中 f_1——偏移量中的大者，mm；

f_2——偏移量中的小者，mm；

d——轴的直径，mm；

t——键槽深度，mm。

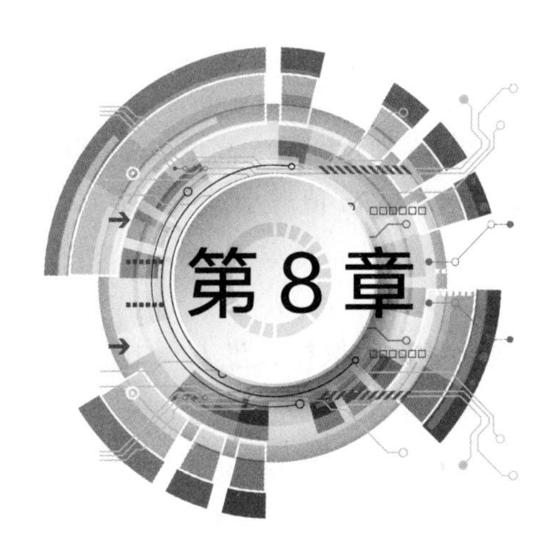

表面结构与测量

第1节　表面结构的组成与评定参数

一、表面结构的组成

在零件的各种加工过程中，由于塑性变形、工艺系统的高频振动以及刀具与零件在加工表面的摩擦等因素影响，必将导致完工工件的表面轮廓产生各种频率的波纹，其表面轮廓的组成如图8-1所示。按照波纹频率的高低，零件的表面轮廓分为表面粗糙度、表面波纹度和形状误差。表面粗糙度反映的是零件表面的微观特征，而形状误差表述的则是零件几何要素的宏观特征，介于两者之间的是表面波纹度。

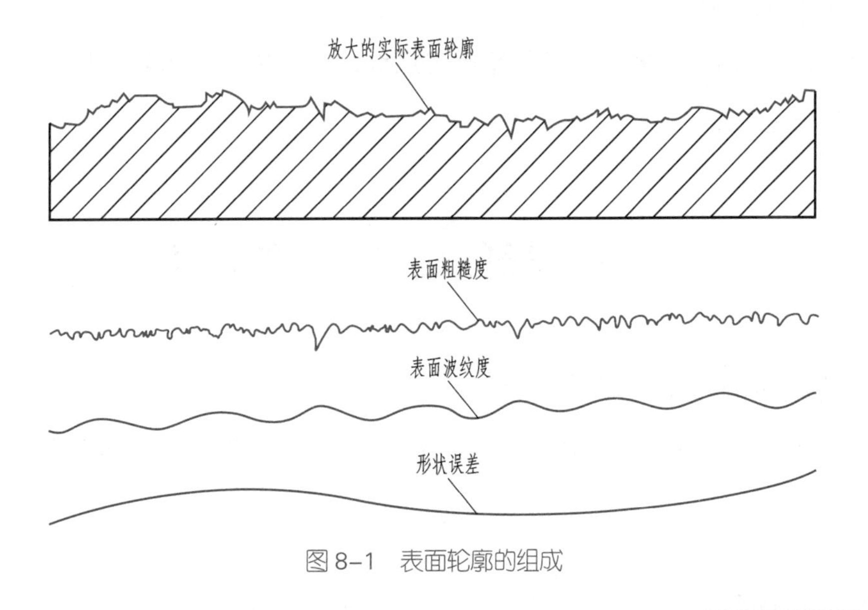

图8-1　表面轮廓的组成

二、表面粗糙度的评定参数

表面粗糙度常用的评定参数有轮廓算术平均偏差 *Ra* 和轮廓最大高度 *Rz*，其中 *Ra* 为最常用的评定参数。一般来说，表面质量要求越高，*Ra* 值越小，加工成本也越高。

1. 取样长度 *l*

用以判别具有表面粗糙度特征的一段基准线长度称为取样长度 *l*，如图 8–2 所示。

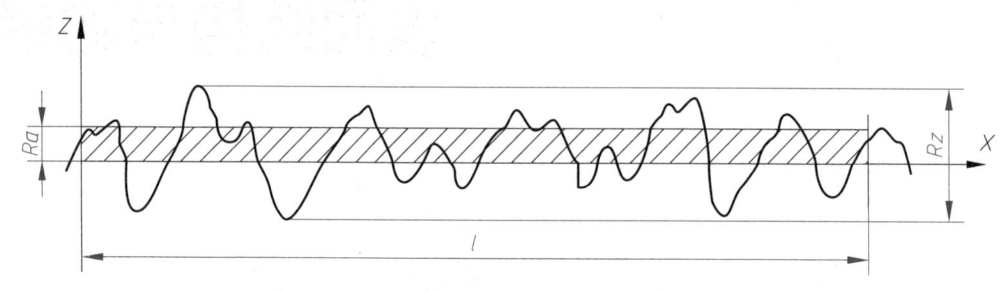

图 8–2　表面粗糙度轮廓曲线

2. 轮廓算术平均偏差 *Ra*

在取样长度内，轮廓偏差绝对值的算术平均值称为轮廓算术平均偏差，如图 8–2 所示，其计算公式为：

$$Ra=\frac{1}{n}(z_1+z_2+\cdots+z_n)$$

式中　*Ra*——轮廓算术平均偏差，μm；

z_1，z_2，…，z_n——分别为轮廓上各点至轮廓中线的距离，μm。

3. 轮廓最大高度 *Rz*

在取样长度内，轮廓峰顶线与轮廓谷底线之间的距离称为轮廓最大高度，如图 8–2 所示。

第 2 节　表面结构要求的标注

一、表面结构要求的图形符号

表面结构要求的图形符号分为基本图形符号、扩展图形符号和完整图形符号，见表 8–1。

表 8-1　表面结构要求的图形符号

名称		符号	说明
基本图形符号			由两条不等长的与标注表面成 60° 夹角的直线构成，仅用于简化代号标注，没有补充说明时不能单独使用
扩展图形符号	去除材料		在基本图形符号上加一短横，表示指定表面是用去除材料的方法获得的，如通过车削、铣削、磨削等切削加工方法获得的表面
	不去除材料		在基本图形符号上加一圆圈，表示指定表面是用不去除材料的方法获得的，如铸造、锻造、冲压获得的表面
完整图形符号	允许任何工艺		当要求标注表面结构特征的补充信息时，应在图形符号的长边上加一横线
	去除材料		
	不去除材料		

二、表面结构要求完整图形符号的组成

为了明确表面结构要求，除了标注表面结构要求的参数代号和数值外，必要时应标注补充要求，补充要求包括加工工艺、表面纹理及方向、加工余量等。表面结构要求各项内容的注写位置如图 8-3 所示。

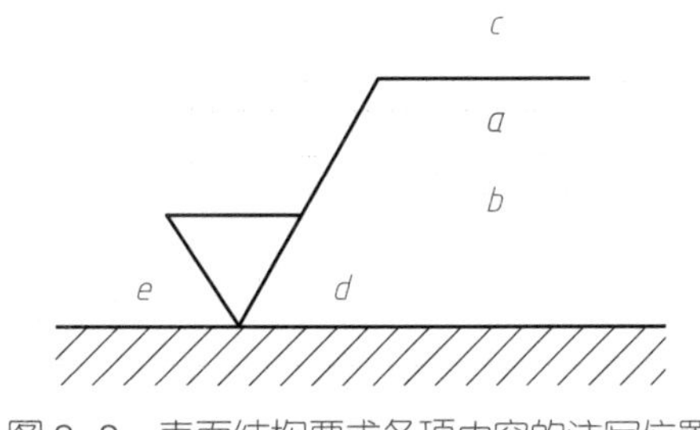

图 8-3　表面结构要求各项内容的注写位置

图 8-3 中，位置 a 注写表面结构的单一要求；位置 b 注写第二个或更多表面结构要求；位置 c 注写加工方法、表面处理、涂层或其他加工工艺要求，如车、磨、镀等加工方法；位置 d 注写所要求的表面纹理和纹理的方向；位置 e 注写加工余量，单位为 mm。常见表面结构要求辅助信息的标注方法见表 8-2。

表 8-2　常见表面结构要求辅助信息的标注方法

注写内容	符号	标注方法及示例	解释
加工纹理	=	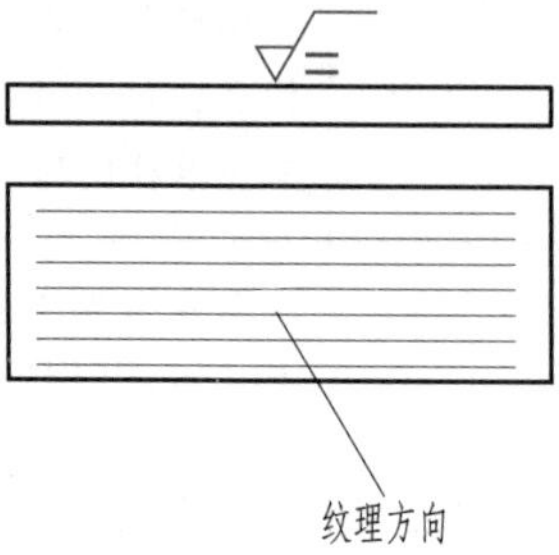 纹理方向	纹理方向平行于视图所在的投影面
	⊥	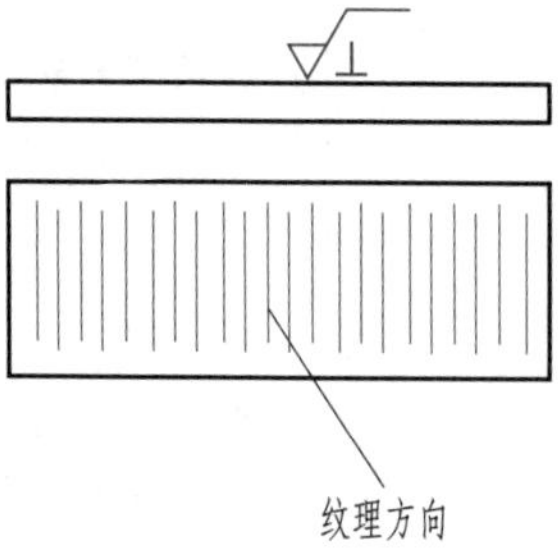 纹理方向	纹理方向垂直于视图所在的投影面
	×	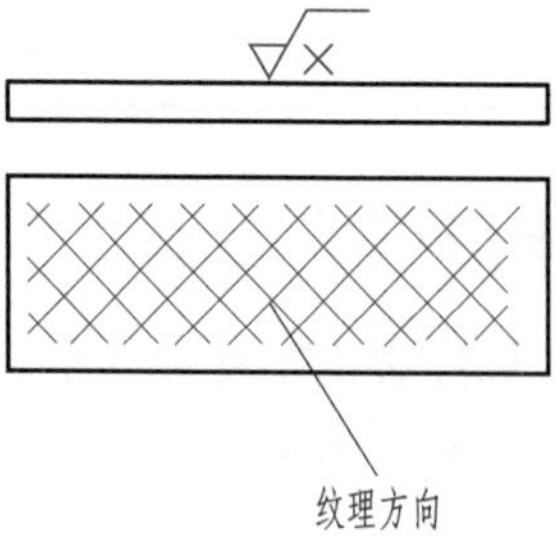 纹理方向	纹理呈两斜向交叉且与视图所在的投影面相交
	M	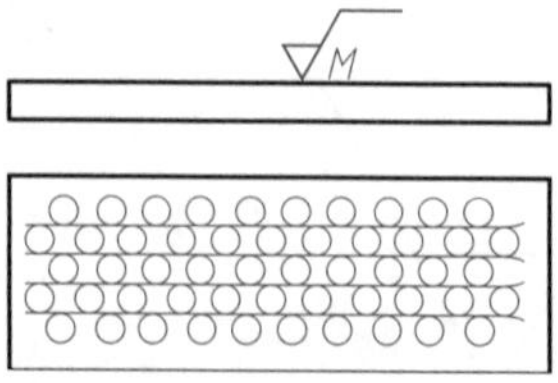	纹理呈多方向
	C	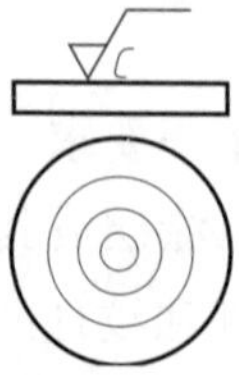	纹理呈近似同心圆且圆心与表面中心相关

续表

注写内容	符号	标注方法及示例	解释
加工纹理	R	R	纹理呈近似放射状且与表面圆心相关
	P	P	纹理呈微粒、凸起、无方向
加工方法		车 Ra 3.2	需要注明加工方法时，应用文字注写在完整符号的横线上方，如车、铣、钻、磨等
加工余量		2 Ra 3.2	在同一图样中，有多个加工工序的表面可用数字标注出加工余量，如示例中的“2”

一般情况下，在表面结构要求的图形符号上主要标注轮廓算术平均偏差 *Ra* 和轮廓最大高度 *Rz*。标注时，其参数值前应标出相应的参数代号 *Ra* 或 *Rz*，常见表面结构要求图形符号的含义见表 8-3。

表 8-3　常见表面结构要求图形符号的含义

代号	含义
Ra 25	表示表面用不去除材料的方法获得，单向上限值，轮廓算术平均偏差 *Ra* 为 25 μm
Rz 0.8	表示表面用去除材料的方法获得，单向上限值，轮廓最大高度 *Rz* 为 0.8 μm
Ra 3.2	表示表面用去除材料的方法获得，单向上限值，轮廓算术平均偏差 *Ra* 为 3.2 μm
U Ra 3.2 L Ra 0.8	表示表面用去除材料的方法获得，双向极限值，轮廓算术平均偏差 *Ra* 的上限值为 3.2 μm，下限值为 0.8 μm
L Ra 3.2	表示表面用任意加工方法活动，单向下限值，轮廓算术平均偏差 *Ra* 为 3.2 μm

三、表面结构要求在图样上的标注方法

1. 表面结构要求的标注规则

（1）表面结构要求对每一表面一般只标注一次，并尽可能注在相应的尺寸及其公差的同一视图上。除非另有说明，所标注的表面结构要求是对完工零件表面的要求。

（2）应使表面结构要求的注写和读取方向与尺寸的注写和读取方向一致。

2. 表面结构要求的标注方法及示例

表面结构要求的标注方法及示例见表 8-4。

表 8-4　表面结构要求的标注方法及示例

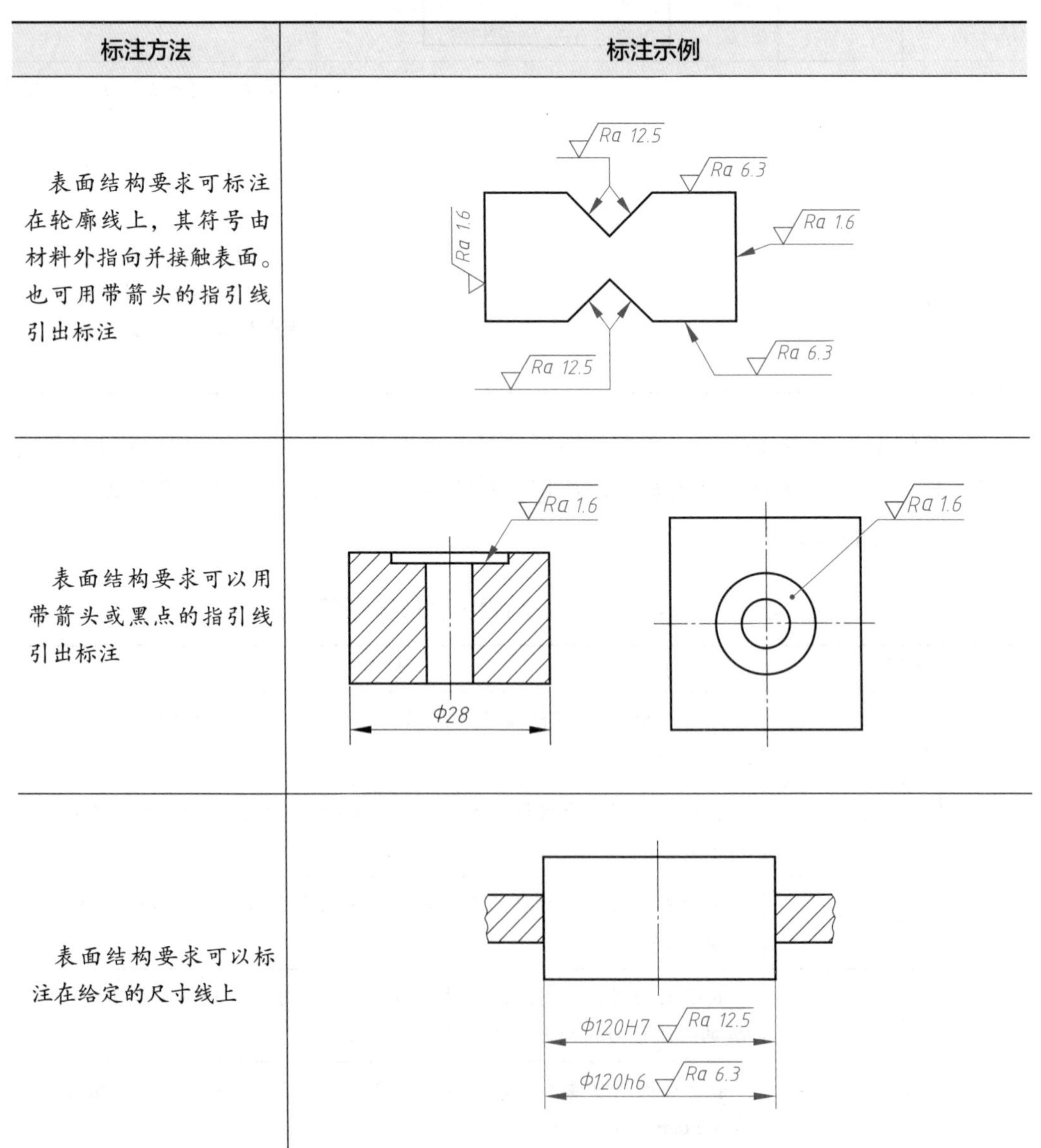

标注方法	标注示例
表面结构要求可标注在轮廓线上，其符号由材料外指向并接触表面。也可用带箭头的指引线引出标注	
表面结构要求可以用带箭头或黑点的指引线引出标注	
表面结构要求可以标注在给定的尺寸线上	

续表

标注方法	标注示例
表面结构要求可以标注在圆柱特征的延长线上，或轮廓线的延长线上	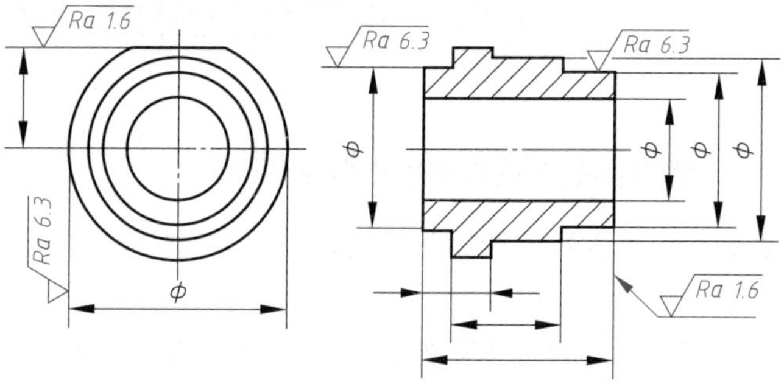 Ra 1.6　Ra 6.3　ϕ　Ra 6.3　Ra 6.3　ϕ　ϕ　ϕ　ϕ　Ra 1.6
表面结构要求可以标注在几何公差框格的上方	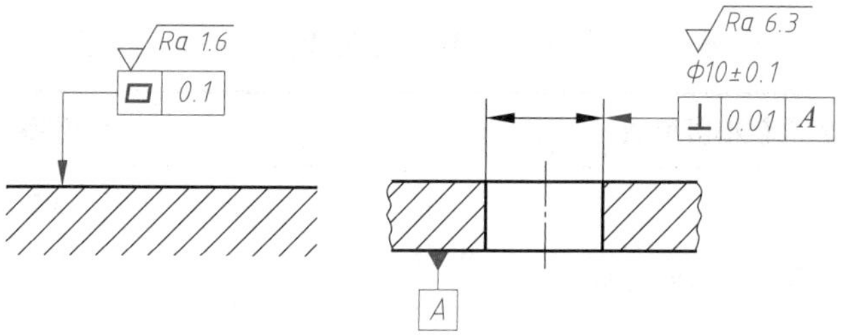 Ra 1.6　0.1　Ra 6.3　Φ10±0.1　⊥ 0.01 A　A
当多个表面具有相同的表面结构要求时，可将表面结构要求统一标注在标题栏附近	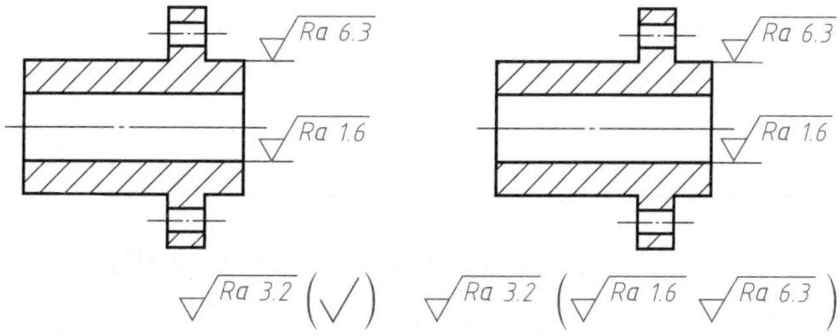 Ra 6.3　Ra 1.6　Ra 3.2 (√)　Ra 6.3　Ra 1.6　Ra 3.2 (Ra 1.6　Ra 6.3)
具有相同表面结构要求的表面，可采用简化注法，简化注释标注在图形或标题栏附近	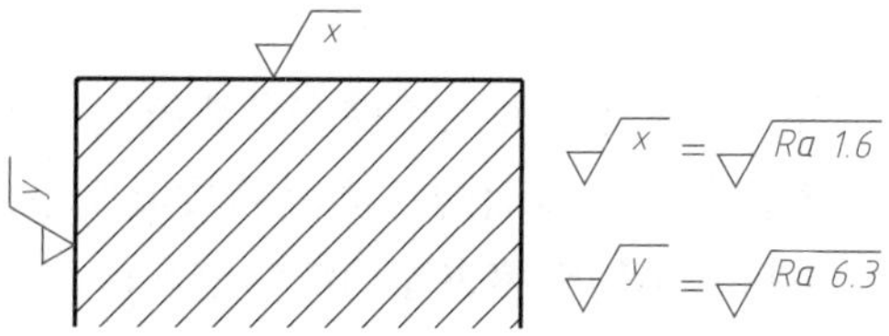 x　y　x = Ra 1.6　y = Ra 6.3
视图上封闭轮廓的各表面有相同表面结构要求时，可以在表面结构要求的符号上加注小圆，标注在图样中工件的封闭轮廓线上	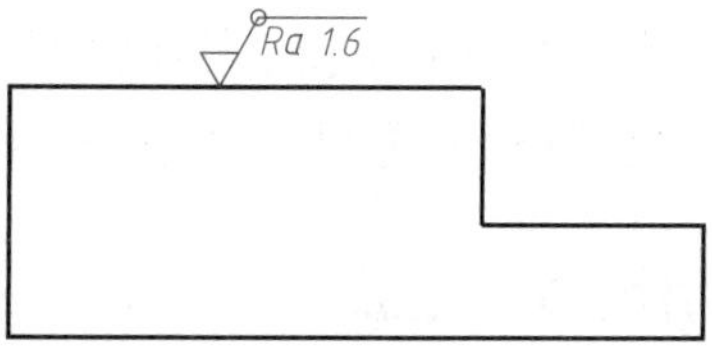 Ra 1.6

第 3 节　表面粗糙度的选用与检测

一、表面粗糙度参数的选用原则

表面粗糙度参数的选用既要满足零件表面功能的要求，又要考虑经济性，一般应遵循以下原则。

1. 选择表面粗糙度参数时，应优先选用常用系列值，常用轮廓算术平均偏差 *Ra* 和轮廓最大高度 *Rz* 的数值系列见表 8–5。

表 8-5　表面粗糙度参数的数值系列（摘自 GB/T 1031—2009）　μm

表面粗糙度参数	参数系列				
轮廓算术平均偏差 *Ra*	0.012 0.025 0.05 0.1	0.2 0.4 0.8 1.6	3.2 6.3 12.5 25	50 100	
轮廓最大高度 *Rz*	0.025 0.05 0.1 0.2	0.4 0.8 1.6 3.2	6.3 12.5 25 50	100 200 400 800	1 600

2. 一般情况下评定表面粗糙度的参数优先选用轮廓算术平均偏差 *Ra*，当表面粗糙度要求特别高或特别低时，可选用轮廓最大高度 *Rz* 参数。

3. 在满足表面功能要求的情况下，尽量选用较大的表面粗糙度参数值，以降低加工成本。

4. 同一零件上，工作表面的粗糙度参数值应小于非工作表面的粗糙度参数值。

5. 摩擦表面比非摩擦表面的粗糙度参数值要小，运动速度高、压力大的摩擦表面比运动速度低、压力小的摩擦表面的粗糙度参数值要小。

6. 承受循环载荷的表面容易引起应力集中，其粗糙度参数值要小。

7. 配合精度要求高的结合表面、配合间隙小的配合表面以及要求连接可靠且承受重载的过盈配合表面，均应采用较小的粗糙度参数值。

常用表面粗糙度 *Ra* 值的选用举例见附表 18。

二、表面粗糙度的检测

检测表面粗糙度参数要求不严的表面时，通常采用比较法；检测精度较高，要求获得准确评定参数时，则须采用专业仪器进行检测。

1. 比较法

比较法是指将被测表面与标准粗糙度样块进行比较，用目测和手摸感触来判断表面粗糙度的一种检测方法。比较时还可借助放大镜、比较显微镜等工具，以减少误差，提高判断的准确性。比较时，应使样块与被检测表面的加工纹理方向保持一致。图 8-4 所示为表面粗糙度比较样块。

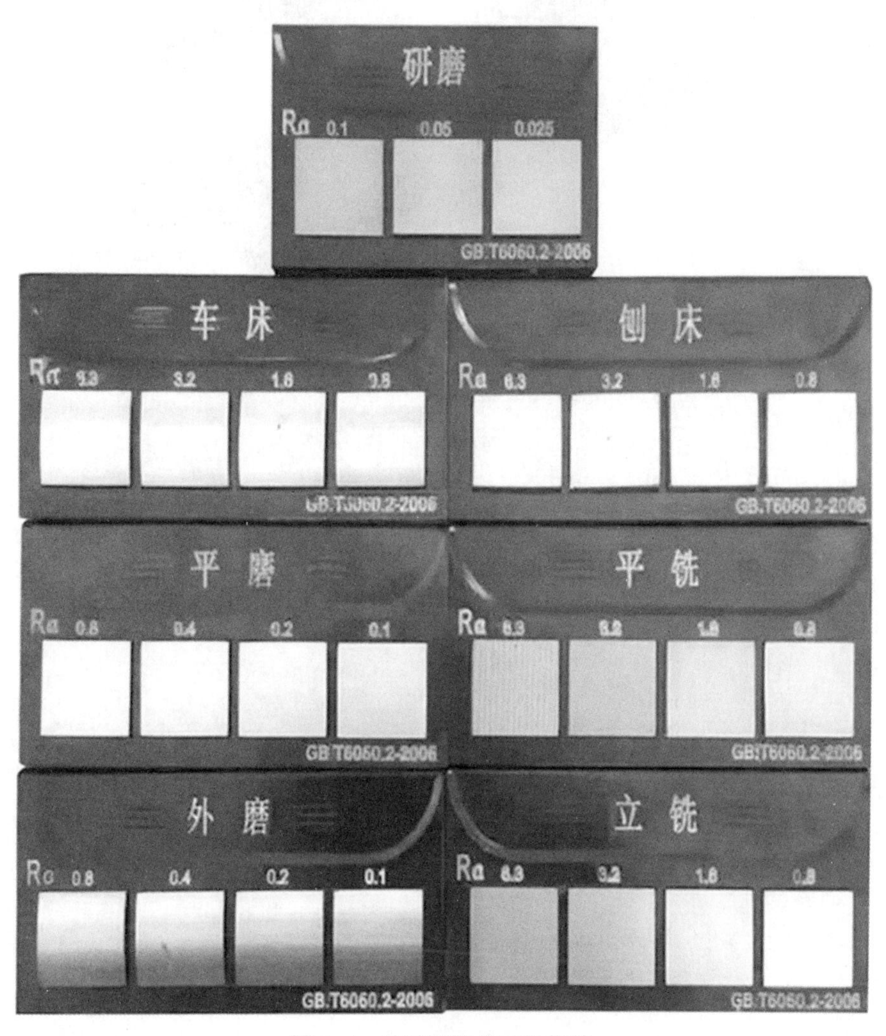

图 8-4　表面粗糙度比较样块

比较法简便易行，适于在车间现场使用，但其评定的可靠性在很大程度上取决于检测人员的经验，往往误差较大。

2. 表面粗糙度测量仪

表面粗糙度测量仪是利用电感传感器测量表面粗糙度的仪器。测量时，传感器触针沿被测表面上下移动以产生位移，该位移使传感器电感线圈的电感量发生变化，从而在检波器的输出端产生与被测表面粗糙度成比例的模拟信号，该信号经过放大及电平转换之后进入数据采集系统，通过计算机对采集的数据进行数字滤波和参数计算，将测量结果在显示器上显示或通过打印机打印。图 8-5 所示为某种手持式表面粗糙度测量仪，适合在生产环境中使用，可以测量金属与非金属工件的平面、曲面、凹槽、小孔等复杂工件的表面粗糙度。

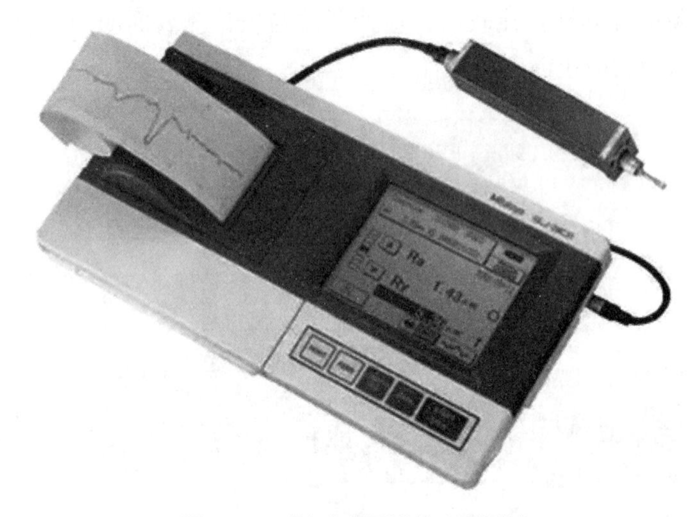

图 8-5　手持式表面粗糙度测量仪

零件图

第 1 节　零件图概述

一、零件图与装配图的关系

装配图表示机器或部件的工作原理、零件间的装配关系和技术要求，零件图则表示零件的结构形状、大小和有关技术要求，并根据它加工制造零件。在设计机器时，首先要绘制装配图，再拆画零件图，零件完工后再按装配图将零件装配成部件或机器。因此，零件与机器或部件、零件图与装配图之间的关系十分密切。

在识读或绘制零件图时，要考虑零件在部件中的位置、作用，以及与其他零件间的装配关系，从而理解各个零件的结构形状和加工方法。在识读或绘制装配图时（将在第 10 章中讲述），也必须了解部件中主要零件的结构形状和作用，以及各零件间的装配关系。

图 9–1 所示为滑动轴承轴测分解图。滑动轴承是机械设备中支承转动轴的部件，它由一些非标准件（如轴承座、轴承盖等）和标准件（如螺栓、螺母等）装配而成。轴承座是滑动轴承的主要零件，它与轴承盖通过两组螺栓和螺母紧固，并压紧上轴衬、下轴衬，轴承盖上部的油杯用于给轴衬加润滑油；轴承座下部的底板起支承和固定滑动轴承的作用。由此可见，零件的结构形状和大小是由该零件在机器或部件中的功能以及与其他零件的装配连接关系确定的。

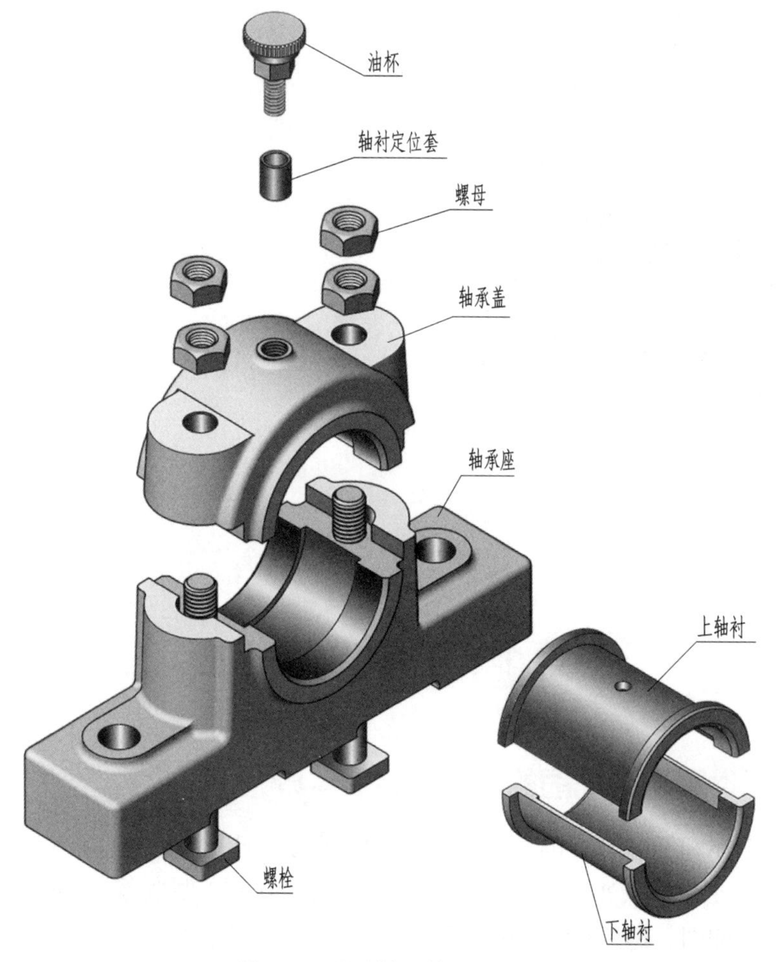

图 9-1　滑动轴承轴测分解图

二、零件图的内容

图 9-2 所示为轴承座零件图。零件图应包括以下基本内容：

1. 图形

选用一组适当的图形（可以是视图、剖视图、断面图等），正确、完整、清晰地表达零件的内、外结构形状。

2. 尺寸

正确、齐全、清晰、合理地标注零件在制造和检验时所需要的全部尺寸。

3. 技术要求

用规定的符号、代号、标记和文字说明等简明地给出零件在制造和检验时所应达到的各项技术指标和要求，如尺寸公差、几何公差、表面结构要求和热处理要求等。技术要求一般用符号、代号或标记标注在图形上，或者用文字注写在图样的适当位置。

4. 标题栏

填写零件名称、材料、比例、图号以及制图、审核人员的责任签字等。

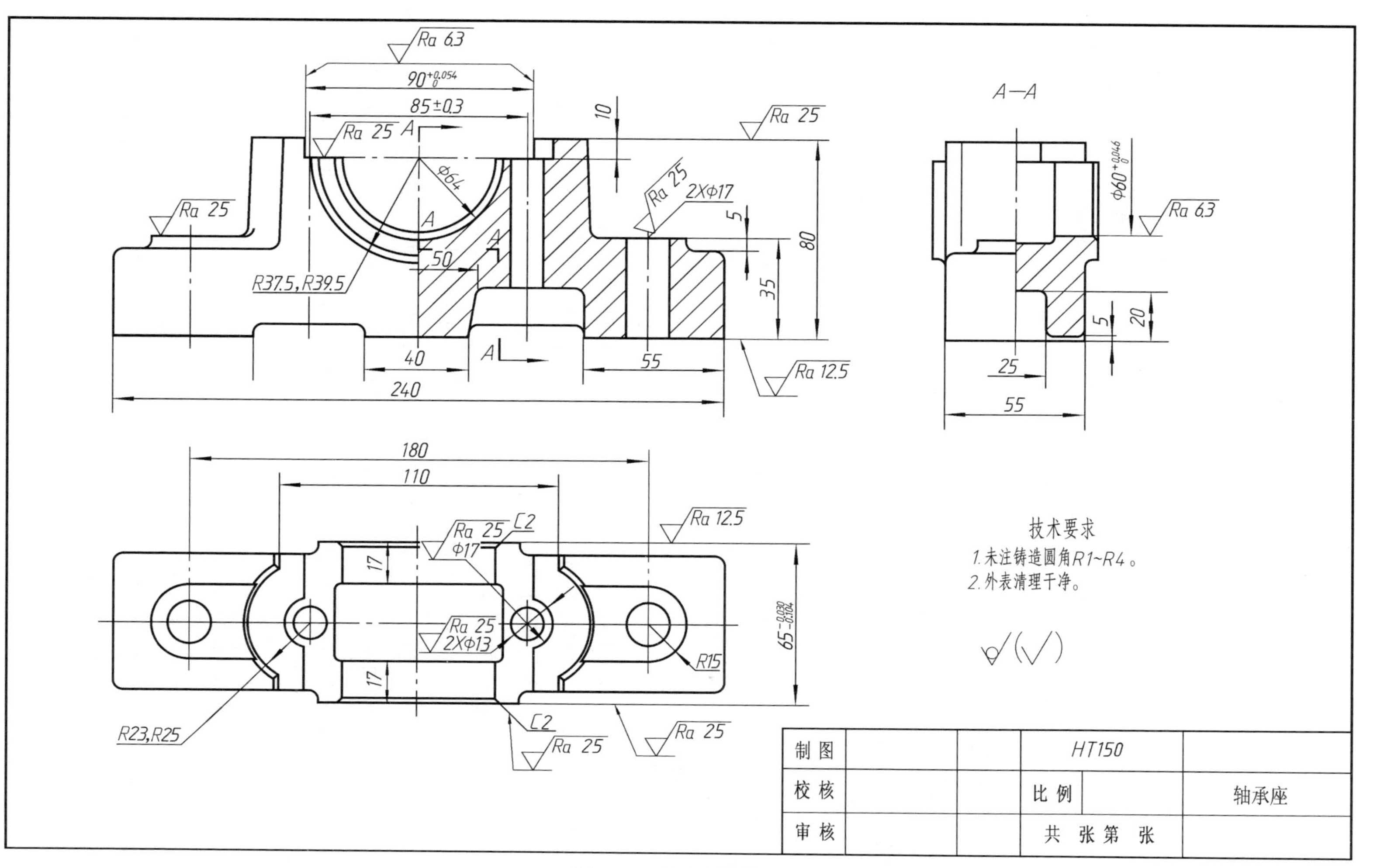

图9-2 轴承座零件图

第 2 节　零件结构形状的表达

零件图应把零件的结构形状正确、完整、清晰地表达出来。确定一个较为合理的表达方案是表示零件结构形状的关键。为此，首先要对零件的结构形状特点进行分析，并了解零件在机器或部件中的位置、作用及加工方法。然后合理地选择主视图和其他视图。灵活地选择基本视图、剖视图、断面图及其他各种表示法。

一、选择主视图

主视图是表达零件的核心视图，是直接影响看图和画图是否方便的关键。选择主视图时，一般应综合考虑以下两个方面：

1. 确定主视图中零件的位置

（1）零件的加工位置

零件在机械加工时必须固定并夹紧在一定的位置上，选择主视图时应尽量与零件的加工位置一致，以方便加工时看图。如轴、套、盘等回转体类零件，一般是按加工位置画主视图。

（2）零件的工作位置

零件在机器或部件中都有一定的工作位置，选择主视图时应尽量与零件的工作位置一致，以便与装配图直接对照。支座、箱体等非回转体类零件，通常是按工作位置画主视图。图 9-2 所示轴承座的主视图符合其工作位置。

2. 确定零件主视图的投射方向

主视图的投射方向应该能够较多地反映零件的主要形状特征，即表达零件的结构形状以及各组成部分之间的相对位置关系。如图 9-3 所示轴承座，由箭头所指的 *A*、*B*、*C*、*D* 四个投射方向所得到的视图如图 9-4 所示。分析比较可知：*B* 向视图最能明显地反映轴承座各部分的结构特征，所以确定以 *B* 向作为主视图的投射方向。

二、选择其他视图

主视图确定之后，还要分析该零件还有哪些结构形状未表达完整，以及如何用其他视图进行表达，并使每个视图都有表达的重点。在选择视图时，应优先选用基本视图及在基本视图上作剖视图。在完整、清晰地表达零件结构形状的前提下，尽量减少视图数量，力求制图简便。

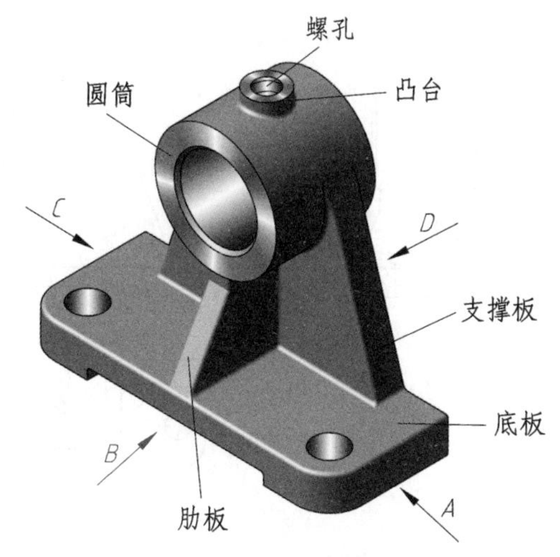

图 9-3　轴承座主视图投射方向的选择

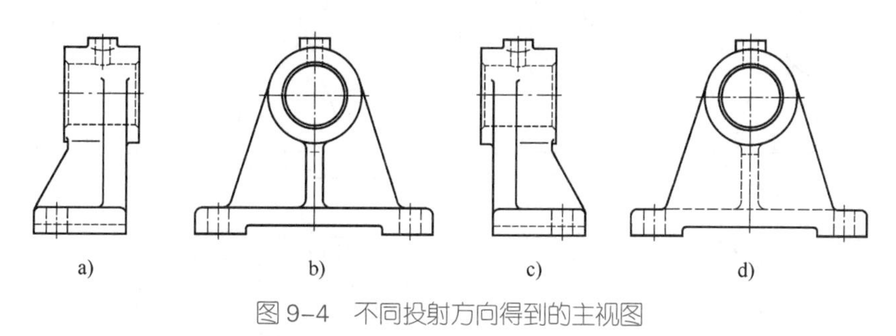

图 9-4　不同投射方向得到的主视图

a）*A* 向　b）*B* 向　c）*C* 向　d）*D* 向

三、零件表达方案选择典型实例

根据图 9-3 所示轴承座，选择恰当的表达方案。

1. 分析结构

轴承座的主要功能是支承轴，其主体结构由底板（与机体连接）、圆筒（支承轴）、支承板（连接圆筒和底板）、肋板（加强支承板刚性）四个主要部分组成，其次还有凸台（带螺纹孔，用于安装润滑油杯）。

2. 选择主视图

根据前面的综合分析，确定 *B* 向为主视图的投射方向，考虑到底板安装孔和凸台螺孔的不可见性，将其作局部剖视，如图 9-5a 所示。

3. 选择其他视图

进一步分析尚未表达清楚的结构形状，选择左视图（全剖视）侧重表达圆筒与凸台螺孔、肋板和底板开槽形状，选择俯视图主要表达底板外形及支承板和肋板的结构形状等，如图 9-5a 所示。

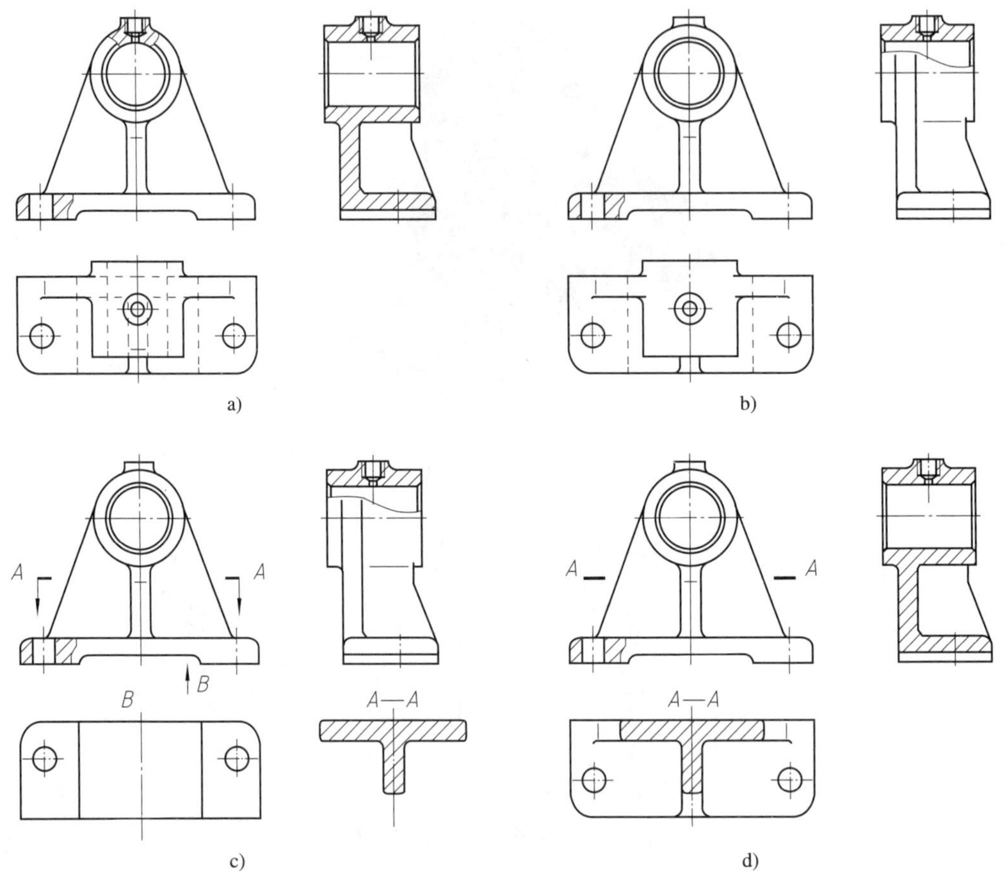

图 9-5　轴承座表达方案的选择

a）方案一　b）方案二　c）方案三　d）方案四

4. 综合分析比较，选择最佳表达方案

图 9-5a 只是表达方案之一，但不是最佳方案，可以看出其不足：一是对凸台螺孔的表达，主、左视图有重复；二是俯视图细虚线过多，不清晰。

方案二（见图 9-5b）克服了方案一的缺点，但支承板和肋板的断面形状表达并不完全清楚。

方案三（见图 9-5c）进一步解决了方案二存在的不足，采用移出剖面清晰地表达了支承板与肋板的断面形状和位置关系，底板采用更简捷的 B 向局部视图来表达，但多了一个图形。

方案四（见图 9-5d）中俯视图采用了全剖视，既表达了底板的外形又反映了支承板和肋板的断面形状及其位置关系。

综合分析比较四种方案，方案四仅用三个视图便正确、完整、清楚地反映了轴承座的结构形状，是最佳的表达方案。

第3节　零件图的尺寸标注

零件图尺寸的标注除要做到正确、齐全、清晰等基本要求外，还应考虑其合理性。合理标注尺寸是指所注尺寸既符合设计要求，保证机器的使用性能；又满足工艺要求，便于加工、测量和检验。

一、尺寸基准

零件图上的尺寸基准是指零件在机器中或在加工和测量时用以确定其位置的点、线、面。一般情况下，零件在长、宽、高三个方向上都应有一个主要基准，如图9-6所示。为便于加工制造，还可以有若干辅助基准。一般常选择零件的对称面、回转轴线、主要加工面、主要支承面和结合平面作为尺寸基准。

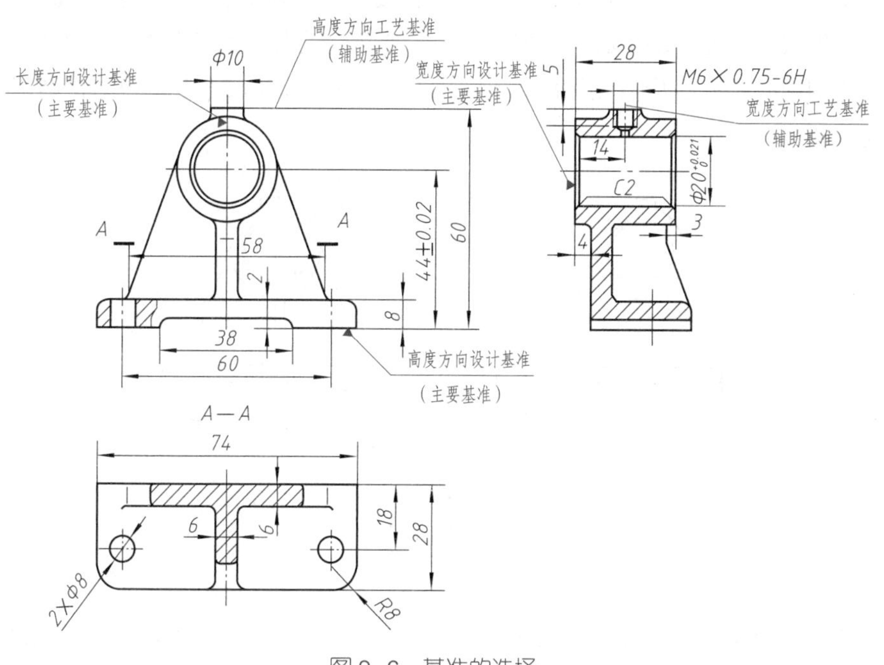

图9-6　基准的选择

根据基准的不同作用，可分为设计基准和工艺基准。

1. 设计基准

设计基准是确定零件在部件中工作位置的基准。如在图9-6中，标注轴承孔的中心高尺寸44±0.02，应以底面为高度方向的基准，因为一根轴要用两个轴承座支承，为了保证轴线保持水平位置，两个轴孔的中心线应等高。标注底板两螺钉孔的定位尺寸60，其长度方向以左右对称面为基准，以保证两螺钉孔与轴孔的对称关系。宽度方向以圆筒后端面为设计基准。

2. 工艺基准

工艺基准是零件在加工、测量时确定的基准面或线。如图 9–6 中凸台的顶面是工艺基准，以此为基准测量螺孔的深度尺寸 5 比较方便。

设计基准和工艺基准最好能重合，这样既可满足设计要求，又能便于加工和检测。如图 9–6 所示的轴承座，对整体而言，底面是设计基准，也是工艺基准。

同一方向有两个以上基准时，设计基准为主要基准，工艺基准为辅助基准。如图 9–6 所示，高度方向以凸台的上表面为辅助基准，宽度方向以支承板的后面作为辅助基准。

二、合理标注尺寸的原则

1. 重要尺寸直接注出

重要尺寸是指有配合功能要求的尺寸、重要的相对位置尺寸、影响零件使用性能的尺寸，这些尺寸都要在零件图上直接注出。

图 9–7a 中轴孔中心高 h_1 是重要尺寸，若按图 9–7b 标注，则尺寸 h_2 和 h_3 将产生较大的积累误差，使孔的中心高不能满足设计要求。另外，为安装方便，图 9–7a 中底板上两孔的中心距 l_1 也应直接注出，若按图 9–7b 所示标注尺寸 l_3 从而间接确定 l_1，则不能满足装配要求。

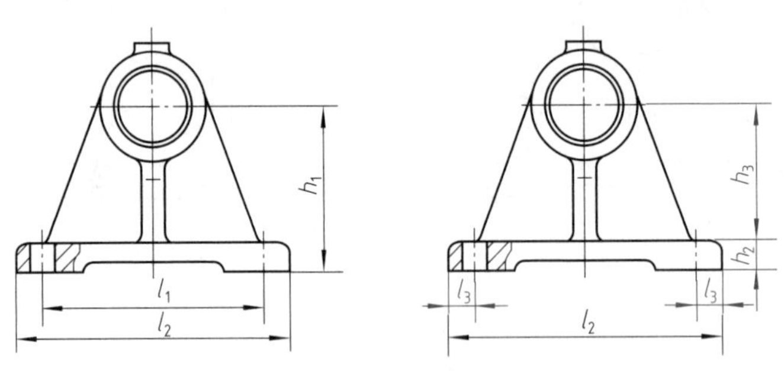

图 9–7　重要尺寸直接注出

a）正确　b）错误

2. 避免出现封闭尺寸链

图 9–8b 中的尺寸 l_1、l_2、l_3、l 构成一个封闭尺寸链。由于 $l=l_1+l_2+l_3$，在加工时，尺寸 l_1、l_2、l_3 都有可能产生误差，每一段的误差都会积累到尺寸 l 上，使总长 l 不能保证设计的精度要求。若要保证尺寸 l 的精度要求，就要提高每一段的精度要求，造成加工困难且提高成本。为此，选择其中一个不重要的尺寸空出不注，使所有的尺寸误差都积累在这一段上，如图 9–8a 所示。

3. 标注的尺寸要便于加工和测量

（1）退刀槽和砂轮越程槽的尺寸标注

轴套类零件上常制有退刀槽或砂轮越程槽等工艺结构，标注尺寸时应将这类结构

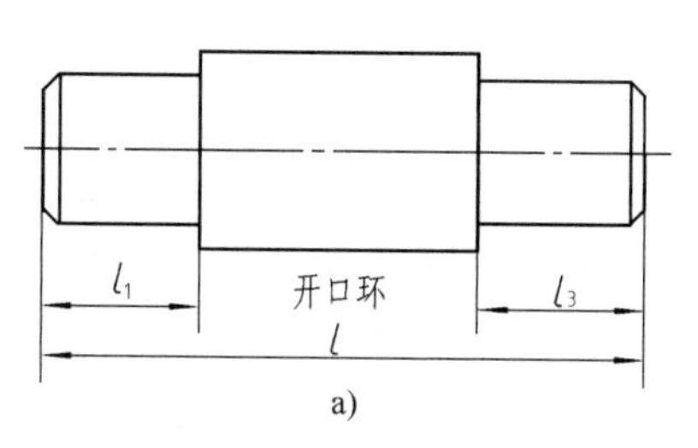

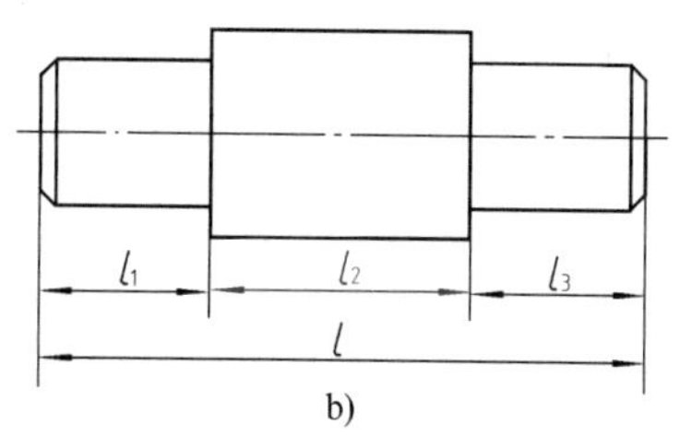

图 9-8　避免出现封闭尺寸链

a）正确　b）错误

要素的尺寸单独注出，且包括在相应的某一段长度内。如图 9-9a 所示，图中将退刀槽这一工艺结构包括在长度 13 mm 内，因为加工时一般先用外圆车刀车外圆到长度 13 mm，再用切断刀切 2 mm 槽，所以这种标注形式符合工艺要求，便于加工和测量，而图 9-9b 的标注则不合理。

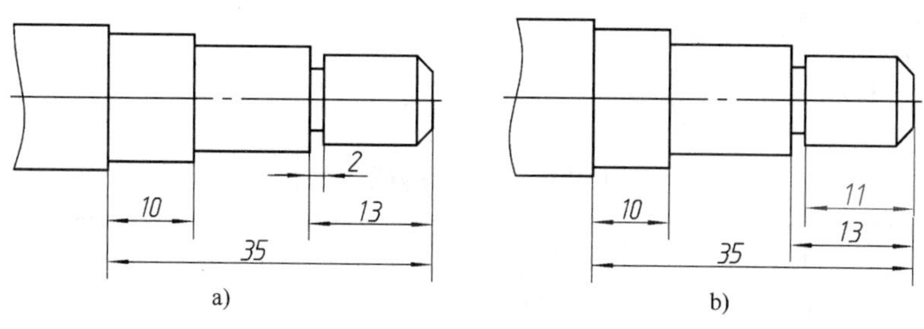

图 9-9　标注尺寸要便于加工和测量（一）

a）合理　b）不合理

零件上常见结构要素的尺寸标注已经标准化，如倒角、退刀槽可按图 9-10a 的形式标注“槽宽 × 直径”，或按图 9-10b、c 的形式标注“槽宽 × 槽深”。

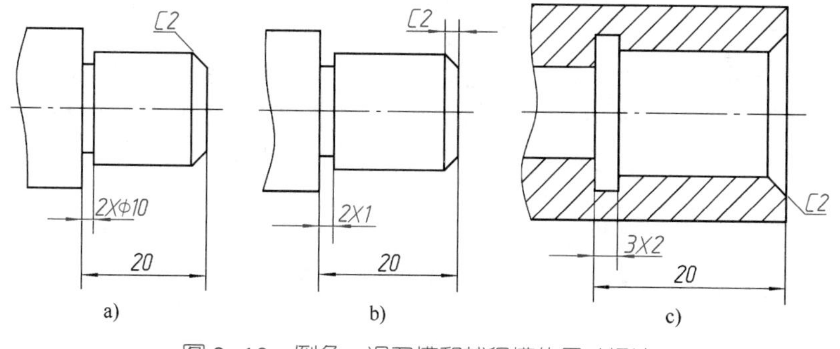

图 9-10　倒角、退刀槽和越程槽的尺寸标注

（2）键槽深度的尺寸标注

图 9-11a 表示轴或轮毂上键槽的深度尺寸以圆柱面素线为基准进行标注，以便于测量。

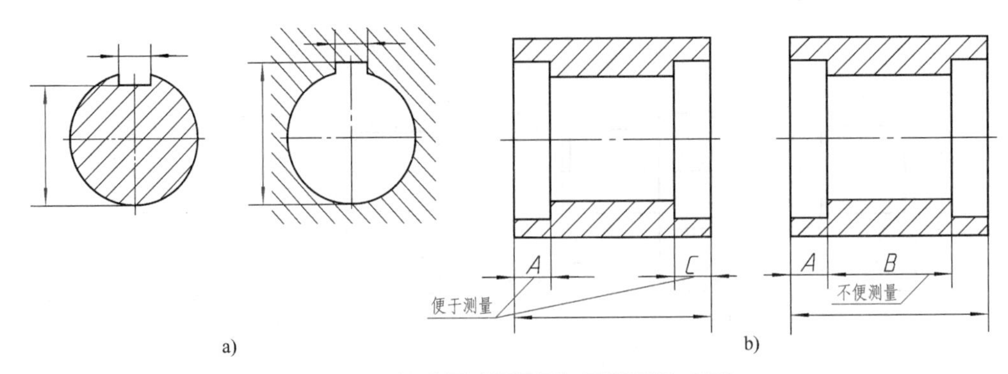

图 9–11　标注尺寸要便于加工和测量（二）

a）键槽深度　b）阶梯孔

（3）阶梯孔的尺寸标注

零件上阶梯孔的加工顺序一般是先加工小孔，再加工大孔，因此轴向尺寸的标注应从端面注出大孔的深度，便于加工和测量，如图 9–11b 所示。

三、孔的简化注法

零件上各种孔（光孔、沉孔、螺孔）的简化注法见表 9–1。

表 9–1　各种孔的简化注法

结构类型		简化注法	一般注法	说明
光孔	柱孔	4XΦ5↧10　4XΦ5↧10	4XΦ5　10	4×ϕ5 表示直径为 5 mm 的四个光孔，孔深可与孔径连注。符号↧表示深度
	锥孔	锥销孔Φ5 配作　锥销孔Φ5 配作	锥销孔Φ5 配作	ϕ5 为与锥销孔相配的圆锥销小端直径（公称直径）。锥销孔通常是两零件装配在一起后加工的，故标注“配作”
沉孔	锥形沉孔	4XΦ7 ⌵Φ13X90°　4XΦ7 ⌵Φ13X90°	90°　Φ13　4XΦ7	4×ϕ7 表示直径为 7 mm 的四个孔，90° 锥形沉孔的大端直径为 13 mm。符号⌵表示埋头孔
	柱形沉孔	4XΦ7 ⌴Φ13↧3　4XΦ7 ⌴Φ13↧3	Φ13　3　4XΦ7	四个柱形沉孔的直径为 13 mm，深度为 3 mm。符号⌴表示沉孔或锪平
	锪平沉孔	4XΦ7 ⌴Φ13　4XΦ7 ⌴Φ13	Φ13　锪平　4XΦ7	锪平沉孔 ϕ13 mm 的深度不必标注，一般锪平到不出现毛面为止

续表

结构类型		简化注法	一般注法	说明
螺孔	通孔	2XM8　2XM8	2XM8	2×M8 表示公称直径为 8 mm 的两螺孔
	不通孔	2XM8↧10 孔↧12 10 12　2XM8↧10 孔↧12	2XM8 10 12	两个 M8 螺孔的螺纹长度为 10 mm，钻孔深度为 12 mm

第4节　读零件图

零件图是制造和检验零件的依据，是反映零件结构、大小和技术要求的载体。读零件图的目的就是根据零件图想象零件的结构形状，明确其尺寸和技术要求。为了读懂零件图，应结合零件在机器或部件中的位置、功能以及与其他零件的装配关系来进行。下面以识读球阀中主要零件的零件图为例，介绍识读零件图的方法和步骤。

球阀是管路系统中的一个开关，从图 9–12 所示球阀轴测装配图中可以看出，球阀的工作原理是用扳手转动阀杆和阀芯，控制球阀启闭。阀杆和阀芯包容在阀体内，阀盖通过四个螺柱与阀体连接。通过以上分析，可清楚了解球阀中主要零件的功能以及零件间的装配关系。

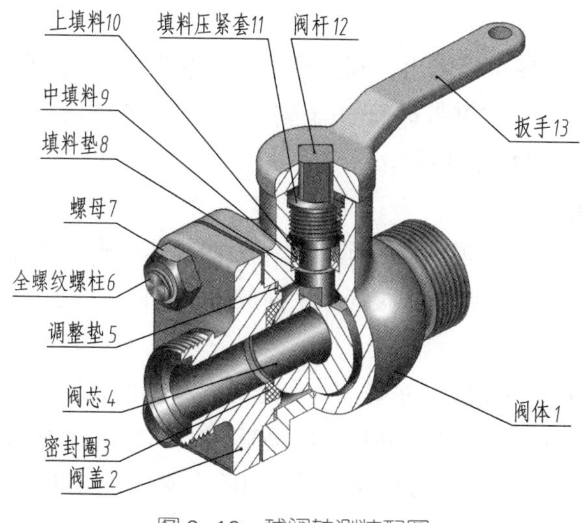

图 9–12　球阀轴测装配图

一、读阀杆零件图

阀杆的零件图如图 9-13 所示。

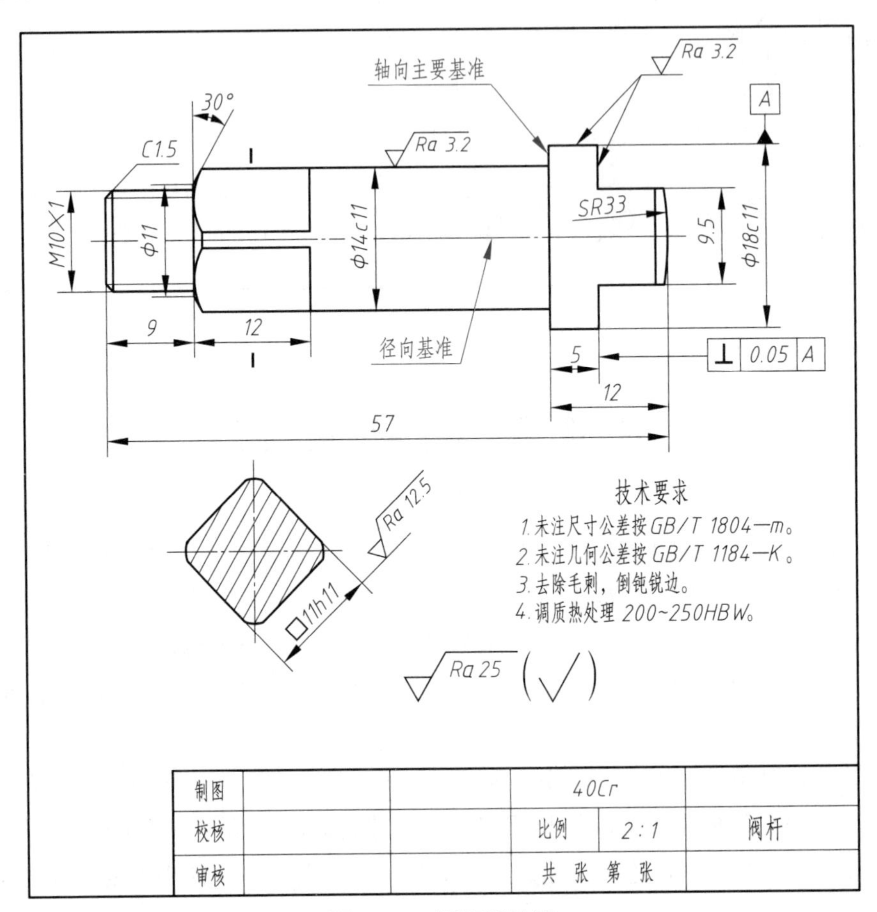

图 9-13　阀杆零件图

1. 分析结构

对照球阀轴测装配图可以看出，阀杆是轴套类零件，阀杆左侧有一个正方形结构，与扳手的方孔配合；阀杆右侧带球面的凸榫插入阀芯的通槽内，以便使用扳手转动阀杆，带动阀芯旋转，控制球阀启闭。

2. 分析表达方案

阀杆零件图用一个基本视图和一个移出断面图表达。轴套类零件一般在车床上加工，所以阀杆主视图按加工位置将阀杆水平横放。左端的四棱柱体采用移出断面表示。

3. 分析尺寸

阀杆以水平轴线作为径向尺寸基准，也是高度和宽度方向的尺寸基准，由此注出各部分的径向尺寸 M10×1、ϕ11、ϕ14c11、ϕ18c11、9.5、□ 11h11。

选择 ϕ18c11 圆柱左端面作为阀杆长度方向的主要尺寸基准（轴向主要基准），由此注出尺寸 12 和 5；以球面右端点作为长度方向的第一辅助基准，注出尺寸 57；以零件左端面作为第二辅助基准，注出尺寸 9；以 ϕ14c11 圆柱左端面作为第三基准，注出尺寸 12。

4. 读技术要求和标题栏

凡尺寸数字后面注写公差带代号或偏差值的，一般是指零件该要素与其他零件有配合关系。如 ϕ14c11 和 ϕ18c11 分别与球阀中的填料压紧套和阀体有配合关系（见图 9–12），所以其尺寸精度和表面粗糙度（*Ra* 值为 3.2 μm）的要求较高。

从阀杆零件图的技术要求中可知，阀杆经过调质处理后应达到 200 ~ 250HBW，以提高材料的韧性和强度。

识读标题栏可知，阀杆的材料为 40Cr。

二、读阀盖零件图

阀盖的零件图如图 9–14 所示。

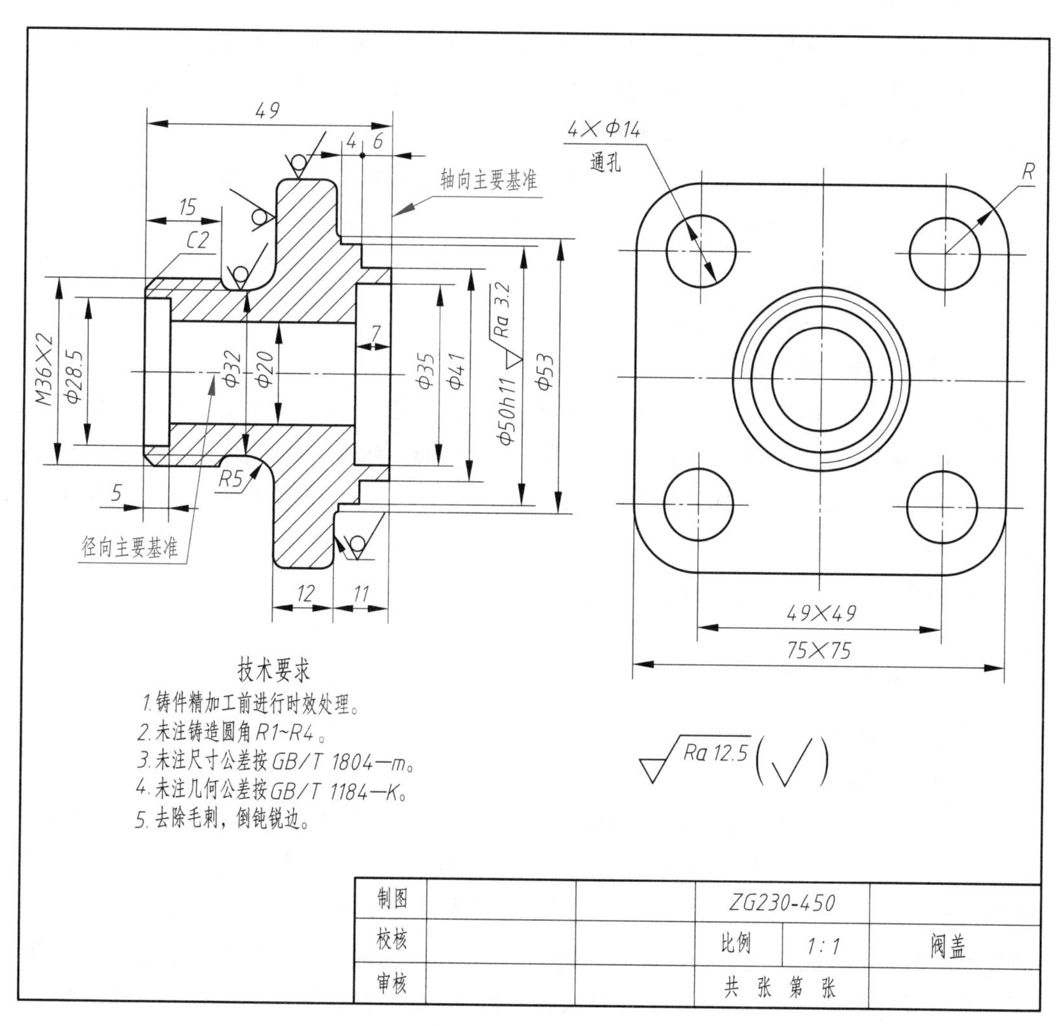

图 9–14　阀盖零件图

1. 分析结构

对照球阀轴测装配图可知，阀盖的右边与阀体有相同的方形法兰盘结构。阀盖用全螺纹螺柱与阀体连接，中间的通孔与阀芯的通孔对应。阀盖的左侧有与阀体右侧相同的外管螺纹连接管道，形成流体通道。图 9–15 所示为阀盖轴测图。

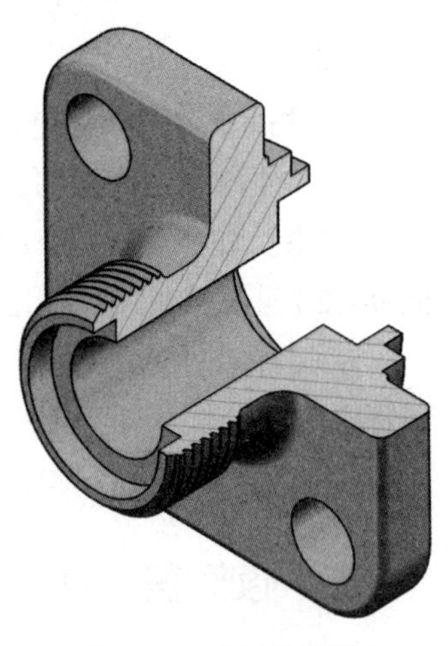
图 9–15　阀盖轴测图

2. 分析表达方案

阀盖零件图用两个基本视图表达，主视图采用全剖视图，表示零件的空腔结构以及左端的外螺纹。阀盖属于盘盖类零件。主视图的安放既符合主要加工位置，也符合阀盖在部件中的工作位置。左视图表达了带圆角的方形凸缘和四个均布的通孔。

3. 分析尺寸

阀盖的主体部分是回转体，所以以轴孔的轴线作为径向主要基准，由此注出阀盖各部分同轴线的直径尺寸，方形凸缘也用它作为高度和宽度方向的尺寸基准。注有公差的尺寸 ϕ50h11 的轴颈与阀体有配合要求。

阀盖的轴向没有很重要的结合面，所以选择零件右端面（工艺基准）作为轴向主要基准，由此注出尺寸 6、7、11、49。以零件左端面为辅助基准，由此注出尺寸 15 和 5。该零件属于近似回转体零件，除 75 × 75 盖板外，其他结构均为回转体或回转面，相关的尺寸标注请读者自行分析。

4. 读技术要求和标题栏

阀盖是铸件，精加工前需要进行时效处理，以消除内应力。视图中有小圆角（铸造圆角 $R1$ ~ $R4$）过渡的表面是非加工表面。对照球阀轴测装配图可以看出，尺寸 ϕ50h11 所对应的要素与阀体有配合关系，但由于是静配合，所以表面粗糙度要求不是特别高，Ra 值为 3.2 μm。

读标题栏可知，阀盖的材料为 ZG230–450。

三、读阀体零件图

阀体的零件图如图 9–16 所示。

1. 分析结构

阀体的作用是支承和包容其他零件，它属于箱体类零件。阀体的结构特征明显，是一个具有三通管式空腔的零件。水平方向空腔容纳阀芯和密封圈（在阀芯的左、右两端各放置一个密封圈）；阀体右侧的外管螺纹与管道相通，形成流体通道；阀体左侧有 ϕ50H11 台阶孔与阀盖右侧 ϕ50h11 圆柱凸台配合。竖直方向的空腔容纳阀杆、填料和填料压紧套等零件，ϕ18H11 孔与阀杆下部 ϕ18c11 圆柱配合，阀杆在这个孔内可转动。

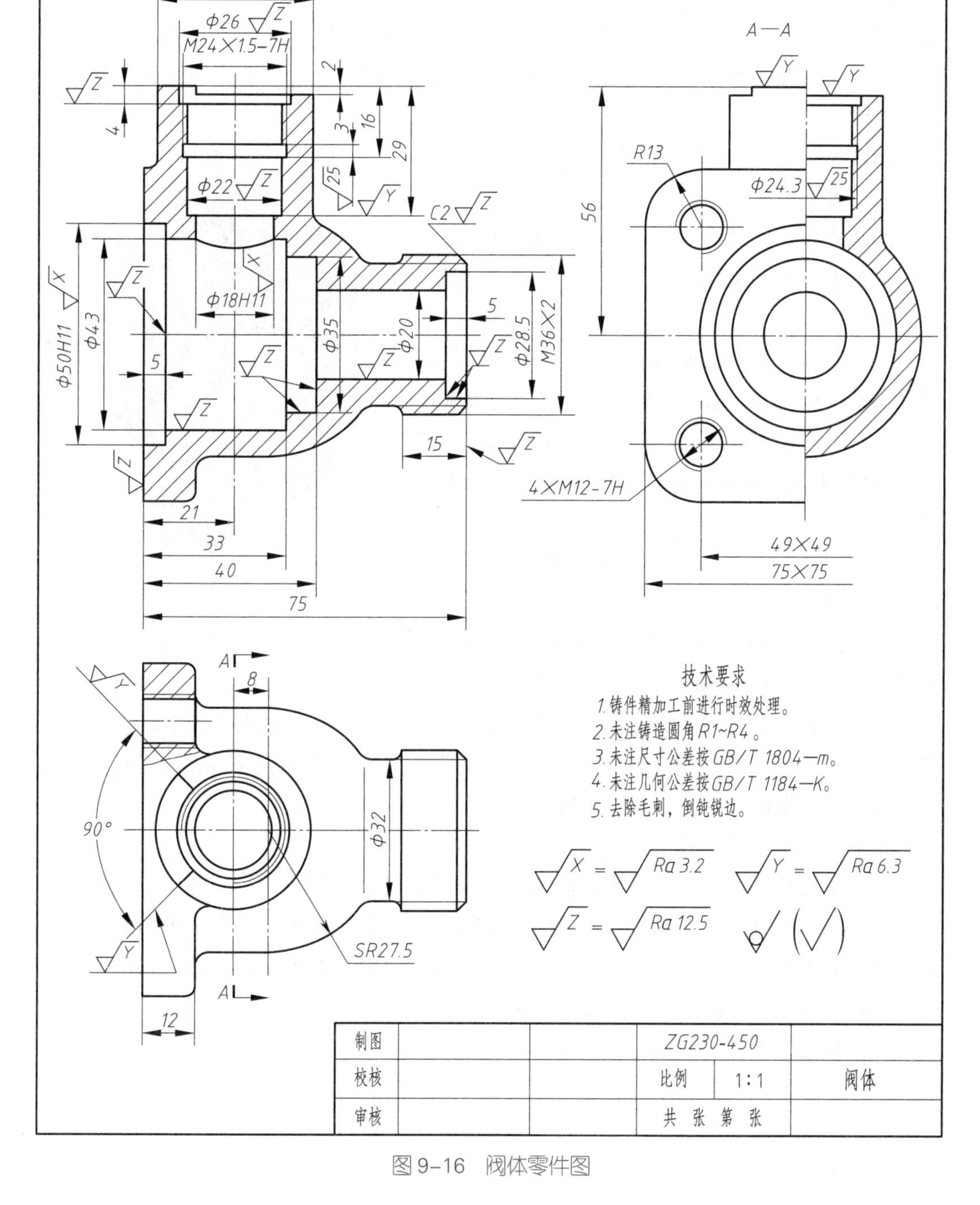
Φ36
Φ26
M24×1.5-7H
Φ22
Φ18H11
Φ50H11
Φ43
Φ35
Φ20
Φ28.5
M36×2
C2
2
3
4
5
16
29
25
15
21
33
40
75
A—A
R13
56
Φ24.3
4×M12-7H
49×49
75×75
8
90°
Φ32
SR27.5
12
A
技术要求
1.铸件精加工前进行时效处理。
2.未注铸造圆角R1~R4。
3.未注尺寸公差按GB/T 1804—m。
4.未注几何公差按GB/T 1184—K。
5.去除毛刺，倒钝锐边。
X = Ra 3.2
Y = Ra 6.3
Z = Ra 12.5
制图
校核
审核
ZG230-450
比例
1:1
阀体
共 张 第 张

图 9-16　阀体零件图

2. 分析表达方案

阀体采用三个基本视图表达，主视图采用全剖视，表达零件的空腔结构；阀体前后对称，左视图采用半剖视，既表达零件的空腔结构形状，也表达零件的外部结构形状；俯视图主要表达阀体外形，并采用局部剖视图表达螺孔的形状。将三个视图综合起来想象阀体的结构形状，并仔细看懂各部分的局部结构。如俯视图中标注 90° 的两段粗短线，对照主视图和左视图看懂 90° 扇形限位凸台，它是用来控制扳手和阀杆的旋转角度的。

图 9–17 所示为阀体轴测图。

3. 分析尺寸

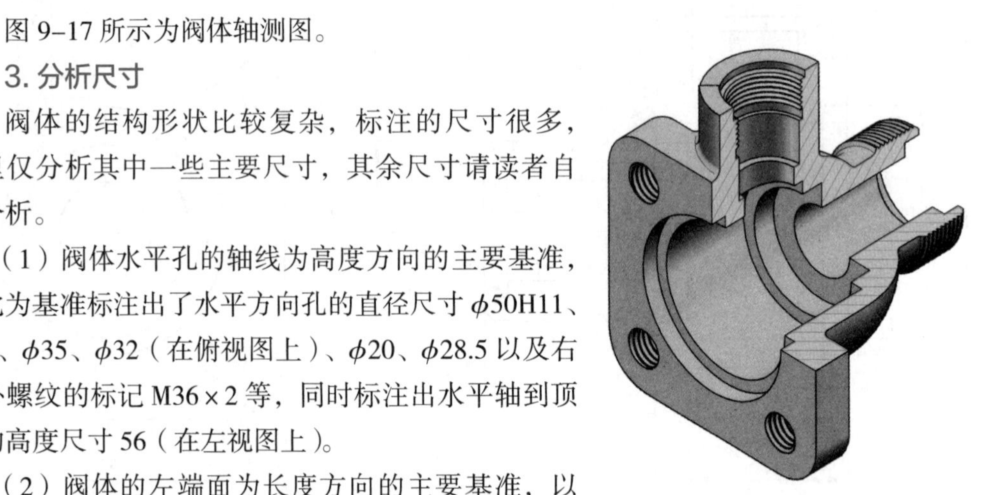

图 9–17　阀体轴测图

阀体的结构形状比较复杂，标注的尺寸很多，这里仅分析其中一些主要尺寸，其余尺寸请读者自行分析。

（1）阀体水平孔的轴线为高度方向的主要基准，以此为基准标注出了水平方向孔的直径尺寸 ϕ50H11、ϕ43、ϕ35、ϕ32（在俯视图上）、ϕ20、ϕ28.5 以及右端外螺纹的标记 M36 × 2 等，同时标注出水平轴到顶端的高度尺寸 56（在左视图上）。

（2）阀体的左端面为长度方向的主要基准，以此为基准标注出了尺寸 5、21、33、40、75、12（在俯视图上）。ϕ18H11 孔的轴线为长度方向的辅助基准，以此为基准标注出了尺寸 ϕ18H11、ϕ36、ϕ26、M24 × 1.5–7H、ϕ22、ϕ24.3（在左视图上）等。

（3）阀体前后对称面为宽度方向的主要基准，以此为基准在左视图上标注出了左端面方形凸缘外形尺寸 75 × 75、四个螺孔的宽度方向定位尺寸 49 × 49，同时在俯视图上标注出扇形限位凸台的角度尺寸 90°。

4. 读技术要求和标题栏

通过上述尺寸分析可以看出，阀体中比较重要的尺寸都标注了公差，与此相对应的表面粗糙度要求也较高，*Ra* 值一般为 3.2 μm。阀体左端和空腔右端的阶梯孔 ϕ35 圆柱面和右端面分别与密封圈接触，但因密封圈的材料一般为聚四氟乙烯，所以相应的表面粗糙度要求稍低，*Ra* 值为 12.5 μm。

识读标题栏可知，阀体的材料为 ZG230–450。

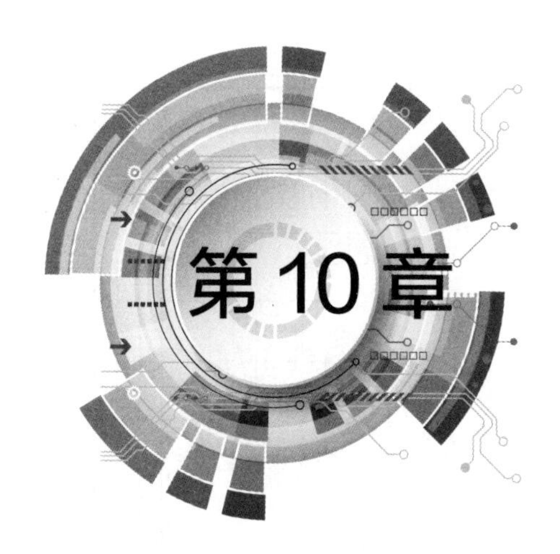

装配图

第 1 节 装配图的内容和表示法

一、装配图的内容

从图 10–1 所示滑动轴承装配图（参阅图 9–1 滑动轴承轴测分解图）中可以看出，一张完整的装配图包括以下几项基本内容：

1. 一组图形

装配图中用一组图形表达机器（或部件）的工作原理、装配关系和结构特点。前面所述机件的表达方法都可以用来表达装配图，但由于装配图表达重点不同，还需要一些规定画法和特殊画法。

2. 必要的尺寸

在装配图中，标注尺寸的目的与零件图有所不同，一般需要标注出机器（或部件）的规格（性能）尺寸、安装尺寸、零件之间的装配尺寸以及外形尺寸等。

3. 技术要求

用文字或符号注写机器（或部件）装配、检验、安装、使用等方面的要求。

4. 标题栏、零件序号和明细栏

根据生产组织和管理的需要，在装配图上对每种零件编注序号，并填写明细栏。在标题栏中注明装配体的名称、图号、绘图比例以及有关签字等。

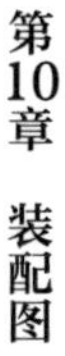

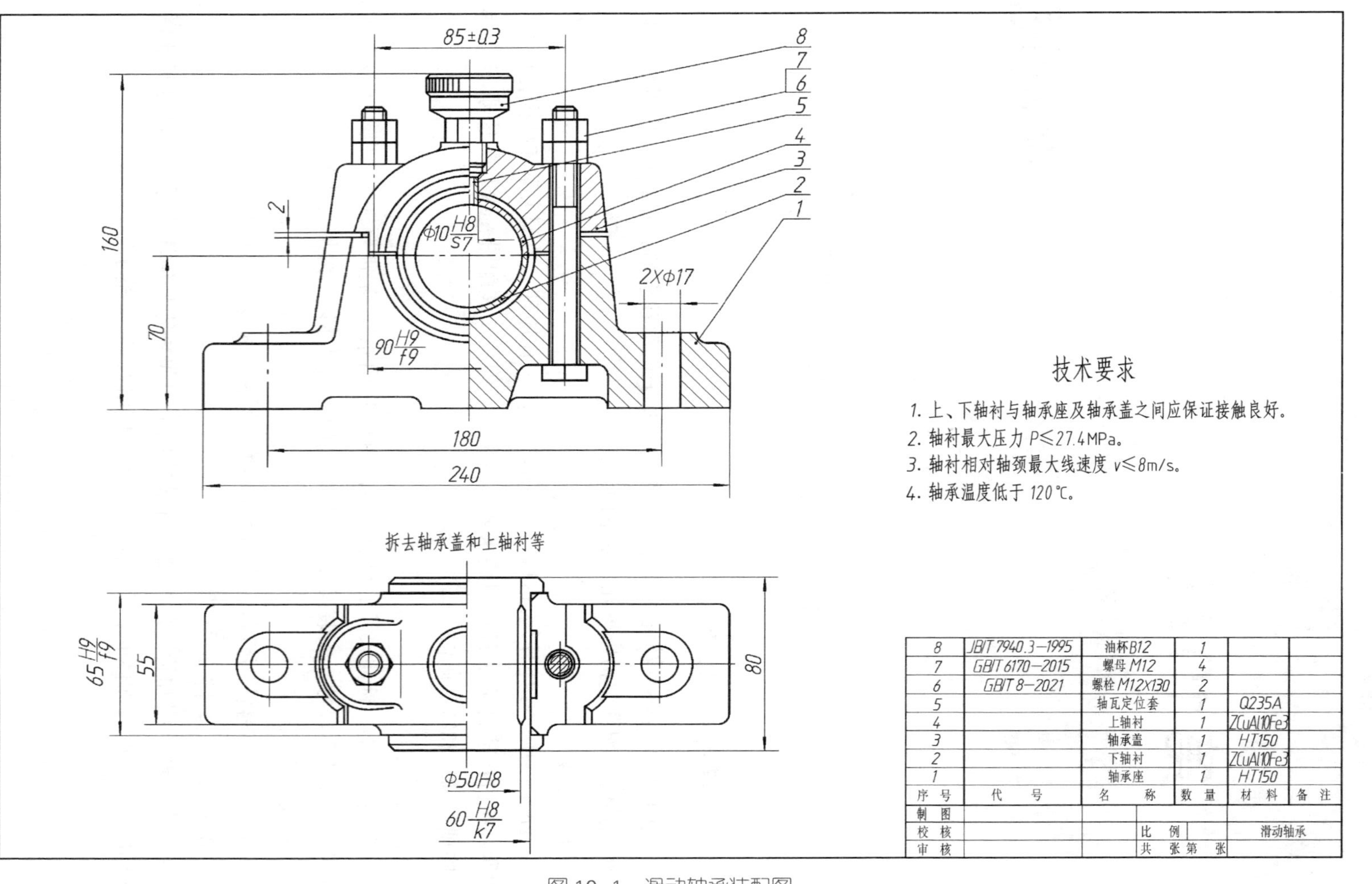

技术要求

1. 上、下轴衬与轴承座及轴承盖之间应保证接触良好。
2. 轴衬最大压力 P≤27.4MPa。
3. 轴衬相对轴颈最大线速度 v≤8m/s。
4. 轴承温度低于 120℃。

序号	代号	名称	数量	材料	备注
8	JB/T 7940.3—1995	油杯B12	1		
7	GB/T 6170—2015	螺母M12	4		
6	GB/T 8—2021	螺栓M12×130	2		
5		轴瓦定位套	1	Q235A	
4		上轴衬	1	ZCuAl10Fe3	
3		轴承盖	1	HT150	
2		下轴衬	1	ZCuAl10Fe3	
1		轴承座	1	HT150	

制图				
校核		比例		滑动轴承
审核		共 张第 张		

图 10-1　滑动轴承装配图

二、装配图的规定画法

根据国家标准的有关规定，并综合前面章节中的有关表述，归纳出装配图的规定画法（见图 10–2）。

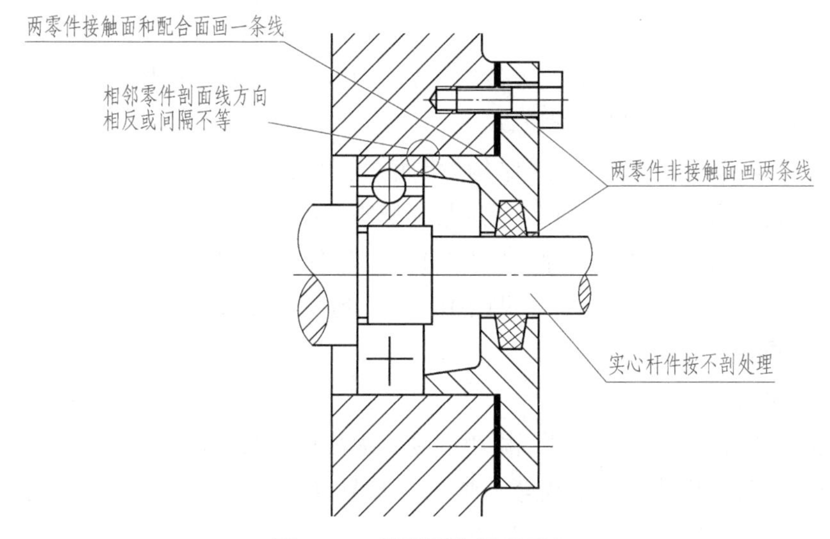

图 10–2　装配图的规定画法

1. 实心零件画法

在装配图中，对于紧固件以及轴、键、销等实心零件，若按纵向剖切，且剖切平面通过其对称平面或轴线时，这些零件均按不剖绘制。

2. 相邻零件的轮廓线画法

两个零件的接触表面（或有配合关系的表面），只用一条共有的轮廓线表示；非接触表面，用两条轮廓线表示。

3. 相邻零件的剖面线画法

在剖视图中，相接触的两零件的剖面线方向应相反或间隔不等。三个或三个以上零件相接触时，除其中两个零件的剖面线倾斜方向不同外，第三个零件应采用不同的剖面线间隔。值得注意的是，在一张图样的各视图中，同一零件的剖面线方向与间隔必须一致。

三、装配图的特殊画法

零件图的各种表示法（视图、剖视图、断面图）同样适用于装配图，但装配图着重表达装配体的结构特点、工作原理和各零件间的装配关系。为此国家标准规定了装配图的特殊画法。

1. 简化画法

（1）在装配图中，当某些零件遮住了需要表达的结构和装配关系时，可假想沿某些零件的结合面剖切或假想将某些零件拆卸后绘制。需要说明时，在相应的视图上方加注“拆去 ×× 等”。如图 10–1 所示，滑动轴承装配图的俯视图上的半剖视图是沿轴承盖与轴承座的结合面剖切的，为说明清楚剖切位置，在图样上标注了“拆去轴承盖和上轴衬等”。

（2）装配图中对规格相同的零件组，如图 10–2 中的螺栓连接，可详细地画出一处，其余用细点画线表示其装配位置。

（3）在装配图中，零件的工艺结构如倒角、圆角、退刀槽等允许省略不画。

（4）在装配图中，当剖切平面通过某些标准产品的部件，或该部件已由其他图形表达清楚时，可只画出外形轮廓，如图 10–1 中的件 8（油杯）。一般情况下，装配图中的滚动轴承一半采用规定画法（见图 10–2），另一半采用通用画法。

2. 特殊画法

（1）夸大画法

在装配图中，对于薄片零件或微小间隙，无法按其实际尺寸画出，或图线密集难以区分时，可将零件或间隙适当夸大画出。如图 10–2 中的垫片，实际厚度可能不到 0.5 mm，这里采用夸大画法并作涂黑处理。

（2）假想画法

图 10–3 所示为三星齿轮传动机构，当齿轮板在位置Ⅰ时，惰轮 2、3 均不与齿轮 4 啮合，齿轮 1 的运动无法传递给齿轮 4，齿轮 4 静止不动；当齿轮板处于位置Ⅱ时，惰轮 2 与齿轮 4 啮合，传动路线为齿轮 1—2—4，齿轮 4 与齿轮 1 的转向相同；当齿轮板处于位置Ⅲ时，惰轮 3 与齿轮 4 啮合，传动路线为齿轮 1—2—3—4，齿轮 4 与齿轮 1 的转向相反。由此可见，齿轮板的位置不同，齿轮 4 有静止、与齿轮 1 同向旋转、与齿轮 1 反向旋转三种状态。

在装配图中，为了表示与本部件有装配关系，但又不属于本部件的其他相邻零件或部件时，可采用假想画法，将其他相邻零件或部件用细双点画线画出。如图 10–3 所示左视图中的主轴箱即用细双点画线绘制其大致轮廓。

在装配图中，运动零件的变动和极限状态用细双点画线表示。在图 10–3 中，齿轮板的两个极限位置（Ⅱ、Ⅲ）均用细双点画线画出。

（3）展开画法

为了展示传动机构的传动路线和装配关系，可按传动顺序沿轴线剖切，然后依次展开，将剖切面均旋转到与选定的投影面平行的位置，再画出其剖视图，这种画法称为展开画法，图 10–3 中的左视图即采用了展开画法。

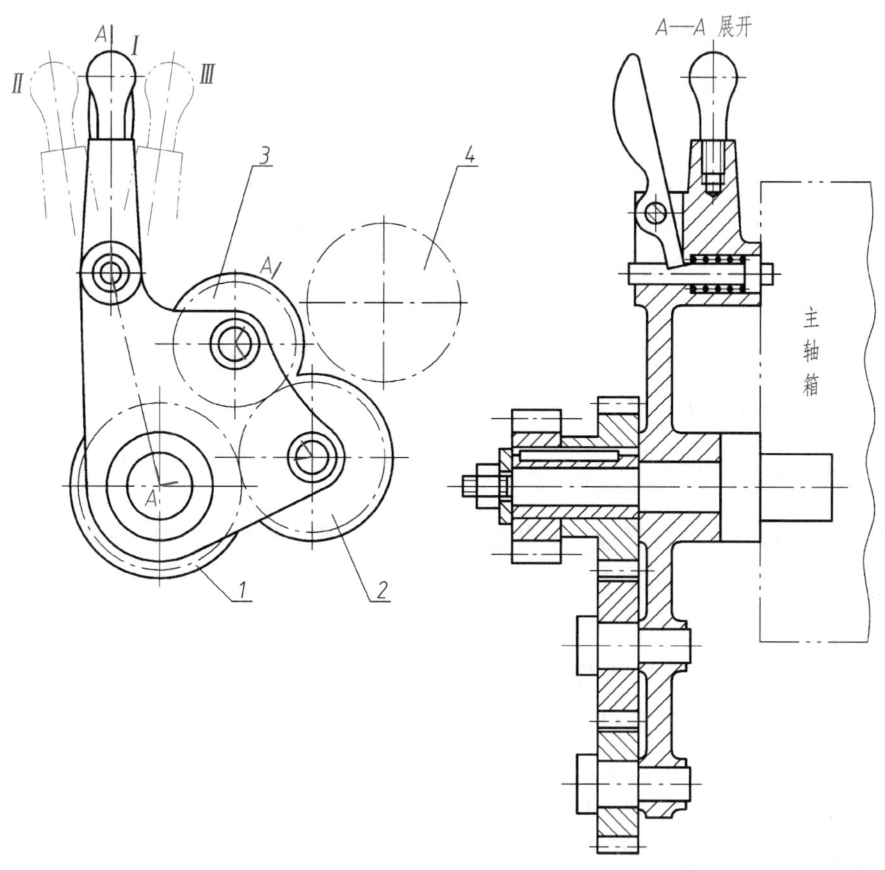

图 10-3　三星齿轮传动机构

第 2 节　装配图的尺寸标注、零部件序号和明细栏

一、装配图的尺寸标注

在装配图上标注尺寸与在零件图上标注尺寸的目的不同，因为装配图不是制造零件的直接依据，所以在装配图中无须标注零件的全部尺寸，只需标注出下列几种必要的尺寸。

1. 规格（性能）尺寸

规格（性能）尺寸是表示机器或部件规格（性能）的尺寸，是设计和选用部件的主要依据。如图 10-1 中上、下轴衬的孔径 ϕ50H8，即规格（性能）尺寸。

2. 装配尺寸

装配尺寸是表示零件之间装配关系的尺寸，如配合尺寸和重要的相对位置尺寸。如图 10-1 中的配合尺寸 60H8/k7 即装配尺寸。

3. 安装尺寸

安装尺寸是表示将部件安装到机器上或将整机安装到基座上所需的尺寸。如图 10–3 中轴承座底板上的两个孔的定形尺寸“$2\times\phi17$”和定位尺寸“180”即安装尺寸。

4. 外形尺寸

外形尺寸是表示机器或部件外形轮廓大小的尺寸，即总长、总宽和总高尺寸，为包装、运输、安装所需的空间大小提供依据。如图 10–1 中的总长“240”、总宽“80”、总高“160”。

除上述尺寸外，有时还要标注其他重要尺寸，如运动零件的极限位置尺寸、主要零件的重要结构尺寸等。

二、装配图的零、部件序号和明细栏

为了便于看图和图样管理，对装配图中的所有零、部件均需编号。同时，在标题栏上方的明细栏中与图中序号一一对应地予以列出。

1. 序号

装配图中编写序号的一般规定如下：

（1）装配图中，每种零件或部件只编一个序号，一般只标注一次。必要时，多处出现的相同零、部件也可用同一个序号在各处重复标注。

（2）装配图中，零、部件序号的编写形式如图 10–4 所示。在与指引线（细实线）相连的基准线（细实线）上、圆（细实线圆）内，或指引线非零件端的附近注写序号，序号字高比该装配图上所注尺寸数字的高度大一号或两号。

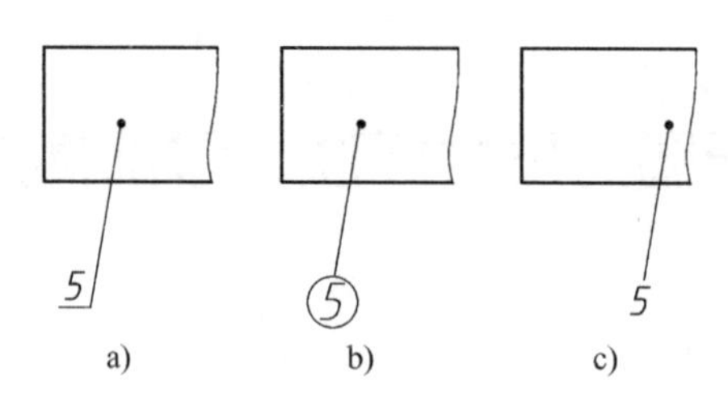

图 10–4　序号的编写形式

（3）如图 10–5 所示，指引线应自所指部分的可见轮廓内引出，并在末端画一圆点。若所指部分（很薄的零件或涂黑的断面）不便画圆点时，可在指引线末端画出箭头，并指向该部分的轮廓。

（4）指引线不能相互交叉，当通过剖面线的区域时，指引线不能与剖面线平行。必要时允许将指引线画成折线，但只允许曲折一次。

（5）对一组紧固件或装配关系清楚的零件组，可以采用公共指引线，如图 10–6 所示。

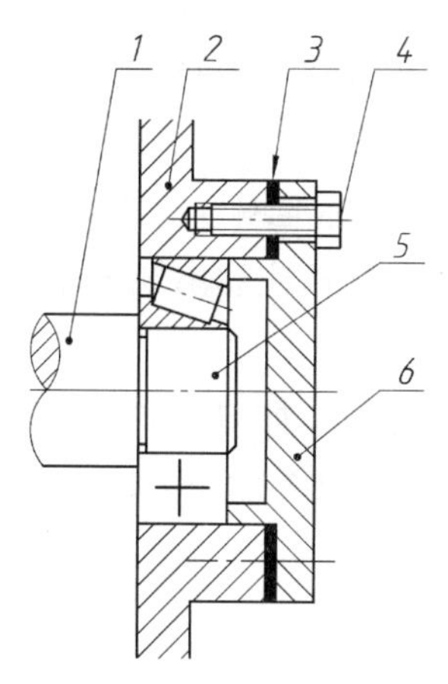

图 10-5　指引线末端画圆点或箭头

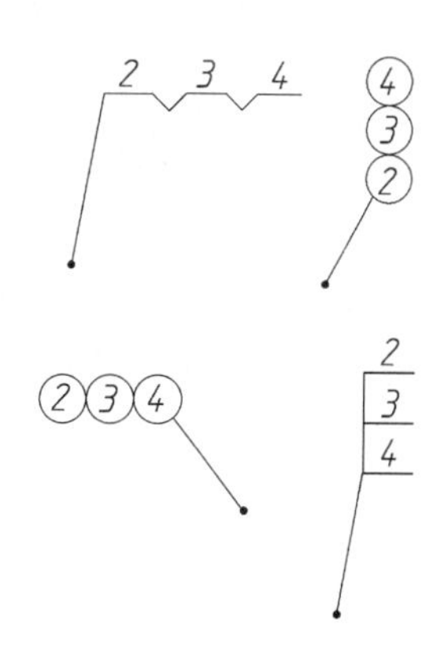

图 10-6　公共指引线

（6）同一装配图编注序号的形式应一致。

（7）序号应标注在视图的外面。装配图中的序号应按水平或竖直方向排列整齐，并按顺时针或逆时针方向顺序排列，尽可能均匀分布。

2. 明细栏

明细栏是装配图中全部零件的详细目录，格式详见国家标准《技术制图 明细栏》（GB/T 10609.2—2009）。明细栏画在装配图标题栏的上方，栏内分隔线为细实线，左边外框线为粗实线，栏中的编号与装配图中的零、部件序号必须一致。明细栏的格式如图 10-7 所示，填写内容应遵守下列规定：

序号 (12)	代号 (30)	名称 (46)	数量 (12)	材料 (20)	备注 (20)
8	JB/T 7940.3—1995	油杯 B12	1		
7	GB/T 6170—2015	螺母 M12	4		
6	GB/T 8—2021	螺栓 M12×130	2		
5		轴瓦定位套	1	Q235A	
4		上轴衬	1	ZCuAl10Fe3	
3		轴承盖	1	HT150	
2		下轴衬	1	ZCuAl10Fe3	
1		轴承座	1	HT150	
序号	代号	名称	数量	材料	备注
制图					
校核			比例		滑动轴承
审核			共　张　第　张		

图 10-7　明细栏的格式

（1）零件序号应自下而上排列。如位置不够时，可将明细栏顺次画在标题栏的左方。当无法在装配图中配置明细栏时，可将明细栏作为装配图的续页，按 A4 幅面单独给出，其顺序应自上而下（即序号 1 填写在最上面一行）。

（2）“代号”栏内注出零件的图样代号或标准件的标准编号，如 GB/T 6170—2015。

（3）“名称”栏内注出每种零件的名称，若为标准件应注出规定标记中除标准号以外的其余内容，如“螺钉 M6 × 18”。

（4）“材料”栏内填写制造该零件所用的材料标记，如 HT150。

（5）“备注”栏内可填写必要的附加说明或其他有关的重要内容，例如齿轮的齿数、模数等。

第 3 节　画装配图的方法与步骤

画装配图和画零件图的方法与步骤类似，但还要考虑装配体的整体结构特点、装配关系和工作原理，以确定恰当的表达方案。现以如图 10–8 所示千斤顶为例说明画装配图的方法与步骤。

一、了解、分析装配体

首先将装配体的实物或装配轴测图（见图 10–8a）对照装配示意图（见图 10–8b）及配套零件图（略）进行分析，了解装配体的用途、结构特点，各零件的形状、作用和零件间的装配关系，以及工作原理、装拆顺序等。

千斤顶由五个非标准件和三个标准件构成。螺杆 6 与螺母 5 靠螺纹配合，螺母 5 与底座 1 用螺钉 4 固定在一起。利用铰杠旋转螺杆 6，可使螺杆 6 升降，即利用螺旋传动来顶举重物。挡圈 2 靠螺钉 3 与螺杆 6 连接，起限位作用。

二、确定表达方案

1. 主视图的选择

主视图的投射方向应能反映装配体的工作位置和总体结构特征，同时能较集中地反映装配体的主要装配关系和工作原理。千斤顶按工作位置放置，主视图通过螺杆 6 的轴线作全剖视。为清楚地反映千斤顶的功能和螺杆的活动范围，上端采用了假想画法，用细双点画线画出顶块的极限位置。

2. 其他视图的选择

其他视图的选择，主要应考虑对尚未表达清楚的装配关系及零件形状等加以补充。通过主视图和必要的尺寸已将千斤顶的总体结构特征、零件间的装配关系和工作原理表达清楚，其他视图可省略不画。

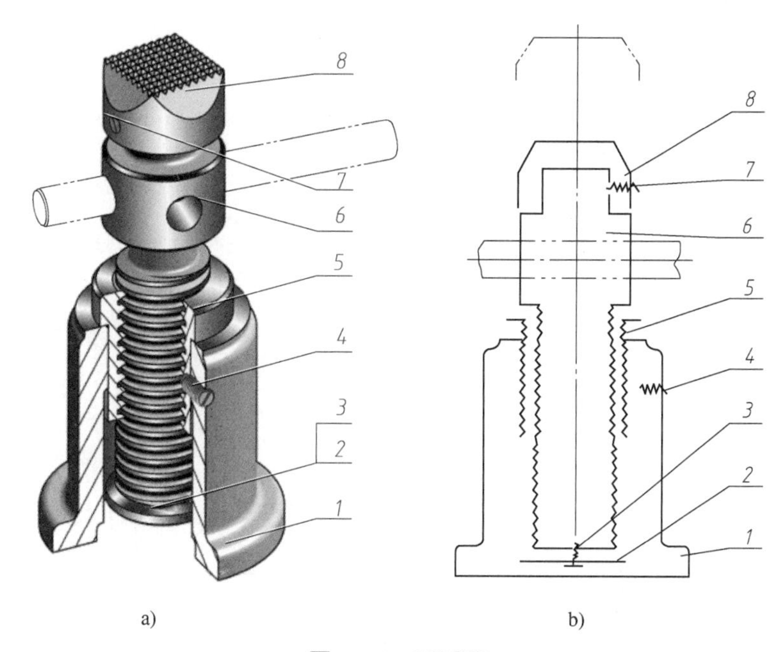

图 10–8 千斤顶

a）装配轴测图 b）装配示意图

1—底座 2—挡圈 3、4、7—螺钉 5—螺母 6—螺杆 8—顶块

三、确定比例、图幅并合理布局

画装配图之前，应根据装配体结构的大小、复杂程度及拟订的表达方案，确定画图的比例、图幅，同时要考虑尺寸、零件序号、明细栏及技术要求等的位置，使整体布局合理。

四、画图步骤

1. 画图框、标题栏和明细栏，画出各视图的主要基准线，如图 10–9a 所示。

2. 逐层画出各零件视图。应先画主要零件（如底座），后画次要零件；先画大体轮廓，后画局部细节；先画可见轮廓，不可见轮廓可不画。具体步骤如图 10–9b、c 所示。

3. 校核、描深图线，画出剖面线，如图 10–9d 所示。

4. 标注尺寸，编写零件序号，如图 10–9d 所示。

5. 填写技术要求、明细栏和标题栏，完成全图，如图 10–10 所示。

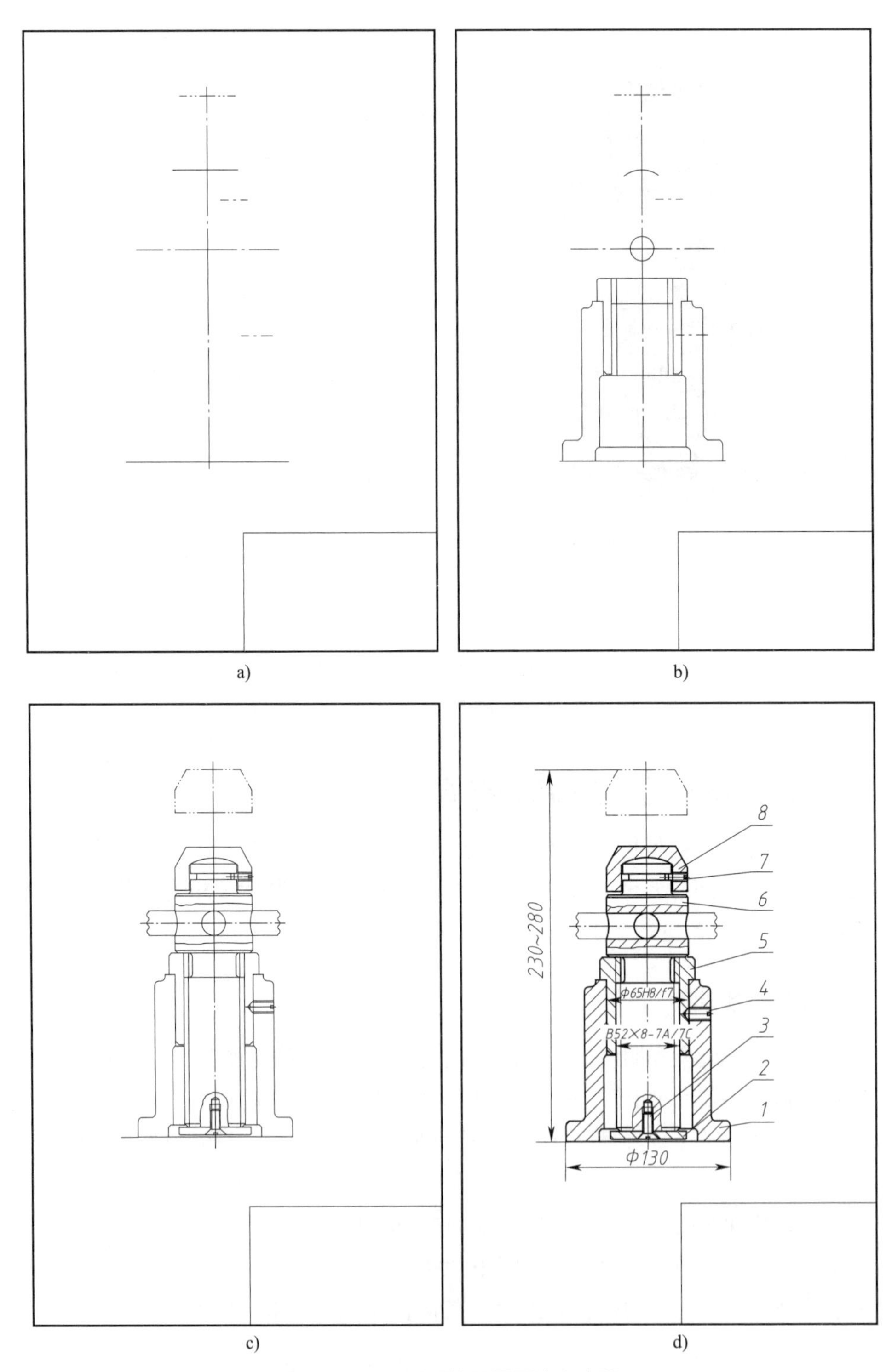

图 10–9　千斤顶装配图画法和步骤

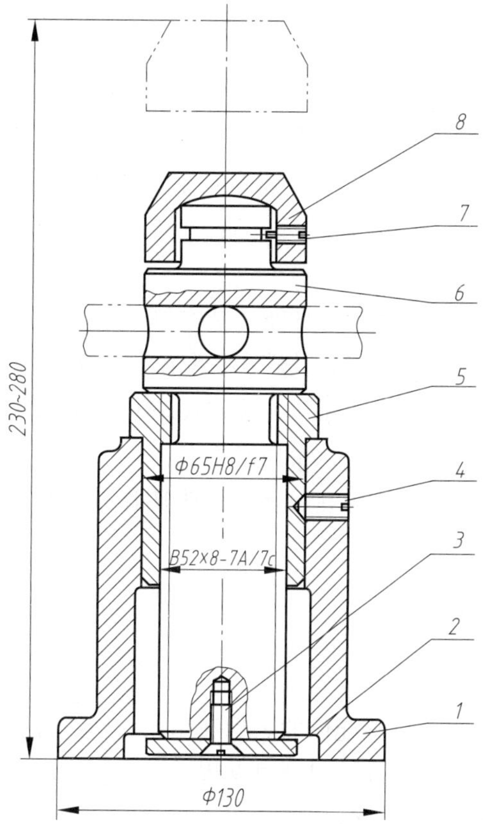

8
7
6
5
4
3
2
1
230~280
Φ65H8/f7
B52×8-7A/7c
Φ130

技术要求

装配后保证螺杆转动自如。

序号	代号	名称	数量	材料	备注
8		顶块	1	45	
7	GB/T 75—2018	螺钉 M6×12	1	35	
6		螺杆	1	45	
5		螺母	1	ZQSn6-6-5	
4	GB/T 71—2018	螺钉 M10×18	1	35	
3	GB/T 68—2016	螺钉 M8×16	1	35	
2		挡圈	1	Q235A	
1		底座	1	HT200	

制图				
校核			比例 1:1	千斤顶
审核			共 张第 张	

图 10-10　千斤顶装配图

第 4 节　读装配图与拆画零件图

在产品的设计、组装、检验、使用、维修以及技术交流、技术革新中，都需要识读装配图，特别是对设备的维修和革新改造时，在读懂装配图的基础上，还要拆画出装配体中某些零件的零件图。因此，技能型人才必须具备识读装配图和拆画零件图的能力。

读装配图的要求如下：

（1）了解装配体的名称、用途、性能、结构和工作原理。

（2）读懂各主要零件的结构形状及其在装配体中的功用。

（3）明确各零件之间的装配关系、连接方式，了解装拆的先后顺序。

（4）了解装配图中标注的尺寸以及技术要求。

下面以图 10–11 所示齿轮泵装配图为例来说明识读装配图及拆画零件图的方法与步骤。

一、识读装配图

1. 概括了解

从装配图的标题栏中了解装配体的名称和用途。由明细栏和序号可知零件的数量和种类，从而略知其大致的组成情况及复杂程度。由视图的配置、标注的尺寸和技术要求可知该部件的结构特点和大小。

齿轮泵是机器中用来输送液压油的部件，由泵体、左泵盖、右泵盖、主动齿轮轴、从动齿轮轴等 12 种零件装配而成。

2. 分析视图

齿轮泵装配图用了两个视图表达其结构和工作原理，全剖的主视图表达了零件间的装配关系，左视图采用了半剖视图和两处局部剖视图，半剖视图沿着左泵盖与泵体的结合面剖切，两处局部剖视图中，一处用于表达进、出油口的结构，另一处用于表达安装孔的形状。

对齿轮泵装配图中的视图进行分析，初步形成齿轮泵立体结构，如图 10–12 所示。

3. 分析装配关系和工作原理

分析图 10–11 和图 10–12 可知，齿轮泵的泵体、左泵盖和右泵盖围成泵腔，以容纳一对啮合的齿轮。在从动齿轮轴 3 的中间部分加工了齿轮，两端各加工了一个 ϕ18h6 的轴颈。在主动齿轮轴 4 上除了加工了齿轮、两个 ϕ18h6 的轴颈外，在其

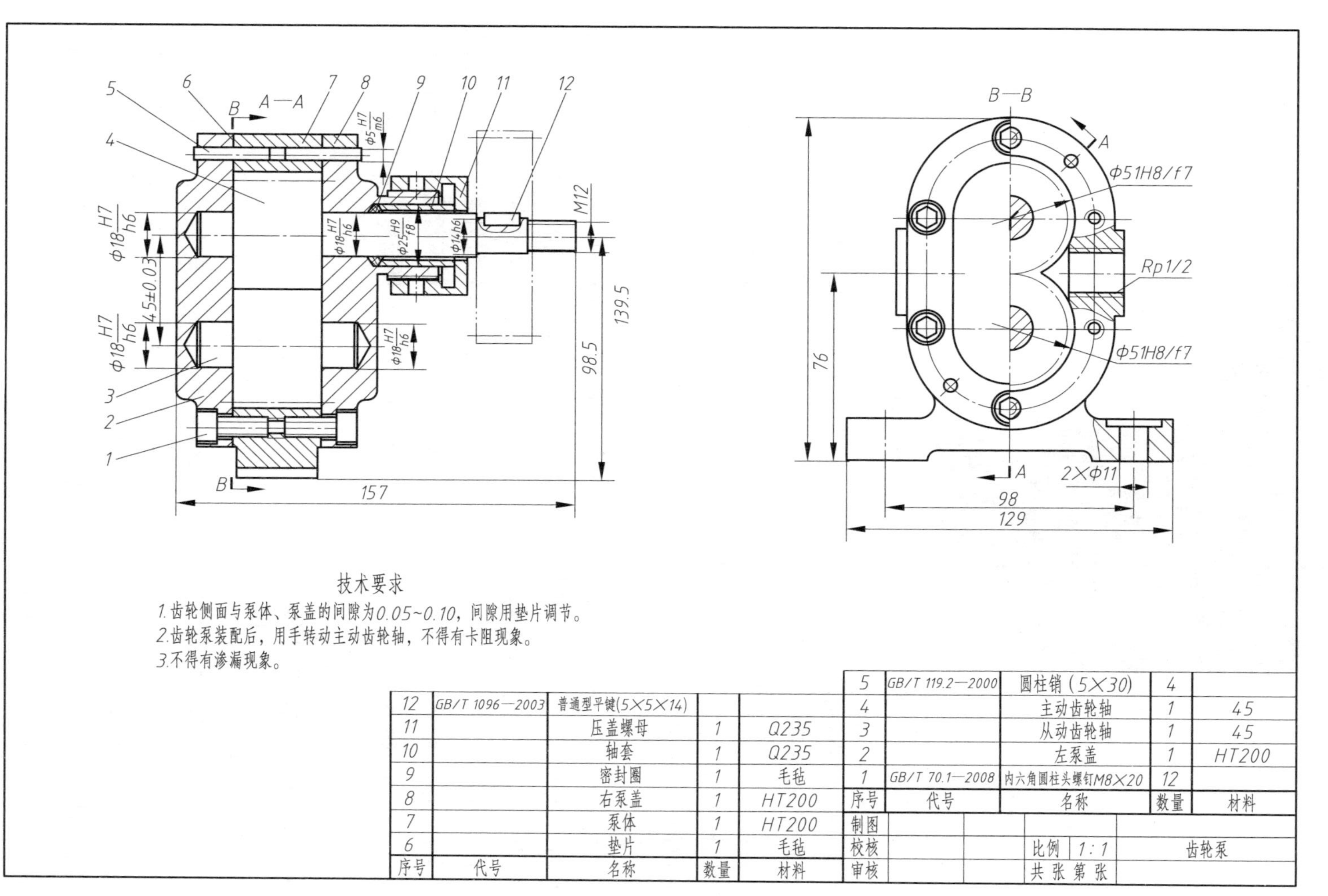

序号	代号	名称	数量	材料
12	GB/T 1096—2003	普通型平键(5×5×14)		
11		压盖螺母	1	Q235
10		轴套	1	Q235
9		密封圈	1	毛毡
8		右泵盖	1	HT200
7		泵体	1	HT200
6		垫片	1	毛毡
5	GB/T 119.2—2000	圆柱销（5×30）	4	
4		主动齿轮轴	1	45
3		从动齿轮轴	1	45
2		左泵盖	1	HT200
1	GB/T 70.1—2008	内六角圆柱头螺钉M8×20	12	

制图			
校核		比例 1:1	齿轮泵
审核		共 张 第 张	

图10-11　齿轮泵装配图

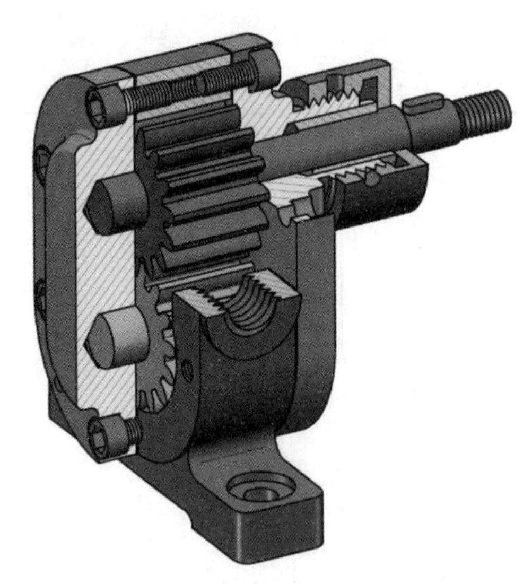

图 10–12　齿轮泵立体结构

右端加工了 ϕ14h6 的轴颈和用于安装螺母的外螺纹，以便安装传动齿轮。左、右泵盖上制有与齿轮两端轴颈配合的 ϕ18H7 轴孔，以保证齿轮正常啮合。泵体上有安装基座，以便将齿轮泵安装在其他设备上。左、右泵盖与泵体用圆柱销 5 定位，用内六角圆柱头螺钉 1 连接。为防止泵体 7 与左、右泵盖的结合面及主动齿轮轴 4 的伸出端漏油，分别用垫片 6 和密封圈 9 进行密封，轴套 10 和压盖螺母 11 用于将密封圈 9 压紧。

齿轮泵的工作原理在左视图上反映得比较清楚。根据左视图，绘制齿轮泵的工作原理图，如图 10–13 所示。当齿轮按图示箭头方向旋转时，右侧吸油室相互啮合的轮齿逐渐脱开，密封工作容积逐渐增大，形成局部真空，因此油箱中的油液在外界大气压力的作用下，经吸油口进入吸油腔，将齿间的槽充满，并随着齿轮旋转，把油液带到左侧压油室。随着齿轮的相互啮合，压油室密封工作腔容积不断减小，油液便被挤出去，从压油口输送到压力管路中去。齿轮啮合时，轮齿的接触线把吸油腔和压油腔分开。

二、拆画泵体零件图

1. 分离零件

分析泵体在齿轮泵装配图主视图、左视图中的投影，想象泵体的结构，如图 10–14 所示。在分析泵体视图的过程中，要利用投影规律，并依据同一零件不同视图中的剖面线方向、间隔相同的制图规则，找出泵体在装配图中的轮廓线。装配图中泵体有些结构被其他零件（如螺钉、销等）遮挡，要根据齿轮泵的工作原理及泵体周围其他零件的形状想象出泵体被遮挡部分的形状。

2. 确定零件视图表达方案

零件视图的表达方案不能照搬装配图，应该根据零件的结构形状确定。在图 10–11

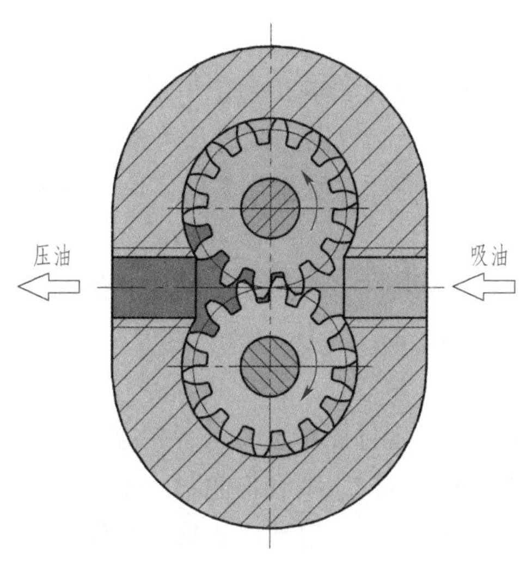

图 10-13　齿轮泵的工作原理图

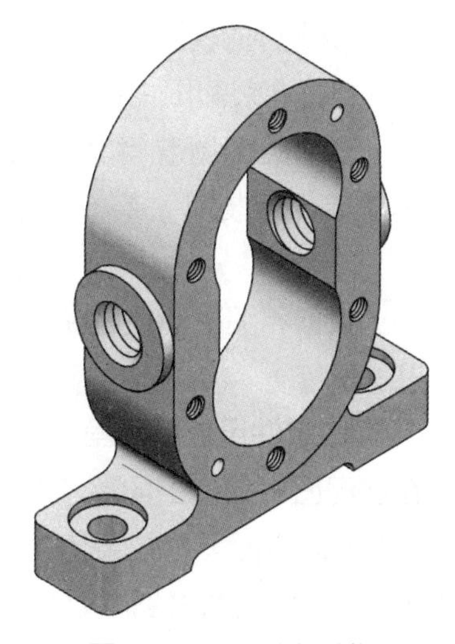
图 10-14　泵体的结构

所示齿轮泵的装配图中，泵体的左视图反映了容纳一对齿轮的长圆形空腔以及与空腔相通的进、出油口的形状，同时也反映了圆柱销与螺钉孔的分布情况，以及底座上沉孔的形状。因此，在画零件图时，应选取这一方向作为泵体主视图的投射方向。泵体的视图如图 10-15 所示，在主视图上表达了泵体的外部和内腔的形状，并采用局部剖视图表达进、出油口和安装孔的结构形状，在左视图上采用两相交剖切平面剖切的全剖视图表达泵体的内部结构和销孔、螺纹孔的形状，用一个仰视方向的局部视图表达安装基面的形状。

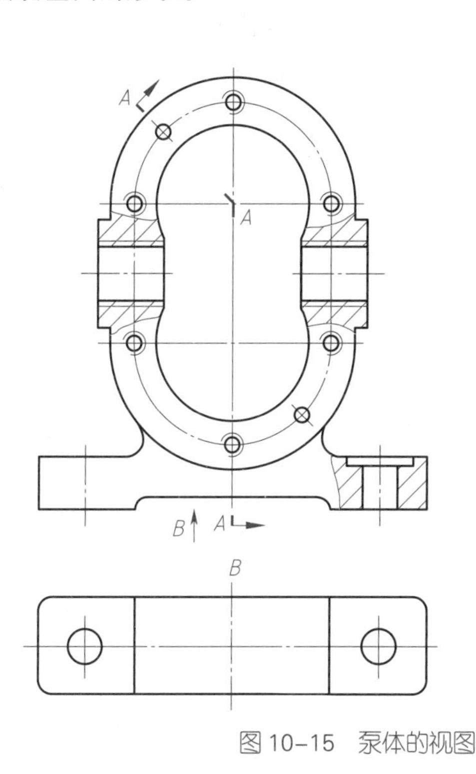

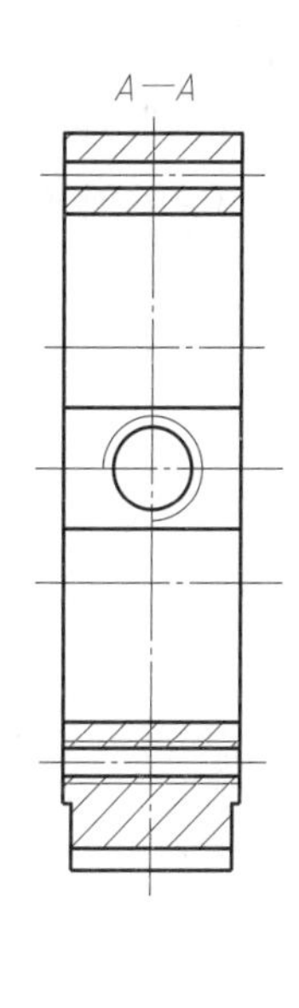

图 10-15　泵体的视图

3. 绘制零件的视图

（1）根据在装配图中标注的与泵体相关的尺寸绘制泵体主要结构的视图。

（2）测量装配图获得其他结构的尺寸，然后绘制视图。测量尺寸时注意分析泵体与其他零件的装配关系，根据装配图的绘图比例计算所测要素的实际尺寸并加以圆整。

（3）根据相关标注或机械设计手册补充在装配图中省略的工艺结构（如倒角、圆角、退刀槽等）。

4. 标注零件尺寸及公差

在装配图中标注出的尺寸都是重要的尺寸，在零件图中也要进行相应的标注。在图 10–11 中标注的齿轮与泵体内腔的配合尺寸 ϕ51H8/f 7，啮合齿轮的中心距 45 mm ± 0.03 mm，主动齿轮轴的轴线到底面的距离 98.5 mm，进、出油口的管螺纹代号 Rp1/2，油孔的中心高 76 mm，安装尺寸 129 mm、98 mm、2 × ϕ11 mm 等都可以直接在零件图中进行标注，如图 10–16 所示。装配图中的总高尺寸 139.5 mm 可以换算成泵体上、下半圆柱体的外径 R41。对于装配图中的配合尺寸，可以标注公差带代号，也可注出上、下极限偏差。

装配图中未注出的尺寸，可根据从装配图中量取的尺寸按照比例进行计算，并加以圆整。某些标准结构，如键槽、密封槽、沉孔、倒角、退刀槽等的尺寸，应查阅有关标准后注出。

5. 标注技术要求

零件的尺寸公差、几何公差、表面结构要求等技术要求，要根据零件在装配体中的功能以及该零件与其他零件的关系来确定。零件的其他技术要求可用文字注写在标题栏附近，如图 10–16 所示。

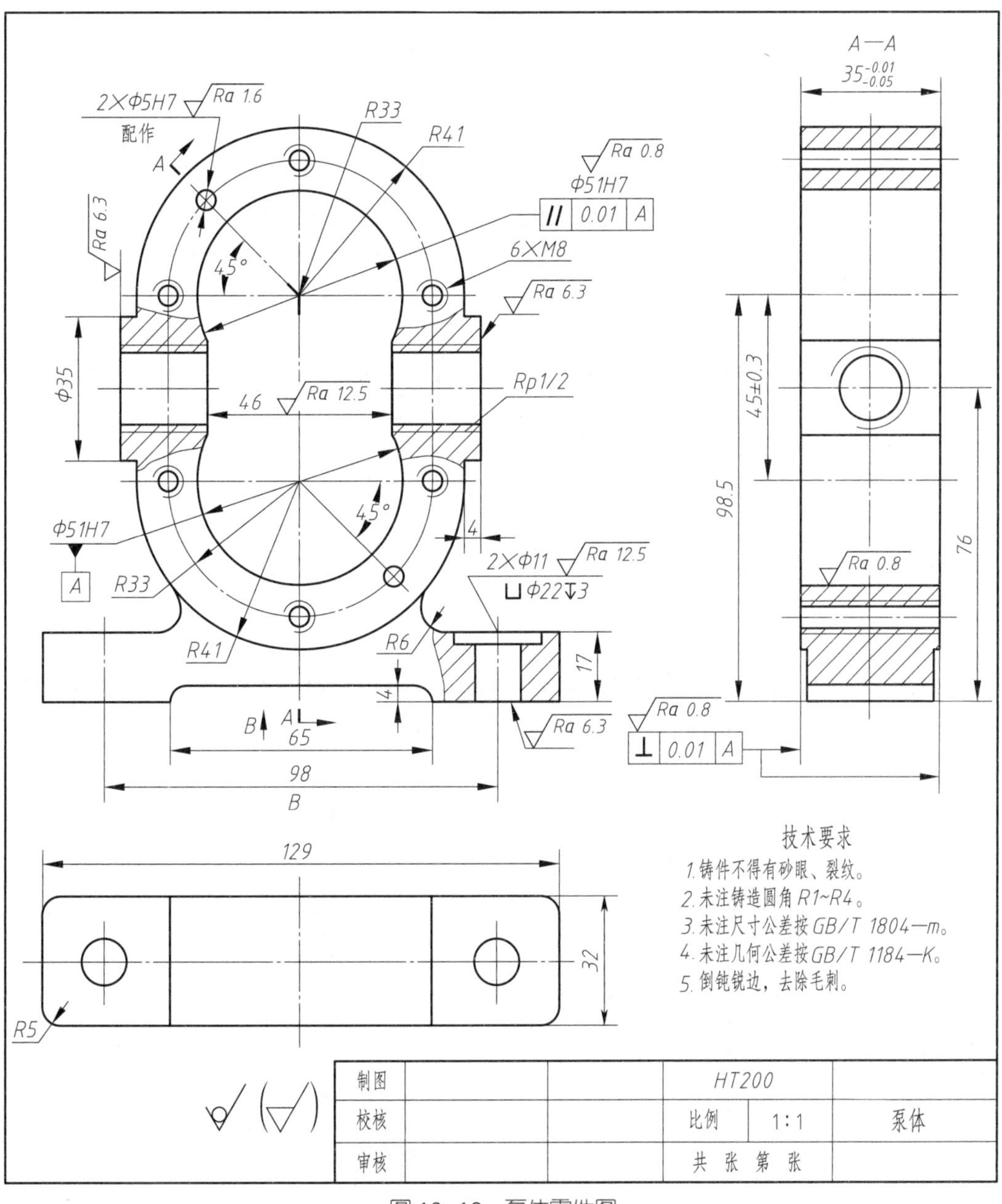

A—A
2×Φ5H7 Ra 1.6
配作
R33
R41
Ra 0.8
Φ51H7
// 0.01 A
6×M8
Ra 6.3
45°
Φ35
46 Ra 12.5
Rp1/2
45±0.3
98.5
76
Φ51H7
A
R33
2×Φ11 Ra 12.5
⌴Φ22↧3
R6
R41
17
4
65
98
B
Ra 0.8
⊥ 0.01 A
129
32
R5
技术要求
1.铸件不得有砂眼、裂纹。
2.未注铸造圆角R1~R4。
3.未注尺寸公差按GB/T 1804—m。
4.未注几何公差按GB/T 1184—K。
5.倒钝锐边，去除毛刺。
制图
HT200
校核
比例 1:1
泵体
审核
共 张 第 张

图10-16 泵体零件图

附　录

附表 1　六角头螺栓　C 级（摘自 GB/T 5780—2016）、六角头螺栓 全螺纹　C 级（摘自 GB/T 5781—2016）

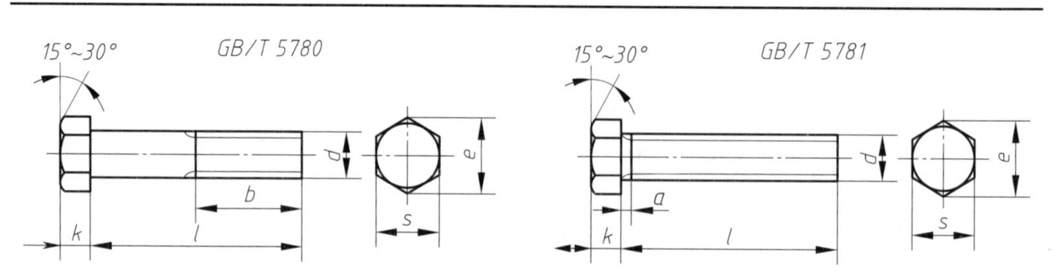

标记示例

螺纹规格 d=M12、公称长度 l=80 mm、性能等级为 4.8 级、不经表面处理、C 级六角头螺栓：

螺栓　GB/T 5780　M12×80

mm

螺纹规格 d		M5	M6	M8	M10	M12	（M14）	M16	（M18）	M20	（M22）	M24	（M27）
b	$l\leqslant 125$	16	18	22	26	30	34	38	42	46	50	54	60
	$125<l\leqslant 200$	22	24	28	32	36	40	44	48	52	56	60	66
	$l>200$	35	37	41	45	49	53	57	61	65	69	73	79
a_{max}		2.4	3	4	4.5	5.3	6	6	7.5	7.5	7.5	9	9
e_{min}		8.63	10.89	14.2	17.59	19.85	22.78	26.17	29.56	32.95	37.29	39.55	45.2
k（公称）		3.5	4	5.3	6.4	7.5	8.8	10	11.5	12.5	14	15	17
s	max	8	10	13	16	18	21	24	27	30	34	36	41
	min	7.64	9.64	12.57	15.57	17.57	20.16	23.16	26.16	29.16	33	35	40
l	GB/T 5780	25 ~ 50	30 ~ 60	40 ~ 80	45 ~ 100	55 ~ 120	60 ~ 140	65 ~ 160	80 ~ 180	80 ~ 200	90 ~ 220	100 ~ 240	110 ~ 260
	GB/T 5781	10 ~ 50	12 ~ 60	16 ~ 80	20 ~ 100	25 ~ 120	30 ~ 140	30 ~ 160	35 ~ 180	40 ~ 200	45 ~ 220	50 ~ 240	55 ~ 280
性能等级	钢	4.6，4.8											
表面处理	钢	1. 不经处理　2. 电镀　3. 非电解锌粉覆盖层											

续表

螺纹规格 d		M30	(M33)	M36	(M39)	M42	(M45)	M48	(M52)	M56	(M60)	M64
b	$l \leqslant 125$	66	72	—	—	—	—	—	—	—	—	—
	$125 < l \leqslant 200$	72	78	84	90	96	102	108	116	—	132	—
	$l > 200$	85	91	97	103	109	115	121	129	137	145	153
a	max	10.5	10.5	12	12	13.5	13.5	15	15	16.5	16.5	18
e	min	50.85	55.37	60.79	66.44	72.02	76.95	82.6	88.25	93.56	99.21	104.86
k	公称	18.7	21	22.5	25	26	28	30	33	35	38	40
s	max	46	50	55	60	65	70	75	80	85	90	95
	min	45	49	53.8	58.8	63.8	68.1	73.1	78.1	82.8	87.8	92.8
l	GB/T 5780	120 ~ 300	130 ~ 320	140 ~ 360	150 ~ 400	180 ~ 420	180 ~ 440	200 ~ 480	200 ~ 500	240 ~ 500	240 ~ 500	260 ~ 500
	GB/T 5781	60 ~ 300	65 ~ 360	70 ~ 360	80 ~ 400	80 ~ 420	90 ~ 440	100 ~ 480	100 ~ 500	110 ~ 500	120 ~ 500	120 ~ 500
性能等级	钢	4.6，4.8				按协议						
表面处理	钢	1. 不经处理　2. 电镀　3. 非电解锌粉覆盖层										

注：长度系列 l 为 10，12，16，20 ~ 70（5 进位），70 ~ 150（10 进位），180 ~ 500（20 进位）。尽可能不采用括号内的规格。

附表 2　Ⅰ型六角螺母（摘自 GB/T 6170—2015）

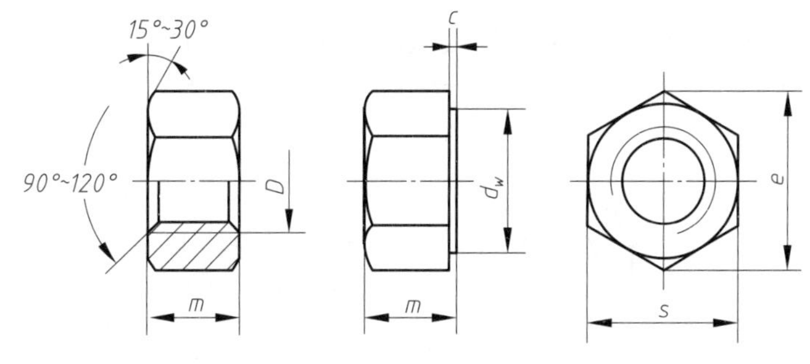

标记示例

螺纹规格 D=M12，性能等级为 8 级，不经表面处理、产品等级为 A 级的Ⅰ型六角螺母：

螺母　GB/T　6170　M12

mm

螺纹规格 D		M1.6	M2	M2.5	M3	M4	M5	M6	M8	M10	M12
螺距 P		0.35	0.4	0.45	0.5	0.7	0.8	1	1.25	1.5	1.75
c	max	0.2	0.2	0.3	0.4	0.4	0.5	0.5	0.6	0.6	0.6
d_w	min	2.4	3.1	4.1	4.6	5.9	6.9	8.9	11.6	14.6	16.6

续表

螺纹规格 *D*		M1.6	M2	M2.5	M3	M4	M5	M6	M8	M10	M12
螺距 *P*		0.35	0.4	0.45	0.5	0.7	0.8	1	1.25	1.5	1.75
e	min	3.41	4.32	5.45	6.01	7.66	8.79	11.05	14.38	17.77	20.03
m	max	1.3	1.6	2.0	2.4	3.2	4.7	5.2	6.8	8.4	10.8
	min	1.05	1.35	1.75	2.15	2.9	4.4	4.9	6.44	8.04	10.37
s	公称 = max	3.20	4.0	5.0	5.5	7.0	8.0	10.0	13.0	16.0	18.0
	min	3.02	3.82	4.82	5.32	6.78	7.78	9.78	12.73	15.73	17.73
螺纹规格 *D*		M16	M20	M 24	M30	M36	M42	M48	M56	M64	
螺距 *P*		2	2.5	3	3.5	4	4.5	5	5.5	6	
c	max	0.8	0.8	0.8	0.8	0.8	1.0	1.0	1.0	1.0	
d_w	min	22.5	27.7	33.3	42.8	51.1	60	69.5	78.7	88.2	
e	min	26.75	32.95	39.55	50.85	60.79	72.02	82.06	93.56	104.86	
m	max	14.8	18	21.5	25.6	31	34	38	45	51	
	min	14.1	16.9	20.2	24.3	29.4	32.4	36.4	43.4	49.1	
s	max	24	30	36	46	55	65	75	85	95	
	min	23.67	29.16	35	45	53.8	63.1	73.1	82.8	92.8	

注：1. A 级用于 $D \leqslant 16$ 的螺母，B 级用于 $D>16$ 的螺母。本表仅按优选的螺纹规格列出。
2. 螺纹规格为 M8 ~ M64、细牙、A 级和 B 级的 Ⅰ 型六角螺母，请查阅 GB/T 6171—2016。

附表 3　Ⅰ型六角螺母　C 级（摘自 GB/T 41—2016）

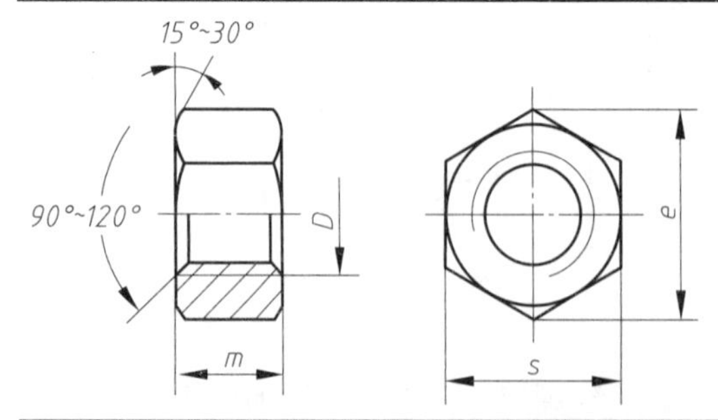

标记示例

螺纹规格 *D*=M12、性能等级为 5 级、不经表面处理、产品等级为 C 级的 Ⅰ 型六角螺母：

螺母　GB/T 41　M12

mm

螺纹规格 *D*	M5	M6	M8	M10	M12	M16	M20	M24	M30	M36	M42	M48	M56
$s_{公称}$ = max	8	10	13	16	18	24	30	36	46	55	65	75	85
e_{min}	8.63	10.89	14.2	17.59	19.85	26.17	32.95	39.55	50.85	60.79	71.3	82.6	93.56
m_{max}	5.6	6.4	7.9	9.5	12.2	15.9	10	22.3	26.4	31.9	34.9	38.9	45.9
d_w	6.7	8.7	11.5	14.5	16.5	22	27.7	33.3	42.8	51.1	60	69.5	78.7

附表4 垫圈

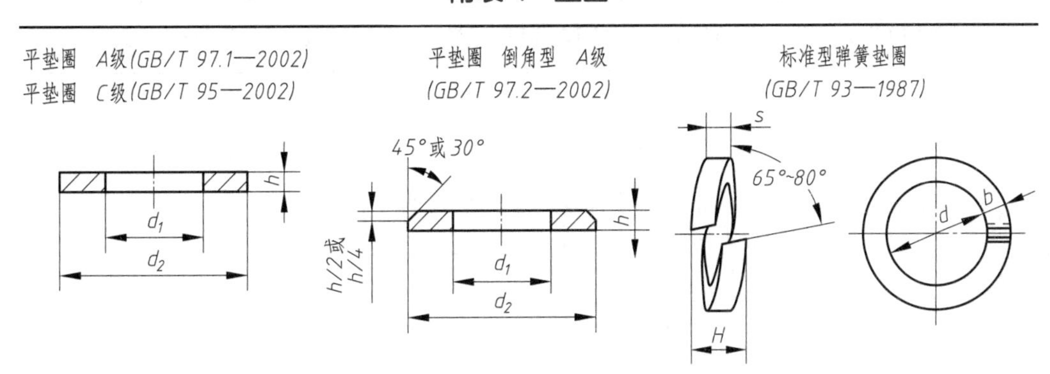

标记示例

标准系列、规格 8 mm、材料为钢、产品等级为 C 级、不经表面处理的平垫圈：

垫圈 GB/T 95 8

规格 10 mm、材料为 65 Mn、表面氧化处理的标准型弹簧垫圈：

垫圈 GB/T 93 10

mm

规格		4	5	6	8	10	12	16	20	24	30	36	42	48
GB/T 97.1—2002（A级）	d_1	4.3	5.3	6.4	8.4	10.5	13	17	21	25	31	37	45	52
	d_2	9	10	12	16	20	24	30	37	44	56	66	78	92
	h	0.8	1	1.6	1.6	2	2.5	3	3	4	4	5	8	8
GB/T 97.2—2002（A级）	d_1	—	5.3	6.4	8.4	10.5	13	17	21	25	31	37	45	52
	d_2	—	10	12	16	20	24	30	37	44	56	66		
	h	—	1	1.6	1.6	2	2.5	3	3	4	4	5		
GB/T 95—2002（C级）	d_1	—	5.5	6.6	9	11	13.5	17.5	22	26	33	39	45	52
	d_2	—	10	12	16	20	24	30	37	44	56	66	78	92
	h	—	1	1.6	1.6	2	2.5	3	3	4	4	5	8	8
GB/T 93—1987	d_1	4.1	5.1	6.1	8.1	10.2	12.2	16.2	20.2	24.5	30.5	36.5	42.5	48.5
	s（b）	1.1	1.3	1.6	2.1	2.6	3.1	4.1	5	6	7.5	9	10.5	12
	H	2.8	3.3	4	5.3	6.5	7.8	10.3	12.5	15	18.6	22.5	26.3	30

注：1. A 级适用于精装配系列，C 级适用于中等装配系列。

2. 平垫圈 A 级、倒角型平垫圈 A 级的材料为钢或不锈钢，平垫圈 C 级的材料为钢，标准型弹簧垫圈的所用材料为 65 Mn。

附表 5　开槽圆柱头螺钉（摘自 GB/T 65—2016）、开槽沉头螺钉（摘自 GB/T 68—2016）、内六角圆柱头螺钉（摘自 GB/T 70.1—2008）

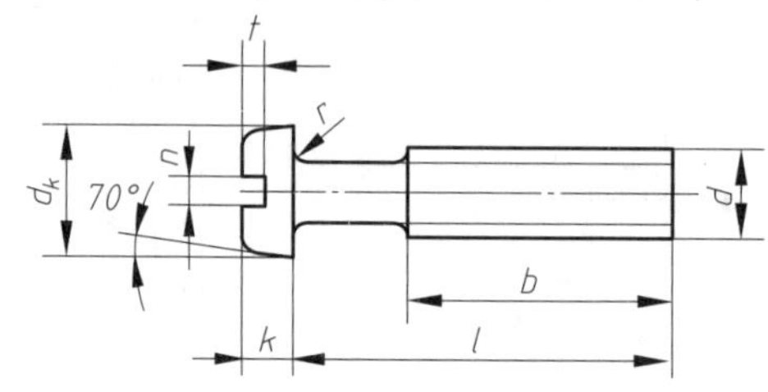

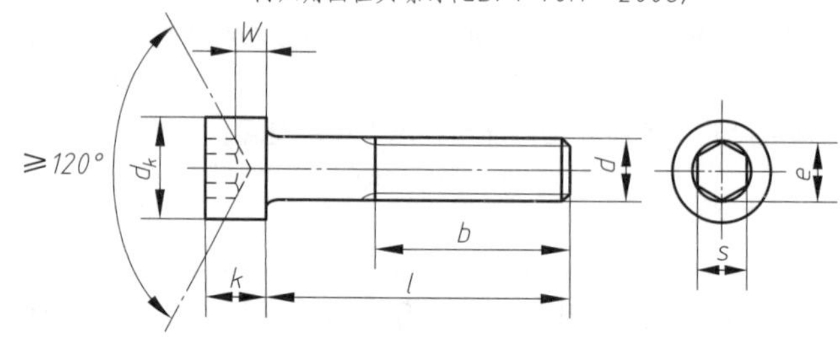

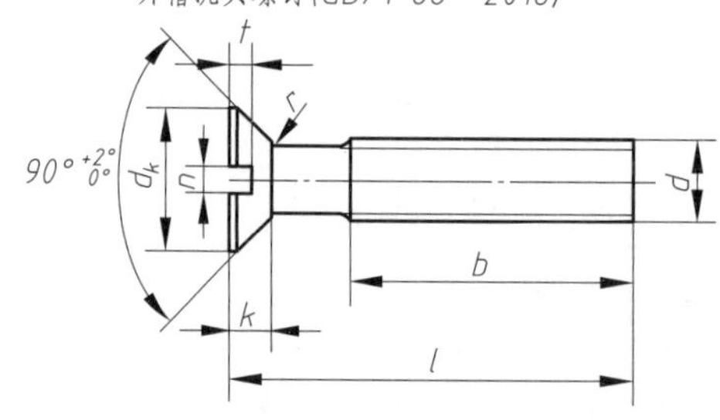

标记示例

螺纹规格 d=M5、公称长度 l=20 mm、性能等级为 4.8 级、不经表面处理的 A 级开槽圆柱头螺钉：

螺钉　GB/T 65　M5×20

mm

螺纹规格 d			M1.6	M2	M2.5	M3	M4	M5	M6	M8	M10
GB/T 65	b	min	25	25	25	25	38	38	38	38	38
	n	公称	0.4	0.5	0.6	0.8	1.2	1.2	1.6	2	2.5
	d_k	公称 =max	3	3.8	4.5	5.5	7	8.5	10	13	16
	k	公称 =max	1.1	1.4	1.8	2.0	2.6	3.3	3.9	5	6
	r	min	0.1	0.1	0.1	0.1	0.2	0.2	0.25	0.4	0.4
	t	min	0.45	0.6	0.7	0.85	1.1	1.3	1.6	2	2.4
	l	公称	2 ~ 16	3 ~ 20	3 ~ 25	4 ~ 30	5 ~ 40	6 ~ 50	8 ~ 60	10 ~ 80	12 ~ 80

续表

螺纹规格 d			M1.6	M2	M2.5	M3	M4	M5	M6	M8	M10
GB/T 68	b	min	25	25	25	25	38	38	38	38	38
	n	公称	0.4	0.5	0.6	0.8	1.2	1.2	1.6	2	2.5
	d_k	理论值	3.6	4.4	5.5	6.3	9.4	10.4	12.6	17.3	20
	k	公称 =max	1	1.2	1.5	1.65	2.7	2.7	3.3	4.65	5
	r	max	0.4	0.5	0.6	0.8	1	1.3	1.5	2	2.5
	t	max	0.5	0.6	0.75	0.85	1.3	1.4	1.6	2.3	2.6
	l	公称	2.5 ~ 16	3 ~ 20	4 ~ 25	5 ~ 30	6 ~ 40	8 ~ 50	8 ~ 60	10 ~ 80	12 ~ 80
GB/T 70.1	b	参考	15	16	17	18	20	22	24	28	32
	d_k	（max 光滑）	3	3.8	4.5	5.5	7	8.5	10	13	16
	d_k	（max 滚花）	3.14	3.98	4.68	5.68	7.22	8.72	10.22	13.27	16.27
	k	max	1.6	2	2.5	3	4	5	6	8	10
	e	min	1.733	1.733	2.303	2.873	3.443	4.583	5.723	6.863	9.149
	t	min	0.7	1	1.1	1.3	2	2.5	3	4	5
	l	公称	2.5 ~ 16	3 ~ 20	4 ~ 25	5 ~ 30	6 ~ 40	8 ~ 50	10 ~ 60	12 ~ 80	16 ~ 100

附表 6　双头螺柱（摘自 GB/T 897 ~ 900—1988）

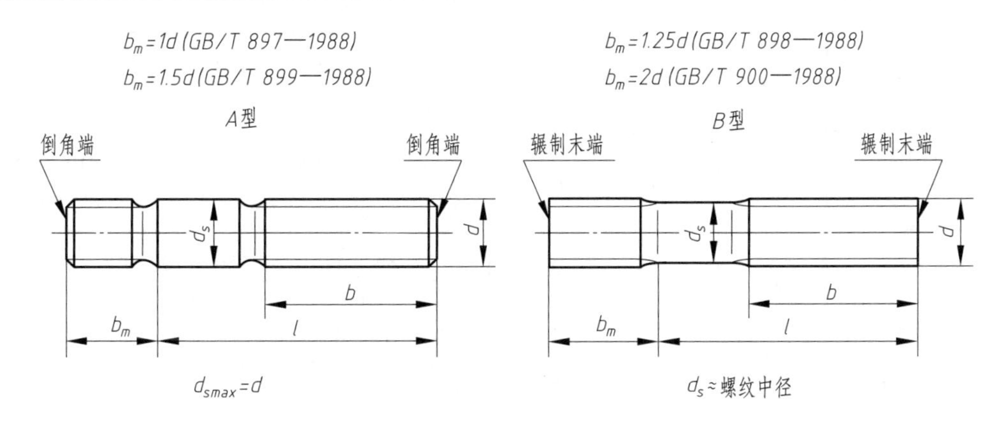

标记示例

两端均为粗牙普通螺纹、螺纹规格 d =10 mm、公称长度 l=50 mm、性能等级为 4.8 级、不经表面处理、B 型、b_m=2d 的双头螺柱：

螺柱　GB/T 900　M10×50

旋入机体一端为粗牙普通螺纹、旋螺母端为螺距为 P=1 mm 的细牙普通螺纹、d =10 mm、l=50 mm、性能等级为 4.8 级、不经表面处理、A 型、b_m=2 d 双头螺柱：

螺柱　GB/T 900　AM10−10×1×50

mm

螺纹规格 d	b_m（旋入机体端长度）				l/b（螺柱长度 / 旋螺母端长度）
	GB/T 897	GB/T 898	GB/T 899	GB/T 900	
M4	—	—	6	8	$\frac{16\sim22}{8}$ $\frac{25\sim40}{14}$
M5	5	6	8	10	$\frac{16\sim22}{10}$ $\frac{25\sim50}{16}$
M 6	6	8	10	12	$\frac{20\sim22}{10}$ $\frac{25\sim30}{14}$ $\frac{32\sim75}{18}$
M8	8	10	12	16	$\frac{20\sim22}{12}$ $\frac{25\sim30}{16}$ $\frac{32\sim90}{22}$
M10	10	12	15	20	$\frac{25\sim28}{14}$ $\frac{30\sim38}{16}$ $\frac{40\sim120}{26}$ $\frac{130}{32}$
M12	12	15	18	24	$\frac{25\sim30}{16}$ $\frac{32\sim40}{20}$ $\frac{45\sim120}{30}$ $\frac{130\sim180}{36}$
M16	16	20	24	32	$\frac{30\sim38}{20}$ $\frac{40\sim55}{30}$ $\frac{60\sim120}{38}$ $\frac{130\sim200}{44}$
M20	20	25	30	40	$\frac{35\sim40}{25}$ $\frac{45\sim65}{35}$ $\frac{70\sim120}{46}$ $\frac{130\sim200}{52}$
（M24）	24	30	36	48	$\frac{45\sim50}{30}$ $\frac{55\sim75}{45}$ $\frac{80\sim120}{54}$ $\frac{130\sim200}{60}$
（M30）	30	38	45	60	$\frac{60\sim65}{40}$ $\frac{70\sim90}{50}$ $\frac{95\sim120}{66}$ $\frac{130\sim200}{72}$ $\frac{210\sim250}{85}$
M36	36	45	54	72	$\frac{65\sim75}{45}$ $\frac{80\sim110}{60}$ $\frac{120}{78}$ $\frac{130\sim200}{84}$ $\frac{210\sim300}{97}$
M42	42	52	63	84	$\frac{70\sim80}{50}$ $\frac{85\sim110}{70}$ $\frac{120}{90}$ $\frac{130\sim200}{96}$ $\frac{210\sim300}{109}$
M48	48	60	72	96	$\frac{80\sim90}{60}$ $\frac{95\sim110}{80}$ $\frac{120}{102}$ $\frac{130\sim200}{108}$ $\frac{210\sim300}{121}$
$l_{系列}$	12、(14)、16、(18)、20、(22)、25、(28)、30、(32)、35、(38)、40、45、50、55、60、(65)、70、75、80、(85)、90、(95)、100 ~ 260（十进位）、280、300				

注：1. 尽可能不采用括号内的规格。

2. $b_m=d$，一般用于钢对钢；$b_m=(1.25\sim1.5)d$，一般用于钢对铸铁；$b_m=2d$，一般用于钢对铝合金。

附表 7　普通型平键（摘自 GB/T 1095—2003）及键槽断面尺寸（摘自 GB/T 1096—2003）

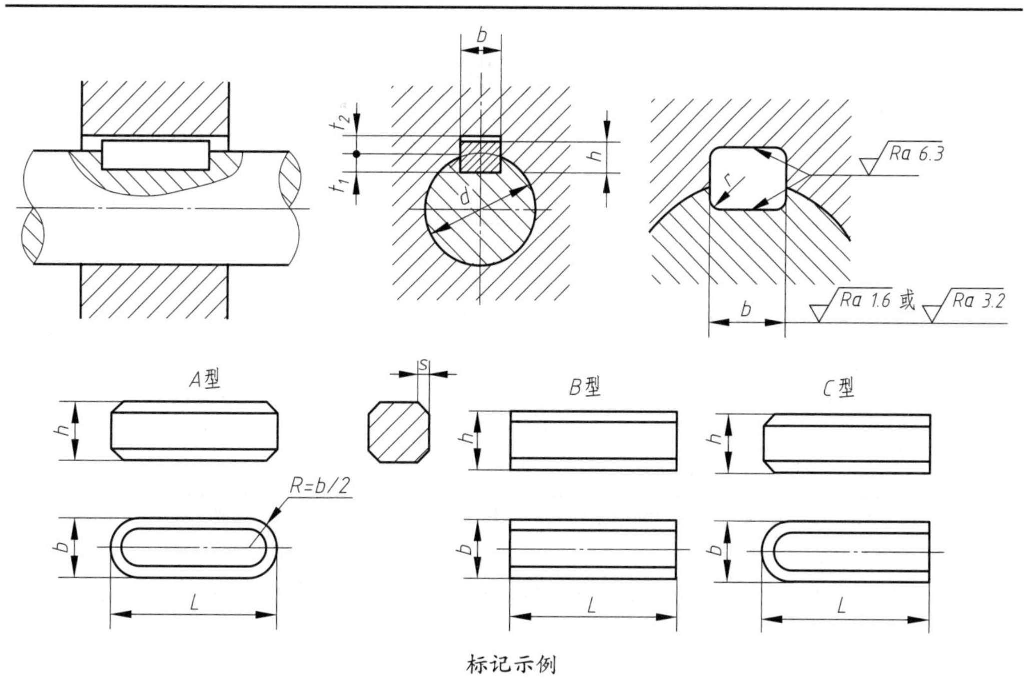

标记示例

圆头普通平键、b=16 mm、h=10 mm、L=100 mm：GB/T 1096　键　16×10×100

平头普通平键、b=16 mm、h=10 mm、L=100 mm：GB/T 1096　键　B16×10×100

单圆头普通平键、b=16 mm、h=10 mm、L=100 mm：GB/T 1096　键　C16×10×100

mm

轴	键的尺寸			键槽尺寸						
公称直径 d	键宽（b）×键高（h）	长度 L	倒角或倒圆 s	宽度 b	深度				圆角半径 r	
					轴 t_1		毂 t_2			
					公称	偏差	公称	偏差	min	max
>10 ~ 12	4×4	8 ~ 45	0.16 ~ 0.25	4	2.5	$^{+0.1}_{0}$	1.8	$^{+0.1}_{0}$	0.08	0.16
>12 ~ 17	5×5	10 ~ 56	0.25 ~ 0.4	5	3.0		2.3		0.16	0.25
>17 ~ 22	6×6	14 ~ 70		6	3.5		2.8			
>22 ~ 30	8×7	18 ~ 90		8	4.0	$^{+0.2}_{0}$	3.3	$^{+0.2}_{0}$		
>30 ~ 38	10×8	22 ~ 110	0.4 ~ 0.6	10	5.0		3.3		0.25	0.40
>38 ~ 44	12×8	28 ~ 140		12	5.0		3.3			
>44 ~ 50	14×9	36 ~ 160		14	5.5		3.8			
>50 ~ 58	16×10	45 ~ 180		16	6.0		4.3			
>58 ~ 65	18×11	50 ~ 200		18	7.0		4.4			

续表

轴	键的尺寸			键槽尺寸						
					深度				圆角半径 r	
					轴 t_1		毂 t_2			
公称直径 d	键宽（b）×键高（h）	长度 L	倒角或倒圆 s	宽度 b	公称	偏差	公称	偏差	min	max
>65 ~ 75	20×12	56 ~ 220	0.6 ~ 0.8	20	7.5	+0.2 0	4.9	+0.2 0	0.40	0.60
>75 ~ 85	22×14	63 ~ 250		22	9.0		5.4			
>85 ~ 95	25×14	70 ~ 280		25	9.0		5.4			
>95 ~ 110	28×16	80 ~ 320		28	10		6.4			
L（系列）	6 ~ 22（2进位），25，28，32，36，40，45，50，56，63，70，80，90，100，110，125，140，160，180，200，220，250，280，320，360，400，450，500									

注：1. $d-t$ 和 $d+t_1$ 两组组合尺寸的极限偏差按相应的 t 和 t_1 的极限偏差选取，但 $d-t$ 极限偏差应取负号（−）。

2. 键 b 的极限偏差为 h9，键 h 的极限偏差为 h11，键长 L 的极限偏差为 h14。

3. 表中的“公称直径 d”是沿用旧标准（GB/T 1095—1979）的数据，仅供设计者参考。

附表 8　半圆键（摘自 GB/T 1099.1—2003）及键槽断面尺寸（摘自 GB/T 1098—2003）

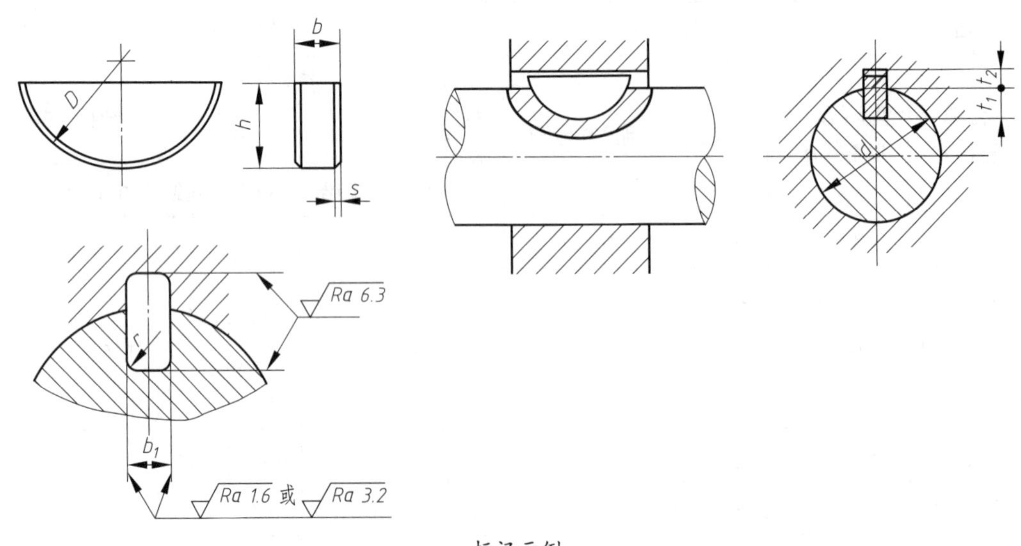

标记示例

半圆键、b=8 mm、h=11 mm、D=28 mm：

GB/T 1099.1　键 8×11×28

mm

<table>
<tr><th colspan="4">键的尺寸及公差</th><th colspan="6">键槽尺寸及公差</th></tr>
<tr><th rowspan="2">宽度 b $\left({}^{0}_{-0.025}\right)$</th><th rowspan="2">高度 h（h12）</th><th rowspan="2">直径 D（h12）</th><th rowspan="2">倒角或倒圆 s</th><th rowspan="2">宽度 b_1</th><th colspan="2">轴 t_1</th><th colspan="2">轮毂 t_2</th><th rowspan="2">圆角半径 r</th></tr>
<tr><th>公称</th><th>偏差</th><th>公称</th><th>偏差</th></tr>
<tr><td>1.0</td><td>1.4</td><td>4</td><td rowspan="7">0.16 ~ 0.25</td><td>1.0</td><td>1.0</td><td rowspan="5">+0.1
0</td><td>0.6</td><td rowspan="13">+0.1
0</td><td rowspan="7">0.16 ~ 0.25</td></tr>
<tr><td>1.5</td><td>2.6</td><td>7</td><td>1.5</td><td>2.0</td><td>0.8</td></tr>
<tr><td>2.0</td><td>2.6</td><td>7</td><td>2.0</td><td>1.8</td><td>1.0</td></tr>
<tr><td>2.0</td><td>3.7</td><td>10</td><td>2.0</td><td>2.9</td><td>1.0</td></tr>
<tr><td>2.5</td><td>3.7</td><td>10</td><td>2.5</td><td>2.7</td><td>1.2</td></tr>
<tr><td>3.0</td><td>5.0</td><td>13</td><td>3.0</td><td>3.8</td><td rowspan="6">+0.2
0</td><td>1.4</td></tr>
<tr><td>3.0</td><td>6.5</td><td>16</td><td>3.0</td><td>5.3</td><td>1.4</td></tr>
<tr><td>4.0</td><td>6.5</td><td>16</td><td rowspan="7">0.25 ~ 0.4</td><td>4.0</td><td>5.0</td><td>1.8</td><td rowspan="7">0.25 ~ 0.40</td></tr>
<tr><td>4.0</td><td>7.5</td><td>19</td><td>4.0</td><td>6.0</td><td>1.8</td></tr>
<tr><td>5.0</td><td>6.5</td><td>16</td><td>5.0</td><td>4.5</td><td>2.3</td></tr>
<tr><td>5.0</td><td>7.5</td><td>19</td><td>5.0</td><td>5.5</td><td>2.3</td></tr>
<tr><td>5.0</td><td>9.0</td><td>22</td><td>5.0</td><td>7.0</td><td rowspan="5">+0.3
0</td><td>2.3</td></tr>
<tr><td>6.0</td><td>9.0</td><td>22</td><td>6.0</td><td>6.5</td><td>2.8</td></tr>
<tr><td>6.0</td><td>10</td><td>25</td><td>6.0</td><td>7.5</td><td>2.8</td><td rowspan="3">+0.2
0</td></tr>
<tr><td>8.0</td><td>11</td><td>28</td><td rowspan="2">0.4 ~ 0.6</td><td>8.0</td><td>8</td><td>3.3</td><td rowspan="2">0.40 ~ 0.60</td></tr>
<tr><td>10</td><td>13</td><td>32</td><td>10</td><td>10</td><td>3.3</td></tr>
</table>

注：1. $d-t$ 和 $d+t_1$ 两组组合尺寸的极限偏差按相应的 t 和 t_1 的极限偏差选取，但 $d-t$ 极限偏差应取负号（－）。

2. 键和键槽之间有松联结、正常联结和紧密联结三种情况，其轴上键槽的公差带分别为 H9、N9 和 P9，轮毂键槽的公差带分别为 D10、JS9 和 P9。

附表 9　圆柱销　不淬硬钢和奥氏体不锈钢（摘自 GB/T 119.1—2000）、圆柱销　淬硬钢和马氏体不锈钢（摘自 GB/T 119.2—2000）

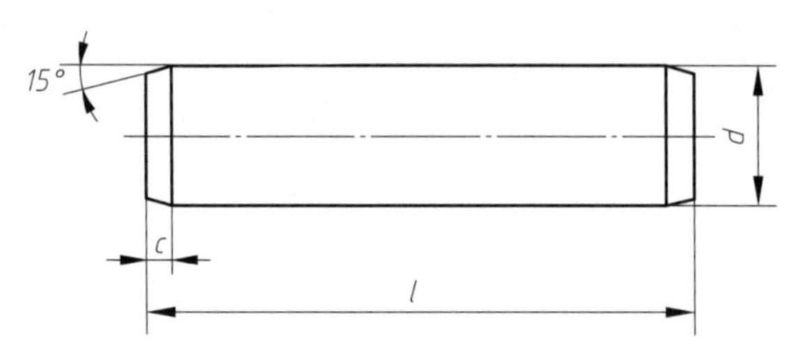

标记示例

公称直径 d=6 mm、公差为 m6、公称长度 l=30 mm、材料为钢、不经淬火、不经表面处理的圆柱销：

销　GB/T 119.1　6 m6×30

公称直径 d=6 mm、公差为 m6、公称长度 l=30 mm、材料为钢、普通淬火（A 型）、表面氧化处理的圆柱销：

销　GB/T 119.2　6×30

mm

公称直径 d		1.5	2	2.5	3	4	5	6	8
c ≈		0.3	0.35	0.4	0.5	0.63	0.8	1.2	1.6
l（商品长度范围）	GB/T 119.1	4 ~ 16	6 ~ 20	6 ~ 24	8 ~ 30	8 ~ 40	10 ~ 50	12 ~ 60	14 ~ 80
	GB/T 119.2	4 ~ 16	5 ~ 20	6 ~ 24	8 ~ 30	10 ~ 40	12 ~ 50	14 ~ 60	18 ~ 80
公称直径 d		10	12	16	20	25	30	40	50
c ≈		2	2.5	3	3.5	4	5	6.3	8
l（商品长度范围）	GB/T 119.1	18 ~ 95	22 ~ 140	26 ~ 180	35 ~ 200	50 ~ 200	60 ~ 200	80 ~ 200	95 ~ 200
	GB/T 119.2	22 ~ 100	26 ~ 100	40 ~ 100	50 ~ 100	—	—	—	—
l（系列）		3，4，5，6，8，10，12，14，16，18，20，22，24，26，28，30，32，35，40，45，50，55，60，65，70，75，80，85，90，95，100，120，140，160，180，200，…							

注：1. 公称直径 d 的公差：GB/T 119.1—2000 规定为 m6 和 h8，GB/T 119.2—2000 仅有 m6。其他公差由供需双方协议。

2. GB/T 119.2—2000 中淬硬钢按淬火方法不同，分为普通淬火（A 型）和表面淬火（B 型）。

3. 公称长度大于 200 mm 时，按 20 mm 递增。

附表 10　圆锥销（摘自 GB/T 117—2000）

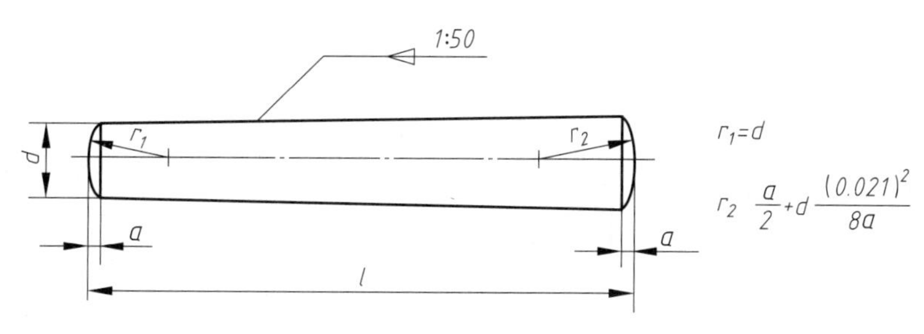

标记示例

公称直径 d=6 mm、公称长度 l=30 mm、材料为 35 钢、热处理硬度 28 ~ 38HRC、表面氧化处理的 A 型圆锥销：

销　GB/T 117　6×30

mm

公称直径 d	0.6	0.8	1	1.2	1.5	2	2.5	3	4	5
a ≈	0.08	0.1	0.12	0.16	0.2	0.25	0.3	0.4	0.5	0.63
l（商品长度范围）	4 ~ 8	5 ~ 12	6 ~ 16	6 ~ 20	8 ~ 24	10 ~ 35	10 ~ 35	12 ~ 45	14 ~ 55	18 ~ 60
公称直径 d	6	8	10	12	16	20	25	30	40	50
a ≈	0.8	1	1.2	1.6	2	2.5	3	4	5	6.3
l（商品长度范围）	22 ~ 90	22 ~ 120	26 ~ 160	32 ~ 180	40 ~ 200	45 ~ 200	50 ~ 200	55 ~ 200	60 ~ 200	65 ~ 200
l（系列）	2，3，4，5，6，8，10，12，14，16，18，20，22，24，26，28，30，32，35，40，45，50，55，60，65，70，75，80，85，90，95，100，120，140，160，180，200，…									

注：1. 公称直径 d 的公差规定为 h10，其他公差如 a11、c11 和 f8 由供需双方协议。

2. 圆锥销有 A 型和 B 型。A 型为磨削，锥面表面粗糙度 Ra 值为 0.8 μm，B 型为切削或冷镦，锥面表面粗糙度 Ra 值为 3.2 μm。

3. 公称长度大于 200 mm 时，按 20 mm 递增。

附表 11　滚动轴承

深沟球轴承

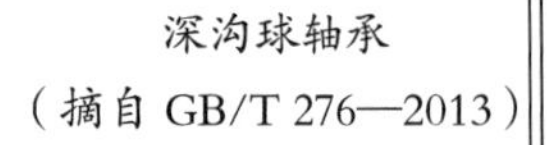
（摘自 GB/T 276—2013）

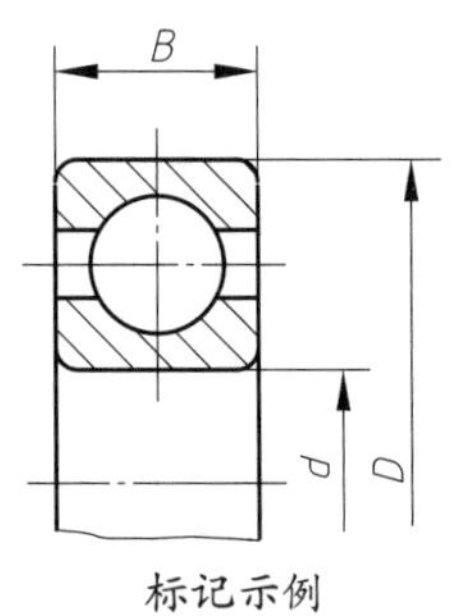

标记示例

滚动轴承 6308 GB/T 276—2013

圆锥滚子轴承

（摘自 GB/T 297—2015）

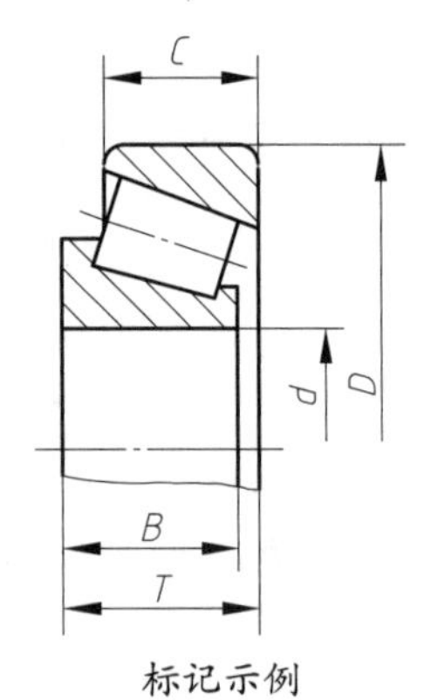

标记示例

滚动轴承 30210　GB/T 297—2015

推力球轴承

（摘自 GB/T 301—2015）

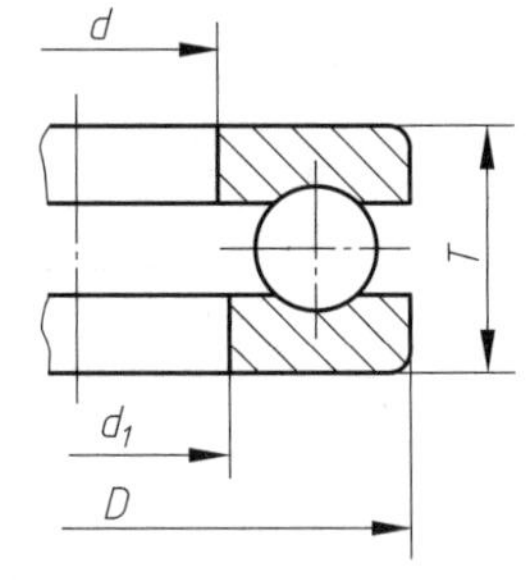

标记示例

滚动轴承 51206 GB/T 301—2015

轴承型号	尺寸 /mm		
	d	D	B
尺寸系列（0）2			
6202	15	35	11
6203	17	40	12
6204	20	47	14
6205	25	52	15
6206	30	62	16
6207	35	72	17
6208	40	80	18
6209	45	85	19
6210	50	90	20
6211	55	100	21
6212	60	110	22
尺寸系列（0）3			
6302	15	42	13
6303	17	47	14
6304	20	52	15
6305	25	62	17
6306	30	72	19
6307	35	80	21
6308	40	90	23
6309	45	100	25
6310	50	110	27
6311	55	120	29
6312	60	130	31

轴承型号	尺寸 /mm				
	d	D	B	C	T
尺寸系列 02					
30203	17	40	12	11	13.25
30204	20	47	14	12	15.25
30205	25	52	15	13	16.25
30206	30	62	16	14	17.25
30207	35	72	17	15	18.25
30208	40	80	18	16	19.75
30209	45	85	19	16	20.75
30210	50	90	20	17	21.75
30211	55	100	21	18	22.75
30212	60	110	22	19	23.75
32213	65	120	23	20	24.75
尺寸系列 03					
30302	15	42	13	11	14.25
30303	17	47	14	12	15.25
30304	20	52	15	13	16.25
30305	25	62	17	15	18.25
30306	30	72	19	16	20.75
30307	35	80	21	18	22.75
30308	40	90	23	20	25.25
30309	45	100	25	22	27.25
30310	50	110	27	23	29.25
30311	55	120	29	25	31.5
30312	60	130	31	26	33.5

轴承型号	尺寸 /mm			
	d	D	T	d_{1min}
尺寸系列 12				
51202	15	32	12	17
51203	17	35	12	19
51204	20	40	14	22
51205	25	47	15	27
51206	30	52	16	32
51207	35	62	18	37
51208	40	68	19	42
51209	45	73	20	47
51210	50	78	22	52
51211	55	90	25	57
51212	60	95	26	62
尺寸系列 13				
51304	20	47	18	22
51305	25	52	18	27
51306	30	60	21	32
51307	35	68	24	37
51308	40	78	26	42
51309	45	85	28	47
51310	50	95	31	52
51311	55	105	35	57
51312	60	110	35	62
51313	65	115	36	67
51314	70	125	40	72

注：表中用“( )”括住的数字表示在滚动轴承的代号中省略。

附表 12　孔的基本偏差数值（摘自 GB/T 1800.1—2020）

公称尺寸 / mm		基本偏差数值 /μm																						
		下极限偏差 EI												上极限偏差 ES										
大于	至	所有标准公差等级												IT6	IT7	IT8	≤ IT8	>IT8	≤ IT8	>IT8	≤ IT8	>IT8
		A	B	C	CD	D	E	EF	F	FG	G	H	JS	J			K		M		N	
—	3	+270	+140	+60	+34	+20	+14	+10	+6	+4	+2	0	由公式计算	+2	+4	+6	0	0	−2	−2	−4	−4
3	6	+270	+140	+70	+46	+30	+20	+14	+10	+6	+4	0		+5	+6	+10	−1+Δ		−4+Δ	−4	−8+Δ	0
6	10	+280	+150	+80	+56	+40	+25	+18	+13	+8	+5	0		+5	+8	+12	−1+Δ		−6+Δ	−6	−10+Δ	0
10	14	+290	+150	+95		+50	+32		+16		+6	0		+6	+10	+15	−1+Δ		−7+Δ	−7	−12+Δ	0
14	18																					
18	24	+300	+160	+110		+65	+40		+20		+7	0		+8	+12	+20	−2+Δ		−8+Δ	−8	−15+Δ	0
24	30																					
30	40	+310	+170	+120		+80	+50		+25		+9	0		+10	+14	+24	−2+Δ		−9+Δ	−9	−17+Δ	0
40	50	+320	+180	+130																		
50	65	+340	+190	+140		+100	+60		+30		+10	0		+13	+18	+28	−2+Δ		−11+Δ	−11	−20+Δ	0
65	80	+360	+200	+150																		
80	100	+380	+220	+170		+120	+72		+36		+12	0		+16	+22	+34	−3+Δ		−13+Δ	−13	−23+Δ	0
100	120	+410	+240	+180																		

续表

公称尺寸 /mm		基本偏差数值 /μm																				
		下极限偏差 EI												上极限偏差 ES								
		所有标准公差等级												IT6	IT7	IT8	≤ IT8	>IT8	≤ IT8	>IT8	≤ IT8	>IT8
大于	至	A	B	C	CD	D	E	EF	F	FG	G	H	JS	J			K		M		N	
120	140	+460	+260	+200		+145	+85		+43		+14	0	由公式计算	+18	+26	+41	−3+Δ		−15+Δ	−15	−27+Δ	0
140	160	+520	+280	+210																		
160	180	+580	+310	+230																		
180	200	+660	+340	+240		+170	+100		+50		+15	0		+22	+30	+47	−4+Δ		−17+Δ	−17	−31+Δ	0
200	225	+740	+380	+260																		
225	250	+820	+420	+280																		
250	280	+920	+480	+300		+190	+110		+56		+17	0		+25	+36	+55	−4+Δ		−20+Δ	−20	−34+Δ	0
280	315	+1 050	+540	+330																		
315	355	+1 200	+600	+360		+210	+125		+62		+18	0		+29	+39	+60	−4+Δ		−21+Δ	−21	−37+Δ	0
355	400	+1 350	+680	+400																		
400	450	+1 500	+760	+440		+230	+135		+68		+20	0		+33	+43	+66	−5+Δ		−23+Δ	−23	−40+Δ	0
450	500	+1 650	+840	+480																		
500	560					+260	+145		+76		+22	0					0		−26		−44	
560	630																					

公称尺寸 / mm		基本偏差数值 /μm																				
		下极限偏差 EI												上极限偏差 ES								
		所有标准公差等级												IT6	IT7	IT8	≤ IT8	>IT8	≤ IT8	>IT8	≤ IT8	>IT8
大于	至	A	B	C	CD	D	E	EF	F	FG	G	H	JS	J			K		M		N	
630	710					+290	+160		+80		+24	0	由公式计算				0		−30		−50	
710	800																					
800	900					+320	+170		+86		+26	0					0		−34		−56	
900	1 000																					
1 000	1 120					+350	+195		+98		+28	0					0		−40		−66	
1 120	1 250																					
1 250	1 400					+390	+220		+110		+30	0					0		−48		−78	
1 400	1 600																					
1 600	1 800					+430	+240		+120		+32	0					0		−58		−92	
1 800	2 000																					
2 000	2 240					+480	+260		+130		+34	0					0		−68		−110	
2 240	2 500																					
2 500	2 800					+520	+290		+145		+38	0					0		−76		−135	
2 800	3 150																					

续表

公称尺寸 / mm		基本偏差数值 /μm 上极限偏差 ES													Δ 值					
		≤ IT7	标准公差等级大于 IT7												标准公差等级					
大于	至	P 至 ZC	P	R	S	T	U	V	X	Y	Z	ZA	ZB	ZC	IT3	IT4	IT5	IT6	IT7	IT8
—	3	在大于IT7的相应数值上增加一个Δ值	−6	−10	−14		−18		−20		−26	−32	−40	−60	0	0	0	0	0	0
3	6		−12	−15	−19		−23		−28		−35	−42	−50	−80	1	1.5	1	3	4	6
6	10		−15	−19	−23		−28		−34		−42	−52	−67	−97	1	1.5	2	3	6	7
10	14		−18	−23	−28		−33		−40		−50	−64	−90	−130	1	2	3	3	7	9
14	18							−39	−45		−60	−77	−108	−150						
18	24		−22	−28	−35		−41	−47	−54	−63	−73	−98	−136	−188	1.5	2	3	4	8	12
24	30					−41	−48	−55	−64	−75	−88	−118	−160	−218						
30	40		−26	−34	−43	−48	−60	−68	−80	−94	−112	−148	−200	−274	1.5	3	4	5	9	14
40	50					−54	−70	−81	−97	−114	−136	−180	−242	−325						
50	65		−32	−41	−53	−66	−87	−102	−122	−144	−172	−226	−300	−405	2	3	5	6	11	16
65	80			−43	−59	−75	−102	−120	−146	−174	−210	−274	−360	−480						
80	100		−37	−51	−71	−91	−124	−146	−178	−214	−258	−335	−445	−585	2	4	5	7	13	19
100	120			−54	−79	−104	−144	−172	−210	−254	−310	−400	−525	−690						
120	140		−43	−63	−92	−122	−170	−202	−248	−300	−365	−470	−620	−800	3	4	6	7	15	23
140	160			−65	−100	−134	−190	−228	−280	−340	−415	−535	−700	−900						
160	180			−68	−108	−146	−210	−252	−310	−380	−465	−600	−780	−1 000						
180	200		−50	−77	−122	−166	−236	−284	−350	−425	−520	−670	−880	−1 150	3	4	6	9	17	26
200	225			−80	−130	−180	−258	−310	−385	−470	−575	−740	−960	−1 250						
225	250			−84	−140	−196	−284	−340	−425	−520	−640	−820	−1 050	−1 350						
250	280		−56	−94	−158	−218	−315	−385	−475	−580	−710	−920	−1 200	−1 550	4	4	7	9	20	29
280	315			−98	−170	−240	−350	−425	−525	−650	−790	−1 000	−1 300	−1 700						
315	355		−62	−108	−190	−268	−390	−475	−590	−730	−900	−1 150	−1 500	−1 900	4	5	7	11	21	32
355	400			−114	−208	−294	−435	−530	−660	−820	−1 000	−1 300	−1 650	−2 100						

续表

公称尺寸/mm		基本偏差数值/μm													Δ值					
		上极限偏差 ES																		
		≤IT7	标准公差等级大于 IT7												标准公差等级					
大于	至	P至ZC	P	R	S	T	U	V	X	Y	Z	ZA	ZB	ZC	IT3	IT4	IT5	IT6	IT7	IT8
400	450	在大于IT7的相应数值上增加一个Δ值	−68	−126	−232	−330	−490	−595	−740	−920	−1 100	−1 450	−1 850	−2 400	5	5	7	13	23	34
450	500			−132	−252	−360	−540	−660	−820	−1 000	−1 250	−1 600	−2 100	−2 600						
500	560		−78	−150	−280	−400	−600													
560	630			−155	−310	−450	−660													
630	710		−88	−175	−340	−500	−740													
710	800			−185	−380	−560	−840													
800	900		−100	−210	−430	−620	−940													
900	1 000			−220	−470	−680	−1 050													
1 000	1 120		−120	−250	−520	−780	−1 150													
1 120	1 250			−260	−580	−840	−1 300													
1 250	1 400		−140	−300	−640	−960	−1 450													
1 400	1 600			−330	−720	−1 050	−1 600													
1 600	1 800		−170	−370	−820	−1 200	−1 850													
1 800	2 000			−400	−920	−1 350	−2 000													
2 000	2 240		−195	−440	−1 000	−1 500	−2 300													
2 240	2 500			−460	−1 100	−1 650	−2 500													
2 500	2 800		−240	−550	−1 250	−1 900	−2 900													
2 800	3 150			−580	−1 400	−2 100	−3 200													

注：1. 公称尺寸≤ 1 mm 时，不使用基本偏差 A 和 B，不使用标准公差等级 >IT8 的基本偏差 N。

2. 特例：对于公称尺寸大于 250 ~ 315 mm 的公差带代号 M6，ES=−9 μm（计算结果是 −11 μm）。

3. 对于标准公差等级至 IT8 的 K、M、N 和标准公差等级至 IT7 的 P ~ ZC 的基本偏差，所需 Δ 值从表内右侧选取。

4. JS 的偏差 $= \pm \frac{ITn}{2}$，式中 n 为标准公差等级数。

附表 13　轴的基本偏差数值（摘自 GB/T 1800.1—2020）

公称尺寸 /mm		基本偏差数值 /μm														
		上极限偏差 es												下极限偏差 ei		
大于	至	所有标准公差等级												IT5 和 IT6	IT7	IT8
		a	b	c	cd	d	e	ef	f	fg	g	h	js	j		
—	3	−270	−140	−60	−34	−20	−14	−10	−6	−4	−2	0	由公式计算	−2	−4	−6
3	6	−270	−140	−70	−46	−30	−20	−14	−10	−6	−4	0		−2	−4	
6	10	−280	−150	−80	−56	−40	−25	−18	−13	−8	−5	0		−2	−5	
10	14	−290	−150	−95		−50	−32		−16		−6	0		−3	−6	
14	18															
18	24	−300	−160	−110		−65	−40		−20		−7	0		−4	−8	
24	30															
30	40	−310	−170	−120		−80	−50		−25		−9	0		−5	−10	
40	50	−320	−180	−130												
50	65	−340	−190	−140		−100	−60		−30		−10	0		−7	−12	
65	80	−360	−200	−150												
80	100	−380	−220	−170		−120	−72		−36		−12	0		−9	−15	
100	120	−410	−240	−180												
120	140	−460	−260	−200		−145	−85		−43		−14	0		−11	−18	
140	160	−520	−280	−210												
160	180	−580	−310	−230												

续表

公称尺寸 /mm		基本偏差数值 /μm														
		上极限偏差 es												下极限偏差 ei		
大于	至	所有标准公差等级												IT5 和 IT6	IT7	IT8
		a	b	c	cd	d	e	ef	f	fg	g	h	js	j		
180	200	−660	−340	−240		−170	−100		−50		−15	0	由公式计算	−13	−21	
200	225	−740	−380	−260												
225	250	−820	−420	−280												
250	280	−920	−480	−300		−190	−110		−56		−17	0		−16	−26	
280	315	−1 050	−540	−330												
315	355	−1 200	−600	−360		−210	−125		−62		−18	0		−18	−28	
355	400	−1 350	−680	−400												
400	450	−1 500	−760	−440		−230	−135		−68		−20	0		−20	−32	
450	500	−1 650	−840	−480												
500	560					−260	−145		−76		−22	0				
560	630															
630	710					−290	−160		−80		−24	0				
710	800															

续表

公称尺寸 / mm		基本偏差数值 /μm														
		上极限偏差 es												下极限偏差 ei		
大于	至	所有标准公差等级												IT5 和 IT6	IT7	IT8
		a	b	c	cd	d	e	ef	f	fg	g	h	js	j		
800	900					−320	−170		−86		−26	0	由公式计算			
900	1 000															
1 000	1 120					−350	−195		−98		−28	0				
1 120	1 250															
1 250	1 400					−390	−220		−110		−30	0				
1 400	1 600															
1 600	1 800					−430	−240		−120		−32	0				
1 800	2 000															
2 000	2 240					−480	−260		−130		−34	0				
2 240	2 500															
2 500	2 800					−520	−290		−145		−38	0				
2 800	3 150															

公称尺寸 / mm		基本偏差数值 /μm															
		下极限偏差 ei															
大于	至	IT4 至 IT7	≤ IT3 >IT7	所有标准公差等级													
		k		m	n	p	r	s	t	u	v	x	y	z	za	zb	zc
—	3	0	0	+2	+4	+6	+10	+14		+18		+20		+26	+32	+40	+60
3	6	+1	0	+4	+8	+12	+15	+19		+23		+28		+35	+42	+50	+80
6	10	+1	0	+6	+10	+15	+19	+23		+28		+34		+42	+52	+67	+97
10	14	+1	0	+7	+12	+18	+23	+28		+33		+40		+50	+64	+90	+130
14	18										+39	+45		+60	+77	+108	+150
18	24	+2	0	+8	+15	+22	+28	+35		+41	+47	+54	+63	+73	+98	+136	+188
24	30								+41	+48	+55	+64	+75	+88	+118	+160	+218
30	40	+2	0	+9	+17	+26	+34	+43	+48	+60	+68	+80	+94	+112	+148	+200	+274
40	50								+54	+70	+81	+97	+114	+136	+180	+242	+325
50	65	+2	0	+11	+20	+32	+41	+53	+66	+87	+102	+122	+144	+172	+226	+300	+405
65	80						+43	+59	+75	+102	+120	+146	+174	+210	+274	+360	+480
80	100	+3	0	+13	+23	+37	+51	+71	+91	+124	+146	+178	+214	+258	+335	+445	+585
100	120						+54	+79	+104	+144	+172	+210	+254	+310	+400	+525	+690
120	140	+3	0	+15	+27	+43	+63	+92	+122	+170	+202	+248	+300	+365	+470	+620	+800
140	160						+65	+100	+134	+190	+228	+280	+340	+415	+535	+700	+900
160	180						+68	+108	+146	+210	+252	+310	+380	+465	+600	+780	+1 000

续表

公称尺寸/mm		基本偏差数值/μm																
		下极限偏差 ei																
大于	至	IT4 至 IT7	≤ IT3 >IT7	所有标准公差等级														
		k		m	n	p	r	s	t	u	v	x	y	z	za	zb	zc
180	200	+4	0	+17	+31	+50	+77	+122	+166	+236	+284	+350	+425	+520	+670	+880	+1 150
200	225						+80	+130	+180	+258	+310	+385	+470	+575	+740	+960	+1 250
225	250						+84	+140	+196	+284	+340	+425	+520	+640	+820	+1 050	+1 350
250	280	+4	0	+20	+34	+56	+94	+158	+218	+315	+385	+475	+580	+710	+920	+1 200	+1 550
280	315						+98	+170	+240	+350	+425	+525	+650	+790	+1 000	+1 300	+1 700
315	355	+4	0	+21	+37	+62	+108	+190	+268	+390	+475	+590	+730	+900	+1 150	+1 500	+1 900
355	400						+114	+208	+294	+435	+530	+660	+820	+1 000	+1 300	+1 650	+2 100
400	450	+5	0	+23	+40	+68	+126	+232	+330	+490	+595	+740	+920	+1 100	+1 450	+1 850	+2 400
450	500						+132	+252	+360	+540	+660	+820	+1 000	+1 250	+1 600	+2 100	+2 600
500	560	0	0	+26	+44	+78	+150	+280	+400	+600							
560	630						+155	+310	+450	+660							
630	710	0	0	+30	+50	+88	+175	+340	+500	+740							
710	800						+185	+380	+560	+840							
800	900	0	0	+34	+56	+100	+210	+430	+620	+940							
900	1 000						+220	+470	+680	+1 050							

续表

公称尺寸 /mm		基本偏差数值 /μm																
		下极限偏差 ei																
大于	至	IT4 至 IT7	≤ IT3 >IT7	所有标准公差等级														
		k		m	n	p	r	s	t	u	v	x	y	z	za	zb	zc
1 000	1 120	0	0	+40	+66	+120	+250	+520	+780	+1 150							
1 120	1 250						+260	+580	+840	+1 300							
1 250	1 400	0	0	+48	+78	+140	+300	+640	+960	+1 450							
1 400	1 600						+330	+720	+1 050	+1 600							
1 600	1 800	0	0	+58	+92	+170	+370	+820	+1 200	+1 850							
1 800	2 000						+400	+920	+1 350	+2 000							
2 000	2 240	0	0	+68	+110	+195	+440	+1 000	+1 500	+2 300							
2 240	2 500						+460	+1 100	+1 650	+2 500							
2 500	2 800	0	0	+76	+135	+240	+550	+1 250	+1 900	+2 900							
2 800	3 150						+580	+1 400	+2 100	+3 200							

注：1. 基本尺寸小于或等于 1 mm 时，基本偏差 a 和 b 均不采用。

2. js 的偏差 = $\pm \frac{\mathrm{IT}n}{2}$，式中 n 为标准公差等级数。

附表 14　常用标准公差等级的用途及应用实例

公差等级	用途	应用举例
IT5	用于机床、发动机和仪表中特别重要的配合。在公差要求很小、形状精度要求很高的条件下，这类公差等级能使配合性质比较稳定，但它对加工要求较高	与5级滚动轴承相配合的机床箱体孔，与6级滚动轴承孔相配合的机床主轴，精密机械及高速机械的轴颈，机床尾架套筒，高精度分度盘轴颈，分度头主轴，精密丝杠基准轴颈，高精度镗套的外径，发动机主轴的外径、活塞销与连杆和活塞孔的配合，精密仪器的轴与各种传动件轴承的配合，航空、航海工业仪表中重要的精密孔、轴的配合，5级精度齿轮的基准孔及5级、6级精度齿轮的基准轴等
IT6	广泛用于机械制造中的重要配合，适用配合表面有较高均匀性要求的情况，能保证相当高的配合性质，使用可靠	与6级滚动轴承相配合的外壳孔及与滚动轴承相配合的机床主轴轴颈，机床用装配式齿轮、蜗轮、联轴器、带轮、凸轮的轴孔，机床丝杠支承轴颈，矩形花键的定心直径，摇臂钻床的立柱，机床夹具导向件的外径，精密仪器、光学仪器、计量仪器的精密轴，无线电工业、自动化仪表、电子仪表中特别重要的轴，手表中特别重要的轴，缝纫机中重要的轴，发动机的汽缸套外径，曲轴主轴颈，活塞销，连杆衬套，连杆和轴瓦外径，6级精度齿轮的基准孔和7级、8级精度齿轮的基准轴轴颈等
IT7	应用条件与IT6类似，但精度要求比IT6稍低，在一般机械制造业中应用相当普遍	装配式青铜蜗轮轮缘孔径，联轴器、皮带轮、凸轮等的孔径，机床卡盘座孔，摇臂钻床的摇臂孔，车床丝杠轴承孔，纺织机械的重要零件，印染机械中要求较高的零件，自动化仪表中的重要内孔，缝纫机的重要轴、内孔，7级、8级精度齿轮的基准孔和9级、10级精度齿轮的基准轴等
IT8	属中等精度，在农业机械、纺织机械、印染机械、自行车、缝纫机、医疗器械中应用最广	轴承座衬套沿宽度方向的配合尺寸，棘爪，无线电仪表中的一般配合，电子仪器仪表中较重要的内孔，电动机中铁芯与机座的配合，发动机活塞油环槽宽，连杆轴瓦内径，低精度（9～12级）齿轮基准孔和11、12级精度齿轮的基准轴，6～8级精度齿轮的齿顶圆等
IT9	应用条件与IT8类似，但精度要求低于IT8	机床用轴套外轴颈与孔，空转皮带轮与轴，操纵系统的轴与轴承配合，纺织机械、印染机械中的一般配合零件，发动机中机油泵体内孔，气门导管内孔，飞轮与飞轮套，衬套、汽缸盖孔、活塞槽环的配合，光学仪器、自动化仪表中的一般配合，单键连接中键宽配合等

附表15　轴的各种基本偏差应用

配合种类	基本偏差	配合特性及应用
间隙配合	a、b	可得到特别大的间隙，应用很少
	c	可得到很大间隙，一般适用于低速、松弛的配合，用于工作条件较差（如农业机械），受力变形大或为了便于装配而必须有较大间隙时。推荐配合为Hll/cll。其较高等级的配合，如H8/c7适用于轴在高温工作的紧密动配合，例如内燃机排气阀和导管的配合
	d	一般用于IT7～IT11级，适用于松的转动配合，如密封盖、滑轮、空转带轮等与轴的配合；也适用于大直径滑动轴承配合，如涡轮机、球磨机、轧辊成型机和重型弯曲机，及其他重型机械中的一些滑动支承
	e	多用于IT7～IT9级，通常适用于要求有明显间隙，易于转动的支承配合，如大跨距支承、多支点支承等配合。高等级的轴适应于大的、高速重载支承，如涡轮发电机、大的电动机支承等，也适用于内燃机主要轴承、凸轮轴支承、摇臂支承等配合
	f	多用于IT6～IT8级的一般转动配合。当温度差别不大，对配合基本上没影响时，被广泛用于普通润滑油（或润滑脂）润滑的支承，如齿轮箱、小电动机、泵等的转轴与滑动支承的配合
	g	多用于IT5～IT7级，配合间隙很小，制造成本高，除很轻载荷的精密装置外，不推荐用于转动配合，最适合不回转的精密滑动配合，也用于插销等定位配合，如活塞及滑阀、连杆销等
	h	多用于IT4～IT11级，广泛应用于无相对转动的零件，作为一般的定位配合。若没有温度、变形的影响，也用于精密滑动配合
过渡配合	js	为完全对称偏差（±IT/2），平均起来为稍有间隙的配合，多用于IT4～IT7级、要求间隙比h轴配合时小、并允许略有过盈的定位配合，如联轴器、齿圈与钢制轮毂
	k	平均起来没有间隙的配合，适用于IT4～IT7级，推荐用于要求稍有过盈的定位配合
	m	平均起来具有不大过盈的过渡配合，适用于IT4～IT7级
	n	平均过盈比用基本偏差为m的轴稍大，很少得到间隙，适用于IT4～IT7级，H6/n5为过盈配合
过盈配合	p	与H6或H7孔配合时是过盈配合，而与H8孔配合时为过渡配合。对弹性材料装配，如轻合金装配等，往往要求很小的过盈配合，可采用基本偏差为P的轴配合
	r	与H8孔配合，直径在ϕ100 mm以上时为过盈配合，否则为过渡配合
	s	用于钢和铁制零件的永久性和半永久性装配，过盈量充分，可产生相当大的结合力
	t、u、v、x、y、z	过盈量依次增大，除u外，一般不推荐

附表 16　几何公差的公差值（摘自 GB/T 1184—1996）

一、直线度和平面度公差

主参数 /mm	公差等级											
	1	2	3	4	5	6	7	8	9	10	11	12
	公差值（μm）											
≤ 10	0.2	0.4	0.8	1.2	2	3	5	8	12	20	30	60
>10 ~ 16	0.25	0.5	1	1.5	2.5	4	6	10	15	25	40	80
>16 ~ 25	0.3	0.6	1.2	2	3	5	8	12	20	30	50	100
>25 ~ 40	0.4	0.8	1.5	2.5	4	6	10	15	25	40	60	120
>40 ~ 63	0.5	1	2	3	5	8	12	20	30	50	80	150
>63 ~ 100	0.6	1.2	2.5	4	6	10	15	25	40	60	100	200
>100 ~ 160	0.8	1.5	3	5	8	12	20	30	50	80	120	250
>160 ~ 250	1	2	4	6	10	15	25	40	60	100	150	300

注：主参数为棱线、回转面的轴线、素线的长度，矩形平面较长的边长，圆平面的直径

二、圆度和圆柱度公差

主参数 /mm	公差等级											
	1	2	3	4	5	6	7	8	9	10	11	12
	公差值（μm）											
≤ 3	0.2	0.3	0.5	0.8	1.2	2	3	4	6	10	14	25
>3 ~ 6	0.2	0.4	0.6	1	1.5	2.5	4	5	8	12	18	30
>6 ~ 10	0.25	0.4	0.6	1	1.5	2.5	4	6	9	15	22	36
>10 ~ 18	0.25	0.5	0.8	1.2	2	3	5	8	11	18	27	43
>18 ~ 30	0.3	0.6	1	1.5	2.5	4	6	9	13	21	33	52
>30 ~ 50	0.4	0.6	1	1.5	2.5	4	7	11	16	25	39	62
>50 ~ 80	0.5	0.8	1.2	2	3	5	8	13	19	30	46	74
>80 ~ 120	0.6	1	1.5	2.5	4	6	10	15	22	35	54	87
>120 ~ 180	1	1.2	2	3.5	5	8	12	18	25	40	63	100

注：主参数为轴或孔的直径

续表

三、平行度、垂直度或倾斜度公差值

主参数 /mm	公差等级											
	1	2	3	4	5	6	7	8	9	10	11	12
	公差值（μm）											
≤ 10	0.4	0.8	1.5	3	5	8	12	20	30	50	80	120
>10 ~ 16	0.5	1	2	4	6	10	15	25	40	60	100	150
>16 ~ 25	0.6	1.2	2.5	5	8	12	20	30	50	80	120	200
>25 ~ 40	0.8	1.5	3	6	10	15	25	40	60	100	150	250
>40 ~ 63	1	2	4	8	12	20	30	50	80	120	200	300
>63 ~ 100	1.2	2.5	5	10	15	25	40	60	100	150	250	400
>100 ~ 160	1.5	3	6	12	20	30	50	80	120	200	300	500
>160 ~ 250	2	4	8	15	25	40	60	100	150	250	400	600

注：主参数为给定轴线或素线的长度，平面给定方向的长度，轴或孔的直径

四、同轴度、对称度、圆跳动和全跳动公差值

主参数 /mm	公差等级											
	1	2	3	4	5	6	7	8	9	10	11	12
	公差值（μm）											
>3 ~ 6	0.5	0.8	1.2	2	3	5	8	12	25	50	80	150
>6 ~ 10	0.6	1	1.5	2.5	4	6	10	15	30	60	100	200
>10 ~ 18	0.8	1.2	2	3	5	8	12	20	40	80	120	250
>18 ~ 30	1	1.5	2.5	4	6	10	15	25	50	100	150	300
>30 ~ 50	1.2	2	3	5	8	12	20	30	60	120	200	400
>50 ~ 120	1.5	2.5	4	6	10	15	25	40	80	150	250	500
>120 ~ 250	2	3	5	8	12	20	30	50	100	200	300	600

注：主参数为轴或孔的直径，给出斜向圆跳动的圆锥体的平均直径，给出对称度的槽的宽度，给出两孔对称度的孔中心距

五、位置度公差数系表（mm）

1	1.2	1.5	2	2.5	3	4	5	6	8
1×10^n	1.2×10^n	1.5×10^n	2×10^n	2.5×10^n	3×10^n	4×10^n	5×10^n	6×10^n	8×10^n

注：1. n 为正整数

2. 国家标准对位置度只规定了公差值数系，而未规定公差等级

附表 17　几何公差应用举例

一、直线度和平面度公差等级的应用

公差等级	应用举例
5	用于一级平板，二级宽平尺，平面磨床纵导轨、垂直导轨、立柱导轨及工作台，液压龙门刨床和转塔车床的床身导轨，柴油机进、排气门导杆等
6	普通车床、龙门刨床、滚齿机、自动车床等的床身导轨及工作台，柴油机机体上部结合面等
7	二级平板，机床主轴箱、摇臂钻床底座及工作台，镗床工作台，液压泵盖，减速器壳体结合面等
8	机床传动箱体，交换齿轮箱体，车床溜板箱体，柴油机汽缸体，连杆分离面，汽缸盖，汽车发动机缸盖，曲轴箱结合面，液压管件和法兰连接面等
9	三级平板，自动车床床身底面，摩托车曲轴箱体，汽车变速箱壳体，手动机械的支承面

二、圆度、圆柱度公差等级应用

公差等级	应用举例
5	一般计量仪器的主轴、测杆外圆柱面，陀螺仪轴颈，一般机床主轴轴颈及主轴轴承孔，柴油机、汽油机活塞、活塞销，与 6 级滚动轴承配合的轴颈等
6	仪表端盖外圆柱面，一般机床主轴及前轴承孔，泵、压缩机的活塞及汽缸，汽油发动机凸轮轴，纺机锭子，减速器传动轴轴颈，高速船用柴油机、拖拉机曲轴主轴颈，与 6 级滚动轴承配合的外壳孔，与普通级滚动轴承配合的轴颈等
7	大功率低速柴油机曲轴轴颈、活塞、活塞销、连杆、汽缸，高速柴油机箱体轴承孔，千斤顶或压力油缸活塞，机车传动轴，水泵及通用减速器转轴轴颈，与普通级滚动轴承配合的外壳孔等
8	低速发动机、大功率曲轴轴颈，压气机连杆盖、体，拖拉机汽缸、活塞，炼胶机冷铸轴辊，印刷机传墨辊，内燃机曲轴轴颈，柴油机凸轮轴承孔、凸轮轴，拖拉机、小型船用柴油机汽缸套等
9	空气压缩机缸体，滚压传动筒，通用机械杠杆与拉杆用套筒、销子，拖拉机活塞环、套筒孔等

三、平行度、垂直度和倾斜度公差等级应用

公差等级	应用举例
4、5	卧式车床导轨，重要支承面，机床主轴孔对基准的平行度，精密机床重要零件，计量仪器、量具、模具的基准面和工作面，主轴箱重要孔，齿轮泵的泵体端面，发动机轴和离合器的凸缘，汽缸支承端面，安装精密滚动轴承的壳体孔的凸肩等

续表

公差等级	应用举例
6、7、8	一般机床的基准面和工作面，压力机和锻锤的工作面，中等精度钻模的工作面，机床一般轴承孔对基准面的平行度，变速箱箱体孔，主轴花键对定心直径部位轴线的平行度，重型机械轴承端盖，卷扬机、手动传动装置的传动轴，一般导轨，主轴箱体孔，刀架，砂轮架，汽缸配合面对基准轴线、活塞销孔对活塞中心线的垂直度，滚动轴承内、外圈端面对轴线的垂直度等
9、10	低精度零件，重型机械滚动轴承端盖，柴油机、煤气发动机箱体曲轴孔、曲轴颈、花键轴和轴肩端面，皮带运输机端盖等对轴线的垂直度，手动卷扬机及传动装置中的轴承端盖，减速器壳体平面等

四、同轴度、对称度、圆跳动、全跳动公差等级应用

公差等级	应用举例
3、4	机床主轴轴颈，砂轮轴轴颈，汽轮机主轴，测量仪器的小齿轮轴，安装高精度齿轮的轴颈等
5	机床轴颈，机床主轴箱孔，套筒，测量仪器的测量杆，轴承座孔，汽轮机主轴，柱塞油泵转子，高精度滚动轴承外圈，一般精度滚动轴承内圈等
6、7	安装齿轮、滚动轴承的定位轴肩、外壳孔肩的轴向圆跳动一般采用6级公差 内燃机曲轴，凸轮轴轴颈，柴油机机体主轴承孔，柱塞泵的柱塞，水泵轴，齿轮轴，汽车后桥输出轴，安装一般精度齿轮的轴颈，测量仪器杠杆轴，电机转子，普通滚动轴承内圈，印刷机传墨辊的轴颈，键槽等
8、9	常用于几何精度要求一般，尺寸公差等级IT9～IT11的零件。8级用于拖拉机发动机分配轴轴颈，与9级精度以下齿轮相配合的轴，水泵叶轮，离心泵体，棉花精梳机前、后滚子，键槽等。9级用于内燃机汽缸套配合面，自行车中轴等

附表18 表面粗糙度 *Ra* 值选用举例

Ra 值不大于/mm	选用举例
25、50	粗加工后的表面，焊接前的焊缝表面，粗钻孔壁等
12.5	支架、箱体、粗糙的手柄、离合器等不与其他零件接触的表面，轴的端面、倒角，不重要的安装支承表面，穿螺钉、铆钉的孔的表面等
6.3	不重要零件的非配合表面，如支柱、轴、支架、外壳、衬套、端盖等的端面，紧固件的自由表面，螺栓、螺钉、双头螺柱和螺母的表面，不要求定心及配合特性的表面，螺栓孔、螺钉孔和铆钉孔等表面，飞轮、皮带轮、联轴节、凸轮、偏心轴的侧面，平键及键槽的上、下表面，楔键侧面，花键非定心表面，齿顶圆表面，不重要的连接或配合表面等

续表

Ra 值不大于 /mm	选用举例
3.2	按 IT10 ~ IT11 制造的零件配合表面，外壳、箱体、盖、套筒、支架等和其他零件连接而不形成配合的表面，外壳、座架、端盖、凸耳端面，扳手和手轮的外圆，要求有定心及配合特性的固定支承面、定心的轴肩，键及键槽的工作表面，不重要的螺纹表面，非传动用梯形螺纹、锯齿形螺纹表面，齿轮的非工作面，燕尾槽的表面，低速工作的滑动轴承和轴的摩擦表面，张紧链轮、导向滚动轮的孔与轴的配合表面，对工作精度及可靠性有影响的连杆结构的铰接表面，低速工作的支承轴肩、止推滑动轴承及中间垫片的工作表面，滑块及导向面（速度 20 ~ 50 m/min）等
1.6	按 IT8 ~ IT9 制造的零件配合表面，要求粗略定心的配合表面及固定支承面，衬套、轴承和定位销的压入孔，不要求定心及配合特性的活动支承面，活动关节、花键的结合面，8 级齿轮的齿面，传动螺纹工作面，低速传动的轴颈、楔键及键槽的上下表面，轴承座凸肩表面（对中心用），端盖内侧面，滑块及导向面，V 带轮的轮槽侧面，电镀前的金属表面，轴与毡圈的摩擦面等
0.8	按 IT6 ~ IT8 级制造的零件配合表面，销孔与圆柱销的表面，齿轮、蜗轮、套筒的配合表面，与普通级精度滚动轴承配合的孔，中速转动的轴颈，过盈配合的 7 级孔（H7），间隙配合的 8 ~ 9 级孔（H8 ~ H9），花键轴上的定心表面，不要求保证定心及配合特性的活动支承面，安装直径在 180 mm 以下的滚动轴承机体孔（按 IT7 级镗孔），与滚动轴承紧靠在一起的零件端面等
0.4	按 IT6 级制造的轴与 IT7 级制造的孔配合，且要求长久保持配合性质稳定的零件配合表面。在有色金属零件上镗制安装滚动轴承的 IT6 级的内孔表面，与普通级和 6（6X）级精度滚动轴承相配合的轴颈，偏心轴、精密螺杆、齿轮轴的表面。曲轴及凸轮轴的工作轴颈，传动螺杆（丝杠）的工作表面，活塞销孔，7 级精度齿轮工作表面，7 级和 8 级蜗杆的齿面等
0.2	按 IT5 ~ IT6 级制造的零件配合表面，如小直径精密心轴及转轴的配合表面。顶尖的圆锥面，与 5、4 级精度滚动轴承配合的轴颈，高精度齿轮（3、4、5 级）的工作表面，发动机曲轴及凸轮轴的工作表面，液压油缸和柱塞的表面，喷雾器、活塞泵缸套内表面，齿轮泵轴颈，工作时承受变应力的重要零件表面等